"十四五"时期国家重点出版物出版专项规划项目

目标信息获取与处理丛书

# 目标识别原理与应用

MUBIAO SHIBIE YUANLI YU YINGYONG

黄洁 刘伟 骆丽萍 王建涛 张克 编著

国防工業出版社

·北京·

# 内容简介

本书以目标识别理论、方法为主线，注重基础，紧跟前沿，突出应用。在详细介绍目标识别涉及的特征提取、分类器设计技术基础上，给出目标识别应用实例，有利于读者将理论与实际相结合，加深对目标识别技术的理解。本书共11章，主要内容包括目标特征提取和选择、线性分类器、贝叶斯分类器、近邻法、决策树、集成学习方法、聚类分析、神经网络分类器等基础理论，雷达目标识别、雷达辐射源信号识别、SAR图像目标识别、文本命名实体识别等应用实例。

本书可供从事目标识别领域相关工作的工程技术人员和研究人员参考，也可作为高校相关专业课程教材使用。

**图书在版编目(CIP)数据**

目标识别原理与应用/黄洁等编著. —北京：国防工业出版社，2024. 7. —(目标信息获取与处理丛书).
ISBN 978-7-118-13311-0
Ⅰ. TP391. 4
中国国家版本馆 CIP 数据核字第 2024UC2190 号

※

国防工業出版社出版发行
（北京市海淀区紫竹院南路 23 号　邮政编码 100048）
北京虎彩文化传播有限公司印刷
新华书店经售

*

**开本** 787×1092　1/16　**印张** 15　**字数** 334 千字
2024 年 7 月第 1 版第 1 次印刷　**印数** 1—1500 册　**定价** 106. 00 元

---

**（本书如有印装错误，我社负责调换）**

国防书店：(010)88540777　　书店传真：(010)88540776
发行业务：(010)88540717　　发行传真：(010)88540762

# 丛书序

知己知彼，百战不殆。现代战争是具有明显的数字化、网络化、智能化特征的信息化战争，打赢现代战争的关键是具备强大的战场情报、监视和侦察能力，并夺取制电磁权、制信息权、制目标权。空间目标、图像目标和电子目标等目标信息获取与处理技术是现代侦察监视的核心技术，也是信息科学与技术领域发展最为迅速的技术之一，对全面、实时、精准掌握战场态势，廓清战场迷雾和抢占信息优势起着决定性作用。

卫星、导弹等空间目标信息获取与处理，主要围绕目标的物理属性和活动态势行为在特定环境下所呈现的光学、电磁散射和辐射等特性，利用光电观测、雷达探测和电子侦察等传感器对目标进行探测、跟踪、测量和识别。该技术涉及电子信息与通信工程、卫星工程、导弹工程、雷达工程、光学工程、无线电工程、控制工程、人工智能等多学科专业领域，具有明显的学科交叉融合特点，且理论性和工程应用性很强。图像目标信息获取与处理，主要围绕合成孔径雷达（SAR）目标的微波成像特性，通过全天时、全天候、高分辨率的遥感图像实现目标信息自动提取与识别分类。该技术涉及SAR成像原理、图像目标自动提取与识别处理及应用，并辅以可见光、红外特征提取与光电目标识别处理及应用。雷达辐射源和无源电子目标信息获取与处理，主要开展对目标的搜索发现、跟踪测量、精准定位和信号参数估计与分选识别等研究工作。它涉及雷达系统与无源侦察系统的建模仿真评估、定位应用工程、雷达信号特征提取与识别技术。

近年来，空间目标、图像目标和电子目标等目标信息获取与处理技术得到了飞速的发展，其理论体系、技术内涵和应用方法也发生了较大的更新迭代，及时总结和凝炼现有技术成果，对于促进技术发展和应用大有裨益。

鉴于此，我们依托国内电子信息领域知名高校和科研院所，以信息工程大学和西南电子电信技术研究所专家学者为主体组织编写了“目标信息获取与处理”丛书，科学总结学者们多年来在光电信息处理、雷达目标探测、SAR成像与处理、电子侦察、目标识别与信息融合等方面的研究成果，旨在为业内从事相关专业领域教学和科研工作的同行们提供一套有益的参考书。丛书主要突出目标信息获取与处理技术的理论性和工程性，以目标信息获取的技术手段、处理方法和定位识别为主线构建内容体系，分为4个部分共13分册，按照基础理论和技术手段分为基础篇、空间目标探测篇、图像目标信息处理篇和电子侦察篇，内容涵盖目标特性、信息获取技术、信息处理方法，丛书内容大多是编著者近年来在电子信息领域取得的最新研究和学术成果，具有先进性、新颖性和实用性。

本套丛书是相关研究领域的院校、科研院所专家集体智慧的结晶，丛书编写过程中，得到了业界各位专家、同仁的大力支持与精心指导，在此对参与编写及审校工作的各单位专家和领导表示衷心感谢！

陳鯨

# 前　言

目标识别是研究如何使计算机具备人的类识别能力，其本质就是根据雷达、光学、红外等传感器获取的目标信号、图像等信息，利用计算机进行分析和处理，最终实现目标判别，是传感器信息化、智能化发展的重要组成部分，也是近年来的研究热点。目标识别属于模式识别范畴，其理论和方法在很多领域得到成功和广泛应用，如智能交通、计算机视觉、导航、战场侦察监视等。

本书以目标识别理论、方法为主线，在注重基础的同时，紧跟技术发展前沿，突出理论方法应用，使读者能够将理论与实际相结合，加深对目标识别技术的理解。全书共分11章，第1章绪论，介绍目标识别相关概念、系统结构和基本方法，识别性能评估方法及性能指标；第2章目标特征提取和选择，介绍特征的评价准则、特征提取方法、特征选择方法、基于主成分分析和基于离散K-L变换的特征提取方法；第3章线性分类器，介绍线性判决函数概念，Fisher线性判决、感知准则函数、最小平方误差准则函数和线性支持向量机等分类器设计方法；第4章贝叶斯分类器，介绍了贝叶斯分类器设计、正态分布时的贝叶斯分类以及概率密度函数估计；第5章其他分类器，介绍最近邻、$k$-近邻等近邻分类器，决策树，AdaBoost算法、随机森林等集成学习方法；第6章聚类分析，介绍相似性测度、聚类准则、基于划分的聚类方法、基于层次的聚类方法、基于密度的聚类方法、基于网格的聚类方法以及基于模型的聚类方法；第7章神经网络分类器，介绍神经网络基本要素、前馈神经网络、离散型Hopfield网络、自组织特征映射神经网络、深度学习网络以及神经网络模式识别的基本思想；第8章雷达目标识别，介绍雷达目标识别基本原理、主要特征，雷达飞机目标识别的具体实例；第9章雷达辐射源信号识别，介绍雷达辐射源识别基本原理、常见雷达辐射源信号及特征、雷达辐射源调制类型识别方法；第10章SAR图像目标识别，介绍SAR图像目标识别基本原理、高分辨率SAR图像舰船目标检测、识别等；第11章文本命名实体识别，介绍文本命名实体识别基本原理、词嵌入方法、命名实体识别常用方法以及命名实体识别实例。

在本书成稿过程中，实验室研究生甄勇、秦鑫、吴济洲、余丹丹、蔡阿雨、田子威给予了大力协助，在此表示感谢。

在撰写本书过程中参考了一些相关方法和技术文献，也引用了一些相关论文和著作观点，在此对有关作者表示感谢。

由于目标识别技术发展迅速，新理论、方法和技术层出不穷，加上作者水平有限，书中难免存在不足和错误，恳请广大读者和同行批评指正。

# 目　录

# 第1章　绪　　论

## 1.1　引言

人们在日常生活中,几乎时时在进行分类识别活动。对于视觉而言,眼睛收集外界信息传至大脑,由大脑对所接收的视觉信息进行识别和理解。例如,当我们看见一只猫时,很容易识别这个动物的类别;而高层次的视觉理解,是通过分析直观的观测结果得到更深层次的信息,这对人的知识和素质有很强的依赖性,例如,在第二次世界大战时期,一名高素质的情报人员根据看到的一只经常出来晒太阳的波斯猫,推断出敌方高级指挥所的位置,从而为己方提供了非常有价值的情报信息。对于听觉而言,人耳将声音信息传至大脑,由大脑对所接收的声音信息进行识别和理解,获得声音所属的语言种类(语种识别)、声音所对应的说话人(说话人识别)或者声音所包含的关键词(关键词识别)等。除此之外,人还具有对触觉、味觉、嗅觉等信息的类识别能力,且也具有低级和高级两个层次。

上述过程是靠我们人类自身完成的,计算机能够具备这种能力吗?目标识别就是研究如何使计算机具备人的类识别能力,其本质就是根据雷达、光学、电子侦察等传感器获取的目标信号、图像等信息,利用计算机进行分析和处理,最终实现目标判别。目标识别需要用到模式识别、机器学习领域的基本理论、技术与方法。

本章首先介绍目标识别需要理解的一些基本概念,然后介绍目标识别系统组成和基本方法,最后介绍评估准则和性能指标。

## 1.2　目标识别相关概念

为了更好地学习目标识别相关知识,需要首先厘清一些概念。

### 1.2.1　模式与模式识别

目标识别实际上是一个模式识别过程,要想理解模式识别的具体含义,必须首先了解模式、模式类等概念。模式是指具有某种特定性质的观察对象,特定性质指的是可以用来区别观察对象是否相同或相似而选择的特性。观察对象存在于现实世界,可以是一个数字、一句话、一段文字,也可以是飞机、舰船、机场、港口等,它们都可以成为识别对象。广义地说,存在于时间和空间中可观察的事物,如果可以区别它们是否相同或是否相似,都可以称为模式。根据模式的特性,将具有相似特性的模式集合称为模式类。模式识别就是根据模式的特性,将其判别为某一类,模式识别也称为模式分类。

在实际应用中,我们拿到的都是传感器对观察对象的一些测量数据,这是模式的一个具体个体(或一次具体测量),称为样本;若干样本构成的集合称为样本集;将表征目标特性的具体观测值称为特征;将一个模式类定义为类,或称为类别。基于上述约定,模式识别就是根据样本特征信息采用一定的方法将样本划分到一定的类别。

### 1.2.2 模式识别与机器学习

近年来,随着人工智能不断崛起,模式识别、机器学习也日益成为热门词汇,频繁地出现在大众眼前。那么模式识别、机器学习到底有什么区别与联系呢?前面我们已经给出了模式识别的定义,这里给出机器学习的概念。

机器学习是一门多领域交叉学科,专门研究如何让计算机模拟或实现人类的学习行为,以获得新的知识或技能,同时重新组织已有知识结构使之不断改善自身性能。通俗地讲,机器学习研究的主要内容是让计算机从数据中产生模型的算法,它是人工智能的核心,是使计算机具有智能的根本途径。通过机器学习方法,机器能够根据某一事物的海量样本,总结出这一类事物所具有的普遍规律,机器可利用这些规律对现实世界中的事件作出决策或预测。

模式识别与机器学习主要区别体现在:前者给机器的是各种特征描述,机器根据这些特征采用一定的算法对未知事物进行判断;后者给机器的是某一事物的海量样本,机器需要从这些数据中发现特征,然后去判断某些未知事物。当然,现在已经不需要去刻意区分它们,模式识别多是工业界的概念,机器学习则是流行于学术界,经典图书 *Pattern Recognition and Machine Learing* 则不区分它们。

### 1.2.3 监督学习与非监督学习

不管是模式识别还是机器学习,在学习或训练时都需要大量的样本数据。根据样本数据是否带有类别标签,可以将学习或训练过程分为监督学习、非监督学习和半监督学习。

监督学习是指从带有标签的训练样本中学习模型,然后利用该模型对某个给定的新样本预测其标签。监督学习基本上都是分类,这里的标签实际上就是某个事物的分类,也可以称为“标准答案”,而每次监督学习的输出可以理解为自己做的答案,如果这个答案和标准答案不一致,我们就需要纠正。这样一来二往,我们对题目的理解就会更加深刻,再做新题时,正确率就会越来越高。

非监督学习与监督学习正好相反,非监督学习面对的是没有标签的数据,需要通过学习发现规律,得到模型。非监督学习本质上就是聚类,体现的是“物以类聚,人以群分”的思想。非监督学习是在事先对类不知情的情况下,归纳出一系列类的特征,当再来新的数据时,就可以根据与已归纳出类的相似性,预测其类别,从而完成新数据的分类识别。

半监督学习介于监督学习和非监督学习之间,它在学习过程中既用到带标签数据,也用到不带标签数据。现代人类成长学习的最佳方式就是“半监督学习”,通过监督学习学到了前人的经验知识,通过非监督学习实现了知识创新。

除了上述3种学习方式,近年来出现的强化学习也越来越受到关注。强化学习又称为再励学习、评价学习或增强学习,用于描述和解决智能体与环境交互过程中,通过学习策略以达到回报最大化或实现特定目标。不同于监督学习和非监督学习,强化学习不需要预先给定任何数据,而是通过接收环境对动作的奖励(反馈)而获得学习信息并更新模型参数。

本书介绍的目标识别方法,主要涉及监督学习和非监督学习。

## 1.3 目标识别系统组成

一般地,目标识别系统由信息获取、预处理、特征提取和选择、分类判决等4个部分组成,如图1-1所示。

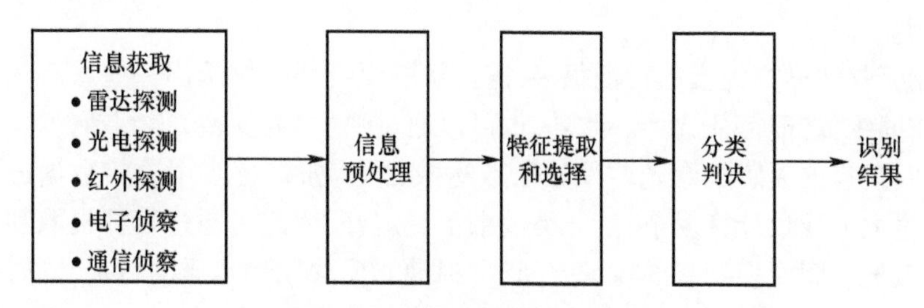


图1-1 目标识别系统组成框图

**1. 信息获取**

对于人脑识别而言,人脑通过感觉器官获取模式信息。对于机器识别来说,就需要借助于各种传感器设备,例如雷达、光电望远镜、电子侦察设备、通信侦察设备等获取目标的信息,得到目标的数字化表达。

**2. 信息预处理**

在得到模式的数字化表达后,往往需要对它进行预处理,以便去除或减少噪声的影响,突出有用信息。

对于图像信息,采用数字图像处理技术作为其预处理技术,常用的方法有几何校正、图像增强、图像还原等。

对于语音信息,采用语音信号处理技术作为其预处理技术。作为一种一维信号,除了与人耳特性有关的一些特殊方法外,也可以用一般的信号处理方法进行处理。

对于电信号,一般可以用信号处理的方法进行处理,包括统计信号处理、自适应信号处理和谱分析等技术,其目的就在于抑制噪声,或将信号转换成更便于识别的形式。

**3. 特征提取和选择**

在目标识别中,需要先建立目标类,对于给定的目标样本,识别就是将其判为某一个目标类的过程。目标样本和目标类能进行从属关系判决的前提条件是,目标样本和目标类中的元素具有相似的特性(或称特征)。为此,需要对目标信息进行特征分析。特征分析包含两个方面:一个是分类特征的选择;另一个是特征表达方法的选择。

分类特征的选择是目标识别系统设计中非常重要而又关键的一步,与识别目的具有很大的相关性,同时也对领域专家知识有较强的依赖性。例如,在遥感图像目标识别中,需要结合判读专家的知识和经验,形成对目标的特征描述,如描述一个舰船目标,可选用舰船长度、宽度、矩形度等特征。

特征是用于描述目标特性的一种定量概念,通过对目标样本的分析得到一组特征,称这个过程为特征形成。特征一般有两种表达方法:一种是将特征表达为数值,另一种是将特征表达为基元。

(1) 特征的数值表达。样本用 $d$ 个数值来描述特征,构成特征向量,记为 $\boldsymbol{x}$ ,即

$$\boldsymbol{x} = (x_1, x_2, \cdots, x_d)^{\mathrm{T}}$$

式中:$\boldsymbol{x}$ 的每个分量 $x_i(i = 1,2,\cdots,d)$ 对应一个特征。

(2) 特征的基元表达。样本用 $d$ 个基元来描述,特征表述为一个句子,记为 $x$ ,即

$$x = x_1 x_2 \cdots x_d$$

式中:$x_i(i = 1,2,\cdots,d)$ 为基元,反映构成模式的基本要素。这种表达方式主要应用于结构模式识别。

通常用于描述样本性质的特征很多,需要从一组特征中挑选出一些最有效的特征以降低特征空间维数,即特征选择。此外,也可以通过映射(或变换)得到新的特征,即特征提取。例如,现有的遥感成像光谱仪波段数达数百个,如果直接用原始数据进行地物分类,则数据量太大导致计算复杂,且分类效果不一定好,因此可通过特征提取和选择的方法,由原始数据空间变换到新的特征空间,得到最能反映地物本质的特征,同时降低特征空间维数。

**4. 分类判决**

目标类是指具有相似特性的目标样本的集合,目标样本和目标类的关系就是元素和集合的关系。目标分类识别过程,事实上就是判定表征观察对象的元素和指定集合的从属关系的过程。当元素只和某个集合具有从属关系时,就将该对象判为集合对应的类;当元素和多个集合具有从属关系时,就可以任选一类进行判决,也可以拒绝判决;当元素和任何一个集合都不具有从属关系时,则不作分类判决,即拒绝判决。

分类判决由两个过程组成,即分类器设计和分类器应用。分类器设计是用一定数量的目标样本训练分类器,得到分类器模型。分类器应用就是利用设计出的分类器对待识别样本进行分类判决的过程。

在目标识别系统的 4 个组成部分中,信息获取和信息预处理主要涉及传感器、信号处理、图像处理等具体领域知识,不是本书的重点。本书主要讨论特征提取和选择方法,以及常用的分类器设计方法。

## 1.4 目标识别基本方法

目标识别的本质是实现元素(表征观察对象)和集合(表征目标类)的从属关系的判定过程,需要应用模式识别方法来实现。常用的模式识别方法主要包括统计模式识别、结构模式识别、模糊模式识别、神经网络模式识别和多分类器融合等。

**1. 统计模式识别**

统计模式识别把观察对象表达为一个随机向量,即特征向量,将模式类表达为有限或无限个具有相似特性的模式组成的集合。识别是从模式中提取一组特性的度量,构成特征向量来表示模式,然后通过划分特征空间的方式进行分类。

**2. 结构模式识别**

对于较复杂的样本,要对其充分描述需要很多数值特征,这会导致描述过于复杂。结构模式识别采用一些比较简单的子模式组成多级结构,来描述一个复杂模式。它首先将模式分解为若干个子模式,子模式又分解为更简单的子模式,依次分解,直至在某个研究水平上不再需要细分。最后一级最简单的子模式称为模式基元,对基元的识别比识别模式本身容易得多。

结构模式识别把观察对象表达为一个由基元组成的句子;将模式类表达为有限或无限个具有相似结构特性的模式组成的集合。基元构成模式所遵循的规则即为文法,或称句法。与统计模式识别类似,用已知类别的训练样本进行学习,得到产生这些模式的文法,这个学习和训练过程称为文法推断。因此,结构模式识别又称为句法模式识别。

在实际应用中,统计方法和句法方法往往相互配合、互相补充。一般地,采用统计方法完成基元的识别,再用句法的方法来表达模式的结构信息。

**3. 模糊模式识别**

模式识别的实质就是判定观察对象(元素)和模式类(集合)之间的从属关系。在传统集合论中,元素和集合的关系是非常绝对的,要么属于,要么不属于,两者必居其一,而且二者仅居其一,绝不模棱两可。基于传统集合论的判决方式称为硬判决,其中,待识别的对象只能是属于多类中的某一类。

模糊集合论采用隶属度来描述元素属于一个集合的程度,用来解决信息的不确定性问题。模糊模式识别是以模糊集合论为基础,对应的判决方式是一种软判决,识别结果是观察对象属于每一类的隶属度。

根据需要,利用某种规则可以把模糊模式识别的软判决结果转化为硬判决。此时,隶属度成了用于判决的一个二次特征。

**4. 神经网络模式识别**

人工神经网络简称神经网络,是由大量简单的处理单元广泛互联而成的复杂网络,是在现代生物学研究人脑组织所取得成果基础上提出的,用以模拟人类大脑神经网络结构和行为。

模式识别研究的是利用计算机实现人类的识别能力,而人对外界感知的主要生理基础就是神经系统。因此,根据人脑神经系统结构构造而成的人工神经网络系统具有用于模式识别的理论和结构基础。事实上,模式识别是人工神经网络应用最成功的领域之一。

神经网络模式识别主要利用人工神经网络的学习、记忆和归纳功能,先根据训练样本训练分类器,再利用分类器对待识别对象进行分类决策。

**5. 多分类器融合**

对于模式识别问题,其最终的目标是得到尽可能好的识别性能。为了实现这一目标,传统的做法是设计不同的分类器,再根据实验结果,选择一个最好的分类器作为最终的解决方法。近年来,对分类器的研究开始从单个分类器向多分类器融合方向发展。

多分类器融合也称多分类器集成,就是融合多个分类器信息,得到更加精确的分类(识别)结果。多分类器融合是信息融合技术在模式识别中的应用,利用多个分类器之间的互补性,能够有效地提高分类的准确度。

本书主要介绍统计模式识别、神经网络模式识别的相关方法。

## 1.5 评估方法与性能指标

前面已经介绍了目标识别系统组成以及基本方法,本节主要介绍在分类器设计过程中,如何使用训练样本对分类器性能进行评估,以及常用的性能指标。

### 1.5.1 评估方法

分类器设计过程中需要将数据集划分为训练集和测试集,训练集主要用于分类器模型的训练,测试集则是用于分类器性能的评估。数据集的划分方法主要包括留出法(hold-out)、交叉验证法(cross validation)和自助法(bootstrapping)等。

**1. 留出法**

留出法将数据集随机分为两个互斥的部分,其中一部分作为训练集,另一部分作为测试集。通常训练集和测试集的比例为 7∶3,同时在划分中尽可能保持数据分布的一致性,避免因数据划分引入额外偏差,影响最终结果。

为了克服单次随机划分带来的偏差,也可以将上述随机划分进行若干次,取量化指标的平均值(以及方差、最大值等)作为最终的性能评估结果,这实际上是蒙特卡罗思想。

**2. 交叉验证法**

交叉验证法主要包括 $K$ 折交叉验证法($K$-fold cross validation)和留一法(leave-one-out cross)。

$K$ 折交叉验证法是将数据集随机分为 $K$ 个大小相似的互斥子集,每次采用 $K-1$ 个子集作为训练集,剩下的那个子集作为测试集。重复 $K$ 次训练和测试,最后取这 $K$ 次的统计指标作为评估结果。

留一法是每次只取数据集中的一个样本作为测试集,剩余的作为训练集。每个样本测试一次,取所有评估值的平均值作为最终评估结果。这种方法等同于 $K$ 折交叉验证,此时 $K$ 为数据集样本总数。留一法计算最繁琐,但样本的利用率最高,因计算开销大,所以适合小样本的情况。

**3. 自助法**

自助法以自助采样为基础,每次随机地从样本集 $D$ (样本数量为 $m$ )中挑选一个样本,放入样本集 $D'$ 中,然后将该样本放回 $D$ 中,重复 $m$ 次之后,得到包含 $m$ 个样本的数据集 $D'$ 。可以证明,这种抽取方式, $D$ 中约有 1/3 的样本未出现在 $D'$ 中。将 $D'$ 作为训练集, $D \backslash D'$ 作为测试集进行分类器设计与测试。

自助法在数据集较小、难以有效划分训练集和测试集时非常有用,但自助法改变了初始数据集的分布,还会引入估计误差。

### 1.5.2 性能指标

分类器设计的好坏需要采用一定的性能指标来评估,常用的性能指标包括准确率、精确率、召回率、$F$ 分数等。对于一个二分类问题,将实例分为正类(positive)、负类(negative),则分类器有 4 种结果:

（1） TP（true positive）：正确的正例，即一个样本是正类并且被判定为正类；

（2） FN（false negative）：错误的反例，也称为漏报，是指本来为正类，但被判定为负类；

（3） FP（false positive）：错误的正例，也称为误报，是指本为负类，但被判定为正类；

（4） TN（true negative）：正确的反例，即一个样本为负类并且被判定为负类。

下面给出常用性能指标的定义。

**1. 准确率（accuracy）**

所有预测正确的样本占样本总数的比例，即

$$\text{accuracy} = \frac{\text{TP} + \text{TN}}{\text{TP} + \text{TN} + \text{FP} + \text{FN}}$$

准确率能够判断总的正确率，但是在样本不均衡的情况下，并不能作为很好的指标来衡量结果。在样本不均衡的情况下，高准确率没有任何意义，此时准确率就会失效。例如一个肿瘤医生看病，不经检验就告诉每个患者他们没有患病，此时判断的准确率为99.6%，这是因为癌症患病率约为0.4%，显然准确率的意义就不大。

**2. 精确率（precision）**

精确率又称为查准率，即正确预测为正的占全部预测为正的样本比例。它强调的是不准错，宁愿漏检也不能判断有错。

$$\text{precision} = \frac{\text{TP}}{\text{TP} + \text{FP}}$$

精确率代表对正样本结果准确程度的度量。

**3. 召回率（recall）**

召回率也称为敏感度，是指全部正样本中被预测为正的样本比例，即

$$\text{recall} = \frac{\text{TP}}{\text{TP} + \text{FN}}$$

**4. *F* 分数（*F*-score）**

精确率和召回率是相互影响的，理想情况下我们希望两个都高，但是实际中二者是相互制约的，追求精确率高，则召回率就低；反之召回率高，精确率就会受到影响。通常会综合考虑这两个指标，最常见的就是 $F$ 分数，它通过加权综合精确率和召回率，其定义式为

$$F = \frac{(a^2 + 1) \times \text{precision} \times \text{recall}}{a^2 \times \text{precision} + \text{recall}}$$

式中：$a$ 为加权系数。当 $a = 1$ 时，二者一样重要；当 $a < 1$ 时，精确率比召回率重要；当 $a > 1$ 时，召回率比精确率重要。

# 第2章　目标特征提取和选择

## 2.1　引言

在目标识别中，可以利用的特征主要来自各类传感器获取的目标信息，这些特征数量有时能达到数十甚至数百个。特征数量多有利于目标识别，但也会导致计算复杂性显著提高。此外，特征之间难免存在一定的相关性，这就会出现识别性能好的特征组合为一个特征向量时，性能提高有限的情况。因此，特征的数量不是越多越好，而是越有效越好。

什么样的特征有效呢？一般来说，满足类内稳定、类间差异的特征更有利于目标分类识别。类内稳定是指描述同一类目标的特征在取值上应该具有较好的稳定性，类间差异是指同一特征对于不同类别目标应该具有一定的差异性。各类传感器获取的目标特征有些满足类内稳定、类间差异的要求，有的则可能不满足，不能作为目标识别的依据。这就需要对原始信息进行处理，去除对识别作用不大的特征，在保证识别性能前提下，降低特征空间的维数，进而减少分类识别方法的复杂度。

特征提取和选择就是要从众多特征中获得对目标识别最有效的特征。特征提取是指通过映射（或变换）的方法获取最有效的特征，实现特征空间的维数从高维到低维的变换；特征选择是指从一组特征中挑选出对分类识别最有效的特征，实现降低特征空间维数的目的。

## 2.2　特征评价准则

在实际应用中，特征提取与选择的方法很多，究竟哪种方法最有效需要通过构造某种准则来评判，我们将这种准则称为类别可分性判据。它需要很好地反映各类别之间的可分性，同时能够刻画特征在分类识别中的重要性或贡献。设 $J_{ij}$ 为第 $i$、$j$ 两类间的可分性判据，那么 $J_{ij}$ 需要满足以下要求：

（1）与错误概率（或是错误概率的上下界）有单调关系，即判据的极大值（或极小值）对应的错误概率达到最小值。

（2）判据应具有"距离"的某些特性（非负性和对称性），即

$$\begin{aligned} &J_{ij} > 0 \quad i \neq j \\ &J_{ij} = 0 \quad i = j \\ &J_{ij} = J_{ji} \end{aligned} \tag{2-1}$$

（3）可加性。当各个特征相互独立时，判据具有可加性，即

$$J_{ij}(x_1, x_2, \cdots, x_d) = \sum_{k=1}^{d} J_{ij}(x_k) \tag{2-2}$$

式中：$x_k(k=1,2,\cdots,d)$ 为第 $k$ 特征分量。

（4）单调性。对于特征向量而言，加入新的特征分量不会减少判据值，即

$$J_{ij}(x_1,x_2,\cdots,x_d) \leqslant J_{ij}(x_1,x_2,\cdots,x_d,x_{d+1}) \tag{2-3}$$

### 2.2.1　基于距离的可分性判据

目标识别结果实际上是将目标特征空间划分为不同类别的决策区域。为了有利于分类识别，我们总是希望不同类别目标样本在特征空间的不同区域，同时不同类别的区域应该完全没有重叠或重叠部分较小，这样类别的可分性才会越好。因此，可以利用类别之间的距离构造可分性判据。

**1. 两类之间的距离**

设两类为 $\omega_i$、$\omega_j$，分别有 $N_i$、$N_j$ 个样本，即

$$\omega_i = \{\boldsymbol{x}_1^i,\boldsymbol{x}_2^i,\cdots,\boldsymbol{x}_{N_i}^i\} \tag{2-4}$$

$$\omega_j = \{\boldsymbol{x}_1^j,\boldsymbol{x}_2^j,\cdots,\boldsymbol{x}_{N_j}^j\} \tag{2-5}$$

两类间的距离 $D_{\omega_i\omega_j}$ 可由下式给出：

$$D_{\omega_i\omega_j} = \frac{1}{N_iN_j}\sum_{r=1}^{N_i}\sum_{s=1}^{N_j}D(\boldsymbol{x}_r^i,\boldsymbol{x}_s^j) \tag{2-6}$$

式中：$D(\boldsymbol{x}_r^i,\boldsymbol{x}_s^j)$ 为向量 $\boldsymbol{x}_r^i$、$\boldsymbol{x}_s^j$ 间的距离。由向量间距离的对称性可知，类间距离也具有对称性。

常用的点间距离有以下几种：

（1）欧氏（Euclidean）距离：

$$D(\boldsymbol{x},\boldsymbol{y}) = \left[\sum_{i=1}^{d}(x_i-y_i)^2\right]^{\frac{1}{2}} \tag{2-7}$$

式中：$d$ 为特征向量的维数。

（2）加权欧氏距离：

$$D(\boldsymbol{x},\boldsymbol{y}) = \left[\sum_{i=1}^{d}w_i(x_i-y_i)^2\right]^{\frac{1}{2}} \tag{2-8}$$

式中：$w_i$ 为加权系数，满足 $\sum\limits_{i=1}^{d}w_i=1$。

（3）汉明（Haming）距离：

$$D(\boldsymbol{x},\boldsymbol{y}) = \sum_{i=1}^{d}|x_i-y_i| \tag{2-9}$$

（4）明可夫斯基（Minkowsky）距离：

$$D(\boldsymbol{x},\boldsymbol{y}) = \left[\sum_{i=1}^{d}|x_i-y_i|^q\right]^{\frac{1}{q}} \tag{2-10}$$

式中：$q=1$ 时，$D(\boldsymbol{x},\boldsymbol{y})$ 为汉明距离；$q=2$ 时，$D(\boldsymbol{x},\boldsymbol{y})$ 为欧氏距离。

（5）切比雪夫（Chebyshev）距离：

$$D(\boldsymbol{x},\boldsymbol{y}) = \max_{1\leqslant i\leqslant d}|x_i-y_i| \tag{2-11}$$

（6）马氏（Mahalanobis）距离：设 $\boldsymbol{x}$、$\boldsymbol{y}$ 是服从同一分布且协方差矩阵为 $\boldsymbol{\Sigma}$ 的随机向

量,则

$$D^2(\boldsymbol{x},\boldsymbol{y}) = (\boldsymbol{x}-\boldsymbol{y})^{\mathrm{T}}\boldsymbol{\Sigma}^{-1}(\boldsymbol{x}-\boldsymbol{y}) \tag{2-12}$$

称为两个随机向量之间的马氏距离,它表示的是变量之间的协方差距离。

不难发现,如果去掉马氏距离中的协方差矩阵,就退化为欧氏距离。那么增加协方差矩阵的意义何在呢?我们通过一个例子来加以说明。

**例 2-1** 已知有两类产品 $G_1$ 和 $G_2$,其中 $G_1$ 是设备 A 生产的,$G_2$ 是设备 B 生产的同类产品。如果用耐磨度来评价两台设备生产产品的质量,设备 A 的产品质量高,其平均耐磨度 $\mu_1=80$,反映设备精度的方差 $\sigma_1^2=0.25$;设备 B 的产品质量较高,其平均耐磨度 $\mu_2=75$,反映设备精度的方差 $\sigma_2^2=4$;现有产品 $X_0$,测得其耐磨度为 $x_0=78$,请判断该产品是哪台设备生产的?

**解:**如果距离度量采用欧氏距离,则会判断该产品是由设备 A 生产出来的,但从设备 A 产品耐磨度方差可知,设备 A 生产出耐磨度为 78 的产品的概率很小,而设备 B 产品耐磨度方差较大,生产出耐磨度为 78 的产品的概率很大,因此,考虑到设备生产质量的方差,采用马氏距离更为合适,此时

$$\frac{(x_0-\mu_1)^2}{\sigma_1^2}=16>\frac{(x_0-\mu_2)^2}{\sigma_2^2}=2.25$$

因此,判断 $X_0$ 是由设备 B 生产出来的。

图 2-1 给出了马氏距离与欧氏距离比较,图中圆圈是由到原点的等距离点构成。由图 2-1(a)可知,欧氏距离没有考虑样本点的空间分布特点;图 2-1(b)中采用马氏距离,由于马氏距离是一种统计距离,考虑了样本不同维度上的统计特性(方差)。

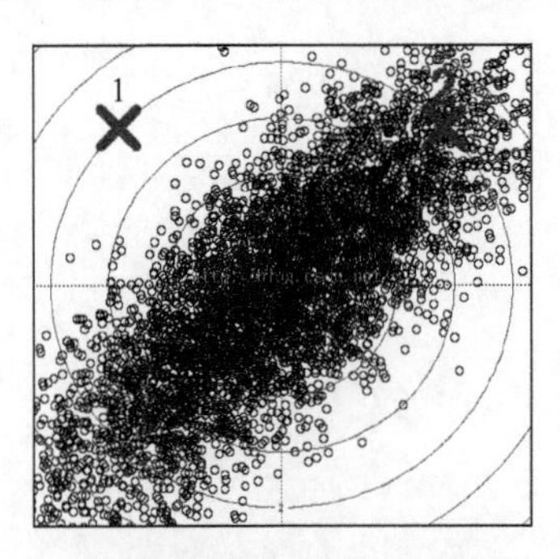


(a) 欧氏距离的等距离点示意图

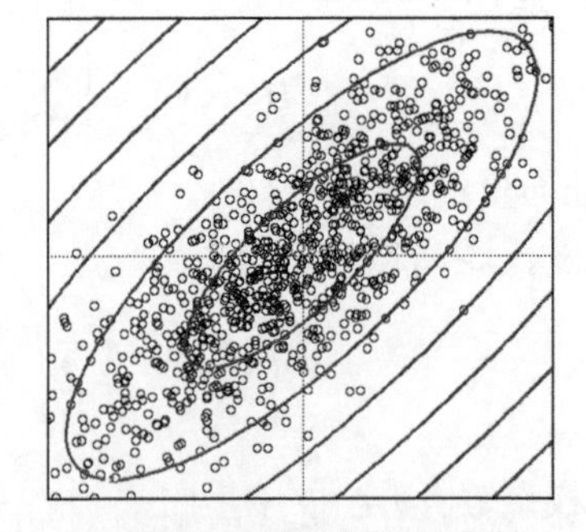

(b) 马氏距离的等距离点示意图

图 2-1 欧氏距离和马氏距离示意图

**2. 样本的类内、类间及总体离散度矩阵**

为了描述不同类别目标的样本在特征空间的分布情况,这里给出类内离散度矩阵、类间离散度矩阵和总体离散度矩阵的概念及定义式。

1) 类内离散度矩阵

类内离散度矩阵也称类内散布矩阵,反映了同类样本的聚集程度,其定义为

$$\boldsymbol{S}_{\omega}=\sum_{i=1}^{m}P(\omega_i)\,\boldsymbol{S}_{\omega_i} \tag{2-13}$$

式中:$P(\omega_i)$ 是 $\omega_i$ 类的先验概率;$\boldsymbol{S}_{\omega_i}$ 是 $\omega_i$ 类的协方差矩阵,其定义式为

$$S_{\omega_i} = E[(\boldsymbol{x} - \boldsymbol{\mu}_i)(\boldsymbol{x} - \boldsymbol{\mu}_i)^{\mathrm{T}}] \tag{2-14}$$

式中:$\boldsymbol{\mu}_i$ 是 $\omega_i$ 类的均值向量。

2) 类间离散度矩阵

类间离散度矩阵也称类间散布矩阵,反映了不同类之间的离散程度,其定义为

$$\boldsymbol{S}_b = \sum_{i=1}^{m} P(\omega_i)(\boldsymbol{\mu}_i - \boldsymbol{\mu})(\boldsymbol{\mu}_i - \boldsymbol{\mu})^{\mathrm{T}} \tag{2-15}$$

式中:$\boldsymbol{\mu}$ 是全局平均向量,计算公式为

$$\boldsymbol{\mu} = \sum_{i=1}^{m} P(\omega_i)\boldsymbol{\mu}_i \tag{2-16}$$

3) 总体离散度矩阵

总体离散度矩阵是总体样本的协方差矩阵,其定义为

$$\boldsymbol{S} = E[(\boldsymbol{x} - \boldsymbol{\mu})(\boldsymbol{x} - \boldsymbol{\mu})^{\mathrm{T}}] \tag{2-17}$$

可以证明

$$\boldsymbol{S} = \boldsymbol{S}_w + \boldsymbol{S}_b \tag{2-18}$$

**3. 各类样本之间的平均距离**

设 $N$ 个样本分别属于 $m$ 类, $\omega_i = \{x_k^i, k = 1,2,\cdots,N_i\}$, $i = 1,2,\cdots,m$ ,各类样本之间的平均距离为

$$J(\boldsymbol{x}) = \frac{1}{2}\sum_{i=1}^{m} \tilde{P}(\omega_i) \sum_{j=1}^{m} \tilde{P}(\omega_j) \frac{1}{N_i N_j}\sum_{r=1}^{N_i}\sum_{s=1}^{N_j} D(x_r^i, x_s^j) \tag{2-19}$$

式中:$\widetilde{P}(\omega_i)$ 是先验概率 $P(\omega_i)$ 的估计,即

$$\widetilde{P}(\omega_i) = N_i/N \quad i = 1,2,\cdots,m \tag{2-20}$$

这里, $N$ 为样本总数,且有 $N = \sum_{i=1}^{m} N_i$ 。

若点间距离取欧氏距离的平方,以 $\widetilde{\boldsymbol{\mu}}_i$ 表示第 $i$ 类样本平均,以 $\widetilde{\boldsymbol{\mu}}$ 表示 $\widetilde{\boldsymbol{\mu}}_i$ 的统计平均值,即

$$D(\boldsymbol{x},\boldsymbol{y}) = (\boldsymbol{x} - \boldsymbol{y})^{\mathrm{T}}(\boldsymbol{x} - \boldsymbol{y}) \tag{2-21}$$

$$\widetilde{\boldsymbol{\mu}}_i = \frac{1}{N_i}\sum_{r=1}^{N_i} \boldsymbol{x}_r^i \tag{2-22}$$

$$\widetilde{\boldsymbol{\mu}} = \sum_{i=1}^{m} \widetilde{P}(\omega_i)\widetilde{\boldsymbol{\mu}}_i = \frac{1}{N}\sum_{i=1}^{m}\sum_{r=1}^{N_i} \boldsymbol{x}_r^i \tag{2-23}$$

式(2-19)则化为

$$\begin{aligned} J(\boldsymbol{x}) &= \frac{1}{2}\sum_{i=1}^{m} \widetilde{P}(\omega_i) \sum_{j=1}^{m} \widetilde{P}(\omega_j) \frac{1}{N_i N_j}\sum_{r=1}^{N_i}\sum_{s=1}^{N_j} D(\boldsymbol{x}_r^i, \boldsymbol{x}_s^j) \\ &= \sum_{i=1}^{m} \widetilde{P}(\omega_i)\left[\frac{1}{N_i}\sum_{r=1}^{N_i} (\boldsymbol{x}_r^i - \widetilde{\boldsymbol{\mu}}_i)^{\mathrm{T}}(\boldsymbol{x}_r^i - \widetilde{\boldsymbol{\mu}}_i) + (\widetilde{\boldsymbol{\mu}}_i - \widetilde{\boldsymbol{\mu}})^{\mathrm{T}}(\widetilde{\boldsymbol{\mu}}_i - \widetilde{\boldsymbol{\mu}})\right] \end{aligned} \tag{2-24}$$

且有关系式:

$$\sum_{i=1}^{m}\widetilde{P}(\omega_i)(\widetilde{\boldsymbol{\mu}}_i-\widetilde{\boldsymbol{\mu}})^{\mathrm{T}}(\widetilde{\boldsymbol{\mu}}_i-\widetilde{\boldsymbol{\mu}})=\frac{1}{2}\sum_{i=1}^{m}\widetilde{P}(\omega_i)\sum_{j=1}^{m}\widetilde{P}(\omega_j)(\widetilde{\boldsymbol{\mu}}_i-\widetilde{\boldsymbol{\mu}}_j)^{\mathrm{T}}(\widetilde{\boldsymbol{\mu}}_i-\widetilde{\boldsymbol{\mu}}_j) \tag{2-25}$$

令

$$\widetilde{\boldsymbol{S}}_b=\sum_{i=1}^{m}\widetilde{P}(\omega_i)(\widetilde{\boldsymbol{\mu}}_i-\widetilde{\boldsymbol{\mu}})(\widetilde{\boldsymbol{\mu}}_i-\widetilde{\boldsymbol{\mu}})^{\mathrm{T}}=\frac{1}{N}\sum_{i=1}^{m}N_i(\widetilde{\boldsymbol{\mu}}_i-\widetilde{\boldsymbol{\mu}})(\widetilde{\boldsymbol{\mu}}_i-\widetilde{\boldsymbol{\mu}})^{\mathrm{T}} \tag{2-26}$$

$$\widetilde{\boldsymbol{S}}_w=\sum_{i=1}^{m}\widetilde{P}(\omega_i)\frac{1}{N_i}\sum_{r=1}^{N_i}(\boldsymbol{x}_r^i-\widetilde{\boldsymbol{\mu}}_i)(\boldsymbol{x}_r^i-\widetilde{\boldsymbol{\mu}}_i)^{\mathrm{T}}=\frac{1}{N}\sum_{i=1}^{m}\sum_{r=1}^{N_i}(\boldsymbol{x}_r^i-\widetilde{\boldsymbol{\mu}}_i)(\boldsymbol{x}_r^i-\widetilde{\boldsymbol{\mu}}_i)^{\mathrm{T}} \tag{2-27}$$

则有

$$J(\boldsymbol{x})=\mathrm{tr}(\widetilde{\boldsymbol{S}}_w+\widetilde{\boldsymbol{S}}_b) \tag{2-28}$$

式(2-26)~式(2-28)的$\widetilde{\boldsymbol{\mu}}_i$,$\widetilde{\boldsymbol{\mu}}$,$\widetilde{\boldsymbol{S}}_w$,$\widetilde{\boldsymbol{S}}_b$是利用有限样本集得到的类均值$\boldsymbol{\mu}_i$、总体均值$\boldsymbol{\mu}$、类内离散度矩阵$\boldsymbol{S}_w$和类间离散度矩阵$\boldsymbol{S}_b$的估计值。

$\boldsymbol{S}_w$,$\boldsymbol{S}_b$,$\boldsymbol{S}$是对称矩阵,任意对称矩阵都可以经过正交变换对角化,且对角线上的元素为矩阵的特征值。由离散度矩阵的定义可知,离散度矩阵对角线上的元素具有方差、均方距离等含义,且元素之间相互独立。正交变换为相似变换,变换后矩阵的迹不变、行列式值不变,因此可以用$\boldsymbol{S}_w$,$\boldsymbol{S}_b$,$\boldsymbol{S}$的迹或行列式来构造可分性判据,使判据直观地反映类间离散度尽量大,同时类内离散度尽量小。常用的判据有

$$J_1=\frac{|\boldsymbol{S}_b|}{|\boldsymbol{S}_w|} \tag{2-29}$$

$$J_2=\mathrm{tr}(\boldsymbol{S}_w^{-1}\boldsymbol{S}_b) \tag{2-30}$$

$$J_3=\ln\left[\frac{|\boldsymbol{S}_b|}{|\boldsymbol{S}_w|}\right] \tag{2-31}$$

$$J_4=\frac{\mathrm{tr}(\boldsymbol{S}_b)}{\mathrm{tr}(\boldsymbol{S}_w)} \tag{2-32}$$

$$J_5=\frac{|\boldsymbol{S}_w+\boldsymbol{S}_b|}{|\boldsymbol{S}_w|}=\frac{|\boldsymbol{S}|}{|\boldsymbol{S}_w|}=|\boldsymbol{S}_w^{-1}\boldsymbol{S}| \tag{2-33}$$

为了有效地分类,它们的值越大越好。

基于距离的可分性判据虽然简单直观,但只是对于类间无重叠的情况效果较好,若类间存在重叠,则效果会受到影响。基于概率密度函数的可分性判据能够较好地解决类间有重叠的问题。

### 2.2.2 基于概率密度函数的可分性判据

基于概率密度函数的可分性判据主要考虑目标不同类别样本的统计特性。考虑如图2-2所示两种极端情况,图2-2(a)中两类是完全可分的;图2-2(b)中两类是完全重叠的,可以看出两类概率密度函数的重叠程度反映了两类的可分性。因此,可以利用类条件概率密度函数构造可分性判据,从类别的统计特性上度量类别的可分程度。

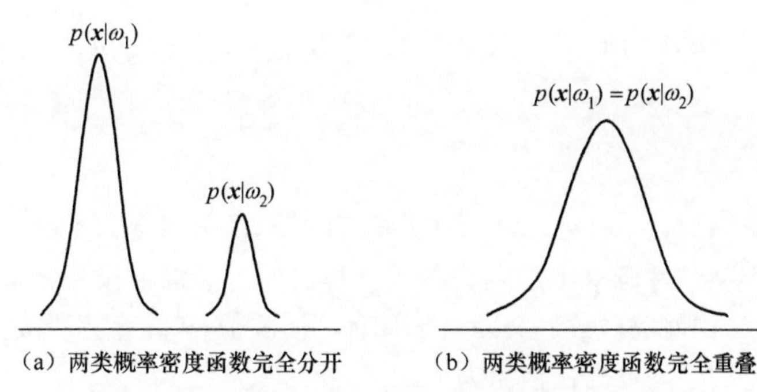

(a) 两类概率密度函数完全分开 (b) 两类概率密度函数完全重叠

图 2-2 一维情况下两类类条件概率密度分布情况

基于类条件概率密度函数 $p(\boldsymbol{x}|\omega_1)$ 、$p(\boldsymbol{x}|\omega_2)$ 的可分性判据 $J_p$ 应满足以下 4 个条件:

(1) 非负性:

$$J_p \geqslant 0$$

(2) 对称性:

$$J_p[p(\boldsymbol{x}|\omega_1),p(\boldsymbol{x}|\omega_2)] = J_p[p(\boldsymbol{x}|\omega_2),p(\boldsymbol{x}|\omega_1)] \tag{2-34}$$

(3) 最大值:当两类完全可分时, $J_p$ 具有最大值。

(4) 最小值:当两类完全不可分时, $J_p$ 具有最小值,即 $J_p = 0$。

下面介绍 3 种典型的基于概率密度函数的可分性判据。

**1. 巴氏(Bhattacharyya)距离**

巴氏距离的定义式为

$$J_B = -\ln\int[p(\boldsymbol{x}|\omega_1)p(\boldsymbol{x}|\omega_2)]^{\frac{1}{2}}\mathrm{d}x \tag{2-35}$$

它与最小错误概率判决准则的错误概率 $P_e$ 具有如下关系:

$$P_e \leqslant [P(\omega_1)P(\omega_2)]^{\frac{1}{2}}\exp(-J_B) \tag{2-36}$$

证明过程如下:

$$\begin{aligned}P_e &= P(\omega_1)\int_{R_2}p(\boldsymbol{x}|\omega_1)\mathrm{d}\boldsymbol{x} + P(\omega_2)\int_{R_1}p(\boldsymbol{x}|\omega_2)\mathrm{d}\boldsymbol{x}\\ &= \int\min\{P(\omega_1)p(\boldsymbol{x}|\omega_1),P(\omega_2)p(\boldsymbol{x}|\omega_2)\}\mathrm{d}\boldsymbol{x}\\ &\leqslant \int[P(\omega_1)p(\boldsymbol{x}|\omega_1)P(\omega_2)p(\boldsymbol{x}|\omega_2)]^{\frac{1}{2}}\mathrm{d}\boldsymbol{x}\\ &= [P(\omega_1)P(\omega_2)]^{\frac{1}{2}}\exp(-J_B)\end{aligned}$$

**2. 切诺夫(Chernoff)界限距离**

切诺夫界限距离的定义式为

$$J_c = -\ln\int p^s(\boldsymbol{x}|\omega_1)p^{1-s}(\boldsymbol{x}|\omega_2)\mathrm{d}\boldsymbol{x} \quad s\in[0,1] \tag{2-37}$$

由定义式可见,当 $s = 1/2$ 时,切诺夫界限距离就是巴氏距离。

一般情况下, $J_c$ 的计算比较困难,当 $\omega_1$、$\omega_2$ 的类条件概率密度函数分别为正态分布密度函数 $(\boldsymbol{\mu}_1,\boldsymbol{\Sigma}_1)$ 和 $(\boldsymbol{\mu}_2,\boldsymbol{\Sigma}_2)$ 时,可以推导出

$$J_c = \frac{1}{2}s(1-s)(\boldsymbol{\mu}_1 - \boldsymbol{\mu}_2)^{\mathrm{T}}[(1-s)\boldsymbol{\Sigma}_1 + s\boldsymbol{\Sigma}_2]^{-1}(\boldsymbol{\mu}_1 - \boldsymbol{\mu}_2) + \frac{1}{2}\ln\left|\frac{|(1-s)\boldsymbol{\Sigma}_1 + s\boldsymbol{\Sigma}_2|}{|\boldsymbol{\Sigma}_1|^{1-s}|\boldsymbol{\Sigma}_2|^{s}}\right| \tag{2-38}$$

**3. 散度**

对于给定某个阈值，$p(\boldsymbol{x}|\omega_i)/p(\boldsymbol{x}|\omega_j)$ 越大（越小），对判决类 $\omega_i$ 来讲可分性越好，该比值反映了两类类条件概率密度函数的重叠程度。为了保证概率密度函数完全重叠时判据为零，应对该比值取对数。又因为 $\boldsymbol{x}$ 具有不同的值，应该考虑类 $\omega_i$ 的均值。定义类 $\omega_i$ 相对于类 $\omega_j$ 的平均可分性信息为

$$I_{ij} = E\left[\ln\frac{p(\boldsymbol{x}|\omega_i)}{p(\boldsymbol{x}|\omega_j)}\right] = \int p(\boldsymbol{x}|\omega_i)\ln\frac{p(\boldsymbol{x}|\omega_i)}{p(\boldsymbol{x}|\omega_j)}\mathrm{d}\boldsymbol{x} \tag{2-39}$$

类 $\omega_j$ 相对于类 $\omega_i$ 的平均可分性信息为

$$I_{ji} = E\left[\ln\frac{p(\boldsymbol{x}|\omega_j)}{p(\boldsymbol{x}|\omega_i)}\right] = \int p(\boldsymbol{x}|\omega_j)\ln\frac{p(\boldsymbol{x}|\omega_j)}{p(\boldsymbol{x}|\omega_i)}\mathrm{d}\boldsymbol{x} \tag{2-40}$$

对于 $\omega_i$ 和 $\omega_j$ 两类总的平均可分性信息称为散度，其定义为

$$J_D = I_{ij} + I_{ji} \tag{2-41}$$

将式(2-39)、式(2-40)代入可得

$$J_D = \int[p(\boldsymbol{x}|\omega_i) - p(\boldsymbol{x}|\omega_i)]\ln\frac{p(\boldsymbol{x}|\omega_i)}{p(\boldsymbol{x}|\omega_j)}\mathrm{d}\boldsymbol{x} \tag{2-42}$$

### 2.2.3 基于熵函数的可分性判据

由信息论可知，对于一组概率分布而言，分布越均匀，平均信息量越大，分类的错误概率越大；分布越接近 0-1 分布，平均信息量越小，分类的错误概率越小，可分性越好。因此，可以建立基于熵函数的可分性判据，其中熵函数表征平均信息量。

对于后验概率 $P(\omega_i|\boldsymbol{x})$ 而言，分类效果最不好的情形为 $m$ 类分布等概率的情形，即

$$P(\omega_i|\boldsymbol{x}) = \frac{1}{m} \quad i = 1,2,\cdots,m \tag{2-43}$$

分类时任取一类判决，正确率为 $1/m$，错误率为 $(m-1)/m$。

若后验概率为 $0-1$ 分布，即

$$P(\omega_i|\boldsymbol{x}) = 1,\ 且\ P(\omega_j|\boldsymbol{x}) = 0 \quad j \neq i \tag{2-44}$$

则应判 $\boldsymbol{x}$ 对应的类别是第 $i$ 类，错误概率等于 0。

从特征提取与选择的角度看，人们希望采用具有最小不确定性的那些特征进行分类，也就是保留熵函数小的特征。为此可定义基于熵函数的可分性判据：

$$H = f(P(\omega_1|\boldsymbol{x}),\cdots,P(\omega_m|\boldsymbol{x})) \tag{2-45}$$

由式(2-45)可知，$H$ 是 $P(\omega_1|\boldsymbol{x}),P(\omega_2|\boldsymbol{x}),\cdots,P(\omega_m|\boldsymbol{x})$ 的函数，满足以下几个条件：

(1) 非负性：

$$H \geqslant 0 \tag{2-46}$$

(2) 对称性：

$$H = f(P(\omega_1|\boldsymbol{x}),P(\omega_2|\boldsymbol{x}),\cdots,P(\omega_m|\boldsymbol{x}))$$

$$=f(P(\omega_2|\boldsymbol{x}),P(\omega_1|\boldsymbol{x}),\cdots,P(\omega_m|\boldsymbol{x}))$$
$$=\cdots$$
$$=f(P(\omega_m|\boldsymbol{x}),\cdots,P(\omega_1|\boldsymbol{x})) \tag{2-47}$$

（3）最小值：完全可分出现在后验概率为 0 - 1 分布的情形：

$$\begin{cases} P(\omega_i|\boldsymbol{x})=1 & i=i_0 \\ P(\omega_i|\boldsymbol{x})=0 & i\neq i_0 \end{cases} \tag{2-48}$$

此时信息熵具有最小值。

（4）最大值：最大值对应分类效果最不好的情形。在多类情况下，分类效果最差的情况是各类后验概率相等，即

$$H=f(P(\omega_1|\boldsymbol{x}),P(\omega_2|\boldsymbol{x}),\cdots,P(\omega_m|\boldsymbol{x}))\leqslant f\left(\frac{1}{m},\frac{1}{m},\cdots,\frac{1}{m}\right) \tag{2-49}$$

满足上述性质的广义熵表达形式很多，作为一个广义熵的表述，其定义为

$$H^{\alpha}(P(\omega_1|\boldsymbol{x}),P(\omega_2|\boldsymbol{x}),\cdots,P(\omega_m|\boldsymbol{x}))=(2^{1-\alpha}-1)^{-1}\left[\sum_{i=1}^{m}P^{\alpha}(\omega_i|\boldsymbol{x})-1\right] \tag{2-50}$$

式中：$\alpha$ 是一正实参数，$\alpha\neq 1$。对应不同的 $\alpha$ 值，可得到不同的可分性判据。

当 $\alpha\rightarrow 1$ 时，根据洛必达法则可得香农熵

$$H^{1}(P)=-\sum_{i=1}^{m}P(\omega_i|\boldsymbol{x})\log_2 P(\omega_i|\boldsymbol{x}) \tag{2-51}$$

当 $\alpha=2$ 时，可以得到平方熵

$$H^{2}(P)=2\left[1-\sum_{i=1}^{m}P^{2}(\omega_i|\boldsymbol{x})\right] \tag{2-52}$$

由于需要考虑特征空间中每个样本点的熵函数，因此用熵函数在整个特征空间的统计平均

$$J_H=E[H^{\alpha}(P(\omega_1|\boldsymbol{x}),P(\omega_2|\boldsymbol{x}),\cdots,P(\omega_m|\boldsymbol{x}))] \tag{2-53}$$

作为可分性判据。

## 2.3　特征提取方法

特征提取通过变换的方法实现对原始特征空间维数的压缩。从数学上看，任何定义在原始特征空间上的任何数学计算都是一种变换。本节主要讨论线性变换，其基本思路如下：对于 $n$ 个原始特征构成的特征向量 $\boldsymbol{x}=(x_1,x_2,\cdots,x_n)^{\mathrm{T}}$，特征提取就是对 $\boldsymbol{x}$ 作线性变换，产生 $d$ 维向量 $\boldsymbol{y}=(y_1,y_2,\cdots,y_d)^{\mathrm{T}}$，$d\leqslant n$，即

$$\boldsymbol{y}=\boldsymbol{W}^{\mathrm{T}}\boldsymbol{x} \tag{2-54}$$

式中：$\boldsymbol{W}=\boldsymbol{W}_{n\times d}$ 称为特征提取矩阵或称变换矩阵。基于可分性判据的特征提取就是在一定的可分性判据下，求最优的变换矩阵 $\boldsymbol{W}$。

### 2.3.1　基于距离可分性判据的特征提取方法

基于距离的可分性判据反映了一个基本思想，即类内聚集和类间离散的要求。下面

我们以 $J_2$ 准则为例讨论特征提取的方法。

设 $\boldsymbol{S}_w$ 和 $\boldsymbol{S}_b$ 为原始特征空间的类内离散度矩阵和类间离散度矩阵，$\boldsymbol{S}_w^*$ 和 $\boldsymbol{S}_b^*$ 为变换后特征空间的类内离散度矩阵和类间离散度矩阵，$\boldsymbol{W}$ 为变换矩阵。则有

$$\boldsymbol{S}_w^* = \boldsymbol{W}^{\mathrm{T}} \boldsymbol{S}_w \boldsymbol{W} \tag{2-55}$$

$$\boldsymbol{S}_b^* = \boldsymbol{W}^{\mathrm{T}} \boldsymbol{S}_b \boldsymbol{W} \tag{2-56}$$

在变换域中

$$J_2(\boldsymbol{W}) = \mathrm{tr}[(\boldsymbol{S}_w^*)^{-1} \boldsymbol{S}_b^*] = \mathrm{tr}[(\boldsymbol{W}^{\mathrm{T}} \boldsymbol{S}_w \boldsymbol{W})^{-1} (\boldsymbol{W}^{\mathrm{T}} \boldsymbol{S}_b \boldsymbol{W})] \tag{2-57}$$

为了求使 $J_2(\boldsymbol{W})$ 最大的变换矩阵，就要求 $J_2(\boldsymbol{W})$ 对 $\boldsymbol{W}$ 的各分量的偏导数为零。这里我们不做详细的推导，只给出求解变换矩阵的解析解法。

设矩阵 $\boldsymbol{S}_w^{-1} \boldsymbol{S}_b$ 的特征值为 $\lambda_1, \lambda_2, \cdots, \lambda_n$，按大小顺序排列为

$$\lambda_1 \geqslant \lambda_2 \geqslant \cdots \geqslant \lambda_n$$

相应的正交化、归一化的特征向量为

$$\boldsymbol{\mu}_1, \boldsymbol{\mu}_2, \cdots, \boldsymbol{\mu}_n$$

选前 $d$ 个特征向量作为变换矩阵：

$$\boldsymbol{W} = [\boldsymbol{\mu}_1, \boldsymbol{\mu}_2, \cdots, \boldsymbol{\mu}_d]_{n \times d}$$

此结论对 $J_4$ 判据也适用。

### 2.3.2 基于概率密度函数可分性判据的特征提取方法

基于概率密度函数可分性判据的特征提取方法需要知道各类的概率密度函数解析形式，难度较大，计算量也较大。一般地，只有当概率密度函数为某些特殊的函数形式时才便于使用，这里只研究多元正态分布的两类问题。

对于基于概率密度函数可分性判据的特征提取方法而言，通常选用的变换仍为线性变换，设 $n$ 维原始特征向量 $\boldsymbol{x}$ 经线性变换后得到的特征向量为 $\boldsymbol{y}$，即

$$\boldsymbol{y} = \boldsymbol{W}^{\mathrm{T}} \boldsymbol{x} \tag{2-58}$$

在映射后的特征空间内建立某种准则函数，使它为变换矩阵 $\boldsymbol{W}$ 的函数：

$$J_{\mathrm{c}} = J_{\mathrm{c}}(\boldsymbol{W}) \tag{2-59}$$

式中：$J_{\mathrm{c}}$ 为基于概率密度函数的可分性判据，如前面介绍的巴氏距离和切诺夫界限距离等可分性判据。通过求解判据的极值点即可得到使映射后的特征组可分性最好的变换矩阵。在 $J_{\mathrm{c}}(\boldsymbol{W})$ 可微的情况下，就是求解偏微分方程：

$$\frac{\partial J_{\mathrm{c}}(\boldsymbol{W})}{\partial \boldsymbol{W}} = \boldsymbol{0} \tag{2-60}$$

下面以切诺夫界限距离为例，分析特征提取方法。当两类都是正态分布时，两类的分布函数为

$$p(\boldsymbol{x} | \omega_1) = \frac{1}{(2\pi)^{n/2} |\boldsymbol{\Sigma}_1|^{1/2}} \exp\left[ -\frac{1}{2} (\boldsymbol{x} - \boldsymbol{u}_1)^{\mathrm{T}} \boldsymbol{\Sigma}_1^{-1} (\boldsymbol{x} - \boldsymbol{u}_1) \right] \tag{2-61}$$

$$p(\boldsymbol{x} | \omega_2) = \frac{1}{(2\pi)^{n/2} |\boldsymbol{\Sigma}_2|^{1/2}} \exp\left[ -\frac{1}{2} (\boldsymbol{x} - \boldsymbol{u}_2)^{\mathrm{T}} \boldsymbol{\Sigma}_2^{-1} (\boldsymbol{x} - \boldsymbol{u}_2) \right] \tag{2-62}$$

变换后的判据 $J_{\mathrm{c}}$ 是 $\boldsymbol{W}$ 的函数，记为 $J_{\mathrm{c}}(\boldsymbol{W})$

$$J_c(\boldsymbol{W}) = \frac{1}{2}s(1-s)\mathrm{tr}\{\boldsymbol{W}^{\mathrm{T}}\boldsymbol{M}\boldsymbol{W}[(1-s)\boldsymbol{W}^{\mathrm{T}}\boldsymbol{\Sigma}_1\boldsymbol{W} + s\boldsymbol{W}^{\mathrm{T}}\boldsymbol{\Sigma}_2\boldsymbol{W}]^{-1}\} + \frac{1}{2}\ln|(1-s)\boldsymbol{W}^{\mathrm{T}}\boldsymbol{\Sigma}_1\boldsymbol{W} + s\boldsymbol{W}^{\mathrm{T}}\boldsymbol{\Sigma}_2\boldsymbol{W}| - \frac{1}{2}(1-s)\ln|\boldsymbol{W}^{\mathrm{T}}\boldsymbol{\Sigma}_1\boldsymbol{W}| - \frac{1}{2}s\ln|\boldsymbol{W}^{\mathrm{T}}\boldsymbol{\Sigma}_2\boldsymbol{W}| \tag{2-63}$$

式中：$\boldsymbol{M} = (\boldsymbol{\mu}_1 - \boldsymbol{\mu}_2)(\boldsymbol{\mu}_1 - \boldsymbol{\mu}_2)^{\mathrm{T}}$ 。因为 $J_c(\boldsymbol{W})$ 是标量,可以对 $\boldsymbol{W}$ 的各个分量求偏导,并令其为零,简化后的矩阵方程为

$$\boldsymbol{M}\boldsymbol{W} - [(1-s)\boldsymbol{\Sigma}_1\boldsymbol{W} + s\boldsymbol{\Sigma}_2\boldsymbol{W}][(1-s)\boldsymbol{W}^{\mathrm{T}}\boldsymbol{\Sigma}_1\boldsymbol{W} + s\boldsymbol{W}^{\mathrm{T}}\boldsymbol{\Sigma}_2\boldsymbol{W}]^{-1}\boldsymbol{W}^{\mathrm{T}}\boldsymbol{M}\boldsymbol{W} + \boldsymbol{\Sigma}_1\boldsymbol{W}[\boldsymbol{I} - (\boldsymbol{W}^{\mathrm{T}}\boldsymbol{\Sigma}_1\boldsymbol{W})^{-1}\boldsymbol{W}^{\mathrm{T}}\boldsymbol{\Sigma}_2\boldsymbol{W}] + \boldsymbol{\Sigma}_2\boldsymbol{W}[\boldsymbol{I} - (\boldsymbol{W}^{\mathrm{T}}\boldsymbol{\Sigma}_2\boldsymbol{W})^{-1}\boldsymbol{W}^{\mathrm{T}}\boldsymbol{\Sigma}_1\boldsymbol{W}] = \boldsymbol{0} \tag{2-64}$$

上式是 $\boldsymbol{W}$ 的非线性函数,只能采用数值优化的方法得到近似最优解。但是在以下两种特殊情况下可以得到最优解析解。

1) $\boldsymbol{\Sigma}_1 = \boldsymbol{\Sigma}_2 = \boldsymbol{\Sigma}$ ,$\boldsymbol{\mu}_1 \neq \boldsymbol{\mu}_2$

在此种情况下,最优特征提取矩阵是由 $\boldsymbol{\Sigma}^{-1}\boldsymbol{M}$ 矩阵的特征向量构成。又因为矩阵 $\boldsymbol{M}$ 的秩为1,故 $\boldsymbol{\Sigma}^{-1}\boldsymbol{M}$ 只有一个非零特征值,对应于特征值为零的特征向量对 $J_c(\boldsymbol{W})$ 没有影响,因此可以舍去,所以最优变换 $\boldsymbol{W}$ 是 $\boldsymbol{\Sigma}^{-1}\boldsymbol{M}$ 的非零特征值对应的特征向量 $\boldsymbol{v}$ ,不难得到

$$\boldsymbol{W} = \boldsymbol{v} = \boldsymbol{\Sigma}^{-1}(\boldsymbol{\mu}_1 - \boldsymbol{\mu}_2) \tag{2-65}$$

这个结果与第3章介绍的Fisher线性判别的解相同。

2) $\boldsymbol{\Sigma}_1 \neq \boldsymbol{\Sigma}_2$,$\boldsymbol{\mu}_1 = \boldsymbol{\mu}_2$

在此种情况下,最优特征矩阵是由 $\boldsymbol{\Sigma}_2^{-1}\boldsymbol{\Sigma}_1$ 满足下列关系

$$(1-s)\lambda_1^s + s\lambda_1^{s-1} \geqslant (1-s)\lambda_2^s + s\lambda_2^{s-1} \geqslant \cdots \geqslant (1-s)\lambda_n^s + s\lambda_n^{s-1} \tag{2-66}$$

的前 $d$ 个特征值所对应的特征向量构成,此时 $J_c(\boldsymbol{W})$ 取最大值。

### 2.3.3 基于熵函数可分性判据的特征提取方法

基于熵函数可分性判据的提出,主要是考虑不同分布特性对判决的影响。当多类的分布呈均匀分布时,信息熵为最大值,此时具有最差的可分性。当多类呈0-1分布时,信息熵达到最小值,此时,具有最好的可分性。基于熵的可分性判据和信息熵成反比关系,为了提取熵函数可分性判据意义上的最佳特征组,也是选择线性变换,可将变换矩阵代入判据表达式:

$$\boldsymbol{y}_{d\times 1} = \boldsymbol{W}_{d\times n}^{\mathrm{T}}\boldsymbol{x}_{n\times 1} \tag{2-67}$$

$$J_H = J_H(\boldsymbol{W}) \tag{2-68}$$

通过求解判据的极值点即可得到使映射后的特征组可分性最好的变换矩阵。在 $J_H(\boldsymbol{W})$ 可微的情况下,就是求解偏微分方程:

$$\frac{\partial J_H(\boldsymbol{W})}{\partial \boldsymbol{W}} = \boldsymbol{0} \tag{2-69}$$

求出极值点即为所求的线性变换,本书这里不展开讨论,有需要者可参看有关参考文献。

## 2.4 特征选择方法

特征选择的定义是从 $n$ 个特征分量中选出 $d$ 个最有效的特征。一般情况下,原始特征向量的维数是已知的,在保证分类效果的前提下,压缩后的特征空间维数 $d$ 未知。因此,特征选择的目的,不仅在于选出要保留的特征,而且需确定保留多少个特征,即需要解决两个问题:①什么是有效特征组;②寻找有效特征组的方法。

特征组可以通过可分性判据来判断其有效性。对于特征选择问题,由于选择后的特征维数未知,即 $d$ 的选择范围为 1 ~ $n$ 之间的任何一个自然数,因此可能的特征组合数量为

$$C_n^d = \frac{n!}{(n-d)!\ d!} \tag{2-70}$$

当 $n=100$, $d=10$ 时,100 个数里面选 10 个数的组数为 17310309456440,若 $d$ 遍取 1~99,则需计算的可分性判据的个数为

$$C_{100}{}^{1} + C_{100}{}^{2} + \cdots + C_{100}{}^{99} = 2^{100} - 2$$

可见,选择范围是非常大的。因此人们提出了一系列搜索技术,其中一些是次优的,一些是最优的。

### 2.4.1 最优搜索算法——分支定界法

分支定界法(branch and bound)是一种在问题解空间树上搜索解的方法,它的基本思路是:把可行性解空间反复分割为越来越小的子集,这称为分支;对每一个子集内的解集计算目标界限,这称为定界。在每次分枝后,凡是界限超出可行解集目标值的那些子集就不再进行分枝,这样,许多子集可不予考虑,这称为剪枝。通过这种思路实现不包括穷举搜索的最优搜索方法。

分支定界法应用于特征选择主要利用了可分性判据的单调性,即对于两个特征子集 $X$ 和 $Y$,有 $X \subset Y \Rightarrow J(X) \leqslant J(Y)$。下面用一个例子来描述这种方法。假设希望从 5 个特征中选择最好的 3 个特征,整个搜索过程采用树结构表示出来,节点所标的数字是剩余特征的标号。每一级在上一级的基础上去掉 1 个特征,5 个特征中选 3 个,两级即可。为了使子集不重复,仅允许按增序删除特征,这样就避免了计算中不必要的重复。得到的树结构如图 2-3 所示。

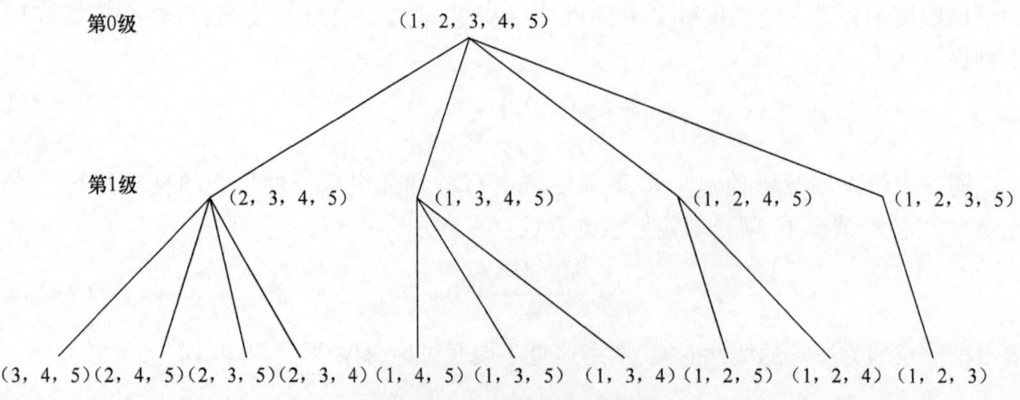


图 2-3 分支定界法树形图

我们从分支数量不密集的部分到分支数最密集的部分(如图2-3中的从右到左)搜索树结构。搜索过程在总体上是由上至下、从右至左地进行。在这个过程中包含几个子过程:向下搜索、更新界值、向上回溯、停止回溯再向下搜索。

图2-4中将计算得到的每个节点可分性判据的值标注于相应节点。基本步骤如下:

(1) 设置界值 $B = 0$。

(2) 从树的根节点沿着最右边的分支自上而下搜索,直接到达叶节点,得到特征集 $\{1,2,3\}$,计算得到可分性判据值为 $J = 77.2$。因为 $J = 77.2 > B$,所以更新界值 $B = 77.2$。

(3) 搜索回溯到最近的分支节点 $\{1,2,4,5\}$,计算 $J(\{1,2,4,5\}) = 80.4 > B$,因为该节点的可分性判据值大于界值,所以继续向下到该节点下一个最右的分支 $\{1,2,4\}$,计算 $J(\{1,2,4\}) = 76.2 < B$,因此抛弃该特征组合,并回溯到上一级节点。

(4) 再向下搜索到节点 $\{1,2,5\}$ 并计算 $J(\{1,2,5\}) = 80.1 > B$,该值大于界值,因此更新界值 $B = 80.1$。

(5) 搜索回溯到最近的分支节点 $\{1,3,4,5\}$,计算 $J(\{1,3,4,5\}) = 60.9 < B$,由于其值小于界值,因此中止对该节点以下部分的树结构搜索,因为根据单调性,该特征集合的所有子集的可分性判据都不高于其自身的可分性判据。

(6) 搜索回溯到最近的分支节点 $\{2,3,4,5\}$,计算 $J(\{2,3,4,5\}) = 76.7 < B$,同样,由于其值低于界值,该节点以下的其余部分也无需计算。

最终得到的结果为 $\{1,2,5\}$,尽管没有计算所有3个特征的可能组合的可分性判据,但该算法仍然是最优。分支定界法高效的原因在于:①利用了判据 $J$ 值的单调性;②树的右边比左边结构简单,而搜索过程正好是从右至左进行的。

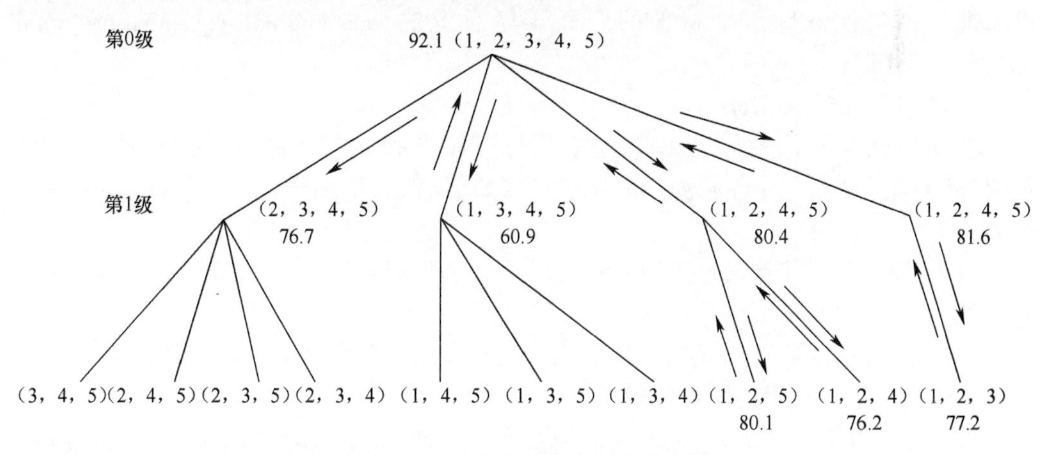


图2-4　分支定界法搜索回溯示意图

## 2.4.2 次优搜索算法

### 1. 单独最优特征组合

从 $n$ 个特征中直接选出 $d$ 个特征,若要直接计算,则需要计算所有可能特征组合的可分性判据以寻找最优的一组特征,计算量相对较大。单独最优特征组合方法提出了一种较简单的方法。单独最优特征组合方法的基本思路是,计算每个特征单独使用时的有效

性判据值,并根据该值对特征进行排序,使

$$J(x_1) \geqslant J(x_2) \geqslant \cdots \geqslant J(x_n)$$

选择前 $d$ 个分类效果最好的特征作为特征集。

这种方法在特征之间不相关时,能够得到合理的特征集,然而,如果特征之间是相关的,则选择的特征集将是次优的,其原因是该方法忽略了各个特征之间的相关性。

**2. 顺序前进法**

顺序前进法(sequential forward selection ,SFS)的基本思路是从空集开始,每次从未选入的特征中选择一个特征,使它与已选入的特征组合在一起的有效性判据最大,直到选入特征数目达到指定维数为止。该方法是一种自下而上的搜索方法。

SFS 方法考虑了所选特征与已入选特征之间的相关性,因此其性能优于单独最优特征组合方法,但这种方法的主要缺点是一旦某个特征被选入特征组合,即使由于加入新的特征使它变得多余,也无法再将其剔除。

SFS 方法每次增加一个特征,它没有考虑未入选特征之间的相关性。为了克服这一缺点,人们将 SFS 算法进行推广,在增加特征时每次增加 $r$ 个特征,即每次从未入选的特征中选择 $r$ 个特征,使 $r$ 个特征加入后的有效性判据最大,这种方法称为广义顺序前进法(generalized sequential forward selection,GSFS)。

**3. 顺序后退法**

顺序后退法(sequential backward selection,SBS)的基本思路是从全部特征开始,每次剔除一个特征,所剔除的特征应使保留下的特征组合的有效性判据最大。该方法是一种自上而下的搜索方法。

顺序后退法的计算是在高维空间中进行,因此计算量比顺序前进法要大。此方法也可以推广到每次剔除 $r$ 个特征的广义顺序后退法(generalized sequential backward selection, GSBS)。

**4. 增 $l$ 减 $r$ 法($l$-$r$ 法)**

增 $l$ 减 $r$ 法克服了前面方法中一旦特征被选入(或剔除)就不能再剔除(或选入)的缺点,在特征选择过程中允许回溯。该算法步骤如下(假设已经选入 $k$ 个特征,形成特征组 $X_k$ ):

(1) 用 SFS 法在未选入的特征中逐个选入 $l$ 个特征,形成新的特征组 $X_{k+l}$ ,置 $k = k + l$ , $X_k = X_{k+l}$ 。

(2) 用 SBS 法从 $X_k$ 中逐个剔除 $r$ 个特征,形成新的特征组 $X_{k-r}$ ,置 $k = k - r$ , $X_k = X_{k-r}$ 。若 $k = d$ 则结束;否则转至第 1 步。

需要指出的是,若 $l > r$ ,则 $l - r$ 法是自下而上的算法,先执行第 1 步,然后执行第 2 步,起始时置 $k = 0, X_0 = \phi$ ;若 $l < r$ ,则 $l - r$ 法是自上而下的算法,先执行第 2 步,然后执行第 1 步,起始时置 $k = n, X_n = \{x_1, x_2, \cdots, x_n\}$ 。

## 2.5 基于主成分分析的特征提取

主成分分析(principal component analysis, PCA)是一种数学变换方法,1901 年由 K. Pearson 提出,后来又经霍特林(Hotelling)加以发展形成的一种多变量统计方法,目前广泛应用于机器学习领域。PCA 的基本思想是通过正交变换将一组存在相关性的变量转换成一组线性不相关的变量,转换后的这组变量称为主成分。

PCA 变换其实就是一种降维方法,具体数学方法是通过矩阵运算,把原来的矩阵维度减少。设有一个 $m \times n$ 的样本去中心化矩阵 $\boldsymbol{X}$ ,其中 $m$ 代表样本数量, $n$ 代表样本的维度,要想将 $\boldsymbol{X}$ 变为 $m \times k$ 的矩阵 $\boldsymbol{Y}$ ( $k < n$ ),即实现样本维度的降低,可以通过一个 $n \times k$ 的矩阵 $\boldsymbol{A}$ 做线性变换得到,即

$$\boldsymbol{Y} = \boldsymbol{XA}$$

如何选择矩阵 $\boldsymbol{A}$ ,使维数减少的同时,信息量的损失最小呢? 由信息论定义可知,如果不同样本在同一维度上的取值差异越大,那么该维度带给我们的信息量就越大。转换成数学语言就是,哪个维度上的方差越大,相应的信息量就越大。因此,矩阵 $\boldsymbol{A}$ 应该使维度降低后,各维度上的方差尽可能大,如图 2-5 所示。如果将数据投影到 PC1 上,那么所有的数据点较为分散,与之相反,如果投影到 PC2 上,则数据较为集中。考虑一个极端的情况,假如所有的点在投影之后全部集中在一个点上,这样好吗? 显然不行,如果所有的点都集中到一个点上,那就说明所有的点都没有差别,信息全部丢失了。所以我们希望当数据点投影到某个坐标轴之上以后,数据越分散越好。

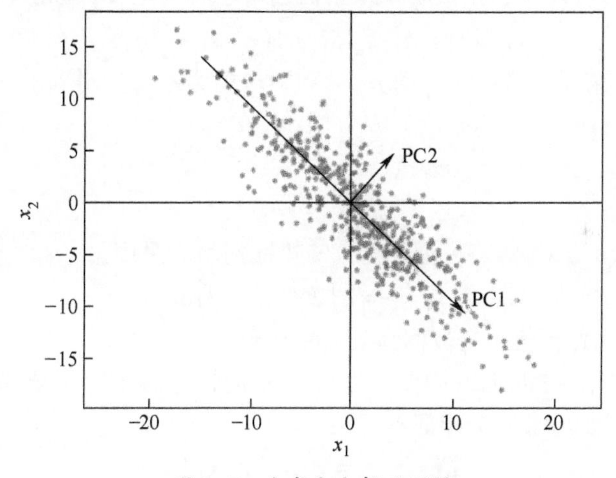


图 2-5　主成分分析示例图

此外,我们希望不同维度之间不相关,因为如果不同维度间存在相关性,就可以从一个维度的值推断出另一个维度的值,这个维度就是多余的,对我们识别帮助不大,是可以舍弃的。综上所述,PCA 算法的优化目标就是:降维后保留方差较大的维度,且不同维度之间不相关。

由线性代数的知识可知,同一元素的协方差就表示该元素的方差,不同元素之间的协方差就表示它们的相关性。因此上面提到的两个优化目标都可以用协方差矩阵来表示,即

$$\boldsymbol{\Sigma}_x = \begin{bmatrix} \mathrm{cov}(x_1,x_1) & \mathrm{cov}(x_1,x_2) & \cdots & \mathrm{cov}(x_1,x_n) \\ \mathrm{cov}(x_2,x_1) & \mathrm{cov}(x_2,x_2) & \cdots & \mathrm{cov}(x_2,x_n) \\ \vdots & \vdots & & \vdots \\ \mathrm{cov}(x_n,x_1) & \mathrm{cov}(x_n,x_2) & \cdots & \mathrm{cov}(x_n,x_n) \end{bmatrix}$$

$$\Rightarrow \boldsymbol{\Sigma}_y = \begin{bmatrix} \mathrm{cov}(y_1,y_1) & 0 & \cdots & 0 \\ 0 & \mathrm{cov}(y_2,y_2) & \cdots & 0 \\ \vdots & \vdots & & \vdots \\ 0 & 0 & \cdots & \mathrm{cov}(y_k,y_k) \end{bmatrix}$$

式中：$\boldsymbol{\Sigma}_y = \boldsymbol{A}^{\mathrm{T}} \boldsymbol{\Sigma}_x \boldsymbol{A}$ 。要想满足不同维度之间不相关这个目标，需要 $\boldsymbol{A}$ 是正交矩阵（即 $\boldsymbol{A}\boldsymbol{A}^{\mathrm{T}} = \mathbf{I}$），因为正交变换能够减少降维后不同维度间的相关性；此外，新特征的方差越大，样本在该维特征上的差异越大，说明这一特征对分类识别越重要。

下面我们逐个对特征进行分析，考虑第一个特征 $y_1$，

$$y_1 = \sum_{j=1}^{n} a_{1j}x_j = \boldsymbol{a}_1^{\mathrm{T}}\boldsymbol{x} \tag{2-71}$$

其方差为

$$\mathrm{cov}(y_1,y_1) = E[y_1] - E[y_1]^2 = E[\boldsymbol{a}_1^{\mathrm{T}}\boldsymbol{x}\,\boldsymbol{x}^{\mathrm{T}}\,\boldsymbol{a}_1] - E[\boldsymbol{a}_1^{\mathrm{T}}\boldsymbol{x}]E[\boldsymbol{x}^{\mathrm{T}}\,\boldsymbol{a}_1] = \boldsymbol{a}_1^{\mathrm{T}}\,\boldsymbol{\Sigma}_x\,\boldsymbol{a}_1 \tag{2-72}$$

式中：$\boldsymbol{\Sigma}_x$ 可以用样本估计；$\boldsymbol{a}_1$ 的求解是一个有约束的优化求解问题，即在约束条件 $\boldsymbol{a}_1^{\mathrm{T}}\,\boldsymbol{a}_1 = 1$ 下，使 $\mathrm{var}(y_1)$ 最大，可以通过拉格朗日乘数法进行求解。定义目标函数为

$$f(\boldsymbol{a}_1) = \boldsymbol{a}_1^{\mathrm{T}}\,\boldsymbol{\Sigma}_x\,\boldsymbol{a}_1 - r(\boldsymbol{a}_1^{\mathrm{T}}\,\boldsymbol{a}_1 - 1) \tag{2-73}$$

式中：$r$ 为拉格朗日乘子。式(2-73)对 $\boldsymbol{a}_1$ 的导数取值为零时。得到的解是 $\boldsymbol{a}_1$ 的最优解。

$$\frac{\partial f(\boldsymbol{a}_1)}{\partial \boldsymbol{a}_1} = 2\boldsymbol{\Sigma}_x\boldsymbol{a}_1 - 2r\boldsymbol{a}_1 = 0 \tag{2-74}$$

$$\boldsymbol{\Sigma}_x\boldsymbol{a}_1 = r\boldsymbol{a}_1 \tag{2-75}$$

由式(2-75)可知，$\boldsymbol{a}_1$ 是 $\boldsymbol{\Sigma}_x$ 的特征值 $r$ 对应的特征向量。又因为

$$\mathrm{cov}(y_1,y_1) = \boldsymbol{a}_1^{\mathrm{T}}\boldsymbol{\Sigma}_x\,\boldsymbol{a}_1 = \boldsymbol{a}_1^{\mathrm{T}}r\boldsymbol{a}_1 = r$$

因此，$r$ 是 $\boldsymbol{\Sigma}_x$ 的最大特征值，$y_1$ 被称为第一主成分。

下面讨论第二个特征的求解问题。第二个特征在求解中除了要满足和第一个特征相同的要求外，还需要与第一个特征不相关，即

$$E[y_2y_1] = E[y_2]E[y_1] \tag{2-76}$$

因为

$$y_i = \sum_{j=1}^{n} a_{ij}x_j = \boldsymbol{a}_i^{\mathrm{T}}\boldsymbol{x} \tag{2-77}$$

所以式(2-76)等价于 $\boldsymbol{a}_2^{\mathrm{T}}\,\boldsymbol{\Sigma}_x\,\boldsymbol{a}_1 = 0$，推导如下：

$$E[y_2y_1] = E[y_2]E[y_1] \Rightarrow E[y_2y_1] - E[y_2]E[y_1] = 0 \tag{2-78}$$

$$\begin{aligned} & E[y_2y_1] - E[y_2]E[y_1] \\ & = E[\boldsymbol{a}_2^{\mathrm{T}}\boldsymbol{x}\boldsymbol{x}^{\mathrm{T}}\,\boldsymbol{a}_1] - E[\boldsymbol{a}_2^{\mathrm{T}}\boldsymbol{x}]E[\boldsymbol{a}_1^{\mathrm{T}}\boldsymbol{x}] \\ & = \boldsymbol{a}_2^{\mathrm{T}}E[\boldsymbol{x}\boldsymbol{x}^{\mathrm{T}}]\,\boldsymbol{a}_1 - \boldsymbol{a}_2^{\mathrm{T}}E[\boldsymbol{x}]E[\boldsymbol{x}^{\mathrm{T}}]\,\boldsymbol{a}_1 \\ & = \boldsymbol{a}_2^{\mathrm{T}}(E[\boldsymbol{x}\boldsymbol{x}^{\mathrm{T}}] - E[\boldsymbol{x}]E[x^{\mathrm{T}}])\,\boldsymbol{a}_1 \\ & = \boldsymbol{a}_2^{\mathrm{T}}\,\boldsymbol{\Sigma}_x\boldsymbol{a}_1 = 0 \end{aligned} \tag{2-79}$$

因为 $\boldsymbol{a}_1$ 满足式(2-75)，所以不相关的要求可以等价为 $\boldsymbol{a}_2$ 与 $\boldsymbol{a}_1$ 正交，即

$$\boldsymbol{a}_2^{\mathrm{T}}\,\boldsymbol{a}_1 = 0$$

在 $\boldsymbol{a}_2^{\mathrm{T}}\boldsymbol{a}_1=0$ 和 $\boldsymbol{a}_2^{\mathrm{T}}\boldsymbol{a}_2=1$ 的约束条件下最大化 $y_2$ 的方差,可得 $\boldsymbol{a}_2$ 是 $\boldsymbol{\Sigma}_x$ 的第二大特征值对应的特征向量, $y_2$ 为第二主成分。

协方差矩阵 $\boldsymbol{\Sigma}_x$ 共有 $n$ 个特征值 $\lambda_i(i=1,2,\cdots,n)$ ,把它们按照由大到小的顺序排列为 $\lambda_1\geqslant\lambda_2\geqslant\cdots\geqslant\lambda_n$ 。取前 $k$ 个特征值 $\lambda_i$ 对应的特征向量 $\boldsymbol{a}_i$ 构造主成分 $y_i(i=1,2,\cdots,k)$ ,全部主成分的方差之和为

$$\sum_{i=1}^{k}\mathrm{var}(y_i)=\sum_{i=1}^{k}\lambda_i$$

这 $k$ 个主成分所代表的数据方差之和占全部方差的比例为

$$\sum_{i=1}^{k}\lambda_i\Big/\sum_{i=1}^{n}\lambda_i$$

因为数据的大部分信息集中在较少的几个主成分上,所以可以通过事先确定新特征能代表的数据总方差的比例,确定 $k$ 的取值。

在实际应用中,首先用去中心化样本估计协方差矩阵,求解其特征方程,得到各个主成分的方向;然后,选择适当数目的主成分作为样本的新特征,将样本投影到这些主成分所在方向实现特征提取。选择较少的主成分来表示数据不仅可以用作特征提取,还可以消除数据中的随机噪声。因为在很多情况下,排列在后面的主成分往往反映了数据中的随机噪声,如果将这些特征值很小的成分置为0,再反变换回原空间,就实现了对原始数据的降噪处理。

基于主成分分析的特征提取是一种非监督的方法,它没有考虑样本自身的类别信息,仅考虑方差最大化,有时并不利于后续的分类识别,K-L 变换可以实现监督的特征提取。

## 2.6 基于离散 K-L 变换的特征提取

### 2.6.1 K-L 变换基本原理

K-L 变换又称霍特林变换或主分量分解,它是一种基于目标统计特性的最佳正交变换,它的最佳性体现在变换后产生的新的分量不相关。

设 $n$ 维随机向量 $\boldsymbol{x}=(x_1,x_2,\cdots,x_n)^{\mathrm{T}}$ , $\boldsymbol{x}$ 经标准正交矩阵 $\boldsymbol{A}$ (即 $\boldsymbol{A}\boldsymbol{A}^{-1}=\boldsymbol{I}$ )正交变换后成为向量 $\boldsymbol{y}=(y_1,y_2,\cdots,y_n)^{\mathrm{T}}$ ,即

$$\boldsymbol{y}=\boldsymbol{A}^{\mathrm{T}}\boldsymbol{x} \tag{2-80}$$

$\boldsymbol{y}$ 的相关矩阵为

$$\boldsymbol{R}_y=E[\boldsymbol{y}\boldsymbol{y}^{\mathrm{T}}]=E[\boldsymbol{A}^{\mathrm{T}}\boldsymbol{x}\boldsymbol{x}^{\mathrm{T}}\boldsymbol{A}]=\boldsymbol{A}^{\mathrm{T}}\boldsymbol{R}_x\boldsymbol{A} \tag{2-81}$$

式中: $\boldsymbol{R}_x$ 为 $\boldsymbol{x}$ 的相关矩阵,是对称矩阵。选择矩阵 $\boldsymbol{A}=(\boldsymbol{a}_1,\boldsymbol{a}_2,\cdots,\boldsymbol{a}_n)$ 且满足

$$\boldsymbol{R}_x\boldsymbol{a}_i=\lambda_i\boldsymbol{a}_i \tag{2-82}$$

式中: $\lambda_i$ 为 $\boldsymbol{R}_x$ 的特征根,并且 $\lambda_1\geqslant\lambda_2\geqslant\cdots\geqslant\lambda_n$ ; $\boldsymbol{a}_i$ 为 $\lambda_i$ 的正交化、归一化特征向量,即 $\boldsymbol{a}_i^{\mathrm{T}}\boldsymbol{a}_i=1$ , $\boldsymbol{a}_i^{\mathrm{T}}\boldsymbol{a}_j=0(i\neq j;i,j=1,2,\cdots,n)$ 。 $\boldsymbol{R}_y$ 是对角矩阵:

$$\boldsymbol{R}_y=\boldsymbol{A}^{\mathrm{T}}\boldsymbol{R}_x\boldsymbol{A}=\mathrm{diag}(\lambda_1,\lambda_2,\cdots,\lambda_n) \tag{2-83}$$

若 $\boldsymbol{R}_x$ 是正定的,则它的特征值是正的。此时变换式称为 K-L 变换。

由式(2-80)可得

$$x=(A^{T})^{-1}y=Ay=(a_1,a_2,\cdots,a_n)\begin{pmatrix}y_1\\y_2\\\vdots\\y_n\end{pmatrix}=\sum_{i=1}^{n}y_i a_i \tag{2-84}$$

选择 $x$ 关于 $a_i$ 的展开式的前 $m$ 项估计 $x$，估计式可表示为

$$\hat{x}=\sum_{i=1}^{m}y_i a_i \quad 1\leqslant m\leqslant n \tag{2-85}$$

估计的均方误差为

$$\varepsilon^2(m)=E[\|x-\hat{x}\|^2]=E\left[\left\|\sum_{i=m+1}^{n}a_i y_i\right\|^2\right]=\sum_{i=m+1}^{n}E[y_i^2]=\sum_{i=m+1}^{n}a_i^{T}E[xx^{T}]a_i=\sum_{i=m+1}^{n}\lambda_i \tag{2-86}$$

我们按照估计的均方误差原则选择特征向量，因此要选择相关矩阵 $R_x$ 的 $m$ 个最大的特征值对应的特征向量构成变换矩阵 $A$，这样得到的均方误差将会最小，是 $n-m$ 个极小特征值之和。可以证明，与 $m$ 维向量中 $x$ 的其他逼近值相比，这个结果是最小均方误差解。

在 $x$ 的估计式中，如果保留 $m$ 个 $y_i$，而余下的 $n-m$ 个分量 $y_i$ 分别由预选的 $n$-$m$ 个常数 $b_i$ 代替，则此时估计式为

$$\hat{x}=\sum_{i=1}^{m}y_i a_i+\sum_{i=m+1}^{n}b_i a_i \tag{2-87}$$

估计的均方误差为

$$\varepsilon^2(m)=E[\|x-\hat{x}\|^2]=\sum_{i=m+1}^{n}E[(y_i-b_i)^2] \tag{2-88}$$

(1) 最佳 $b_i$ 可通过 $\partial\varepsilon/\partial b_i=0$ 求得。由

$$\frac{\partial}{\partial b_i}\{E[(y_i-b_i)^2]\}=0$$

得

$$b_i=E[y_i]=a_i^{T}E[x]=a_i^{T}\mu_x \tag{2-89}$$

式中：$\mu_x$ 为 $x$ 的均值向量。进而得到

$$\varepsilon^2(m)=\sum_{i=m+1}^{n}E[(y_i-b_i)^2]=\sum_{i=m+1}^{n}a_i^{T}E[(x-\mu_x)(x-\mu_x)^{T}]a_i=\sum_{i=m+1}^{n}a_i^{T}C_x a_i \tag{2-90}$$

式中：$C_x=E[(x-\mu_x)(x-\mu_x)^{T}]$ 是 $x$ 的协方差矩阵。

(2) 求最佳 $a_i$。在 $A$ 为标准正交矩阵的约束下，求使 $\varepsilon^2(m)\Rightarrow\min$ 的 $a_i$，可以定义准则函数

$$J=\sum_{i=m+1}^{n}[a_i^{T}C_x a_i-\lambda_i(a_i^{T}a_i-1)] \tag{2-91}$$

由 $\dfrac{\partial J}{\partial a_i}=0$，可得

$$C_x a_i = \lambda_i a_i \quad i = m+1, \cdots, n \tag{2-92}$$

式(2-92)表明,这时 $a_i$ 为 $x$ 的协方差矩阵 $C_x$ 对应的特征值 $\lambda_i$ 的特征向量。

将式(2-92)代入 $\varepsilon^2(m)$,可得

$$\varepsilon^2(m) = \sum_{i=m+1}^{n} \lambda_i \tag{2-93}$$

上述讨论表明,当用简单的“截断”方式产生估计式时,使均方误差最小的正交变换矩阵是随机向量 $x$ 的相关矩阵 $R_x$ 的特征向量矩阵的转置;当估计式除了选用 $m$ 个 $y_i$,而余下的 $n-m$ 个分量用均值 $\bar{y}_i$ 时,使均方误差最小的正交变换矩阵是 $x$ 的协方差矩阵 $C_x$ 的特征向量矩阵的转置。无论哪种情况,为了使 $\varepsilon^2(m)$ 最小化,都应该取前 $m$ 个较大的特征值对应的特征向量构造变换矩阵。由代数学可知,$R_x - C_x$ 为非负定阵,故有

$$\lambda_i(R_x) \geqslant \lambda_i(C_x) \quad i = 1,2,\cdots,n \tag{2-94}$$

式中:$\lambda_i(R_x)$ 和 $\lambda_i(C_x)$ 分别表示 $R_x$ 和 $C_x$ 的第 $i$ 个特征值。

上述分析中采用的是样本的相关矩阵,也可以采用样本的协方差矩阵进行分析。当采用样本的协方差矩阵时,K-L 变换又称为主成分分析(PCA)。

## 2.6.2　基于总的类内、类间离散度矩阵的 K-L 变换

由上一节的讨论可以知道,K-L 变换的坐标系由数据的二阶统计量决定,当目标样本的类别信息未知时,其坐标系的产生矩阵为自相关矩阵或协方差矩阵;当目标样本的类别已知时,可以采用包含类别信息的其他二阶统计量,比如 2.2.1 节中介绍的类内离散度矩阵和类间离散度矩阵。

**1. 基于总类间离散度矩阵的特征提取方法**

对于 $m$ 类分类问题,$S_b$ 最多有 $m-1$ 个非零特征值,又因为样本的维数 $n$ 通常大于 $m$,因此利用 $S_b$ 进行特征提取是一个重要途径。以总类间离散度矩阵为产生矩阵的 K-L 变换实质是从各类的中心提取分类信息,其基本思路如下:

(1) 求 $S_b$ 的特征值 $\lambda_i$ 和特征向量 $a_i$;

(2) 将特征值按照由大到小的顺序排列 $\lambda_1 \geqslant \lambda_2 \geqslant \cdots$;

(3) 选取前 $m$ 个较大的特征值对应的特征向量构成变换矩阵,实现特征提取。

因为类间离散度矩阵反映了每一类中心到总体中心的平均距离,所以基于总的类间离散度矩阵的特征提取方法使得变换后各类中心在某些坐标方向上的投影变得更远,相应地在这个方向上的可分性就更好。这种方法适用于类间距离比类内距离大得多的情况。

**2. 基于总类内离散度矩阵的特征提取方法**

总的类内离散度矩阵 $S_w$ 反映了各特征分量总的平均方差,为了减少或消除各分量之间的相关性,加大各分量方差的不均匀性,得到对分类效果好的特征分量,可以首先用 $S_w$ 作为产生矩阵进行 K-L 变换,消除特征间的相关性,然后分析变换后特征的类均值和方差,选择方差小、类均值与总体均值差别大的特征。具体思路如下:

(1) 计算总的类内离散度矩阵 $S_w$。

(2) 用 $S_w$ 作为产生矩阵进行 K-L 变换,求出特征值 $\lambda_i$ 和特征向量 $a_i$,$i = 1,2,\cdots,n$。

(3) 计算变换后的新特征 $y_i = \boldsymbol{a}_i^{\mathrm{T}}\boldsymbol{x}$ , $i = 1,2,\cdots,n$ ,各维新特征的方差为 $\lambda_i$。

(4) 计算新特征的分类性能指标,即

$$J(y_i) = \frac{\boldsymbol{a}_i^{\mathrm{T}}\boldsymbol{S}_b\boldsymbol{a}_i}{\lambda_i} \quad i = 1,2,\cdots,n \tag{2-95}$$

式中:$\boldsymbol{S}_b$ 为原特征空间的类间离散度矩阵。

(5) 将分类性能指标由大到小进行排序,即

$$J(y_1) \geqslant J(y_2) \geqslant \cdots \geqslant J(y_n)$$

选择前 $d$ 个作为新特征,相应的变换矩阵为 $\boldsymbol{A} = [\boldsymbol{a}_1 \quad \boldsymbol{a}_2 \quad \cdots \quad \boldsymbol{a}_d]$ 。

上述方法适用于各类样本分布结构相似且在某些特征分量上的投影不重叠或较少重叠的情况,下面给出具体实例。

**例 2-2** 两类样本的均值向量分别为 $\boldsymbol{\mu}_1 = [4 \quad 2]^{\mathrm{T}}$ ,$\boldsymbol{\mu}_2 = [-4 \quad -2]^{\mathrm{T}}$ ,协方差矩阵分别为

$$\boldsymbol{\Sigma}_1 = \begin{bmatrix} 3 & 1 \\ 1 & 3 \end{bmatrix}, \boldsymbol{\Sigma}_2 = \begin{bmatrix} 4 & 2 \\ 2 & 4 \end{bmatrix}$$

两类的先验概率相等,采用基于总类内离散度矩阵的特征提取方法求一维特征提取矩阵。

**解:**总类内离散度矩阵为

$$\boldsymbol{S}_w = \frac{1}{2}\boldsymbol{\Sigma}_1 + \frac{1}{2}\boldsymbol{\Sigma}_2 = \begin{bmatrix} 3.5 & 1.5 \\ 1.5 & 3.5 \end{bmatrix}$$

总的均值向量为

$$\boldsymbol{\mu} = \frac{1}{2}\boldsymbol{\mu}_1 + \frac{1}{2}\boldsymbol{\mu}_2 = [0 \quad 0]^{\mathrm{T}}$$

总类间离散度矩阵为

$$\boldsymbol{S}_b = \frac{1}{2}\boldsymbol{\mu}_1\boldsymbol{\mu}_1^{\mathrm{T}} + \frac{1}{2}\boldsymbol{\mu}_2\boldsymbol{\mu}_2^{\mathrm{T}} = \begin{bmatrix} 16 & 8 \\ 8 & 4 \end{bmatrix}$$

基于 $\boldsymbol{S}_w$ 进行 K-L 变换,得到特征值为 $\lambda_1 = 5, \lambda_2 = 2$, 相应的特征向量分别为

$$\boldsymbol{a}_1 = [0.707 \quad 0.707]^{\mathrm{T}}, \boldsymbol{a}_2 = [0.707 \quad -0.707]^{\mathrm{T}}$$

计算分类性能指标为

$$J(y_1) = \frac{\boldsymbol{a}_1^{\mathrm{T}}\boldsymbol{S}_b\boldsymbol{a}_1}{\lambda_1} \approx 3.7, J(y_2) = \frac{\boldsymbol{a}_2^{\mathrm{T}}\boldsymbol{S}_b\boldsymbol{a}_2}{\lambda_2} \approx 1$$

因为 $J(y_1) > J(y_2)$ ,所以最佳变换矩阵为 $\boldsymbol{w} = \boldsymbol{a}_1 = [0.707 \quad 0.707]^{\mathrm{T}}$ ,如图 2-6 所示。

**3. 基于总类内、类间离散度矩阵降低特征维度的最优压缩方法**

基于总类内离散度矩阵和类间离散度矩阵做 K-L 变换,可以在不损失信息情况下,将特征空间维数压缩到最小。其基本思路如下:

(1) 采用总类内离散度矩阵 $\boldsymbol{S}_w$ 进行 K-L 变换,消除特征间的相关性。写成矩阵形式为

$$\boldsymbol{U}^{\mathrm{T}}\boldsymbol{S}_w\boldsymbol{U} = \boldsymbol{\Lambda} \tag{2-96}$$

式中:$\boldsymbol{\Lambda}$ 是 $\boldsymbol{S}_w$ 的特征值对角矩阵;$\boldsymbol{U}$ 是 $\boldsymbol{S}_w$ 的特征向量矩阵。上式可以表示为

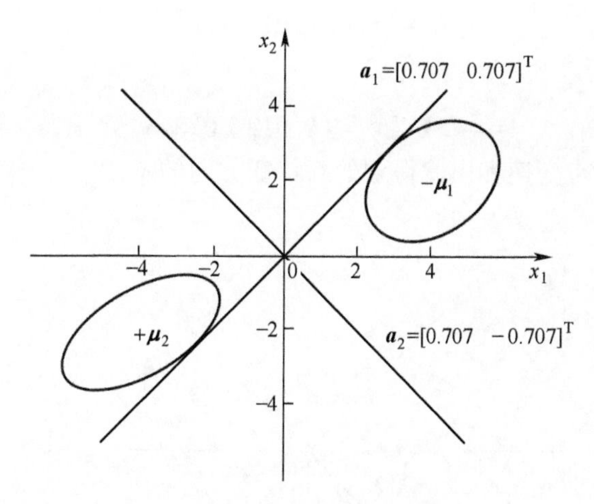


图 2-6　例 2-2 示例

$$\boldsymbol{S}_w' = \boldsymbol{\Lambda}^{-\frac{1}{2}} \boldsymbol{U}^{\mathrm{T}} \boldsymbol{S}_w \boldsymbol{U} \boldsymbol{\Lambda}^{-\frac{1}{2}} = \mathbf{I} \tag{2-97}$$

这一过程称为白化变换，经过上述白化变换后，再进行任何正交归一变换都不会改变类内离散度矩阵。变换后的类间离散度矩阵为

$$\boldsymbol{S}_b' = \boldsymbol{\Lambda}^{-\frac{1}{2}} \boldsymbol{U}^{\mathrm{T}} \boldsymbol{S}_b \boldsymbol{U} \boldsymbol{\Lambda}^{-\frac{1}{2}} \tag{2-98}$$

（2）采用 $\boldsymbol{S}_b'$ 进行 K-L 变换，压缩包含在类均值向量中的信息。对于一个 $m$ 类的分类问题，$\boldsymbol{S}_b'$ 的秩最大为 $m-1$，所以 $\boldsymbol{S}_b'$ 最多有 $d=m-1$ 个非零特征向量，对应的特征向量构成的变换矩阵为

$$\boldsymbol{V} = (\boldsymbol{v}_1, \quad \cdots \quad , \boldsymbol{v}_d)$$

结合上一步的变换，总的变换矩阵为

$$A = \boldsymbol{U} \boldsymbol{\Lambda}^{-\frac{1}{2}} \boldsymbol{V} \tag{2-99}$$

**例 2-3**　两类样本的均值向量分别为 $\boldsymbol{\mu}_1 = [4 \quad 2]^{\mathrm{T}}$，$\boldsymbol{\mu}_2 = [-4 \quad -2]^{\mathrm{T}}$，协方差矩阵分别为

$$\boldsymbol{\Sigma}_1 = \begin{bmatrix} 3 & 1 \\ 1 & 3 \end{bmatrix}, \boldsymbol{\Sigma}_2 = \begin{bmatrix} 4 & 2 \\ 2 & 4 \end{bmatrix}$$

两类的先验概率相等，采用基于总类内、类间离散度矩阵降低特征维度的最优压缩方法求一维特征提取矩阵。

**解：**由例 2-2 可知，$\boldsymbol{S}_w$ 的特征值对角矩阵和特征向量矩阵为

$$\boldsymbol{\Lambda} = \begin{pmatrix} 5 & 0 \\ 0 & 2 \end{pmatrix}, \boldsymbol{U} = \begin{pmatrix} 0.707 & 0.707 \\ 0.707 & -0.707 \end{pmatrix}$$

$$\boldsymbol{B} = \boldsymbol{U} \boldsymbol{\Lambda}^{-\frac{1}{2}} = \begin{pmatrix} 0.707 & 0.707 \\ 0.707 & -0.707 \end{pmatrix} \begin{pmatrix} 0.447 & 0 \\ 0 & 0.707 \end{pmatrix} = \begin{pmatrix} 0.316 & 0.5 \\ 0.316 & -0.5 \end{pmatrix}$$

$$\boldsymbol{S}_b' = \boldsymbol{B}^{\mathrm{T}} \boldsymbol{S}_b \boldsymbol{B} = \begin{pmatrix} 3.6 & 1.896 \\ 1.896 & 1 \end{pmatrix}$$

$\boldsymbol{S}_b'$ 的非零特征值只有一个，$\overline{\lambda}_1 = 4.6$，对应的特征向量为

$$\boldsymbol{v}_1 = (0.884 \quad 0.466)^{\mathrm{T}}$$

所以,总的最优变换矩阵为

$$A = \boldsymbol{U\Lambda}^{-\frac{1}{2}}\boldsymbol{V} = (0.512 \quad 0.046)^{\mathrm{T}}$$

图 2-7 给出了两步变换和由此得到的新特征方向的示意图。

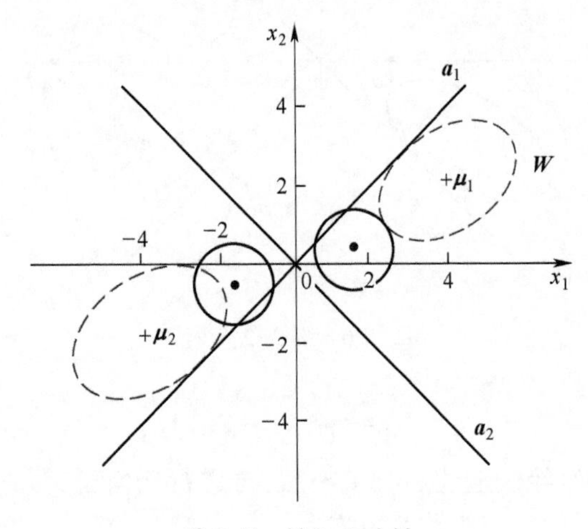


图 2-7 例 2-3 示例

# 第3章 线性分类器

## 3.1 引言

通过上一章介绍的特征提取与选择方法,可以得到用于分类识别的最有效特征,在此基础上就可以进行分类器设计,实现目标识别。分类器设计就是根据目标数据集构造分类模型,该模型能够将未知类别的目标样本映射到给定的目标类别中的某一类。如果用数学语言来描述就是:已知目标样本集合为 $X = \{\boldsymbol{x}_1, \boldsymbol{x}_2, \cdots, \boldsymbol{x}_N\}$ ,其中 $\boldsymbol{x}_i = (x_{i1}, x_{i2}, \cdots, x_{id})^{\mathrm{T}}$ 为 $d$ 维特征向量, $i = 1,2,\cdots,N$ , $N$ 为样本个数。目标类别集合为 $\omega = \{\omega_1, \omega_2, \cdots, \omega_m\}$ ,其中 $m$ 为类别数。分类器设计实质就是设计判别函数 $g_i(\boldsymbol{x})$ 和相应的判别规则,实现样本集合到类别集合的一个映射:

$$X = \{\boldsymbol{x}_1, \boldsymbol{x}_2, \cdots, \boldsymbol{x}_N\} \xrightarrow{g} \omega = \{\omega_1, \omega_2, \cdots, \omega_m\}$$

不同的判别函数 $g$ 和判别规则,就对应一种分类器设计方法。

判别函数是直接对目标进行分类的准则函数,也称为判决函数或决策函数(discriminant function)。利用判别函数可以将目标特征空间划分为不同的决策区域,相邻决策区域通过决策面分开,这些决策面是特征空间中的超曲面,决策面方程满足相邻两个决策域的判别函数相等的条件。对于任意未知类别的样本 $\boldsymbol{x}$ ,计算各类判别函数的值 $g_i(\boldsymbol{x})$ , $i = 1,2,\cdots,m$ ,将样本 $\boldsymbol{x}$ 判为有极大(或极小)函数值的那一类。判别函数示意图如图 3-1 所示。

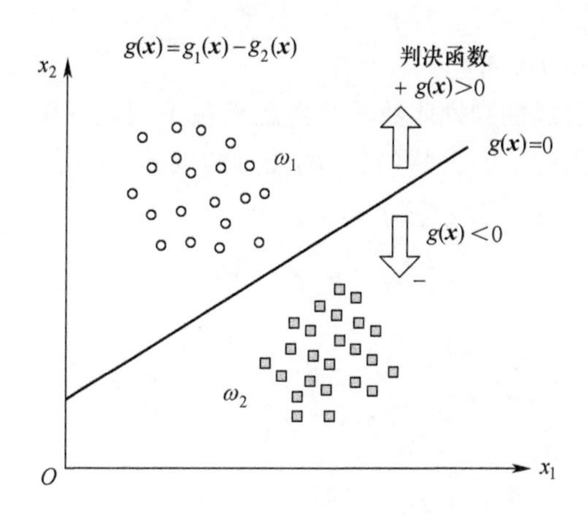


图 3-1 两类目标分类问题判别函数示意图

判别函数按照形式可以划分为线性判别函数和非线性判别函数两大类,相应的分类器称为线性分类器和非线性分类器。在满足要求的情况下,线性判别函数由于形式简单,易于计算机实现等特点,在目标识别中得到广泛应用。本章主要介绍几种常用的线性分类器,但是这并不意味着,在目标识别中只有线性分类器就足够了,当线性分类器无法实现有效的目标识别时,必须求助于非线性分类器。

## 3.2 线性判别函数

### 3.2.1 线性判别函数的几何意义

线性判别函数的形式如下:

$$g_i(\boldsymbol{x}) = \boldsymbol{w}_i^{\mathrm{T}}\boldsymbol{x} + w_{i0} \quad i = 1,2,\cdots,m \tag{3-1}$$

式中:$\boldsymbol{w}_i$ 称为权向量;$w_{i0}$ 称为阈值。$\boldsymbol{w}_i$ 和 $w_{i0}$ 的值由训练样本集确定。线性分类器设计的关键在于确定权向量 $\boldsymbol{w}_i$ 和阈值 $w_{i0}$ 。

**1. 两类问题的讨论**

在两类情况下,给定两类的判别函数 $g_1(\boldsymbol{x})$ 、$g_2(\boldsymbol{x})$,分类器的判决规则如下:

(1) 若 $g_1(\boldsymbol{x}) > g_2(\boldsymbol{x})$ ,则判决 $\boldsymbol{x} \in \omega_1$(或 $\omega_2$);

(2) 若 $g_1(\boldsymbol{x}) < g_2(\boldsymbol{x})$ ,则判决 $\boldsymbol{x} \in \omega_2$(或 $\omega_1$);

(3) 若 $g_1(\boldsymbol{x}) = g_2(\boldsymbol{x})$ ,则不作判决或作任意判决,即可判成 $\omega_1$、$\omega_2$ 中的任意一类。

如果令 $g(\boldsymbol{x}) = g_1(\boldsymbol{x}) - g_2(\boldsymbol{x})$ ,则两类问题的判别函数可简化为

$$g(\boldsymbol{x}) = \boldsymbol{w}^{\mathrm{T}}\boldsymbol{x} + w_0 \tag{3-2}$$

这里有

$$\boldsymbol{w} = \boldsymbol{w}_1 - \boldsymbol{w}_2 \tag{3-3}$$

$$w_0 = w_{10} - w_{20} \tag{3-4}$$

式中:$\boldsymbol{w} = (\boldsymbol{w}_1,\boldsymbol{w}_2,\cdots,\boldsymbol{w}_d)^{\mathrm{T}}$ ,$\boldsymbol{x} = (\boldsymbol{x}_1,\boldsymbol{x}_2,\cdots,\boldsymbol{x}_d)^{\mathrm{T}}$ 为 $d$ 维向量;$w_0$ 为常数。进一步,两类分类的决策面为

$$g(\boldsymbol{x}) = \boldsymbol{w}^{\mathrm{T}}\boldsymbol{x} + w_0 = 0 \tag{3-5}$$

其几何意义为 $d$ 维欧几里得空间中的一个超平面。

1) $\boldsymbol{w}$ 是决策超平面的法向量

对于两类分类问题,线性判别函数的几何意义在于利用一个超平面实现对特征空间 $R^d$ 的划分。若以 $H$ 表示超平面,则对 $H$ 上的任意两点 $\boldsymbol{x}_1$、$\boldsymbol{x}_2$ 有

$$g(\boldsymbol{x}_1) = \boldsymbol{w}^{\mathrm{T}}\boldsymbol{x}_1 + w_0 = 0 \tag{3-6}$$

$$g(\boldsymbol{x}_2) = \boldsymbol{w}^{\mathrm{T}}\boldsymbol{x}_2 + w_0 = 0 \tag{3-7}$$

示意图为图 3-2。

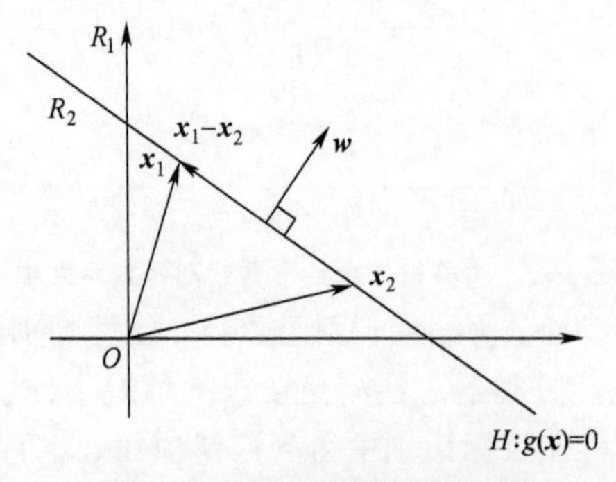


图 3-2 超平面法向量示意图

由式(3-6)和式(3-7)可以得到：

$$\boldsymbol{w}^{\mathrm{T}}(\boldsymbol{x}_1-\boldsymbol{x}_2)=0$$

由 $\boldsymbol{x}_1$、$\boldsymbol{x}_2$ 的任意性可知，$\boldsymbol{w}$ 与 $H$ 上任一向量 $\boldsymbol{x}_1-\boldsymbol{x}_2$ 正交，即 $\boldsymbol{w}$ 是超平面 $H$ 的法向量，也就是说 $\boldsymbol{w}$ 决定了超平面 $H$ 的方向。

如果取最大判决，即当 $g_1(\boldsymbol{x})>g_2(\boldsymbol{x})$ 或 $g(\boldsymbol{x})>0$ 时，$\boldsymbol{x}\in\omega_1$，否则 $\boldsymbol{x}\in\omega_2$，那么 $\boldsymbol{w}$ 指向 $\omega_1$ 类的决策区域 $R_1$，即 $R_1$ 在 $H$ 的正侧，$\omega_2$ 类的决策区域 $R_2$ 在 $H$ 的负侧。

2) $g(\boldsymbol{x})$ 是 $\boldsymbol{x}$ 到决策超平面的一种代数距离

设 $\boldsymbol{x}_{\mathrm{p}}$ 为 $\boldsymbol{x}$ 在决策超平面 $H$ 上的投影，$r$ 是 $\boldsymbol{x}$ 到 $H$ 的垂直距离，$\boldsymbol{w}$ 方向上的单位法向量为 $\frac{\boldsymbol{w}}{\|\boldsymbol{w}\|}$，其中 $\|\boldsymbol{w}\|^2=\boldsymbol{w}^{\mathrm{T}}\boldsymbol{w}$，则 $\boldsymbol{x}$ 可以分解为

$$\boldsymbol{x}=\boldsymbol{x}_{\mathrm{p}}+r\frac{\boldsymbol{w}}{\|\boldsymbol{w}\|} \tag{3-8}$$

如图 3-3 所示。

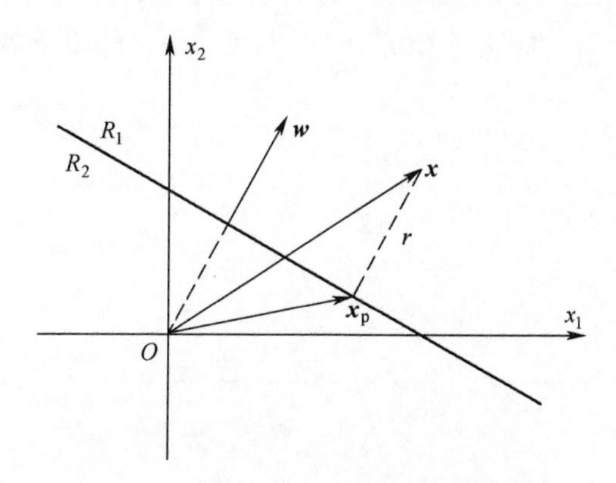


图 3-3　样本到超平面代数距离示意图

判别函数为

$$\begin{aligned}g(\boldsymbol{x})&=\boldsymbol{w}^{\mathrm{T}}\left(\boldsymbol{x}_{\mathrm{p}}+r\frac{\boldsymbol{w}}{\|\boldsymbol{w}\|}\right)+w_0\\&=(\boldsymbol{w}^{\mathrm{T}}\boldsymbol{x}_{\mathrm{p}}+w_0)+r\frac{\boldsymbol{w}^{\mathrm{T}}\boldsymbol{w}}{\|\boldsymbol{w}\|}\\&=g(\boldsymbol{x}_{\mathrm{p}})+r\|\boldsymbol{w}\|\\&=r\|\boldsymbol{w}\|\end{aligned}$$

由上式可得

$$r=\frac{g(\boldsymbol{x})}{\|\boldsymbol{w}\|} \tag{3-9}$$

因此可得结论：$g(\boldsymbol{x})$ 是 $\boldsymbol{x}$ 到超平面的一种代数距离。所谓代数距离是和绝对距离相对而言的，指的是该距离有符号，当符号为正时，表明 $\boldsymbol{x}$ 在超平面的正侧，反之在负侧。

当 $\boldsymbol{x}=\boldsymbol{0}$ 时，原点到超平面的代数距离为

$$r_0=\frac{w_0}{\|\boldsymbol{w}\|} \tag{3-10}$$

由式(3-10)可知,若 $w_0 > 0$,则原点在超平面的正侧;若 $w_0 < 0$,则原点在超平面的负侧;当 $w_0 = 0$ 时,则超平面通过原点。

综上所述,利用线性判别函数对两类进行分类识别,实质上就是用一个超平面 $H$ 把样本特征空间 $R^d$ 划分为两个决策区域,超平面 $H$ 的方向由权向量 $\boldsymbol{w}$ 确定,位置由阈值 $w_0$ 确定。判别函数 $g(\boldsymbol{x})$ 正比于 $\boldsymbol{x}$ 到 $H$ 的代数距离,当 $g(\boldsymbol{x}) > 0$ 时,$\boldsymbol{x}$ 在 $H$ 的正侧;$g(\boldsymbol{x}) < 0$ 时,$\boldsymbol{x}$ 在 $H$ 的负侧。

**例 3-1** 在样本 $\boldsymbol{x} = (x_1, x_2)^{\mathrm{T}}$ 所在的特征空间中,画出权向量为 $\boldsymbol{w} = (2, -1)^{\mathrm{T}}$、阈值为 $w_0 = 2$ 的线性判别函数确定的决策超平面,并标出权向量 $\boldsymbol{w}$ 及决策区域 $R_1$、$R_2$。

**解:**

$$g(\boldsymbol{x}) = \boldsymbol{w}^{\mathrm{T}}\boldsymbol{x} + w_0 = (2, -1)(x_1, x_2)^{\mathrm{T}} + 2 = 2x_1 - x_2 + 2$$

超平面 $H$ : $g(\boldsymbol{x}) = 2 + 2x_1 - x_2 = 0$。

$R_1$ 的确定:由于 $R_1$ 在 $H$ 的正侧,因此,$R_1$ 的确定有两种方法,如图 3-4 所示。

第一种方法: $\boldsymbol{w} = (2, -1)^{\mathrm{T}}$ 指向 $R_1$,故 $H$ 右侧为 $R_1$。

第二种方法: $w_0 = 2 > 0$,原点在 $H$ 正侧,故包含原点的 $H$ 右侧就是 $R_1$。

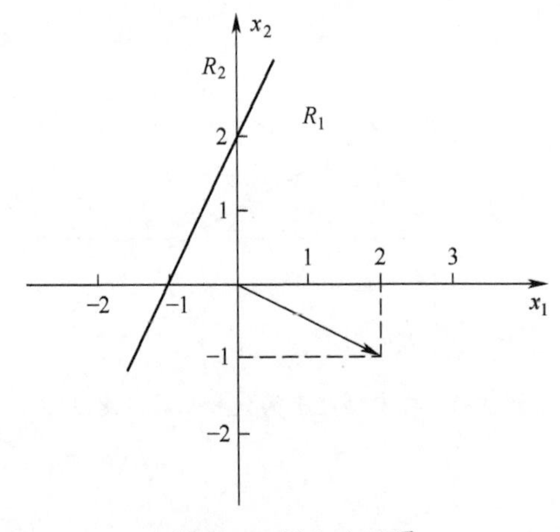


图 3-4 例 3-1 示图

**2. 多类问题的讨论**

多类问题是指类别数 $m \geqslant 3$ 的情形,这种情况可以按下面 3 种方式来处理。

1) 第一种情况 $\omega_i/\omega_j$ :任意两类之间分别用超平面分开

对于 $m$ 类中的任意两类 $\omega_i$、$\omega_j (i \neq j)$,可以确定一个超平面 $H_{ij}$,把 $\omega_i$ 和 $\omega_j$ 两类分开,两类各占 $H_{ij}$ 的一侧。显然,对于 $m$ 类的判决问题,最多需要确定的超平面个数为

$$C_m^2 = \frac{1}{2}m(m-1)$$

$H_{ij}$ 的方程为

$$g_{ij}(\boldsymbol{x}) = \boldsymbol{w}_{ij}^{\mathrm{T}}\boldsymbol{x} + w_0^{ij} \tag{3-11}$$

$$g_{ji}(\boldsymbol{x}) = -g_{ij}(\boldsymbol{x}) \tag{3-12}$$

式中: $i < j; i, j = 1, 2, \cdots, m$ 。$g_{ij}(\boldsymbol{x})$ 具有如下性质:

$$\begin{cases} 如果\ g_{ij}(\boldsymbol{x}) > 0, 则\ \boldsymbol{x} \in \omega_i \\ 如果\ g_{ij}(\boldsymbol{x}) < 0, 则\ \boldsymbol{x} \in \omega_j \end{cases} \quad i < j; i,j = 1,2,\cdots,m$$

仅仅根据 $g_{ij}(\boldsymbol{x})$ 的正负无法直接做出 $\boldsymbol{x} \in \omega_i$ 或 $\boldsymbol{x} \in \omega_j$ 的判断，只能判断 $\boldsymbol{x}$ 位于包含 $\omega_i$ 的区域还是包含 $\omega_j$ 的区域，因为在这些区域还有可能包含其他类，要想给出 $\omega_i$ 类的决策区域，还需要考虑其他判别函数，相应的判决规则为

$$如果\ g_{ij}(\boldsymbol{x}) > 0,\ \forall j \neq i\ (i,j = 1,2,\cdots,m),\ 则\ \boldsymbol{x} \in \omega_i$$

对于3类问题，可用 $g_{12}(\boldsymbol{x}) = 0$，$g_{13}(\boldsymbol{x}) = 0$ 和 $g_{23}(\boldsymbol{x}) = 0$ 等3个超平面把 $\omega_1$、$\omega_2$、$\omega_3$ 分开，如图3-5所示。根据判决规则可以得到，$\omega_1$ 的判决区域为 $g_{12}(\boldsymbol{x}) > 0$ 且 $g_{13}(\boldsymbol{x}) > 0$ 所确定的区域；$\omega_2$ 的判决区域为 $g_{12}(\boldsymbol{x}) < 0$ 且 $g_{23}(\boldsymbol{x}) > 0$ 所确定的区域；$\omega_3$ 的判决区域为 $g_{13}(\boldsymbol{x}) < 0$ 且 $g_{23}(\boldsymbol{x}) < 0$ 所确定的区域。

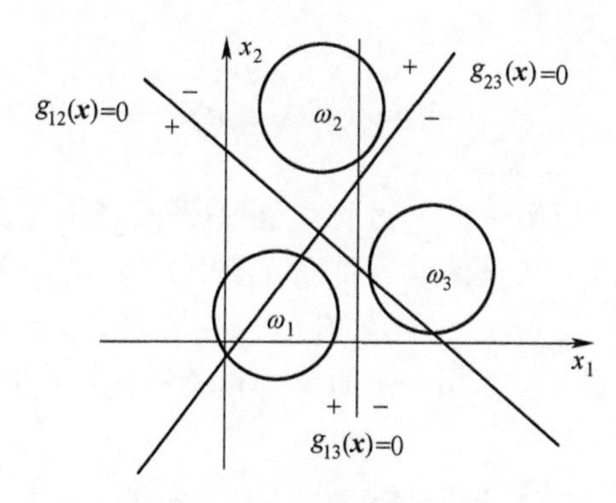


图3-5 类别两两可分的情况

**例3-2** 一个3类问题，判别函数为

$$\begin{cases} g_{12}(\boldsymbol{x}) = -x_1 - x_2 + 5 \\ g_{13}(\boldsymbol{x}) = -x_1 + 3 \\ g_{23}(\boldsymbol{x}) = -x_1 + x_2 \end{cases}$$

请画出各类判决区域，并判断 $\boldsymbol{x} = (x_1, x_2)^{\mathrm{T}} = (4,3)^{\mathrm{T}}$ 属于哪一类？

解：各类的判决区域如图3-6所示，其中 $\omega_1$ 的判决区域位于 $g_{12}(\boldsymbol{x}) > 0, g_{13}(\boldsymbol{x}) > 0$ 区域；$\omega_2$ 判决区域位于 $g_{12}(\boldsymbol{x}) < 0$，$g_{23}(\boldsymbol{x}) > 0$ 区域；$\omega_3$ 的判决区域位于 $g_{13}(\boldsymbol{x}) < 0$，$g_{23}(\boldsymbol{x}) < 0$ 区域。在三条分界线相交组成的三角形区域内的样本无法判决所属类别，该区域称为不确定区域(IR)。

对于 $\boldsymbol{x} = (x_1, x_2)^{\mathrm{T}} = (4,3)^{\mathrm{T}}$，代入判别函数可得

$$g_{12}(\boldsymbol{x}) = -2, g_{13}(\boldsymbol{x}) = -1, g_{23}(\boldsymbol{x}) = -1$$

所以判断 $\boldsymbol{x} \in \omega_3$。

2）第二种情况 $\omega_i/\overline{\omega_i}$：每类与其他类之间用一个超平面分开

对于 $m$ 类的分类识别问题，可以确定 $m$ 个超平面，判别函数为

$$g_i(\boldsymbol{x}) = \boldsymbol{w}_i^{\mathrm{T}}\boldsymbol{x} + w_{i0} \tag{3-13}$$

$g_i(\boldsymbol{x})$ 具有如下性质：

$$\begin{cases} 如果\ \boldsymbol{x} \in \omega_i, 则\ g_i(\boldsymbol{x}) > 0 \\ 如果\ \boldsymbol{x} \notin \omega_i, 则\ g_i(\boldsymbol{x}) \leqslant 0 \end{cases} \quad i = 1,2,\cdots,m \tag{3-14}$$

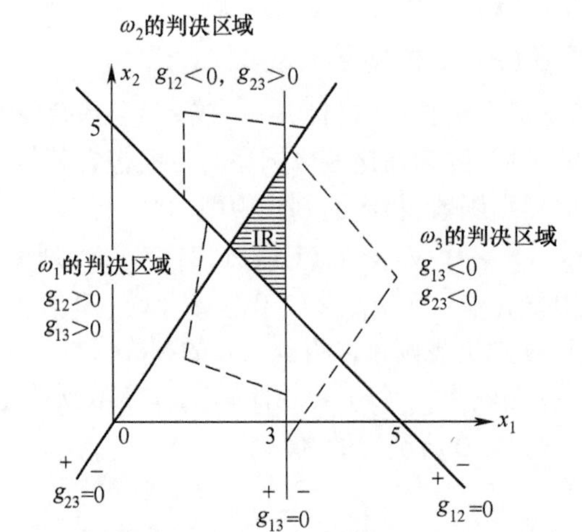


图 3-6 例 3-2 示图

每一个 $g_i(\boldsymbol{x})=0$ 都可以确定一个超平面,该超平面将特征空间划分为包含 $\omega_i$ 的区域和不包含 $\omega_i$ 的区域, $\omega_i$ 的决策区域需要综合考虑 $m$ 个判别函数,相应的判决规则为

$$\text{如果 } g_i(\boldsymbol{x})>0\ ,\ g_j(\boldsymbol{x})<0\ \ (j\neq i;i,j\in\{1,2,\cdots,m\})\ ,\text{则 } \boldsymbol{x}\in\omega_i$$

以图 3-7 为例,图中每一类都用一个简单的直线将它与其他类分开。$\boldsymbol{x}\in\omega_1$ 的样本应同时满足如下条件:

$$g_1(\boldsymbol{x})>0\ ,\ g_2(\boldsymbol{x})<0\ ,\ g_3(\boldsymbol{x})<0$$

此时特征空间也存在不确定区域,例如图中 $g_1(\boldsymbol{x})<0,\ g_2(\boldsymbol{x})<0,\ g_3(\boldsymbol{x})<0$ 确定的区域,在这个区域中的样本不属于任何一类。

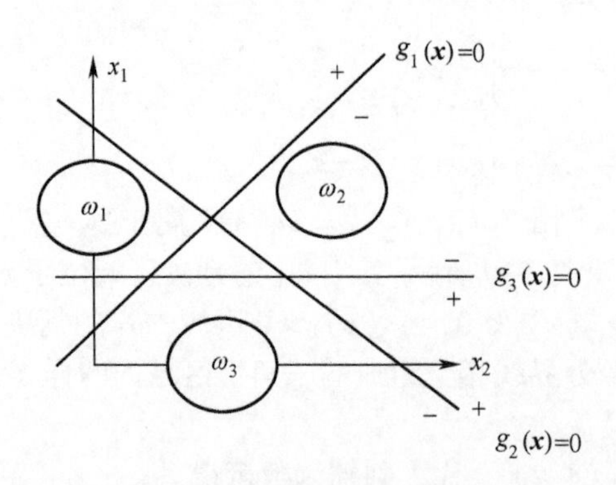


图 3-7 一类与其他各类用一个超平面分开的情况

**例 3-3** 一个 3 类问题,3 个判别函数为

$$\begin{cases}g_1(\boldsymbol{x})=-x_1+x_2\\ g_2(\boldsymbol{x})=x_1+x_2-5\\ g_3(\boldsymbol{x})=-x_2+1\end{cases}$$

请画出各类判决区域,并判断 $\boldsymbol{x}=(x_1,x_2)^{\mathrm{T}}=(6,5)^{\mathrm{T}}$ 属于哪一类?

**解:**各类的判决区域如图 3-8 所示,其中:

$\omega_1$ 的判决区域为 $g_1(\boldsymbol{x}) > 0, g_2(\boldsymbol{x}) < 0, g_3(\boldsymbol{x}) < 0$ 区域；

$\omega_2$ 的判决区域为 $g_1(\boldsymbol{x}) < 0, g_2(\boldsymbol{x}) > 0, g_3(\boldsymbol{x}) < 0$ 区域；

$\omega_3$ 的判决区域为 $g_1(\boldsymbol{x}) < 0, g_2(\boldsymbol{x}) < 0, g_3(\boldsymbol{x}) > 0$ 区域。

图 3-8 中的 IR1、IR2、IR3 区域是有 2 个判别函数大于 0 的区域，IR4 区域是 3 个判别函数均小于 0 的区域，这些区域内样本无法分类。

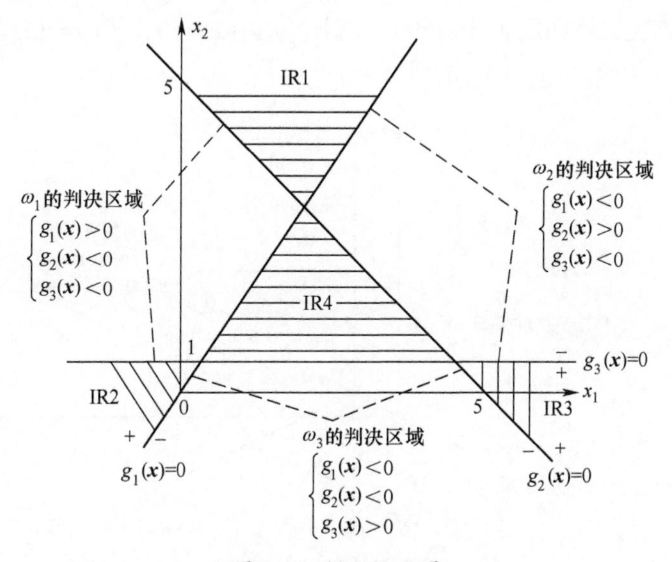

图 3-8　例 3-3 示图

对于 $\boldsymbol{x} = (x_1, x_2)^{\mathrm{T}} = (6,5)^{\mathrm{T}}$，代入判别函数可得 $g_1(\boldsymbol{x}) = -1, g_2(\boldsymbol{x}) = 6, g_3(\boldsymbol{x}) = -4$，所以 $\boldsymbol{x} \in \omega_2$。

3）第三种情况：每一类都有一个判别函数

对于 $m$ 类的分类识别问题，可以确定 $m$ 个判别函数，即

$$g_i(\boldsymbol{x}) = \boldsymbol{w}_i^{\mathrm{T}}\boldsymbol{x} + w_{i0} \tag{3-15}$$

判决准则为

$$g_i(\boldsymbol{x}) = \max_{j \in \{1,2,\cdots,m\}} (g_j(\boldsymbol{x}))，则\ \boldsymbol{x} \in \omega_i$$

对于前面两种情况中的不确定区域，由于不确定区域内任何两类的判别函数值不相等，按最大判决思想，可以做出类别判决，因此这种情况下不存在不确定区域。图 3-9 画出了 $m = 3$ 时的判决区域划分示意图。

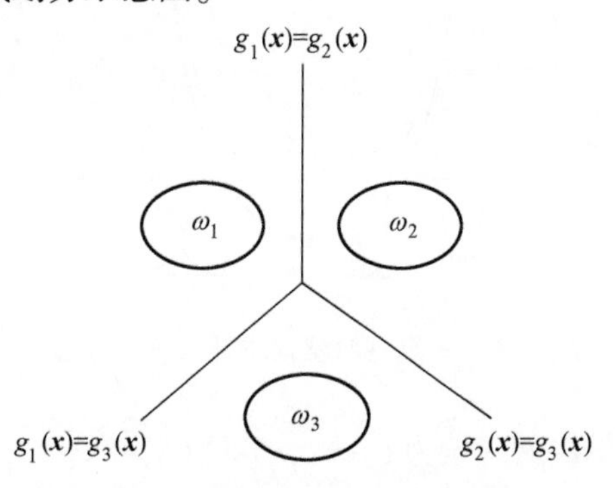

图 3-9　每一类具有一个判别函数的情况

**例 3-4** 一个 3 类问题,判别函数为

$$\begin{cases} g_1(\boldsymbol{x}) = -x_1 + x_2 \\ g_2(\boldsymbol{x}) = x_1 + x_2 - 1 \\ g_3(\boldsymbol{x}) = -x_2 \end{cases}$$

请画出各类判决区域,并判断 $\boldsymbol{x} = (x_1, x_2)^{\mathrm{T}} = (1,1)^{\mathrm{T}}$ 属于哪一类?

**解:** 各类的判决区域如图 3-10 所示,分别计算 $g_1(\boldsymbol{x}) = 0, g_2(\boldsymbol{x}) = 1, g_3(\boldsymbol{x}) = -1$,因为 $g_2(\boldsymbol{x}) > g_1(\boldsymbol{x}), g_2(\boldsymbol{x}) > g_3(\boldsymbol{x})$,所以 $\boldsymbol{x} \in \omega_2$。

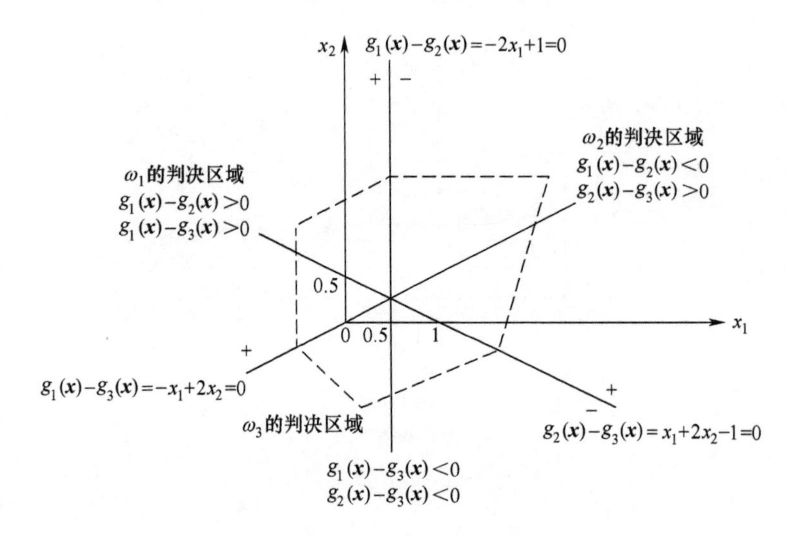


图 3-10 例 3-4 示图

### 3.2.2 广义线性判别函数

线性判别函数的优点是简单易行,但在解决实际问题时经常会遇到样本线性不可分的情况,图 3-11 所示的两类问题(一维)就属于这种情况。对于此类问题,一种处理方法是将非线性判别函数转变为线性判别函数。

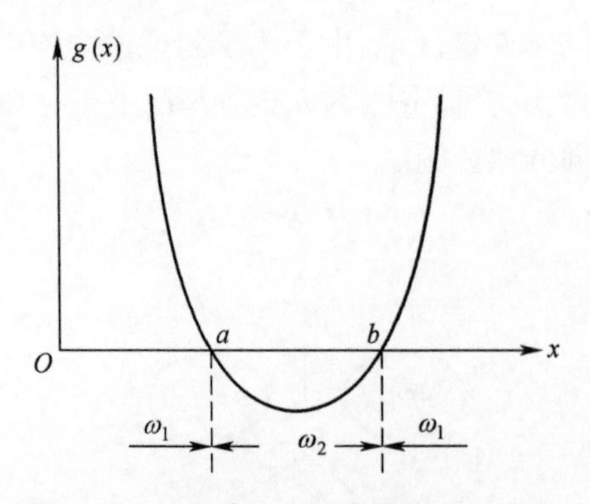


图 3-11 一维特征空间中非线性可分图示

由图 3-11 可知,$\omega_1$ 的决策区域为 $(-\infty, a)$ 和 $(b, +\infty)$,$\omega_2$ 的决策区域为 $(a,b)$,

由此可以建立一个二次函数

$$g(x)=(x-a)(x-b)=c_0+c_1x+c_2x^2$$

式中：$c_0=ab$；$c_1=-(a+b)$；$c_2=1$。

对应的决策规则为

$$g(x)\begin{cases}>0 & x\in\omega_1\\<0 & x\in\omega_2\end{cases}$$

若选择如下非线性变换：

$$\boldsymbol{y}=[y_1,y_2]^{\mathrm{T}}=[x,x^2]^{\mathrm{T}}\ ,\ \boldsymbol{a}=[a_1,a_2]^{\mathrm{T}}=[c_1,c_2]^{\mathrm{T}}$$

则二次判别函数就可以化为向量 $\boldsymbol{y}$ 的线性函数：

$$g(\boldsymbol{y})=\boldsymbol{a}^{\mathrm{T}}\boldsymbol{y}+c_0=\sum_{i=1}^{2}a_iy_i+c_0 \tag{3-16}$$

对于更一般的二次判别函数(quadratic discriminant function)可以表示为

$$g(\boldsymbol{x})=w_0+\sum_{i=1}^{d}w_ix_i+\sum_{i=1}^{d}\sum_{j=1}^{d}w_{ij}x_ix_j \tag{3-17}$$

因为 $x_ix_j=x_jx_i$，不失一般性，这里假设 $w_{ij}=w_{ji}$。因此二次判别函数就由 $d(d+1)/2$ 个系数来产生更复杂的分界面。取 $y_i=f_i(\boldsymbol{x})$ 为二次式或一次式，可使 $g(\boldsymbol{x})$ 变为线性函数

$$g(\boldsymbol{y})=\boldsymbol{a}^{\mathrm{T}}\boldsymbol{y}+w_0=\sum_{i=1}^{\hat{d}}a_iy_i+w_0 \tag{3-18}$$

变换后的特征空间的维数 $\hat{d}$ 为 $d(d+3)/2$，称上式为广义线性判别函数，向量 $\boldsymbol{a}$ 称为广义权向量。

通过从 $\boldsymbol{x}$ 到 $\boldsymbol{y}$ 的映射，原来在低维空间线性不可分的问题变为高维空间中的线性可分问题。如果原始特征空间维度较高，或者非线性判别函数的次数较高，则变换后的特征空间维度会非常高，这将导致维数灾难问题。核函数为我们提供了一种解决思路，它的基本思想是将变换后高维特征空间中的计算，通过核函数在原始特征空间中完成，而无需知道高维变换的显式公式。具体方法详见3.6节。

### 3.2.3　线性判别函数设计的一般步骤

通过前面的分析可知，设计线性判别函数的任务就是在一定条件下，寻找最好的 $\boldsymbol{w}$ 和 $w_0$。具体说，需要先给出分类器性能优劣的数学描述，所谓的“最好”是相对于某种特定判决准则而言的，不同准则下所得到的最好分类器未必相同。一般来说，设计线性分类器需要以下3步。

第一步：选择样本集 $X=\{\boldsymbol{x}_1,\boldsymbol{x}_2,\cdots,\boldsymbol{x}_N\}$，样本集中的样本类别已知，同一类中的样本是独立抽取的，应具有相同的分布特性。

第二步：确定一个准则函数 $J$，要求满足以下两个条件：

(1) $J$ 是样本集、$\boldsymbol{w}$ 和 $w_0$ 的函数；

(2) $J$ 的值反映分类器性能，它的极值对应于“最好”的决策。

第三步：用最优化技术求解准则函数，得到极值点对应的 $\boldsymbol{w}^*$ 和 $w_0^*$。

当 $J$ 的求解比较困难，不能得到全局最优解或是求全局最优结果比较困难时，往往通

过求局部最优解(次优解)以降低求解难度,或者用计算解代替解析解。

## 3.3 Fisher 线性判别分析

前面我们介绍了线性判别函数的定义及其几何意义,并且知道两类问题的线性判别函数及判决规则为

$$g(\boldsymbol{x}) = \boldsymbol{w}^{\mathrm{T}}\boldsymbol{x} + w_0 \begin{cases} > 0 & \boldsymbol{x} \in \omega_1 \\ < 0 & \boldsymbol{x} \in \omega_2 \end{cases}$$

在判别函数 $g(\boldsymbol{x})$ 中, $\boldsymbol{w}^{\mathrm{T}}\boldsymbol{x}$ 实现了特征空间由多维空间向一维空间的变换,选择不同的 $\boldsymbol{w}$ ,投影方向就不同,映射后样本的可分性不同。如图 3-12 所示,二维空间中的两类 $\omega_1$、$\omega_2$ 是线性可分的,在 $x_1$ 方向上作投影后,两类仍是可分的,但在 $x_2$ 方向上作投影后,两类产生了重叠,变成了不可分,这对分类器的设计是不利的。由此可见,由多维空间向一维空间的映射关键是找出最易于分类的投影方向,这里的"最易"是指投影后同类样本尽量聚集,不同类样本距离尽可能远。如果从另一个角度看,实际上也是一个特征提取与选择问题。判别函数 $g(\boldsymbol{x})$ 的另一部分是 $w_0$,实际上就是通过 $\boldsymbol{w}$ 将样本映射到一维空间后两类的分界点, $w_0$ 的确定实际上就是一维空间最优分界点的选择问题。

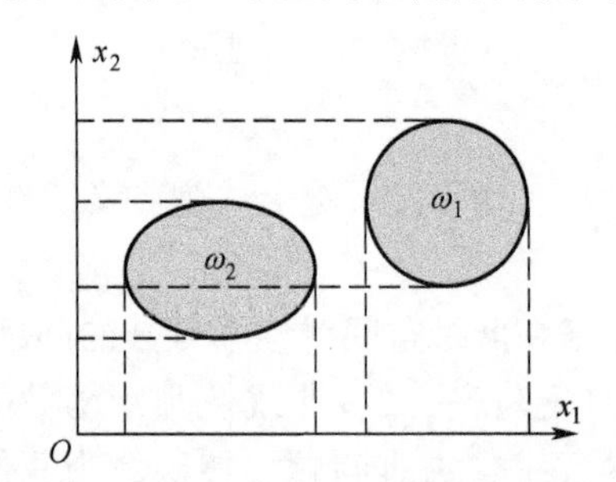


图 3-12 二维空间向一维空间投影示意图

Fisher 线性判别分析(linear discriminant analysis,LDA)就是基于上述思想提出的,由 R. A. Fisher 在 1936 年发表的论文中阐述并发展而来。Fisher 线性判别分析基本思想是寻找一个最好的投影方向,当特征向量 $\boldsymbol{x}$ 从 $d$ 维空间映射到这个方向上时,两类能最好地分开。Fisher 线性判决基本思路如图 3-13 所示。

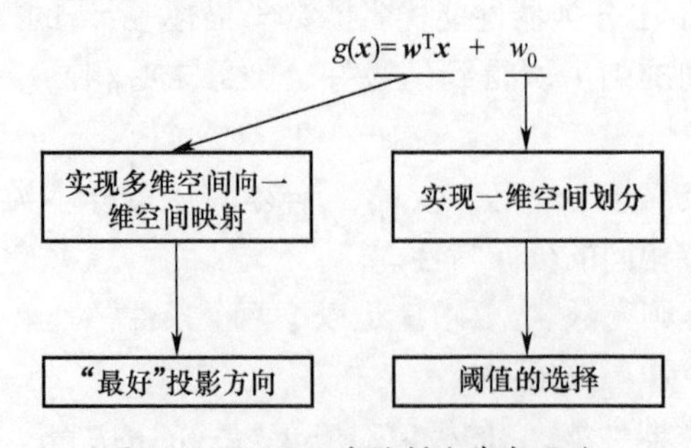


图 3-13 Fisher 线性判决基本思路

设两类构成的样本集为 $X = \{\boldsymbol{x}_1, \boldsymbol{x}_2, \cdots, \boldsymbol{x}_N\}$ , $\boldsymbol{x}_i(i = 1,2,\cdots,N)$ 为 $d$ 维向量,类别数

$m=2$,两类样本数分别为 $N_1$、$N_2$,对应样本子集为 $X_1$、$X_2$。对 $\boldsymbol{x}_i(i=1,2,\cdots,N)$ 做如下变换可实现 $d$ 维空间到一维空间的映射:

$$y_i=\boldsymbol{w}^{\mathrm{T}}\boldsymbol{x}_i \quad i=1,2,\cdots,N \tag{3-19}$$

由 $X_1$、$X_2$ 可以得到两个相应的集合 $Y_1$、$Y_2$。在上述变换过程中,$\boldsymbol{w}$ 不同对应的映射结果也不同,相应地,映射后样本的可分离程度也不同。所以,寻找最好的投影方向,在数学上就表现为寻找最好的变换方向 $\boldsymbol{w}^*$。因此,需要定义一个准则函数 $J$ 来表示两类可分性,并且 $J$ 是 $\boldsymbol{w}$ 和样本集的函数,其极值对应最好的类别可分性。

对于 Fisher 线性判别而言,为了定义准则函数,需先建立几个参量,下面按 $d$ 维空间和一维空间分别介绍。

**1. $d$ 维空间**

1) 各类样本的均值向量 $\boldsymbol{\mu}_i$

$$\boldsymbol{\mu}_i=\frac{1}{N_i}\sum_{x\in X_i}\boldsymbol{x} \quad i=1,2 \tag{3-20}$$

2) 类内离散度矩阵 $\boldsymbol{S}_i$ 和总类内离散度矩阵 $\boldsymbol{S}_w$

$$\boldsymbol{S}_i=\sum_{x\in X_i}(\boldsymbol{x}-\boldsymbol{\mu}_i)(\boldsymbol{x}-\boldsymbol{\mu}_i)^{\mathrm{T}} \quad i=1,2 \tag{3-21}$$

$$\boldsymbol{S}_w=\boldsymbol{S}_1+\boldsymbol{S}_2 \tag{3-22}$$

若考虑先验概率,则总类内离散度矩阵 $\boldsymbol{S}_w$ 定义为

$$\boldsymbol{S}_w=P(\omega_1)\boldsymbol{S}_1+P(\omega_2)\boldsymbol{S}_2 \tag{3-23}$$

令

$$\Delta\boldsymbol{x}=\boldsymbol{x}-\boldsymbol{\mu}_i=(e_1,e_2,\cdots,e_d)^{\mathrm{T}} \tag{3-24}$$

则

$$(\boldsymbol{x}-\boldsymbol{\mu}_i)(\boldsymbol{x}-\boldsymbol{\mu}_i)^{\mathrm{T}}=\begin{pmatrix} e_1^2 & e_1e_2 & \cdots & e_1e_d \\ e_2e_1 & e_2^2 & \cdots & e_2e_d \\ \vdots & \vdots & & \vdots \\ e_de_1 & e_de_2 & \cdots & e_d^2 \end{pmatrix} \tag{3-25}$$

$\boldsymbol{x}$ 距离 $\boldsymbol{\mu}_i$ 越远,$\|\boldsymbol{x}-\boldsymbol{\mu}_i\|=e_1^2+e_2^2+\cdots+e_d^2$ 越大,该距离平方正好是矩阵 $(\boldsymbol{x}-\boldsymbol{\mu}_i)\times(\boldsymbol{x}-\boldsymbol{\mu}_i)^{\mathrm{T}}$ 的迹。由此可知,第 $i$ 类的类内离散度矩阵 $\boldsymbol{S}_i$ 的迹是类内各点到类中心 $\boldsymbol{\mu}_i$ 的距离平方和,从而反映了该类样本集的离散程度,$\boldsymbol{S}_i$ 的迹越小,样本集分布越聚集。

3) 类间离散度矩阵 $\boldsymbol{S}_b$

$$\boldsymbol{S}_b=(\boldsymbol{\mu}_1-\boldsymbol{\mu}_2)(\boldsymbol{\mu}_1-\boldsymbol{\mu}_2)^{\mathrm{T}} \tag{3-26}$$

若考虑先验概率,则类间离散度矩阵 $\boldsymbol{S}_b$ 定义为

$$\boldsymbol{S}_b=P(\omega_1)P(\omega_2)(\boldsymbol{\mu}_1-\boldsymbol{\mu}_2)(\boldsymbol{\mu}_1-\boldsymbol{\mu}_2)^{\mathrm{T}} \tag{3-27}$$

类似地,$\boldsymbol{S}_b$ 的迹为

$$\mathrm{tr}(\boldsymbol{S}_b)=\|\boldsymbol{\mu}_1-\boldsymbol{\mu}_2\|^2 \tag{3-28}$$

**2. 一维空间**

1) 各类样本的均值 $\widetilde{\mu}_i$

$$\widetilde{\mu}_i=\frac{1}{N_i}\sum_{y\in Y_i}y \quad i=1,2 \tag{3-29}$$

2）类内离散度 $\widetilde{S}_i$ 和总类内离散度 $\widetilde{S}_w$

$$\widetilde{S}_i = \sum_{y \in Y_i} (y - \widetilde{\mu}_i)^2 \quad i = 1,2 \tag{3-30}$$

$$\widetilde{S}_w = \widetilde{S}_1 + \widetilde{S}_2 \tag{3-31}$$

总类内离散度反映了两类的类内离散程度，类内的分散程度越小越便于分类，即 $\widetilde{S}_w$ 越小越好。因此，定义 Fisher 线性判别函数为

$$J_F(\boldsymbol{w}) = \frac{(\widetilde{\mu}_1 - \widetilde{\mu}_2)^2}{\widetilde{S}_1 + \widetilde{S}_2} \tag{3-32}$$

在 Fisher 线性判别函数中，分子反映了映射后两类中心的距离平方，该值越大，两类的可分性越好；分母反映了两类的类内离散度，其值越小越好；从总体上来讲，$J_F(\boldsymbol{w})$ 的值越大越好，在这种可分性评价标准下，使 $J_F(\boldsymbol{w})$ 达到最大值的 $\boldsymbol{w}$ 即为最佳投影方向。

为了求出 $J_F(\boldsymbol{w})$ 的极大值点，需要将 $J_F(\boldsymbol{w})$ 转化为 $\boldsymbol{w}$ 的显式函数。

$$\widetilde{\mu}_i = \frac{1}{N_i} \sum_{y \in Y_i} y = \frac{1}{N_i} \sum_{x \in Z_i} \boldsymbol{w}^{\mathrm{T}} \boldsymbol{x} = \boldsymbol{w}^{\mathrm{T}} \left( \frac{1}{N_i} \sum_{x \in Z_i} x \right) = \boldsymbol{w}^{\mathrm{T}} \boldsymbol{\mu}_i \tag{3-33}$$

所以

$$\begin{aligned}(\widetilde{\mu}_1 - \widetilde{\mu}_2)^2 &= (\boldsymbol{w}^{\mathrm{T}}\boldsymbol{\mu}_1 - \boldsymbol{w}^{\mathrm{T}}\boldsymbol{\mu}_2)^2 \\ &= \boldsymbol{w}^{\mathrm{T}}(\boldsymbol{\mu}_1 - \boldsymbol{\mu}_2)(\boldsymbol{\mu}_1 - \boldsymbol{\mu}_2)^{\mathrm{T}}\boldsymbol{w} \\ &= \boldsymbol{w}^{\mathrm{T}}\boldsymbol{S}_b\boldsymbol{w}\end{aligned} \tag{3-34}$$

$$\begin{aligned}\widetilde{S}_i &= \sum_{y \in Y_i} (y - \widetilde{\mu}_i)^2 \\ &= \sum_{x \in X_i} (\boldsymbol{w}^{\mathrm{T}}\boldsymbol{x} - \boldsymbol{w}^{\mathrm{T}}\boldsymbol{\mu}_i)^2 \\ &= \sum_{x \in X_i} \boldsymbol{w}^{\mathrm{T}}(\boldsymbol{x} - \boldsymbol{\mu}_i)(\boldsymbol{x} - \boldsymbol{\mu}_i)\boldsymbol{w} \\ &= \boldsymbol{w}^{\mathrm{T}}\boldsymbol{S}_i\boldsymbol{w}\end{aligned} \tag{3-35}$$

因此，

$$\widetilde{S}_w = \widetilde{S}_1 + \widetilde{S}_2 = \boldsymbol{w}^{\mathrm{T}}\boldsymbol{S}_1\boldsymbol{w} + \boldsymbol{w}^{\mathrm{T}}\boldsymbol{S}_2\boldsymbol{w} = \boldsymbol{w}^{\mathrm{T}}\boldsymbol{S}_w\boldsymbol{w} \tag{3-36}$$

根据式(3-34)、式(3-36)，Fisher 线性判别函数可以转化为

$$J_F(\boldsymbol{w}) = \frac{\boldsymbol{w}^{\mathrm{T}}\boldsymbol{S}_b\boldsymbol{w}}{\boldsymbol{w}^{\mathrm{T}}\boldsymbol{S}_w\boldsymbol{w}} \tag{3-37}$$

$J_F(\boldsymbol{w})$ 是著名的广义瑞利(Rayleigh)熵。由于 $J_F(\boldsymbol{w})$ 与 $\boldsymbol{w}$ 的函数关系比较复杂，极值点不易求解，为此，令分母等于一个非零常数，在此约束条件下求分子的极大值，用拉格朗日乘数法求解。设

$$\boldsymbol{w}^{\mathrm{T}}\boldsymbol{S}_w\boldsymbol{w} = c \neq 0 \tag{3-38}$$

则目标函数定义为

$$L(\boldsymbol{w}, \lambda) = \boldsymbol{w}^{\mathrm{T}}\boldsymbol{S}_b\boldsymbol{w} - \lambda(\boldsymbol{w}^{\mathrm{T}}\boldsymbol{S}_w\boldsymbol{w} - c) \tag{3-39}$$

式中：$\lambda$ 为拉格朗日乘子。对式(3-39)求 $\boldsymbol{w}$ 的梯度：

$$\frac{\partial L(\boldsymbol{w},\lambda)}{\partial \boldsymbol{w}}=0 \tag{3-40}$$

极值点满足：

$$\boldsymbol{S}_b\boldsymbol{w}^*-\lambda\boldsymbol{S}_w\boldsymbol{w}^*=0 \tag{3-41}$$

当样本数目 $N>d$ 时，$\boldsymbol{S}_w$ 通常是非奇异的，从而有

$$\boldsymbol{S}_w^{-1}\boldsymbol{S}_b\boldsymbol{w}^*=\lambda\boldsymbol{w}^* \tag{3-42}$$

即 $\boldsymbol{w}^*$ 是 $\boldsymbol{S}_w^{-1}\boldsymbol{S}_b$ 的特征向量，可以利用一般求解特征向量的方法求解。

Fisher 利用 $\boldsymbol{S}_b$ 的性质实现了 $\boldsymbol{w}^*$ 的解析求解，具体方法如下：

$$\begin{aligned}\boldsymbol{S}_b\boldsymbol{w}^*&=(\boldsymbol{\mu}_1-\boldsymbol{\mu}_2)(\boldsymbol{\mu}_1-\boldsymbol{\mu}_2)^{\mathrm{T}}\boldsymbol{w}^*=(\boldsymbol{\mu}_1-\boldsymbol{\mu}_2)[(\boldsymbol{\mu}_1-\boldsymbol{\mu}_2)^{\mathrm{T}}\boldsymbol{w}^*]\\&=R(\boldsymbol{\mu}_1-\boldsymbol{\mu}_2)\end{aligned} \tag{3-43}$$

式中：$R=(\boldsymbol{\mu}_1-\boldsymbol{\mu}_2)^{\mathrm{T}}\boldsymbol{w}^*$ 是一个标量，所以 $\boldsymbol{S}_b\boldsymbol{w}^*$ 总在 $(\boldsymbol{\mu}_1-\boldsymbol{\mu}_2)$ 方向上，即两类中心点的连线方向，如图 3-14 所示。

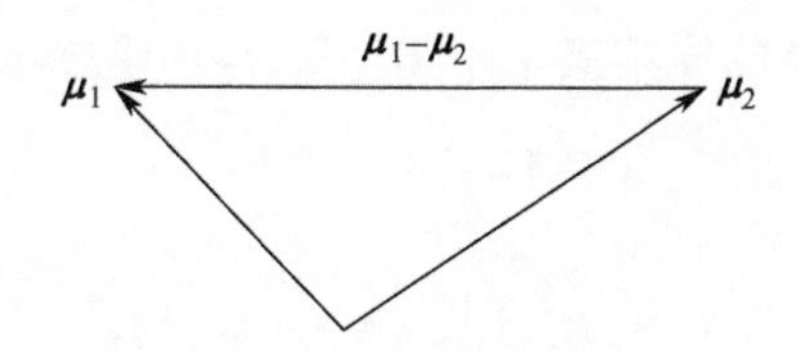


图 3-14　$\boldsymbol{S}_b\boldsymbol{w}^*$ 方向示意图

因此

$$\lambda\boldsymbol{w}^*=\boldsymbol{S}_w^{-1}\boldsymbol{S}_b\boldsymbol{w}^*=\boldsymbol{S}_w^{-1}(\boldsymbol{\mu}_1-\boldsymbol{\mu}_2)R \tag{3-44}$$

求得

$$\boldsymbol{w}^*=\frac{R}{\lambda}\boldsymbol{S}_w^{-1}(\boldsymbol{\mu}_1-\boldsymbol{\mu}_2) \tag{3-45}$$

因为我们关注的是投影方向，因此可以忽略常量因子 $\frac{R}{\lambda}$，得

$$\boldsymbol{w}^*=\boldsymbol{S}_w^{-1}(\boldsymbol{\mu}_1-\boldsymbol{\mu}_2) \tag{3-46}$$

利用 $\boldsymbol{w}^*$，将样本 $\boldsymbol{x}$ 往该方向上投影，可得

$$y=(\boldsymbol{w}^*)^{\mathrm{T}}\boldsymbol{x} \tag{3-47}$$

在投影空间内的决策准则为：若 $y>y_0$，则 $\boldsymbol{x}\in\omega_1$，否则 $\boldsymbol{x}\in\omega_2$。

$y_0$ 可以选取一维空间中两类均值连线的中点，即

$$y_0=\frac{1}{2}(\widetilde{\mu}_1+\widetilde{\mu}_2) \tag{3-48}$$

相应地可以得到

$$y_0=\frac{1}{2}(\widetilde{\mu}_1+\widetilde{\mu}_2)=\frac{1}{2}[(\boldsymbol{w}^*)^{\mathrm{T}}\boldsymbol{\mu}_1+(\boldsymbol{w}^*)^{\mathrm{T}}\boldsymbol{\mu}_2]=(\boldsymbol{w}^*)^{\mathrm{T}}\frac{(\boldsymbol{\mu}_1+\boldsymbol{\mu}_2)}{2}$$

因此，$y_0$ 是两类的均值连线的中点在 $\boldsymbol{w}^*$ 上的映射。

当考虑两类的先验概率时，$\boldsymbol{S}_w$ 采用式(3-23)，$\boldsymbol{S}_b$ 采用式(3-27)，相应的

$$y_0 = \frac{N_1\widetilde{\mu}_1 + N_2\widetilde{\mu}_2}{N_1 + N_2} \tag{3-49}$$

它是$\widetilde{\mu}_1$、$\widetilde{\mu}_2$连线上以频率为比例的内分点。

## 3.4 感知准则函数

Fisher 线性判决把分类器设计分为两步，第一步确定最优的投影方向，第二步在投影方向上确定阈值。感知准则函数可以直接得到判别函数，其基本思想是寻找一个权向量，使规范化增广样本向量集的错分样本数最少。

### 3.4.1 基本概念

在介绍感知准则函数之前，首先介绍几个相关的基本概念。

**1. 线性可分性**

已知来自 $\omega_1$ 和 $\omega_2$ 两类的样本集 $\{\boldsymbol{x}_1,\boldsymbol{x}_2,\cdots,\boldsymbol{x}_N\}$，两类的线性判别函数为

$$g(\boldsymbol{x}) = \boldsymbol{w}^{\mathrm{T}}\boldsymbol{x} + w_0$$

令

$$\boldsymbol{y}_i = [\boldsymbol{x}_i,1]^{\mathrm{T}}\ ,\ \boldsymbol{v} = [\boldsymbol{w}\ ,1]^{\mathrm{T}}$$

则得到 $d+1$ 维的样本集 $\boldsymbol{y} = \{\boldsymbol{y}_1,\boldsymbol{y}_2,\cdots,\boldsymbol{y}_N\}$，相应的线性判别函数变为

$$g(\boldsymbol{y}) = \boldsymbol{v}^{\mathrm{T}}\boldsymbol{y} \tag{3-50}$$

式中：$\boldsymbol{y}$ 为增广样本向量；$\boldsymbol{v}$ 为增广权向量。

如果存在一个线性分类器能把每个样本正确分类，即若存在一个权向量 $\boldsymbol{v}$，使得对于任何 $\boldsymbol{y}_i \in \omega_1$，都有 $\boldsymbol{v}^{\mathrm{T}}\boldsymbol{y}_i > 0$，而对于任何 $\boldsymbol{y}_i \in \omega_2$，都有 $\boldsymbol{v}^{\mathrm{T}}\boldsymbol{y}_i < 0$，则称这组样本集为线性可分的；否则称为线性不可分的。反过来，若样本集是线性可分的，则必然存在一个权向量 $\boldsymbol{v}$，能将每个样本正确地分类。

**2. 样本规范化**

如果样本集 $\boldsymbol{y} = \{\boldsymbol{y}_1,\boldsymbol{y}_2,\cdots,\boldsymbol{y}_N\}$ 线性可分，则一定存在某个或某些权向量 $\boldsymbol{v}$，使下式成立：

$$\begin{cases} \boldsymbol{v}^{\mathrm{T}}\boldsymbol{y}_i > 0 & \boldsymbol{y}_i \in \omega_1 \\ \boldsymbol{v}^{\mathrm{T}}\boldsymbol{y}_i < 0 & \boldsymbol{y}_i \in \omega_2 \end{cases} \quad i = 1,2,\cdots,N \tag{3-51}$$

如果将来自 $\omega_2$ 类的所有样本都加上一个负号，来自 $\omega_1$ 类的所有样本不变，即令

$$\boldsymbol{z}_i = \begin{cases} \boldsymbol{y}_i & \boldsymbol{y}_i \in \omega_1 \\ -\boldsymbol{y}_i & \boldsymbol{y}_i \in \omega_2 \end{cases} \quad i = 1,2,\cdots,N \tag{3-52}$$

则式(3-51)可以写成

$$\boldsymbol{v}^{\mathrm{T}}\boldsymbol{z}_i > 0 \quad i = 1,2,\cdots,N \tag{3-53}$$

这个过程称为样本规范化，$\boldsymbol{z}_i$ 称为规范化增广样本向量。经过这样的变换后，我们可以不管样本原来的类别标志，只要找到一个对全部样本 $\boldsymbol{z}_i$ 都满足 $\boldsymbol{v}^{\mathrm{T}}\boldsymbol{z}_i > 0(i = 1,2,\cdots,N)$ 的权向量就行了。

**3. 解向量和解区**

对于规范化增广样本向量而言，满足 $\boldsymbol{v}^{\mathrm{T}}z_i > 0(i=1,2,\cdots,N)$ 的权向量称为解向量。若把 $\boldsymbol{v}$ 看成是权向量空间中的一点，对于任意一个 $z_i$，$\boldsymbol{v}^{\mathrm{T}}z_i = 0$ 在权向量空间确定了一个超平面，这个超平面的法向量为 $z_i$，超平面正侧的向量满足 $\boldsymbol{v}^{\mathrm{T}}z_i > 0$。相应地，$N$ 个样本确定了 $N$ 个超平面，每个超平面把权空间分为正、负两个空间，满足 $\boldsymbol{v}^{\mathrm{T}}z_i > 0(i = 1,2,\cdots,N)$ 的权向量一定在这 $N$ 个超平面正侧的交叠区，称这一交叠区为解区，解区中的任意向量都是解向量 $\boldsymbol{v}^*$，如图 3-15 所示。

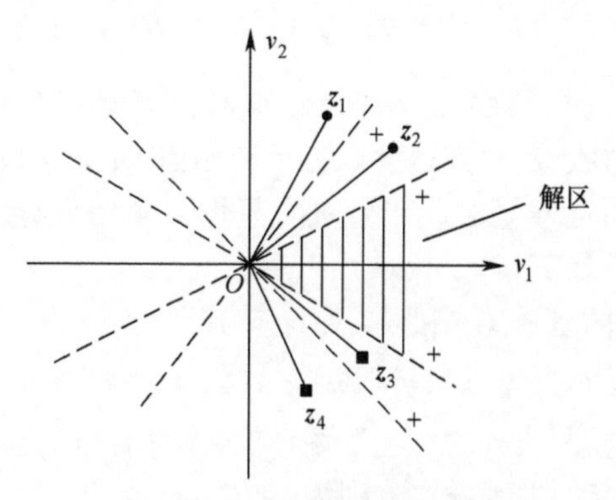


图 3-15 解区和解向量示意图 1

为了使解向量更加可靠，应选择解区中间的解向量，因此引入余量 $b > 0$，即使解向量满足 $\boldsymbol{v}^{\mathrm{T}}z_i > b\ (i=1,2,\cdots,N)$。显然，由此确定的新解区在原解区中，而且它的边界与原解区边界的距离为 $b/\|z_i\|$，如图 3-16 所示。

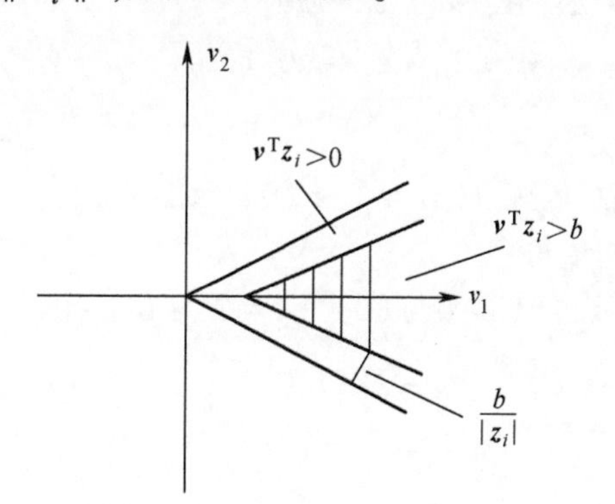


图 3-16 解区和解向量示意图 2

## 3.4.2 感知准则算法

下面我们来讨论感知准则函数中解向量的求解问题。

设 $Z = \{z_1, z_2, \cdots, z_N\}$ 是经过增广化、规范化的样本集，定义感知准则函数如下：

$$J_{\mathrm{p}}(\boldsymbol{v}) = \sum_{z \in Z^k} (-\boldsymbol{v}^{\mathrm{T}}z) \tag{3-54}$$

式中：$Z^k = \{z | \boldsymbol{v}^{\mathrm{T}}z \leqslant 0\}$，是被权向量 $\boldsymbol{v}$ 错分类的样本集合，因此有

$$-\boldsymbol{v}^{\mathrm{T}}z \geqslant 0 \tag{3-55}$$

显然 $J_p(\boldsymbol{v}) \geqslant 0$。

当且仅当错分样本集 $Z^k$ 为空时，$J_p(\boldsymbol{v}^*)=0$，这时将不存在错分样本，$\boldsymbol{v}^*$ 就是我们要寻找的解向量。

$\boldsymbol{v}^*$ 的求解可以采用梯度下降法：

$$\nabla J_p(\boldsymbol{v}) = \frac{\partial J_p(\boldsymbol{v})}{\partial \boldsymbol{v}} = \sum_{z \in Z^k}(-z) \tag{3-56}$$

迭代公式为

$$\boldsymbol{v}(k+1) = \boldsymbol{v}(k) - \rho_k \nabla J_p(v) = \boldsymbol{v}(k) + \rho_k \sum_{z \in Z^k} z \tag{3-57}$$

上式表明，每一步迭代时，利用加权错分样本对权向量进行修正。可以证明，若有解，则迭代过程在有限步内收敛，收敛速度取决于初始值 $\boldsymbol{v}(0)$ 和系数 $\rho_k$。当 $\rho_k$ 取常数时，这种梯度下降法称为固定增量法。如果每次只用一个错误样本进行修正，则称为单样本固定增量法，算法步骤如下：

(1) 任意选择初始权向量 $\boldsymbol{v}(0)$ 和 $\rho_k$，令 $k=0$；

(2) 考查样本 $z_i$，若 $\boldsymbol{v}(k)^{\mathrm{T}} z_i \leqslant 0$，则 $\boldsymbol{v}(k+1)=\boldsymbol{v}(k)+\rho_k z_i$；否则继续；

(3) 考查另一个样本，重复步骤(2)，直至每一个样本都有 $\boldsymbol{v}(k)^{\mathrm{T}} z_i>0$，即 $J_p(\boldsymbol{v}^*)=0$。

**例 3-5** 已知两类目标的训练样本分别为

$$\omega_1: \boldsymbol{x}_1=(0,0)^{\mathrm{T}}, \boldsymbol{x}_2=(0,1)^{\mathrm{T}}$$
$$\omega_2: \boldsymbol{x}_3=(1,0)^{\mathrm{T}}, \boldsymbol{x}_4=(1,1)^{\mathrm{T}}$$

请用感知准则函数方法求解判别函数。

**解**：首先，将训练样本增广化、规范化，得到

$$\omega_1: z_1=(0,0,1)^{\mathrm{T}}, z_2=(0,1,1)^{\mathrm{T}}$$
$$\omega_2: z_3=(-1,0,-1)^{\mathrm{T}}, z_4=(-1,-1,-1)^{\mathrm{T}}$$

然后，利用梯度下降法求解，取 $\rho_k=1$，$\boldsymbol{v}(0)=(1,1,1)^{\mathrm{T}}$。

方法1：单样本固定增量法

$$k=0: \boldsymbol{v}(0)^{\mathrm{T}} z_1=1>0, \boldsymbol{v}(0)^{\mathrm{T}} z_2=2>0, \boldsymbol{v}(0)^{\mathrm{T}} z_3=-2<0$$
$$\boldsymbol{v}(1)=\boldsymbol{v}(0)+z_3=(0,1,0)^{\mathrm{T}}$$
$$k=1: \boldsymbol{v}(1)^{\mathrm{T}} z_4=-1<0$$
$$\boldsymbol{v}(2)=\boldsymbol{v}(1)+z_4=(-1,0,-1)^{\mathrm{T}}$$
$$k=2: \boldsymbol{v}(2)^{\mathrm{T}} z_1=-1<0$$
$$\boldsymbol{v}(3)=\boldsymbol{v}(2)+z_1=(-1,0,0)^{\mathrm{T}}$$
$$k=3: \boldsymbol{v}(3)^{\mathrm{T}} z_2=0$$
$$\boldsymbol{v}(4)=\boldsymbol{v}(3)+z_2=(-1,1,1)^{\mathrm{T}}$$
$$k=4: \boldsymbol{v}(4)^{\mathrm{T}} z_3=0$$
$$\boldsymbol{v}(5)=\boldsymbol{v}(4)+z_3=(-2,1,0)^{\mathrm{T}}$$
$$k=5: \boldsymbol{v}(5)^{\mathrm{T}} z_4=1>0, \boldsymbol{v}(5)^{\mathrm{T}} z_1=0$$

$$\boldsymbol{v}(6)=\boldsymbol{v}(5)+z_1=(-2,1,1)^{\mathrm{T}}$$

$$k=6:\boldsymbol{v}(6)^{\mathrm{T}}z_2=2>0,\boldsymbol{v}(6)^{\mathrm{T}}z_3=1>0,\boldsymbol{v}(6)^{\mathrm{T}}z_4=0$$

$$\boldsymbol{v}(7)=\boldsymbol{v}(6)+z_4=(-3,0,0)^{\mathrm{T}}$$

$$k=7:\boldsymbol{v}(7)^{\mathrm{T}}z_1=0$$

$$\boldsymbol{v}(8)=\boldsymbol{v}(7)+z_1=(-3,0,1)^{\mathrm{T}}$$

$$k=8:\boldsymbol{v}(8)^{\mathrm{T}}z_2=1>0,\boldsymbol{v}(8)^{\mathrm{T}}z_3=2>0,\boldsymbol{v}(8)^{\mathrm{T}}z_4=2>0,\boldsymbol{v}(8)^{\mathrm{T}}z_1=1>0$$

由此可得:

增广权向量为 $\boldsymbol{v}^*=(-3,0,1)^{\mathrm{T}}$;

判别函数为 $g(\boldsymbol{x})=-3x_1+1$;

两类的分界线为 $x_1=\dfrac{1}{3}$。

方法2:固定增量法

$$k=0:\boldsymbol{v}(0)^{\mathrm{T}}z_1=1>0,\boldsymbol{v}(0)^{\mathrm{T}}z_2=2>0,\boldsymbol{v}(0)^{\mathrm{T}}z_3=-2<0,\boldsymbol{v}(0)^{\mathrm{T}}z_4=-3<0$$

$$\boldsymbol{v}(1)=\boldsymbol{v}(0)+z_3+z_4=(-1,0,-1)^{\mathrm{T}}$$

$$k=1:\boldsymbol{v}(1)^{\mathrm{T}}z_1=-1<0,\boldsymbol{v}(1)^{\mathrm{T}}z_2=-1<0,\boldsymbol{v}(1)^{\mathrm{T}}z_3=2>0,\boldsymbol{v}(1)^{\mathrm{T}}z_4=2>0$$

$$\boldsymbol{v}(2)=\boldsymbol{v}(1)+z_1+z_2=(-1,1,1)^{\mathrm{T}}$$

$$k=2:\boldsymbol{v}(2)^{\mathrm{T}}z_1=1>0,\boldsymbol{v}(2)^{\mathrm{T}}z_2=2>0,\boldsymbol{v}(2)^{\mathrm{T}}z_3=0,\boldsymbol{v}(2)^{\mathrm{T}}z_4=-1<0$$

$$\boldsymbol{v}(3)=\boldsymbol{v}(2)+z_3+z_4=(-3,0,-1)^{\mathrm{T}}$$

$$k=3:\boldsymbol{v}(3)^{\mathrm{T}}z_1=-1<0,\boldsymbol{v}(3)^{\mathrm{T}}z_2=-1<0,\boldsymbol{v}(3)^{\mathrm{T}}z_3=4>0,\boldsymbol{v}(3)^{\mathrm{T}}z_4=4>0$$

$$\boldsymbol{v}(4)=\boldsymbol{v}(3)+z_1+z_2=(-3,1,1)^{\mathrm{T}}$$

$$k=4:\boldsymbol{v}(4)^{\mathrm{T}}z_1=1>0,\boldsymbol{v}(4)^{\mathrm{T}}z_2=2>0,\boldsymbol{v}(4)^{\mathrm{T}}z_3=2>0,\boldsymbol{v}(4)^{\mathrm{T}}z_4=1>0$$

由此可得:

增广权向量为 $\boldsymbol{v}^*=(-3,1,1)^{\mathrm{T}}$;

判别函数为 $g(\boldsymbol{x})=-3x_1+x_2+1$;

两类的分界线为 $-3x_1+x_2+1=0$。

两种方法得到的分界线如图3-17所示。

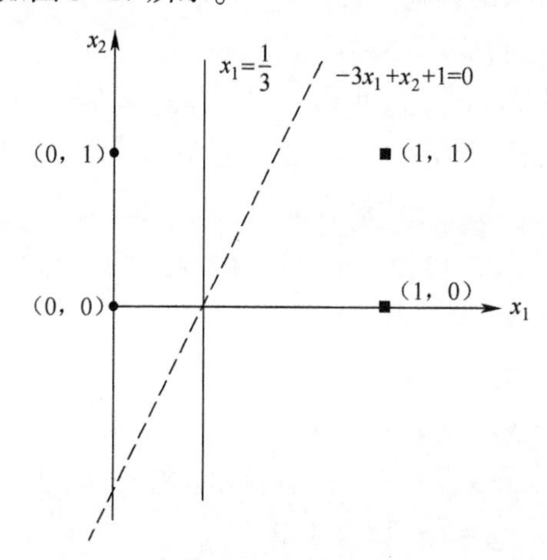


图3-17　例3-5示图

### 3.4.3 感知准则算法在多类中应用

前面我们给出了两类情况下的感知准则函数求解方法,感知准则函数也可以推广到多类问题。这里采用 3.2.1 节中多类问题的第三种方法,每一类给定一个判别函数,这种方法没有不确定区域。

对于 $m$ 类分类问题,采用增广样本向量建立 $m$ 个线性判别函数

$$g_i(\boldsymbol{y}) = \boldsymbol{v}_i^{\mathrm{T}}\boldsymbol{y} \quad i = 1,2,\cdots,m$$

相应的判决规则如下:

$$\text{如果 } g_i(\boldsymbol{y}) > g_j(\boldsymbol{y})(\forall j \neq i, j = 1,2,\cdots,m),\text{则 } \boldsymbol{y} \in \omega_i$$

多类感知准则算法步骤:

(1) 初值确定,分别给出 $m$ 个增广权向量 $\boldsymbol{v}_i(1)(i = 1,2,\cdots,m)$ 的初值,选择步长 $\rho_k$,令 $k = 1$。

(2) 计算 $m$ 个判别函数的值,注意这里使用的是未经过规范化的增广样本向量。

$$g_i(\boldsymbol{y}_k) = \boldsymbol{v}_i^{\mathrm{T}}(k)\boldsymbol{y}_k \quad i = 1,2,\cdots,m$$

(3) 权向量修正,修正规则为

若

$$\boldsymbol{y}_k \in \omega_i \text{ 且 } g_i(\boldsymbol{y}_k) > g_j(\boldsymbol{y}_k), \forall j \neq i, j = 1,2,\cdots,m$$

则

$$\boldsymbol{v}_i(k+1) = \boldsymbol{v}_i(k), i = 1,2,\cdots,m$$

若

$$\boldsymbol{y}_k \in \omega_i \text{ 且 } g_l(\boldsymbol{y}_k) \geqslant g_i(\boldsymbol{y}_k), l \neq i$$

则

$$\boldsymbol{v}_i(k+1) = \boldsymbol{v}_i(k) + \rho\boldsymbol{y}_k$$
$$\boldsymbol{v}_l(k+1) = \boldsymbol{v}_l(k) - \rho\boldsymbol{y}_k$$
$$\boldsymbol{v}_j(k+1) = \boldsymbol{v}_j(k), \forall j \neq i,l$$

(4) 如果 $k < N$,则令 $k=k+1$,返回步骤(2);如果 $k=N$,则检验 $m$ 个判别函数是否对 $\boldsymbol{y}_1,\boldsymbol{y}_2,\cdots,\boldsymbol{y}_N$ 正确分类。如果是,则结束;如果不是,则返回步骤(2)。

**例 3-6** 已知训练样本 $(0,0)^{\mathrm{T}}$ 属于 $\omega_1$ 类,$(1,1)^{\mathrm{T}}$ 属于 $\omega_2$ 类,$(-1,1)^{\mathrm{T}}$ 属于 $\omega_3$ 类,请用感知准则函数方法求解判别函数。

**解**:首先,对训练样本进行增广化,得到

$$\boldsymbol{y}_1 = (0,0,1)^{\mathrm{T}}, \boldsymbol{y}_2 = (1,1,1)^{\mathrm{T}}, \boldsymbol{y}_3 = (-1,1,1)^{\mathrm{T}}$$

然后,运用感知准则算法,设 $k=1,\rho=1$;初始权向量为 $\boldsymbol{v}_1(1)=(0,0,0)^{\mathrm{T}}$,$\boldsymbol{v}_2(1)=(0,0,0)^{\mathrm{T}}$,$\boldsymbol{v}_3(1)=(0,0,0)^{\mathrm{T}}$。迭代过程如下:

$k=1$:$\boldsymbol{y}_k=\boldsymbol{y}_1 \in \omega_1$,因为 $g_1(\boldsymbol{y}_1)=g_2(\boldsymbol{y}_1)$,$g_1(\boldsymbol{y}_1)=g_3(\boldsymbol{y}_1)$,所以

$$\boldsymbol{v}_1(2)=\boldsymbol{v}_1(1)+\boldsymbol{y}_1=(0,0,1)^{\mathrm{T}}$$
$$\boldsymbol{v}_2(2)=\boldsymbol{v}_2(1)-\boldsymbol{y}_1=(0,0,-1)^{\mathrm{T}}$$
$$\boldsymbol{v}_3(2)=\boldsymbol{v}_3(1)-\boldsymbol{y}_1=(0,0,-1)^{\mathrm{T}}$$

$k=2$:$\boldsymbol{y}_k=\boldsymbol{y}_2 \in \omega_2$,因为 $g_2(\boldsymbol{y}_2) < g_1(\boldsymbol{y}_2)$,$g_2(\boldsymbol{y}_2)=g_3(\boldsymbol{y}_2)$,所以

$$\boldsymbol{v}_1(3)=\boldsymbol{v}_1(2)-\boldsymbol{y}_2=(-1,-1,0)^{\mathrm{T}}$$

$\boldsymbol{v}_2(3)=\boldsymbol{v}_2(2)+\boldsymbol{y}_2=(1,1,0)^{\mathrm{T}}$

$\boldsymbol{v}_3(3)=\boldsymbol{v}_3(2)-\boldsymbol{y}_2=(-1,-1,-2)^{\mathrm{T}}$

$k=3$:$\boldsymbol{y}_k=\boldsymbol{y}_3\in\omega_3$,因为 $g_3(\boldsymbol{y}_3)<g_1(\boldsymbol{y}_3)$,$g_3(\boldsymbol{y}_3)<g_2(\boldsymbol{y}_3)$,所以

$\boldsymbol{v}_1(4)=\boldsymbol{v}_1(3)-\boldsymbol{y}_3=(0,-2,-1)^{\mathrm{T}}$

$\boldsymbol{v}_2(4)=\boldsymbol{v}_2(3)-\boldsymbol{y}_3=(2,0,-1)^{\mathrm{T}}$

$\boldsymbol{v}_3(4)=\boldsymbol{v}_3(3)+\boldsymbol{y}_3=(-2,0,-1)^{\mathrm{T}}$

$k=4$:$\boldsymbol{y}_k=\boldsymbol{y}_1\in\omega_1$,因为 $g_1(\boldsymbol{y}_1)=g_2(\boldsymbol{y}_1)$,$g_1(\boldsymbol{y}_1)=g_3(\boldsymbol{y}_1)$,所以

$\boldsymbol{v}_1(5)=\boldsymbol{v}_1(4)+\boldsymbol{y}_1=(0,-2,0)^{\mathrm{T}}$

$\boldsymbol{v}_2(5)=\boldsymbol{v}_2(4)-\boldsymbol{y}_1=(2,0,-2)^{\mathrm{T}}$

$\boldsymbol{v}_3(5)=\boldsymbol{v}_3(4)-\boldsymbol{y}_1=(-2,0,-2)^{\mathrm{T}}$

$k=5$:$\boldsymbol{y}_k=\boldsymbol{y}_2\in\omega_2$,因为 $g_2(\boldsymbol{y}_2)>g_1(\boldsymbol{y}_2)$,$g_2(\boldsymbol{y}_2)>g_3(\boldsymbol{y}_2)$,所以

$\boldsymbol{v}_1(6)=\boldsymbol{v}_1(5)=(0,-2,0)^{\mathrm{T}}$

$\boldsymbol{v}_2(6)=\boldsymbol{v}_2(5)=(2,0,-2)^{\mathrm{T}}$

$\boldsymbol{v}_3(6)=\boldsymbol{v}_3(5)=(-2,0,-2)^{\mathrm{T}}$

$k=6$:$\boldsymbol{y}_k=\boldsymbol{y}_3\in\omega_3$,因为 $g_3(\boldsymbol{y}_3)>g_1(\boldsymbol{y}_3)$,$g_3(\boldsymbol{y}_3)>g_2(\boldsymbol{y}_3)$,所以

$\boldsymbol{v}_1(7)=\boldsymbol{v}_1(6)=(0,-2,0)^{\mathrm{T}}$

$\boldsymbol{v}_2(7)=\boldsymbol{v}_2(6)=(2,0,-2)^{\mathrm{T}}$

$\boldsymbol{v}_3(7)=\boldsymbol{v}_3(6)=(-2,0,-2)^{\mathrm{T}}$

$k=7$:$\boldsymbol{y}_k=\boldsymbol{y}_1\in\omega_1$,因为 $g_1(\boldsymbol{y}_1)>g_2(\boldsymbol{y}_1)$,$g_1(\boldsymbol{y}_1)>g_3(\boldsymbol{y}_1)$

综上所述,可以得到3类判别函数的增广权向量为

$$\boldsymbol{v}_1=(0,-2,0)^{\mathrm{T}},\boldsymbol{v}_2=(2,0,-2)^{\mathrm{T}},\boldsymbol{v}_3=(-2,0,-2)^{\mathrm{T}}$$

3类的判别函数分别为

$$g_1(\boldsymbol{x})=-2x_2,g_2(\boldsymbol{x})=2x_1-2,g_3(\boldsymbol{x})=-2x_1-2$$

## 3.5 最小平方误差准则函数

设由 $X=\{\boldsymbol{x}_1,\boldsymbol{x}_2,\cdots,\boldsymbol{x}_N\}$ 得到的规范化增广向量集合为 $Z=\{z_1,z_2,\cdots,z_N\}$,分类器设计的任务就在于寻找一个向量 $\boldsymbol{v}$,满足:

$$\boldsymbol{v}^{\mathrm{T}}z_i>0\quad i=1,2,\cdots,N \tag{3-58}$$

满足上式不等式组的向量可能不止一个,这里引入余量 $b_i>0(i=1,2,\cdots,N)$,用

$$\boldsymbol{v}^{\mathrm{T}}z_i=b_i\quad i=1,2,\cdots,N \tag{3-59}$$

代替式(3-58),则引入余量后的解区在原解区之内。将上式写成矩阵形式,即为

$$\boldsymbol{Z}\boldsymbol{v}=\boldsymbol{b} \tag{3-60}$$

其中,

$$\boldsymbol{Z}=\begin{bmatrix}z_1^{\mathrm{T}}\\z_2^{\mathrm{T}}\\\vdots\\z_N^{\mathrm{T}}\end{bmatrix}=\begin{bmatrix}z_{11}&z_{12}&\cdots&z_{1(d+1)}\\z_{21}&z_{22}&\cdots&z_{2(d+1)}\\\vdots&\vdots&&\vdots\\z_{N1}&z_{N2}&\cdots&z_{N(d+1)}\end{bmatrix},\ \boldsymbol{b}=\begin{bmatrix}b_1\\b_2\\\vdots\\b_N\end{bmatrix} \tag{3-61}$$

定义误差向量：

$$e = Zv - b \tag{3-62}$$

定义平方误差准则函数：

$$J_s(v) = \|e\|^2 = \sum_{i=1}^{N} (z_i^T v - b_i)^2 = \sum_{i=1}^{N} (v^T z_i - b_i)^2 \tag{3-63}$$

$J_s(v)$ 是一个非负函数，当有解时，$J_s(v)$ 达到最小值 0，此时的向量 $v^*$ 满足

$$(v^*)^T z_i = b_i \quad i = 1,2,\cdots,N$$

$v^*$ 能将所有样本正确分类。

若 $v^*$ 不能使某个样本 $z_j$ 正确分类，即 $(v^*)^T z_j \neq b_j$，则 $e_j^2 = [(v^*)^T z_j - b_j]^2 > 0$。错分样本的结果是使 $J_s(v)$ 增大，因此，$J_s(v)$ 越小越好，其最小值 0 为理想分类结果，能实现所有样本的正确分类。

求解使 $J_s(v)$ 最小的 $v^*$ 有两种方法，第一种方法是解析法，第二种方法是梯度下降法。下面分别介绍上述方法。

**1. 解析法**

解析法得到的是伪逆解。令 $\nabla J_s(v) = 2Z^T(Zv - b) = 0$，得

$$Z^T Z v^* = Z^T b \tag{3-64}$$

$Z^T Z$ 为 $(d+1) \times (d+1)$ 方阵，一般是满秩的，因此有唯一解：

$$v^* = (Z^T Z)^{-1} Z^T b = Z^+ b \tag{3-65}$$

其中

$$Z^+ = (Z^T Z)^{-1} Z^T \tag{3-66}$$

是 $Z$ 的广义逆矩阵，$b$ 的典型值为 $b = (1,1,\cdots,1)^T$。

**2. 梯度下降法**

对 $J_s(v)$ 求梯度

$$\nabla J_s(v) = 2Z^T(Zv - b)$$

相应地，梯度下降算法为

$$v(k+1) = v(k) - \rho_k Z^T[Zv(k) - b] \tag{3-67}$$

式中：$\rho_k$ 为学习速率；初值 $v(1)$ 可任意选取。

梯度下降法的算法步骤如下：

(1) 任意选择初始权向量 $v(0)$、$\rho_k$、$b$，令 $k = 0$；

(2) 按照梯度下降法的方向迭代更新权向量

$$v(k+1) = v(k) - \rho_k Z^T[Zv(k) - b]$$

直到满足 $\nabla J_s(v) \leqslant \xi$ 或者 $\|v(k+1) - v(k)\| \leqslant \xi$ 时为止，$\xi$ 是预先设定的误差灵敏度。

这种算法也称为 W-H(Widrow-Hoff)算法，也称为最小均方根算法或 LMS 算法(least mean square algorithm)。

**例 3-7** 已知两类目标的训练样本分别为

$$\omega_1: x_1 = (0,0)^T, x_2 = (0,1)^T$$

$$\omega_2: x_3 = (1,0)^T, x_4 = (1,1)^T$$

请用 LMS 算法求解判别函数。

**解**：训练样本的规范化增广向量为

$$\boldsymbol{Z}=\begin{pmatrix}0 & 0 & 1\\ 0 & 1 & 1\\ -1 & 0 & -1\\ -1 & -1 & -1\end{pmatrix}$$

广义逆矩阵

$$\boldsymbol{Z}^{+}=(\boldsymbol{Z}^{\mathrm{T}}\boldsymbol{Z})^{-1}\boldsymbol{Z}^{\mathrm{T}}=\frac{1}{2}\begin{pmatrix}-1 & -1 & -1 & -1\\ -1 & 1 & 1 & -1\\ 3/2 & 1/2 & -1/2 & 1/2\end{pmatrix}$$

取余量 $\boldsymbol{b}=(1,1,\cdots,1)^{\mathrm{T}}$，则

$$\boldsymbol{v}^{*}=\boldsymbol{Z}^{+}\boldsymbol{b}=(-2,0,1)^{\mathrm{T}}$$

因此，判别函数为

$$g(\boldsymbol{x})=-2x_1+1$$

## 3.6　线性支持向量机

从前面讨论的线性可分情况下分类判别函数确定方法容易发现，只要样本集是线性可分的，解区中的任何一个解向量都可以，也就是说存在无数多个解，如图 3-18 所示。

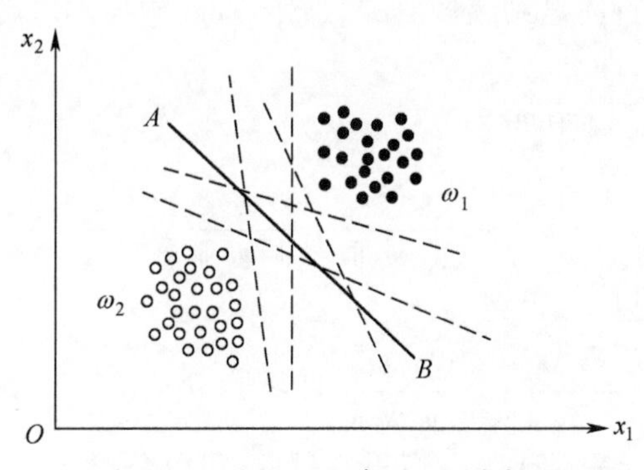


图 3-18　线性可分情况下的多解性

在图 3-18 所示的各个解中，哪个更好一些呢？答案显然是图中 *AB* 表示的分类器，因为这个超平面给每一类都留了更多的间隔，这两类数据可以更自由地活动，而产生错误的危险更小。这实际上是分类器设计阶段一个非常重要的问题，即分类器的通用性问题，也就是说，我们希望采用训练样本设计的分类器，能够对训练样本集以外的更多数据进行正确分类。支持向量机（support vector machines，SVM）的基本模型就是定义在特征空间上间隔最大的线性分类器。

假设存在两类训练样本

$$(\boldsymbol{x}_i,y_i)\quad i=1,2,\cdots,N;\boldsymbol{x}_i\in\mathbf{R}^d,y_i\in\{+1,-1\}$$

式中:每个样本是 $d$ 维特征向量;$y_i(i=1,2,\cdots,N)$ 是类别标号,+1 表示 $\omega_1$ 类,-1 表示 $\omega_2$ 类。在线性可分情况下会有一个超平面使得这两类样本完全分开,即存在超平面

$$g(\boldsymbol{x})=\langle \boldsymbol{w},\boldsymbol{x}\rangle+b=0 \tag{3-68}$$

使 $N$ 个样本没有错分且所有样本满足

$$\begin{cases}\langle \boldsymbol{w},\boldsymbol{x}_i\rangle+b>0 & y_i=+1\\ \langle \boldsymbol{w},\boldsymbol{x}_i\rangle+b<0 & y_i=-1\end{cases}\quad i=1,2,\cdots,N \tag{3-69}$$

式中:$\boldsymbol{w}\in\mathbf{R}^d$ 是判决函数的权向量;$b$ 是判决函数的阈值;$\langle \boldsymbol{w},\boldsymbol{x}\rangle$ 表示向量 $\boldsymbol{w}$ 和 $\boldsymbol{x}$ 的内积,即 $\boldsymbol{w}^{\mathrm{T}}\boldsymbol{x}$。分类判决函数也可以表示为

$$f(\boldsymbol{x})=\operatorname{sgn}(g(\boldsymbol{x}))=\operatorname{sgn}(\langle \boldsymbol{w},\boldsymbol{x}\rangle+b) \tag{3-70}$$

式中:sgn(·) 为符号函数,当自变量为正数时取值为 1,为负数时取值为-1。

如果一个超平面能够将训练样本没有错误地分开,并且两类训练样本中离超平面最近的样本与超平面之间的距离最大,那么这个超平面就称为最优分类超平面。两类中离超平面最近的样本到超平面的距离称为分类间隔。

对于给定数据集 $X=\{\boldsymbol{x}_1,\boldsymbol{x}_2,\cdots,\boldsymbol{x}_N\}$ 和超平面 $g(\boldsymbol{x})=\langle \boldsymbol{w},\boldsymbol{x}\rangle+b=0$,根据 3.2.1 节线性判别函数几何意义可知,样本 $\boldsymbol{x}_i$ 超平面 $g(\boldsymbol{x})$ 的距离为

$$\gamma_i=\frac{|g(\boldsymbol{x}_i)|}{\|\boldsymbol{w}\|}=\frac{y_i g(\boldsymbol{x}_i)}{\|\boldsymbol{w}\|}\quad i=1,2,\cdots,N \tag{3-71}$$

超平面关于所有样本的距离最小值为

$$\gamma=\min_{i=1,2,\cdots,N}\gamma_i=\min_{i=1,2,\cdots,N}\frac{y_i g(\boldsymbol{x}_i)}{\|\boldsymbol{w}\|}=\min_{i=1,2,\cdots,N}y_i\left(\frac{\boldsymbol{w}^{\mathrm{T}}\boldsymbol{x}_i}{\|\boldsymbol{w}\|}+\frac{b}{\|\boldsymbol{w}\|}\right) \tag{3-72}$$

实际上这个距离就是支持向量到超平面的距离。SVM 模型的求解就是最大化超平面到两类边界样本点的距离,即

$$\begin{cases}\max\limits_{w,b}\gamma\\ \text{s. t. } y_i\left(\dfrac{\boldsymbol{w}^{\mathrm{T}}\boldsymbol{x}_i}{\|\boldsymbol{w}\|}+\dfrac{b}{\|\boldsymbol{w}\|}\right)\geqslant\gamma\end{cases} \tag{3-73}$$

将约束条件两边同时除以 $\gamma$,得到

$$y_i\left(\frac{\boldsymbol{w}^{\mathrm{T}}\boldsymbol{x}_i}{\|\boldsymbol{w}\|\gamma}+\frac{b}{\|\boldsymbol{w}\|\gamma}\right)\geqslant 1\quad i=1,2,\cdots,N \tag{3-74}$$

因为 $\|\boldsymbol{w}\|$ 和 $\gamma$ 都是标量,所以为了简化表达式,可以令

$$\boldsymbol{w}=\frac{\boldsymbol{w}}{\|\boldsymbol{w}\|\gamma},b=\frac{b}{\|\boldsymbol{w}\|\gamma} \tag{3-75}$$

得到

$$y_i(\boldsymbol{w}^{\mathrm{T}}\boldsymbol{x}_i+b)\geqslant 1\quad i=1,2,\cdots,N \tag{3-76}$$

此时,式(3-69)的条件变为

$$\begin{cases}\langle \boldsymbol{w},\boldsymbol{x}_i\rangle+b\geqslant 1 & y_i=+1\\ \langle \boldsymbol{w},\boldsymbol{x}_i\rangle+b\leqslant -1 & y_i=-1\end{cases} \tag{3-77}$$

通过这一条件来约束超平面的权值尺度变化,在此限制下,离分类超平面最近样本的 $g(\boldsymbol{x})$ 分别为+1 和-1,相应的分类间隔为 $\dfrac{2}{\|\boldsymbol{w}\|}$,如图 3-19 所示。

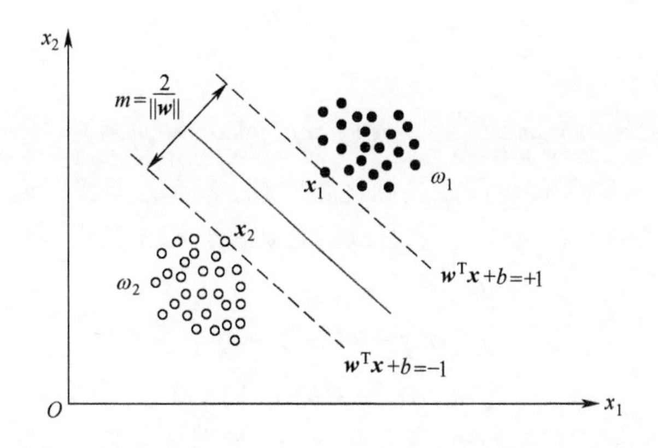


图 3-19　规范化最优分界面

最优超平面的求解问题就可以转化为如下不等式约束条件下的优化问题,即

$$\begin{cases}\min\limits_{\boldsymbol{w},b}\dfrac{1}{2}\|\boldsymbol{w}\|^2\\ \text{s.t. } y_i[\langle\boldsymbol{w},\boldsymbol{x}_i\rangle+b]\geqslant 1\end{cases}\tag{3-78}$$

这是一个含有不等式约束的凸二次规划问题,可以使用拉格朗日乘数法得到其对偶问题。

首先,将有约束的求解问题利用拉格朗日乘数法转换为无约束的优化求解,构造的拉格朗日目标函数为

$$L(\boldsymbol{w},b,\boldsymbol{\alpha})=\frac{1}{2}\|\boldsymbol{w}\|^2-\sum_{i=1}^{N}\alpha_i[y_i(\langle\boldsymbol{w},\boldsymbol{x}_i\rangle+b)-1]\tag{3-79}$$

式中:$\boldsymbol{\alpha}=(\alpha_1,\alpha_2,\cdots,\alpha_N)^{\mathrm{T}}$;$\alpha_i\geqslant 0$ 是拉格朗日乘子。

令

$$\theta(\boldsymbol{w},b)=\max_{\alpha_i>0}L(\boldsymbol{w},b,\boldsymbol{\alpha})\tag{3-80}$$

当样本点不满足约束条件时,则样本在可行解区域之外,这时

$$y_i[\langle\boldsymbol{w},\boldsymbol{x}_i\rangle+b]<1\tag{3-81}$$

此时,$\alpha_i$ 设置为无穷大,则 $\theta(\boldsymbol{w},b)$ 也为无穷大;当满足约束条件时,样本在可行性解区域内,此时

$$y_i[\langle\boldsymbol{w},\boldsymbol{x}_i\rangle+b]\geqslant 1\tag{3-82}$$

此时,$\theta(\boldsymbol{w},b)$ 为原函数本身。将两种情况合并起来可以得到新的目标函数为

$$\theta(\boldsymbol{w},b)=\begin{cases}\dfrac{1}{2}\|\boldsymbol{w}\|^2 & \boldsymbol{x}\in\text{可行区域}\\ +\infty & \boldsymbol{x}\notin\text{可行区域}\end{cases}\tag{3-83}$$

这时,原约束问题就等价于

$$\min_{\boldsymbol{w},b}\theta(\boldsymbol{w},b)=\min_{\boldsymbol{w},b}\max_{\alpha_i>0}L(\boldsymbol{w},b,\boldsymbol{\alpha})\tag{3-84}$$

对上式的目标函数求解需要首先对带有参数 $\boldsymbol{w}$ 和 $b$ 的方程求解,且 $\alpha_i\geqslant 0$ 又是不等式约束,不易直接求解。因此需要使用拉格朗日函数的对偶性,将最小和最大的位置交换一下,目标函数就变为

$$\max_{\alpha_i>0}\min_{\boldsymbol{w},b} L(\boldsymbol{w},b,\boldsymbol{\alpha}) \tag{3-85}$$

要使

$$\max_{\alpha_i>0}\min_{\boldsymbol{w},b} L(\boldsymbol{w},b,\boldsymbol{\alpha}) = \min_{\boldsymbol{w},b}\max_{\alpha_i>0} L(\boldsymbol{w},b,\boldsymbol{\alpha}) \tag{3-86}$$

需要满足以下两个条件:①优化问题是凸优化问题;②满足 KKT(Karush-Kuhn-Tucker)条件。因为该问题是一个凸优化问题,所以只需要满足 KKT 条件,即

$$\begin{cases}\alpha_i \geqslant 0\\ y_i(\boldsymbol{w}^{\mathrm{T}}\boldsymbol{x}+b)-1 \geqslant 0\\ \alpha_i(y_i(\boldsymbol{w}^{\mathrm{T}}\boldsymbol{x}+b)-1)=0\end{cases} \tag{3-87}$$

为了得到求解对偶问题的具体形式,将 $L(\boldsymbol{w},b,\boldsymbol{\alpha})$ 分别对 $\boldsymbol{w}$ 和 $b$ 求偏导并等于 0,即

$$\begin{cases}\nabla_{\boldsymbol{w}} L(\boldsymbol{w},b,\boldsymbol{\alpha})=0\\ \nabla_b L(\boldsymbol{w},b,\boldsymbol{\alpha})=0\end{cases} \tag{3-88}$$

得到

$$\boldsymbol{w} = \sum_{i=1}^{N}\alpha_i y_i \boldsymbol{x}_i \tag{3-89}$$

$$\sum_{i=1}^{N} y_i\alpha_i = 0 \tag{3-90}$$

将式(3-90)代入拉格朗日目标函数,消去 $\boldsymbol{w}$ 和 $b$,得到

$$\begin{aligned}L(\boldsymbol{w},b,\boldsymbol{\alpha}) &= \frac{1}{2}\sum_{i=1}^{N}\sum_{j=1}^{N}\alpha_i\alpha_j y_i y_j\langle \boldsymbol{x}_i,\boldsymbol{x}_j\rangle - \sum_{i=1}^{N}\alpha_i y_i\left(\left\langle \sum_{j=1}^{N}\alpha_j y_j \boldsymbol{x}_j,\boldsymbol{x}_i\right\rangle + b\right) + \sum_{i=1}^{N}\alpha_i\\ &= -\frac{1}{2}\sum_{i=1}^{N}\sum_{j=1}^{N}\alpha_i\alpha_j y_i y_j\langle \boldsymbol{x}_i,\boldsymbol{x}_j\rangle + \sum_{i=1}^{N}\alpha_i\end{aligned} \tag{3-91}$$

即

$$\min_{\boldsymbol{w},b} L(\boldsymbol{w},b,\boldsymbol{\alpha}) = -\frac{1}{2}\sum_{i=1}^{N}\sum_{j=1}^{N}\alpha_i\alpha_j y_i y_j\langle \boldsymbol{x}_i,\boldsymbol{x}_j\rangle + \sum_{i=1}^{N}\alpha_i \tag{3-92}$$

求 $\min_{\boldsymbol{w},b} L(\boldsymbol{w},b,\boldsymbol{\alpha})$ 对 $\boldsymbol{\alpha}$ 的极大值,即对偶问题

$$\max_{\boldsymbol{\alpha}}\sum_{i=1}^{N}\alpha_i - \frac{1}{2}\sum_{i=1}^{N}\sum_{j=1}^{N}\alpha_i\alpha_j y_i y_j\langle \boldsymbol{x}_i,\boldsymbol{x}_j\rangle \tag{3-93}$$

$$\text{s. t.}\quad \sum_{i=1}^{N} y_i\alpha_i = 0 \tag{3-94}$$

$$\alpha_i \geqslant 0 \qquad i=1,2,\cdots,N \tag{3-95}$$

这是一个在等式约束和不等式约束下的凸二次优化问题,存在唯一解,且解中只有一部分 $\alpha_i$ 不为零,对应的样本就是支持向量。此时

$$\boldsymbol{w}^* = \sum_{i=1}^{N}\alpha_i^* y_i x_i \tag{3-96}$$

$$b^* = \boldsymbol{y}_j - \sum_{i=1}^{N}\alpha_i^* y_i\langle \boldsymbol{x}_i,\boldsymbol{x}_j\rangle \tag{3-97}$$

对于任意训练样本 $(\boldsymbol{x}_i,y_i)$,总有 $\alpha_i=0$ 或者 $y_j(\langle \boldsymbol{w},x_j\rangle+b)=1$,若 $\alpha_i=0$,则对应样本不

会出现在最后求解模型参数的式子中；若 $\alpha_i > 0$，则必有 $y_j(\langle \boldsymbol{w}, x_j\rangle + b) = 1$，所对应的样本点位于最大间隔边界上，是一个支持向量。这说明了支持向量机的一个重要性质：最优超平面权向量是支持向量的加权线性组合，$b^*$ 可以利用任意支持向量求得，最终训练模型仅与支持向量有关。

对于样本特征空间中的非线性分类问题，可以通过非线性变换将其转化为某个高维空间中的线性分类问题，在高维空间中求解线性支持向量机。因为线性支持向量机在求解中只涉及样本和样本之间的内积，因此不需要显示的指定非线性变换，只需要用核函数替换样本的内积即可。

核函数 $\boldsymbol{K}(\boldsymbol{x}_i, \boldsymbol{x}_j)$ 是原始空间中的向量 $\boldsymbol{x}_i$、$\boldsymbol{x}_j$ 映射为高维特征空间中向量的内积，其定义为

$$K(\boldsymbol{x}_i, \boldsymbol{x}_j) = \langle \boldsymbol{\Phi}(\boldsymbol{x}_i) \cdot \boldsymbol{\Phi}(\boldsymbol{x}_j) \rangle \tag{3-98}$$

使用核函数，不需要显式地将数据嵌入到空间中，因为只需要向量之间的内积。例如考虑二维输入空间 $\mathrm{R}^2$ 中的样本，如果将二维空间样本映射到三维空间，映射函数为

$$\boldsymbol{\Phi}: \boldsymbol{x} = (x_1, x_2)^{\mathrm{T}} \rightarrow \boldsymbol{\Phi}(x) = (x_1^2, x_2^2, \sqrt{2}x_1x_2)^{\mathrm{T}}$$

则三维特征空间的内积为

$$\begin{aligned}\langle \boldsymbol{\Phi}(x), \boldsymbol{\Phi}(z) \rangle &= \langle (x_1^2, x_2^2, \sqrt{2}x_1x_2)^{\mathrm{T}}, (z_1^2, z_2^2, \sqrt{2}z_1z_2)^{\mathrm{T}} \rangle \\ &= x_1^2z_1^2 + x_2^2z_2^2 + 2x_1x_2z_1z_2 \\ &= (x_1z_1 + x_2z_2)^2 \\ &= \langle \boldsymbol{x}, \boldsymbol{z} \rangle^2\end{aligned}$$

根据式(3-98)等可知，核函数为 $K(\boldsymbol{x}, \boldsymbol{z}) = \langle \boldsymbol{x}, \boldsymbol{z} \rangle^2 = \boldsymbol{\Phi}(\boldsymbol{x})^{\mathrm{T}}\boldsymbol{\Phi}(\boldsymbol{z})$。

常用的核函数主要包括：

（1）高斯核函数：

$$K(\boldsymbol{x}, \boldsymbol{z}) = \exp\left(-\frac{1}{2\sigma^2} \| \boldsymbol{x} - \boldsymbol{z} \|^2\right) \tag{3-99}$$

（2）sigmoid 核函数：

$$K(\boldsymbol{x}, \boldsymbol{z}) = \tanh(\mu \langle \boldsymbol{x}, \boldsymbol{z} \rangle + c) \quad \mu > 0, c < 0 \tag{3-100}$$

（3）多项式函数：

$$K(\boldsymbol{x}, \boldsymbol{z}) = (\langle \boldsymbol{x}, \boldsymbol{z} \rangle + c)^q \quad c \geqslant 0 \tag{3-101}$$

使用核函数可以得到非线性支持向量机的优化问题：

$$\max_{\alpha} \sum_{i=1}^{N} \alpha_i - \frac{1}{2} \sum_{i=1}^{N} \sum_{j=1}^{N} \alpha_i \alpha_j y_i y_j K\langle \boldsymbol{x}_i, \boldsymbol{x}_j \rangle \tag{3-102}$$

$$\text{s. t.} \sum_{i=1}^{N} y_i \alpha_i = 0 \tag{3-103}$$

$$\alpha_i \geqslant 0 \quad i = 1, 2, \cdots, N \tag{3-104}$$

# 第 4 章　贝叶斯分类器

## 4.1　引言

上一章介绍了利用目标样本直接设计分类器的方法,该类方法认为样本是确定的。实际上,目标特征在测量中总含有不同程度的误差,具有一定的随机性,此外,同一类目标的不同样本,其特征分布也具有一定统计特性。特征的随机性反映到目标识别问题上就是目标识别结果的随机性。统计决策理论是运用统计学知识来认识和处理决策问题中的不确定性,进而做出决策,是解决目标识别问题的基本理论之一,其核心是贝叶斯决策理论。

贝叶斯决策理论是在概率框架下进行决策的基本方法,对于分类识别问题来说,就是在先验概率 $P(\omega_i)$ 、类条件概率密度 $p(\boldsymbol{x}|\omega_i)$ 已知的情况下,按照错误率或损失最小的准则来选择类别标记,使识别结果从统计意义上讲是最优的。

## 4.2　贝叶斯分类器设计

根据分类决策准则的不同,贝叶斯分类器有多种形式,下面介绍比较常见的几种判决准则,主要包括最大后验概率(maximum a posteriori probability,MAP)判决准则、最小风险判决准则、N-P(Neyman-Pearson)判决准则等。

### 4.2.1　最大后验概率判决准则

最大后验概率判决准则的思想非常直观,就是把样本归入后验概率最大的类别中。最大后验概率判决准则的一个优良性质就是使平均错误概率达到最小。

**1. 判决准则**

在讨论具体的判决准则之前,让我们先来看一个分类问题。假设某工厂里所有的产品都只属于事先确定的两类,分别表示为 $\omega_1$=“高质量”, $\omega_2$=“平均质量”。假设工厂对于产品储量有一个合理的长期记录,则总结出来的结果如下:

总的产品个数 $n = 2253550$。

属于类 $\omega_1$ 产品的个数 $n_1 = 901420$。

属于类 $\omega_2$ 产品的个数 $n_2 = 1352130$。

由此可以估计出两类产品出现的概率,即先验概率分别为

$$\hat{P}(\omega_1) = \frac{n_1}{n} = 0.4 , \quad \hat{P}(\omega_2) = \frac{n_2}{n} = 0.6$$

**情形 1:**假设在没有看到一个具体的产品时就要确定它到底属于哪一类。如果唯一

能够得到的信息就是先验概率,那么一个很自然的"合理"选择是将这一产品归入类 $\omega_2$。可以想象,这时可能造成40%的错误率。

如果我们仅仅需要做一次判断,那么采用这种判决规则还是合理的。但是,如果要求我们进行多次判断,那么重复使用这种规则就显得有些奇怪了,因为我们将会一直得到相同的结果。

**情形2**:假设可以对产品进行一些测量,获得了它的观测向量(或特征向量) $\boldsymbol{x}$ ,这时意味着对该产品所属类别的不确定性减少了,即观测向量(或特征向量)能够提供一些类别信息。具体地,后验概率 $P(\omega_i|\boldsymbol{x})$ 表示了 $\boldsymbol{x}$ 所代表的某个产品属于第 $i$ 类的概率,那么现在"合理"的选择如下:

如果 $P(\omega_1|\boldsymbol{x}) > P(\omega_2|\boldsymbol{x})$ ,则判决 $\boldsymbol{x}$ 属于 $\omega_1$;

如果 $P(\omega_1|\boldsymbol{x}) < P(\omega_2|\boldsymbol{x})$ ,则判决 $\boldsymbol{x}$ 属于 $\omega_2$;

如果 $P(\omega_1|\boldsymbol{x}) = P(\omega_2|\boldsymbol{x})$ ,则判决 $\boldsymbol{x}$ 属于 $\omega_1$ 或 $\omega_2$。

这种决策称为最大后验概率判决准则,也称为贝叶斯判决准则。最大后验概率判决准则就是把样本 $\boldsymbol{x}$ 归入后验概率最大的类别中,如果写成更一般的形式,可以表示为

$$\text{如果 } P(\omega_i|\boldsymbol{x}) = \max_{j\in(1,2,\cdots,m)} P(\omega_j|\boldsymbol{x}) \text{ ,则 } \boldsymbol{x} \in \omega_i$$

假设已知 $P(\omega_i)$ 和 $p(\boldsymbol{x}|\omega_i)$ ( $i = 1,2,\cdots,m$ ),利用贝叶斯公式

$$P(\omega_i|\boldsymbol{x}) = \frac{p(\boldsymbol{x}|\omega_i)P(\omega_i)}{p(\boldsymbol{x})} \tag{4-1}$$

可以得到几种最大后验概率判决准则的等价形式:

(1) 如果 $p(\boldsymbol{x}|\omega_i)P(\omega_i) = \max\limits_{j\in(1,2,\cdots,m)} p(\boldsymbol{x}|\omega_j)P(\omega_j)$ ,则 $\boldsymbol{x} \in \omega_i$ ;

(2) 如果 $L(\boldsymbol{x}) = \dfrac{p(\boldsymbol{x}|\omega_i)}{p(\boldsymbol{x}|\omega_j)} > \dfrac{P(\omega_j)}{P(\omega_i)}, i \neq j; i,j \in \{1,2,\cdots,m\}$ ,则 $\boldsymbol{x} \in \omega_i$ ;

(3) 如果 $\ln L(\boldsymbol{x}) = \ln p(\boldsymbol{x}|\omega_i) - \ln p(\boldsymbol{x}|\omega_j) > \ln \dfrac{P(\omega_j)}{P(\omega_i)}, i \neq j; i,j \in \{1,2,\cdots,m\}$ ,则 $\boldsymbol{x} \in \omega_i$。

式中: $L(\boldsymbol{x})$ 称为似然比; $\ln L(\boldsymbol{x})$ 称为对数似然比。

在最大后验概率判决准则中, $\boldsymbol{x} \in \omega_i$ 的决策区域 $R_i$ 可以表示为

$$R_i = \left\{\boldsymbol{x} \,\middle|\, \frac{p(\boldsymbol{x}|\omega_i)}{p(\boldsymbol{x}|\omega_j)} > \frac{P(\omega_j)}{P(\omega_i)}, j \in \{1,2,\cdots,m\}, j \neq i\right\} \quad i = 1,2,\cdots,m \tag{4-2}$$

**例4-1**　假设在某个局部地区的细胞识别中, $\omega_1$ 表示正常, $\omega_2$ 表示异常,两类的先验概率分别为:正常 $P(\omega_1) = 0.9$,异常 $P(\omega_2) = 0.1$。现有一个待识别样本细胞,其观察值为 $\boldsymbol{x}$ ,类条件概率密度分别为 $p(\boldsymbol{x}|\omega_1) = 0.2$, $p(\boldsymbol{x}|\omega_2) = 0.4$,试判断该细胞是否正常。

**解**:计算

$$p(\boldsymbol{x}|\omega_1)P(\omega_1) = 0.2 \times 0.9 = 0.18$$

$$p(\boldsymbol{x}|\omega_2)P(\omega_2) = 0.4 \times 0.1 = 0.04$$

根据最大后验概率判决准则

$$p(\boldsymbol{x}|\omega_1)P(\omega_1) > p(\boldsymbol{x}|\omega_2)P(\omega_2)$$

所以,将该细胞判为 $\omega_1$,即为正常细胞。

**2. 错误概率**

对于分类器,评价其性能优劣最直观的标准就是错误率,也就是说,希望尽量减少分类的错误。最大后验概率判决准则的一个优良性质就是使分类的平均错误概率达到最小。因此,最大后验概率判决准则又称为最小错误概率判决准则。下面首先定义分类器平均错误率,然后在此基础上分析基于最大后验概率判决准则的分类器错误率。

分类器的平均错误率可以表示为

$$P_e = \sum_{i=1}^{m} P(\omega_i) P_{ei} \tag{4-3}$$

其中, $P_{ei}$ 为 $\omega_i$ 类的样本被错判的概率,即

$$P_{ei} = P(\boldsymbol{x} \notin R_i \mid \omega_i) = 1 - P(\boldsymbol{x} \in R_i \mid \omega_i) = 1 - \int_{R_i} p(\boldsymbol{x} \mid \omega_i) \mathrm{d}\boldsymbol{x} \tag{4-4}$$

将式(4-4)代入式(4-3),可得

$$\begin{aligned} P_e &= \sum_{i=1}^{m} P(\omega_i) P_{ei} \\ &= \sum_{i=1}^{m} P(\omega_i)\left(1 - \int_{R_i} p(\boldsymbol{x} \mid \omega_i) \mathrm{d}\boldsymbol{x}\right) \\ &= \sum_{i=1}^{m} P(\omega_i) - \sum_{i=1}^{m} \int_{R_i} p(\boldsymbol{x} \mid \omega_i) P(\omega_i) \mathrm{d}\boldsymbol{x} \\ &= 1 - \sum_{i=1}^{m} \int_{R_i} p(\boldsymbol{x} \mid \omega_i) P(\omega_i) \mathrm{d}\boldsymbol{x} \end{aligned}$$

因为最大后验概率判决准则得到的判决区域有如下特点:

$$p(\boldsymbol{x} \mid \omega_i) P(\omega_i) > p(\boldsymbol{x} \mid \omega_j) P(\omega_j)$$
$$\forall R_i \text{ 且 } j \neq i; i,j \in \{1,2,\cdots,m\}$$

所以, $\sum_{i=1}^{m} \int_{R_i} p(\boldsymbol{x} \mid \omega_i) P(\omega_i) \mathrm{d}\boldsymbol{x}$ 取最大值, $P_e$ 取最小值。

这里以两类分类问题为例给出更直观的分析过程。$m = 2$,任意一个判决准则对应特征空间 $R$ 的一个划分,即 $R = R_1 \cup R_2$ 且 $R_1 \cap R_2 = \boldsymbol{\Phi}$ 。错误分类有两种情况:①真实类别为 $\omega_1$ 时,样本 $\boldsymbol{x}$ 落入 $R_2$ 判决区域;②真实类别为 $\omega_2$ 时,样本 $\boldsymbol{x}$ 落入 $R_1$ 判决区域。因此,平均错误概率为

$$\begin{aligned} P(e) &= P(\boldsymbol{x} \in R_2 \mid \omega_1) P(\omega_1) + P(\boldsymbol{x} \in R_1 \mid \omega_2) P(\omega_2) \\ &= P(\omega_1) \int_{R_2} p(\boldsymbol{x} \mid \omega_1) \mathrm{d}\boldsymbol{x} + P(\omega_2) \int_{R_1} p(\boldsymbol{x} \mid \omega_2) \mathrm{d}\boldsymbol{x} \\ &= P(\omega_1) P_{e1} + P(\omega_2) P_{e2} \end{aligned} \tag{4-5}$$

式中: $P_{e1} = \int_{R_2} p(\boldsymbol{x} \mid \omega_1) \mathrm{d}\boldsymbol{x}$ ; $P_{e2} = \int_{R_1} p(\boldsymbol{x} \mid \omega_2) \mathrm{d}\boldsymbol{x}$ 。

考虑到,

$$\int_{R_2} p(\boldsymbol{x} \mid \omega_1) \mathrm{d}\boldsymbol{x} = 1 - \int_{R_1} p(\boldsymbol{x} \mid \omega_1) \mathrm{d}\boldsymbol{x} \tag{4-6}$$

式(4-5)可以化为

$$P(e) = P(\omega_1)\left(1 - \int_{R_1} p(\boldsymbol{x} \mid \omega_1) \mathrm{d}\boldsymbol{x}\right) + P(\omega_2) \int_{R_1} p(\boldsymbol{x} \mid \omega_2) \mathrm{d}\boldsymbol{x}$$

$$= P(\omega_1) + \int_{R_1} [p(\boldsymbol{x} | \omega_2)P(\omega_2) - p(\boldsymbol{x} | \omega_1)P(\omega_1)]\mathrm{d}\boldsymbol{x} \tag{4-7}$$

若要使 $P(e)$ 达到最小,则 $\boldsymbol{x} \in \omega_1$ 的决策区域 $R_1$ 必须满足:

$$R_1 = \{\boldsymbol{x} | p(\boldsymbol{x} | \omega_2)P(\omega_2) - p(\boldsymbol{x} | \omega_1)P(\omega_1) < 0\}$$

即

$$R_1 = \left\{\boldsymbol{x} \left| \frac{p(\boldsymbol{x} | \omega_1)}{p(\boldsymbol{x} | \omega_2)} > \frac{P(\omega_2)}{P(\omega_1)} \right.\right\} \tag{4-8}$$

式(4-8)与最大后验概率判决准则中 $\boldsymbol{x} \in \omega_1$ 的决策区域是一致的,也就是,最大后验概率判决准则使平均错误概率达到最小。

例如:假设目标样本 $x$ 为一维的情况,如图 4-1 所示,得到的两类分界点为 $t$,将 $x$ 轴分为两个区域 $R_1$ 和 $R_2$,其中,纹理区域的面积就是平均错误概率。

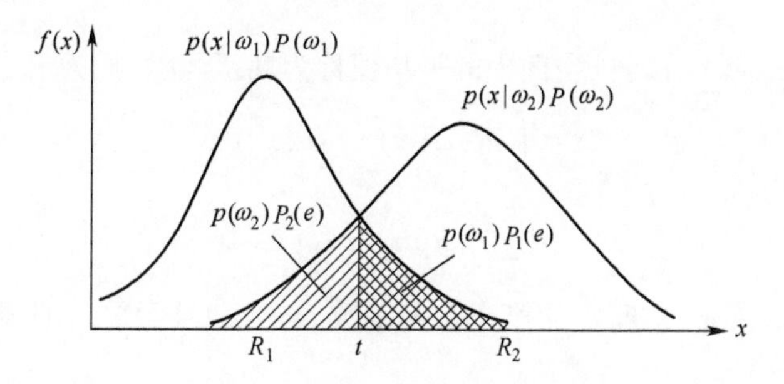


图 4-1　平均错误概率计算示意图

### 4.2.2　最小风险贝叶斯判决准则

最大后验概率判决准则使分类的平均错误率最小。但是,对于某些具体的分类问题,这个准则并不是最好的,这是因为它没有考虑到不同的错误判断带来的影响是不相同的。考虑到各种错误分类造成的影响不同,人们提出了最小风险贝叶斯判决准则。它的基本思路是给每一种决策规定一个损失值(或代价),作为因错误决策引起的影响度量。

对 $m$ 类的分类问题,设样本 $\boldsymbol{x}$ 来自类 $\omega_i$,可能被判为 $\omega_1, \omega_2, \cdots, \omega_m$ 中的任何一种,若允许拒绝判决,则可将拒绝类看成是独立的一类,记为第 $m+1$ 类,即 $\omega_{m+1}$。为了表述方便,引入如下符号:

(1) 决策 $\alpha_j$:将样本 $\boldsymbol{x}$ 的类别判为第 $j$ 类。不同的决策对应于特征空间的不同决策区域 $R_j$, $j \in \{1,2,\cdots,m\}$。若 $\boldsymbol{x} \in R_j$,则判决 $\boldsymbol{x} \in \omega_j$, $j \in \{1,2,\cdots,m\}$。这里不考虑拒绝判决的情况。

(2) 损失函数 $\lambda(\alpha_j, \omega_i)$:对真实类别为第 $i$ 类的样本采取决策 $\alpha_j$ 所带来的损失。

在实际应用时,可以将 $\lambda(\alpha_j, \omega_i)$ 简写为 $\lambda_{ji}$,并表示为如下矩阵形式:

$$\begin{bmatrix} \lambda_{11} & \lambda_{12} & \cdots & \lambda_{1m} \\ \lambda_{21} & \lambda_{21} & \cdots & \lambda_{2m} \\ \vdots & \vdots & & \vdots \\ \lambda_{m1} & \lambda_{m2} & \cdots & \lambda_{mm} \end{bmatrix}$$

称之为损失矩阵。

对于给定类 $\omega_i$ 的样本,正确判断时的代价函数应该是最小的,即

$$\lambda_{ii}=\min\lambda_{ji}\geqslant 0\quad i,j\in\{1,2,\cdots,m\}\tag{4-9}$$

当样本 $\boldsymbol{x}$ 的真实类别未知时,决策 $\alpha_j$ 的条件风险是对 $\boldsymbol{x}$ 为所有可能的真实类别条件下将样本判为第 $j$ 类的损失平均:

$$R(\alpha_j\,|\,\boldsymbol{x})=\sum_{i=1}^{m}\lambda(\alpha_j,\omega_i)P(\omega_i\,|\,\boldsymbol{x})\tag{4-10}$$

条件风险只是反映对某一个样本 $\boldsymbol{x}$ 做出决策所带来的风险。由于 $\boldsymbol{x}$ 是随机向量,对于 $\boldsymbol{x}$ 的不同取值,决策 $\alpha_j$ 的条件风险各不相同,究竟采取哪一种决策与 $\boldsymbol{x}$ 的取值有关。决策可以看成随机向量 $\boldsymbol{x}$ 的函数,记为 $\alpha(\boldsymbol{x})$ ,它本身也是一个随机变量,它的取值为 $\alpha_1,\alpha_2,\cdots,\alpha_m$ ,不同的决策值对应于特征空间不同的决策区域。由此可以定义期望风险。

条件风险 $R(\alpha_j\,|\,\boldsymbol{x})$ 在特征空间中的平均值称为期望风险,记为 $R$ ,即

$$\begin{aligned}R&=\int_{R^d}R(\alpha(\boldsymbol{x})\,|\,\boldsymbol{x})p(\boldsymbol{x})\mathrm{d}\boldsymbol{x}\\&=\sum_{j=1}^{m}\int_{R_j}R(\alpha_j\,|\,\boldsymbol{x})p(\boldsymbol{x})\mathrm{d}\boldsymbol{x}\end{aligned}\tag{4-11}$$

式中:$p(\boldsymbol{x})$ 为样本在 $R^d$ 空间中的概率密度函数,与类别号无关。期望风险的另一种表示形式为

$$R=\sum_{j,i}\lambda_{ji}P(\alpha_j,\omega_i)=\sum_{j=1}^{m}\sum_{i=1}^{m}\lambda_{ji}P(\alpha_j|\,\omega_i)P(\omega_i)\tag{4-12}$$

可见,期望风险反映对整个特征空间上所有 $\boldsymbol{x}$ 采取相应决策所带来的平均风险。最小风险贝叶斯判决准则就是最小化这一期望风险。

由于式(4-11)中 $R(\alpha_j\,|\,\boldsymbol{x})$ 与 $p(\boldsymbol{x})$ 都是非负值,且 $p(\boldsymbol{x})$ 是已知的,与判决准则无关,要想使期望风险 $R$ 最小,只需要对每一个 $\boldsymbol{x}$ 都选择最小的条件风险就可以了,因此,最小风险贝叶斯判决准则可以表示如下。

如果

$$R(\alpha_i\,|\,\boldsymbol{x})=\min_{j=1,2,\cdots,m}R(\alpha_j\,|\,\boldsymbol{x})\tag{4-13}$$

则判决 $\boldsymbol{x}\in\omega_i$ 。

损失函数根据实际问题和经验确定。若将损失函数取为

$$\lambda_{ji}=\begin{cases}0 & i=j\\1 & i\neq j\end{cases}\quad i,j=1,2,\cdots,m\tag{4-14}$$

则称这种损失函数为 0-1 损失函数。此时,决策 $\alpha_j$ 的条件风险为

$$R(\alpha_j\,|\,\boldsymbol{x})=\sum_{i=1}^{m}\lambda(\alpha_j,\omega_i)P(\omega_i\,|\,\boldsymbol{x})=\sum_{i\neq j}P(\omega_i\,|\,\boldsymbol{x})=1-P(\omega_j\,|\,\boldsymbol{x})\tag{4-15}$$

由式(4-15)可以看出, $R(\alpha_j\,|\,\boldsymbol{x})$ 最小实际上对应于 $P(\omega_j\,|\,\boldsymbol{x})$ 最大,因此当取 0-1 损失函数时,最小风险贝叶斯判决准则等价于最大后验概率判决准则。这说明最大后验概率判决准则是最小风险贝叶斯判决准则的特例。

对于样本 $\boldsymbol{x}$ ,最小风险贝叶斯判决计算步骤如下:

(1) 利用贝叶斯公式,计算后验概率 $P(\omega_j|\boldsymbol{x})$ ;

(2) 利用损失矩阵,计算 $\boldsymbol{x}$ 的条件风险 $R(\alpha_j|\boldsymbol{x})$ ;

(3) 选择风险最小的决策作为样本 $\boldsymbol{x}$ 的判决结果。

对于两类分类问题,条件风险为

$$R(\alpha_1|\boldsymbol{x}) = \lambda(\alpha_1,\omega_1)P(\omega_1|\boldsymbol{x}) + \lambda(\alpha_1,\omega_2)P(\omega_2|\boldsymbol{x}) \tag{4-16}$$

$$R(\alpha_2|\boldsymbol{x}) = \lambda(\alpha_2,\omega_1)P(\omega_1|\boldsymbol{x}) + \lambda(\alpha_2,\omega_2)P(\omega_2|\boldsymbol{x}) \tag{4-17}$$

按最小风险贝叶斯准则,有

$$\text{如果}\ (\lambda_{21}-\lambda_{11})P(\omega_1|\boldsymbol{x}) > (\lambda_{12}-\lambda_{22})P(\omega_2|\boldsymbol{x})\text{ ,那么 }\boldsymbol{x}\in\omega_1$$

$$\text{如果}\ (\lambda_{21}-\lambda_{11})P(\omega_1|\boldsymbol{x}) < (\lambda_{12}-\lambda_{22})P(\omega_2|\boldsymbol{x})\text{ ,那么 }\boldsymbol{x}\in\omega_2$$

根据贝叶斯公式:

$$\text{如果}\ (\lambda_{21}-\lambda_{11})P(\boldsymbol{x}|\omega_1)P(\omega_1) > (\lambda_{12}-\lambda_{22})P(\boldsymbol{x}|\omega_2)P(\omega_2)\text{ ,那么 }\boldsymbol{x}\in\omega_1$$

$$\text{如果}\ (\lambda_{21}-\lambda_{11})P(\boldsymbol{x}|\omega_1)P(\omega_1) < (\lambda_{12}-\lambda_{22})P(\boldsymbol{x}|\omega_2)P(\omega_2)\text{ ,那么 }\boldsymbol{x}\in\omega_2$$

转换为似然比形式为

$$\text{如果}\ \frac{P(\boldsymbol{x}|\omega_1)}{P(\boldsymbol{x}|\omega_2)} > \frac{(\lambda_{12}-\lambda_{22})P(\omega_2)}{(\lambda_{21}-\lambda_{11})P(\omega_1)}\text{,那么 }\boldsymbol{x}\in\omega_1$$

$$\text{如果}\ \frac{P(\boldsymbol{x}|\omega_1)}{P(\boldsymbol{x}|\omega_2)} < \frac{(\lambda_{12}-\lambda_{22})P(\omega_2)}{(\lambda_{21}-\lambda_{11})P(\omega_1)}\text{,那么 }\boldsymbol{x}\in\omega_2$$

由此可见,与最大后验概率判决准则相比,上式形式相似,只是阈值发生了变化,它不仅与先验概率的比值有关,而且和代价函数差的比值有关。这里的代价函数差值是错误分类时和正确分类时的代价函数之差。

**例 4-2** 如果在例 4-1 的基础上,增加条件 $\lambda_{11}=0,\lambda_{12}=6,\lambda_{21}=1,\lambda_{22}=0$,请判断该细胞是否正常。

**解**:若按最小风险贝叶斯判决进行判断,可以求出:

$$P(\omega_1|\boldsymbol{x}) = 0.818\ ,\ P(\omega_2|\boldsymbol{x}) = 0.182$$

$$R(\alpha_1|\boldsymbol{x}) = \sum_{i=1}^{2}\lambda_{1i}P(\omega_i|\boldsymbol{x}) = 1.092$$

$$R(\alpha_2|\boldsymbol{x}) = \sum_{i=1}^{2}\lambda_{2i}P(\omega_i|\boldsymbol{x}) = 0.818 < R(\alpha_1|\boldsymbol{x})$$

所以,应将细胞样本判为 $\omega_2$,即为异常。

可以看出,同样的样本在不同判决准则条件下,有可能得到不同的判决结果。在实际应用中,需要根据具体问题和分类目的选择相应的判决函数。

### 4.2.3 N-P 判决准则

最大后验概率判决准则是使分类的平均错误概率最小,最小风险贝叶斯判决准则是使分类的平均风险最小。可是,在实际遇到的识别问题中有可能出现这样的问题:对于两类情形,不考虑总体而只关注某一类的错误概率,要求在其中一类错误概率小于给定阈值的条件下,使另一类错误概率尽可能小。

例如,在雷达目标检测中存在两种错误,一种是虚警概率 $P_f$ ,即没有目标判为有目标;另一种是漏警概率 $P_m$ ,即有目标判为没有目标。设 $H_1$ 表示有目标, $H_0$ 表示没有目标,则两种错误率可以由下面的公式计算得到。

$$P_f = \int_{R_1} p(\boldsymbol{x} \mid H_0) \mathrm{d}\boldsymbol{x} \ , \ P_m = \int_{R_2} p(\boldsymbol{x} \mid H_1) \mathrm{d}\boldsymbol{x}$$

式中: $R_1$ 为有目标的判决区域; $R_2$ 为没有目标的判决区域。

尽管我们希望 $P_f$ 、$P_m$ 都尽量小,但是它们不可能同时减小,如果我们降低了 $P_m$ ,相应的 $P_f$ 就会增加;反之亦然。如果在特定场景下漏警对我们的影响更大,则可以采取确定一个允许的虚警概率,使漏警概率尽可能小的思路。

N-P 判决准则就是按照这种思路确定的准则,它只适用于两类的情形。在两类的情况下,有两种错误概率:

(1) 第一类错误概率 $E_1$:样本真实类别为 $\omega_1$,但落到了 $\omega_2$ 的判决区域 $R_2$ 内,从而被判为 $\omega_2$;

(2) 第二类错误概率 $E_2$:样本真实类别为 $\omega_2$,但落到了 $\omega_1$ 的判决区域 $R_1$ 内,从而被判为 $\omega_1$。

假设限定 $E_2$ 不能超过某个阈值 $\varepsilon$ ,即

$$E_2 \leqslant \varepsilon \tag{4-18}$$

在这个前提下,求使 $E_1$ 达到最小值的判决区域。

由于满足式(4-18)的 $E_2$ 有多个,在不等式条件下,难以求解 $E_1$ 的最小值。因此,可以选择 $\varepsilon_0 < \varepsilon$ ,将式(4-18)条件下的求解问题转化为

$$E_2 = \varepsilon_0 \tag{4-19}$$

条件下的 $E_1$ 最小值求解问题。这是一个典型的有约束极值求解问题,我们采用拉格朗日乘数法来求解。

构造目标函数

$$r = E_1 + \mu(E_2 - \varepsilon_0) \tag{4-20}$$

式中: $\mu$ 为拉格朗日乘子。由 $\omega_1$ 与 $\omega_2$ 的决策区域分别为 $R_1$ 与 $R_2$,可得

$$E_1 = \int_{R_2} p(\boldsymbol{x} \mid \omega_1) \mathrm{d}\boldsymbol{x} \tag{4-21}$$

$$E_2 = \int_{R_1} p(\boldsymbol{x} \mid \omega_2) \mathrm{d}\boldsymbol{x} \tag{4-22}$$

因此,目标函数可改写为

$$\begin{aligned} r &= \int_{R_2} p(\boldsymbol{x} \mid \omega_1) \mathrm{d}\boldsymbol{x} + \mu\left(\int_{R_1} p(\boldsymbol{x} \mid \omega_2) \mathrm{d}\boldsymbol{x} - \varepsilon_0\right) \\ &= \left(1 - \int_{R_1} p(\boldsymbol{x} \mid \omega_1) \mathrm{d}\boldsymbol{x}\right) + \mu\left(\int_{R_1} p(\boldsymbol{x} \mid \omega_2) \mathrm{d}\boldsymbol{x} - \varepsilon_0\right) \\ &= (1 - \mu\varepsilon_0) + \int_{R_1} [\mu p(\boldsymbol{x} \mid \omega_2) - p(\boldsymbol{x} \mid \omega_1)] \mathrm{d}\boldsymbol{x} \end{aligned} \tag{4-23}$$

为了使 $r$ 达到最小,则要求使被积函数 $\mu p(\boldsymbol{x}|\omega_2) - p(\boldsymbol{x}|\omega_1)$ 小于 0 的点全部落入 $R_1$ 中,且 $R_1$ 中的点使被积函数 $\mu p(\boldsymbol{x} \mid \omega_2) - p(\boldsymbol{x} \mid \omega_1)$ 小于 0,因此,

$$R_1 = \{\boldsymbol{x} \mid \mu p(\boldsymbol{x} \mid \omega_2) - p(\boldsymbol{x} \mid \omega_1) < 0\}$$

因此,可得 N-P 准则:

$$\text{如果}\ \mu p(\boldsymbol{x} \mid \omega_2) < p(\boldsymbol{x} \mid \omega_1)\ ,\text{则}\ \boldsymbol{x} \in \omega_1$$
$$\text{如果}\ \mu p(\boldsymbol{x} \mid \omega_2) > p(\boldsymbol{x} \mid \omega_1)\ ,\text{则}\ \boldsymbol{x} \in \omega_2$$

写成似然比形式为

$$\text{如果}\ \frac{p(\boldsymbol{x} \mid \omega_1)}{p(\boldsymbol{x} \mid \omega_2)} > \mu\ ,\text{则}\ \boldsymbol{x} \in \omega_1$$
$$\text{如果}\ \frac{p(\boldsymbol{x} \mid \omega_1)}{p(\boldsymbol{x} \mid \omega_2)} < \mu\ ,\text{则}\ \boldsymbol{x} \in \omega_2$$

上式左边为似然比函数,右边为阈值,形式和两类时的最大后验概率判决准则、最小风险贝叶斯判决相似。不同之处在于阈值是拉格朗日乘子,是一个不确定的量,需要根据约束条件求解,即

$$E_2 = \int_{R_1} p(\boldsymbol{x} \mid \omega_2)\, \mathrm{d}\boldsymbol{x} = \varepsilon_0 \tag{4-24}$$

其中,

$$R_1 = \left\{ \boldsymbol{x} \middle| L(\boldsymbol{x}) = \frac{p(\boldsymbol{x} \mid \omega_1)}{p(\boldsymbol{x} \mid \omega_2)} > \mu \right\} \tag{4-25}$$

由于 $\mu$ 的作用主要是影响积分域,因此,根据上式求 $\mu$ 的解析显式很不容易,下面介绍一种实用的计算求解方法。

由式(4-25)可知, $\mu$ 越大, $R_1$ 越小,从而 $E_2$ 也越小,即 $E_2$ 是 $\mu$ 的单调减函数,给定一个 $\mu$ 值,可求出一个 $E_2$ 值。在计算的值足够多的情况下,可构成一个二维表备查,给定一个 $\varepsilon_0$ 后,可查表得到相应的 $\mu$ 值。这种方法得到的是计算解,其精度取决于二维表的制作精度。

**例 4-3** 设两类问题中,二维样本的类条件概率密度函数均为正态分布,其均值向量和协方差矩阵分别为: $\boldsymbol{\mu}_1 = (-1,0)^{\mathrm{T}}$ , $\boldsymbol{\mu}_2 = (1,0)^{\mathrm{T}}$ , $\boldsymbol{\Sigma}_1 = \boldsymbol{\Sigma}_2 = \boldsymbol{I}$ ,取 $\varepsilon_0 = 0.046$,试求 N-P准则的阈值。

**解:**由给定条件可知两类的密度函数分别为

$$p(\boldsymbol{x} \mid \omega_1) = \frac{1}{2\pi} \exp\left[ -\frac{(x_1 + 1)^2 + x_2^2}{2} \right]$$
$$p(\boldsymbol{x} \mid \omega_2) = \frac{1}{2\pi} \exp\left[ -\frac{(x_1 - 1)^2 + x_2^2}{2} \right]$$

由上面两式可以算得

$$\frac{p(\boldsymbol{x} \mid \omega_1)}{p(\boldsymbol{x} \mid \omega_2)} = \exp(-2x_1) = \mu$$

上式两边求对数可以得到判决界面:

$$x_1 = -\frac{1}{2}\ln\mu$$

对于给定的 $\varepsilon_0$,可由下式计算

$$E_2 = \int_{-\infty}^{-\frac{1}{2}\ln\mu} \int_{-\infty}^{+\infty} p(\boldsymbol{x} \mid \omega_2)\, \mathrm{d}\boldsymbol{x}$$

$$
\begin{aligned}
&= \int_{-\infty}^{-\frac{1}{2}\ln\mu} \int_{-\infty}^{+\infty} \frac{1}{2\pi} \exp\left[ -\frac{(x_1-1)^2 + x_2^2}{2} \right] \mathrm{d}x_1 \mathrm{d}x_2 \\
&= \int_{-\infty}^{-\frac{1}{2}\ln\mu} \frac{1}{\sqrt{2\pi}} \exp\left[ -\frac{(x_1-1)^2}{2} \right] \mathrm{d}x_1 \int_{-\infty}^{+\infty} \frac{1}{\sqrt{2\pi}} \exp\left[ -\frac{x_2^2}{2} \right] \mathrm{d}x_2 \\
&= \int_{-\infty}^{-\frac{1}{2}\ln\mu} \frac{1}{\sqrt{2\pi}} \exp\left[ -\frac{(x_1-1)^2}{2} \right] \mathrm{d}x_1
\end{aligned}
$$

令 $y = x_1 - 1$,则

$$
E_2 = \int_{-\infty}^{-\frac{1}{2}\ln\mu - 1} \frac{1}{\sqrt{2\pi}} \exp\left[ -\frac{y^2}{2} \right] \mathrm{d}y
$$

显然,$y$ 服从标准正态分布,通过查表得到 $E_2$ 和 $\mu$ 之间的对应关系如表 4-1 所列。

表 4-1 $E_2$ 和 $\mu$ 的对应关系

| $\mu$ | 4 | 2 | 1 | 1/2 | 1/4 |
| --- | --- | --- | --- | --- | --- |
| $E_2$ | 0.046 | 0.089 | 0.159 | 0.258 | 0.378 |

由设定的 $\varepsilon_0 = 0.046$,查上表可得 $\mu = 4$, $x_1 = -\frac{1}{2}\ln\mu = -0.693$。类分布及判决界面如图 4-2 所示。

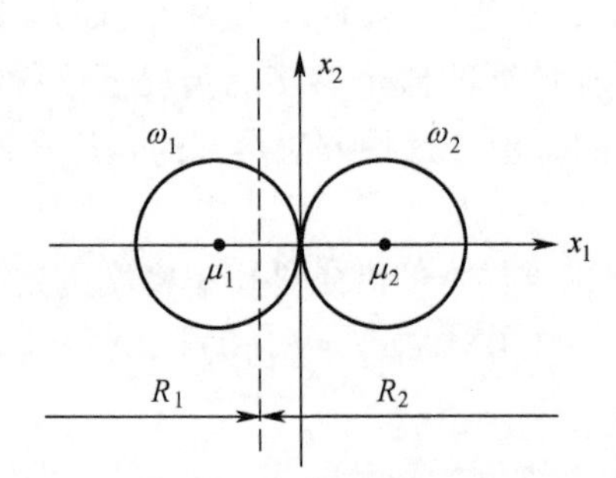


图 4-2 例 4-3 结果示图

## 4.3 正态分布时的贝叶斯分类

在统计决策中,类条件概率密度函数 $p(\boldsymbol{x} \mid \omega_i)$ 起着重要作用,本节针对类条件概率密度函数为正态分布时的统计决策进行具体讨论,给出相关结论。

正态分布也称高斯分布,是人们研究最多的分布之一,这是因为客观世界中很多随机向量都服从或近似服从正态分布,很多数据都可以做出服从正态分布的假设,此外正态分布具有很多好的性质,有利于数学分析。

### 4.3.1 正态分布及其性质回顾

**1. 单变量正态分布**

单变量正态分布的概率密度函数定义为

$$p(x)=\frac{1}{\sqrt{2\pi}\sigma}\exp\left\{-\frac{1}{2}\left(\frac{x-\mu}{\sigma}\right)^2\right\} \tag{4-26}$$

式中：$\mu$ 是随机变量 $x$ 的均值；$\sigma^2$ 为随机变量 $x$ 的方差；$\sigma$ 称为标准差。

$$\mu=E(x)=\int_{-\infty}^{+\infty}xp(x)\mathrm{d}x \tag{4-27}$$

$$\sigma^2=E[(x-\mu)^2]=\int_{-\infty}^{+\infty}(x-\mu)^2p(x)\mathrm{d}x \tag{4-28}$$

由式(4-26)描述的正态分布概率密度函数如图4-3所示。

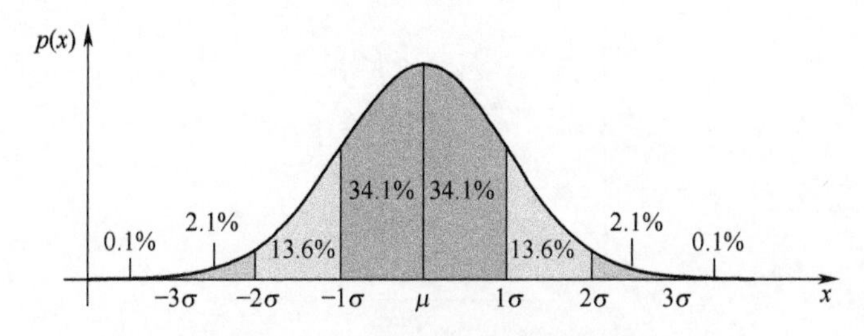


图4-3　正态分布概率密度函数

单变量正态分布概率密度函数 $p(x)$ 由均值 $\mu$ 和方差 $\sigma^2$ 两个参数完全决定，一般记为 $N(\mu,\sigma^2)$。正态分布的样本主要集中在均值附近，其分散程度可以用标准差 $\sigma$ 来表征，$\sigma$ 越大越分散。

**2. 多元正态分布**

多元正态分布的概率密度函数定义为

$$p(\boldsymbol{x})=\frac{1}{(2\pi)^{d/2}|\boldsymbol{\Sigma}|^{\frac{1}{2}}}\exp\left\{-\frac{1}{2}(\boldsymbol{x}-\boldsymbol{\mu})^{\mathrm{T}}\boldsymbol{\Sigma}^{-1}(\boldsymbol{x}-\boldsymbol{\mu})\right\} \tag{4-29}$$

式中：$\boldsymbol{x}$ 是 $d$ 维列向量；$\boldsymbol{\mu}$ 为 $d$ 维均值向量；$\boldsymbol{\Sigma}$ 为 $d\times d$ 维协方差矩阵；$\boldsymbol{\Sigma}^{-1}$ 为 $\boldsymbol{\Sigma}$ 的逆矩阵；$|\boldsymbol{\Sigma}|$ 为 $\boldsymbol{\Sigma}$ 的行列式。

均值向量 $\boldsymbol{\mu}$ 的分量 $\mu_i$ 为

$$\mu_i=E[x_i]=\int_{-\infty}^{+\infty}x_ip(x_i)\mathrm{d}x_i \tag{4-30}$$

其中 $p(x_i)$ 为边缘分布

$$p(x_i)=\int_{-\infty}^{+\infty}\cdots\int_{-\infty}^{+\infty}p(\boldsymbol{x})\mathrm{d}x_1\mathrm{d}x_2\cdots\mathrm{d}x_{i-1}\mathrm{d}x_{i+1}\cdots\mathrm{d}x_d \tag{4-31}$$

而

$$\sigma_{ij}=E[(x_i-\mu_i)(x_j-\mu_j)]=\int_{-\infty}^{+\infty}\int_{-\infty}^{+\infty}(x_i-\mu_i)(x_j-\mu_j)p(x_i,x_j)\mathrm{d}x_i\mathrm{d}x_j \tag{4-32}$$

可以证明，协方差矩阵总是对称非负定矩阵，且可表示为

$$\boldsymbol{\Sigma}=\begin{bmatrix}\sigma_{11}^2 & \sigma_{12}^2 & \cdots & \sigma_{1d}^2\\ \sigma_{21}^2 & \sigma_{22}^2 & \cdots & \sigma_{2d}^2\\ \vdots & \vdots & & \vdots\\ \sigma_{d1}^2 & \sigma_{d2}^2 & \cdots & \sigma_{dd}^2\end{bmatrix} \tag{4-33}$$

多元正态分布具有以下性质：

(1) $\boldsymbol{\mu}$ 和 $\boldsymbol{\Sigma}$ 对分布起决定作用，$\boldsymbol{\mu}$ 由 $d$ 个分量组成，$\boldsymbol{\Sigma}$ 由 $d(d+1)/2$ 个元素组成，所以多元正态分布由 $d+d(d+1)/2$ 个参数组成；

(2) 等密度点的轨迹是一个超椭圆面，区域中心由 $\boldsymbol{\mu}$ 决定，区域形状由 $\boldsymbol{\Sigma}$ 决定，如图4-4所示；

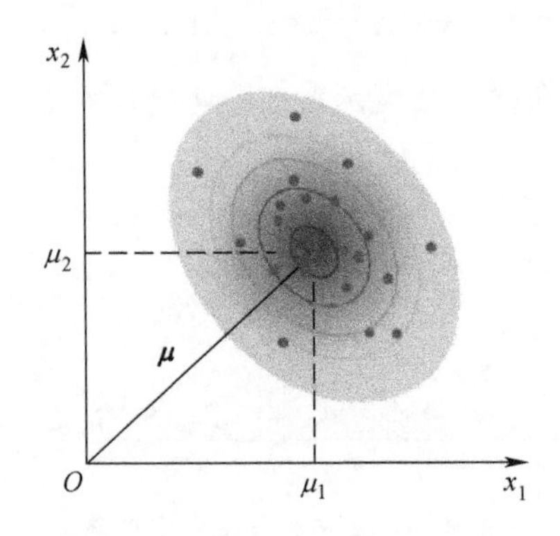


图 4-4 多元正态分布的均值向量和等密度面

(3) 正态分布各维度的不相关性等价于独立性；

(4) 正态分布的随机变量的线性组合仍然为正态分布。

### 4.3.2 正态分布概率模型下的最小错误概率决策

4.2.1 节中最大后验概率判决准则为

$$\text{如果 } P(\boldsymbol{x}\mid\omega_i)P(\omega_i)=\max_{j\in(1,2,\cdots,m)}P(\boldsymbol{x}\mid\omega_j)P(\omega_j)\text{，则 } \boldsymbol{x}\in\omega_i$$

其判别函数可表示为

$$g_i(\boldsymbol{x})=P(\boldsymbol{x}\mid\omega_i)P(\omega_i) \tag{4-34}$$

当类概率密度函数为正态分布或接近正态分布时，即

$$p(\boldsymbol{x}\mid\omega_i)=\frac{1}{(2\pi)^{d/2}\,|\boldsymbol{\Sigma}_i|^{\frac{1}{2}}}\exp\left\{-\frac{1}{2}(\boldsymbol{x}-\boldsymbol{\mu}_i)^{\mathrm{T}}\boldsymbol{\Sigma}_i^{-1}(\boldsymbol{x}-\boldsymbol{\mu}_i)\right\} \tag{4-35}$$

将概率密度函数带入式(4-34)，并对其取自然对数得到：

$$g_i(\boldsymbol{x})=-\frac{1}{2}(\boldsymbol{x}-\boldsymbol{\mu}_i)^{\mathrm{T}}\boldsymbol{\Sigma}_i^{-1}(\boldsymbol{x}-\boldsymbol{\mu}_i)-\frac{d}{2}\ln(2\pi)-\frac{1}{2}\ln|\boldsymbol{\Sigma}_i|+\ln P(\omega_i) \tag{4-36}$$

**1. 第一种情况：$\boldsymbol{\Sigma}_i\neq\boldsymbol{\Sigma}_j$**

此时判决函数可以不考虑 $\frac{d}{2}\ln(2\pi)$ 的作用，判决函数可简化为

$$g_i(\boldsymbol{x})=-\frac{1}{2}(\boldsymbol{x}-\boldsymbol{\mu}_i)^{\mathrm{T}}\boldsymbol{\Sigma}_i^{-1}(\boldsymbol{x}-\boldsymbol{\mu}_i)-\frac{1}{2}\ln|\boldsymbol{\Sigma}_i|+\ln P(\omega_i)$$

$$g_i(\boldsymbol{x})=-\frac{1}{2}\boldsymbol{x}^{\mathrm{T}}\boldsymbol{\Sigma}_i^{-1}\boldsymbol{x}+\frac{1}{2}\boldsymbol{x}^{\mathrm{T}}\boldsymbol{\Sigma}_i^{-1}\boldsymbol{\mu}_i+\frac{1}{2}\boldsymbol{\mu}_i^{\mathrm{T}}\boldsymbol{\Sigma}_i^{-1}\boldsymbol{x}-\frac{1}{2}\boldsymbol{\mu}_i^{\mathrm{T}}\boldsymbol{\Sigma}_i^{-1}\boldsymbol{\mu}_i-\frac{1}{2}\ln|\boldsymbol{\Sigma}_i|+\ln P(\omega_i)$$

因为 $\boldsymbol{x}^{\mathrm{T}}\boldsymbol{\Sigma}_i^{-1}\boldsymbol{\mu}_i$ 的结果是个标量，所以有 $\boldsymbol{x}^{\mathrm{T}}\boldsymbol{\Sigma}_i^{-1}\boldsymbol{\mu}_i=(\boldsymbol{x}^{\mathrm{T}}\boldsymbol{\Sigma}_i^{-1}\boldsymbol{\mu}_i)^{\mathrm{T}}=\boldsymbol{\mu}_i^{\mathrm{T}}\boldsymbol{\Sigma}_i^{-1}\boldsymbol{x}$，上式可以写

成如下形式：

$$g_i(\boldsymbol{x})=\boldsymbol{\mu}_i^{\mathrm{T}}\boldsymbol{\Sigma}_i^{-1}\boldsymbol{x}-\frac{1}{2}\boldsymbol{\mu}_i^{\mathrm{T}}\boldsymbol{\Sigma}_i^{-1}\boldsymbol{\mu}_i-\frac{1}{2}\ln|\boldsymbol{\Sigma}_i|+\ln P(\omega_i)-\frac{1}{2}\boldsymbol{x}^{\mathrm{T}}\boldsymbol{\Sigma}_i^{-1}\boldsymbol{x} \tag{4-37}$$

令

$$\boldsymbol{w}_i=\boldsymbol{\Sigma}_i^{-1}\boldsymbol{\mu}_i \tag{4-38}$$

$$w_{i0}=-\frac{1}{2}\boldsymbol{\mu}_i^{\mathrm{T}}\boldsymbol{\Sigma}_i^{-1}\boldsymbol{\mu}_i-\frac{1}{2}\ln|\boldsymbol{\Sigma}_i|+\ln P(\omega_i) \tag{4-39}$$

式(4-37)可以表示为

$$g_i(\boldsymbol{x})=\boldsymbol{w}_i^{\mathrm{T}}\boldsymbol{x}+w_{i0}-\frac{1}{2}\boldsymbol{x}^{\mathrm{T}}\boldsymbol{\Sigma}_i^{-1}\boldsymbol{x} \tag{4-40}$$

相应的决策面为

$$g_i(\boldsymbol{x})-g_j(\boldsymbol{x})=0 \tag{4-41}$$

即

$$(\boldsymbol{w}_i-\boldsymbol{w}_j)^{\mathrm{T}}\boldsymbol{x}+(w_{i0}-w_{j0})-\frac{1}{2}\boldsymbol{x}^{\mathrm{T}}(\boldsymbol{\Sigma}_i^{-1}-\boldsymbol{\Sigma}_j^{-1})\boldsymbol{x}=0 \tag{4-42}$$

由式(4-42)所决定的决策面为超二次曲面，随着 $\boldsymbol{\Sigma}_i$、$\boldsymbol{\mu}_i$、$P(\omega_i)$ 的不同而呈现为超二次曲面，即超球面、超椭球面、超抛物面、超双曲面或超平面。图 4-5 画出了二维正态分布时决策面的不同形式，图中的圆和椭圆表示等概率密度点轨迹。

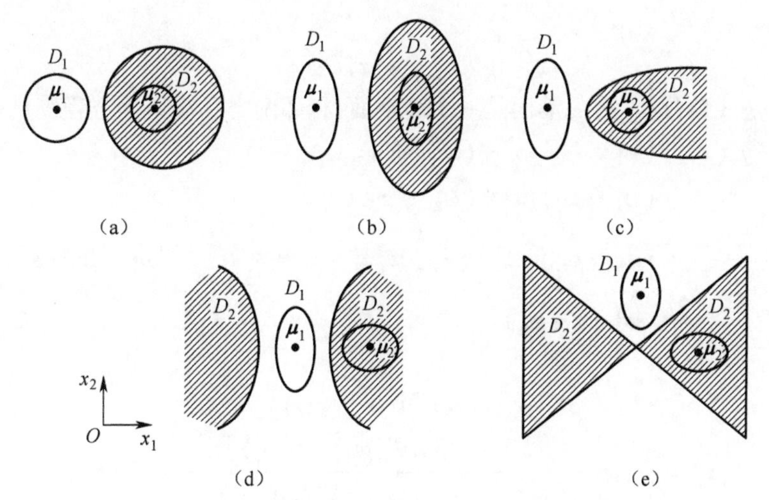


图 4-5 二维样本在 $\boldsymbol{\Sigma}_i \neq \boldsymbol{\Sigma}_j$ 情况下的几种决策界面

图 4-5(a)中 $p(\boldsymbol{x}|\omega_2)$ 的方差比 $p(\boldsymbol{x}|\omega_1)$ 小，因此来自类 $\omega_2$ 的样本更加可能在该类的均值附近找到，同时由于圆的对称性，决策面是一个包围着 $\boldsymbol{\mu}_2$ 的圆。若把 $x_2$ 轴伸展，如图 4-5(b)中所示，此时决策面就伸展为一个椭圆。图 4-5(c)中两类的密度在 $x_1$ 方向上具有相同的方差，但在 $x_2$ 方向上 $p(\boldsymbol{x}|\omega_1)$ 的方差比大 $p(\boldsymbol{x}|\omega_2)$，这时 $x_2$ 值大的样本可能来自 $\omega_1$，并且决策面为一抛物线。若对 $p(\boldsymbol{x}|\omega_2)$ 在 $x_1$ 方向上加大方差，如图 4-5(d)所示，决策面变为双曲线。最后在图 4-5(e)中示出了特殊的对称性情况，决策面由双曲

线退化为一对直线。

**2. 第二种情况：$\boldsymbol{\Sigma}_i=\boldsymbol{\Sigma}_j=\boldsymbol{\Sigma}$**

当各类的类条件概率密度的协方差矩阵相等时，从几何上看相当于各类样本集中在以该类均值点为中心的同样大小和形状的超椭球内。此时，式(4-36)判决函数可以不考虑 $-\frac{d}{2}\ln(2\pi)-\frac{1}{2}\ln|\boldsymbol{\Sigma}_i|$ 的作用，判决函数可简化为

$$g_i(\boldsymbol{x})=-\frac{1}{2}(\boldsymbol{x}-\boldsymbol{\mu}_i)^{\mathrm{T}}\boldsymbol{\Sigma}^{-1}(\boldsymbol{x}-\boldsymbol{\mu}_i)+\ln P(\omega_i) \tag{4-43}$$

$$g_i(\boldsymbol{x})=\boldsymbol{\mu}_i^{\mathrm{T}}\boldsymbol{\Sigma}^{-1}\boldsymbol{x}-\frac{1}{2}\boldsymbol{\mu}_i^{\mathrm{T}}\boldsymbol{\Sigma}^{-1}\boldsymbol{\mu}_i+\ln P(\omega_i)-\frac{1}{2}\boldsymbol{x}^{\mathrm{T}}\boldsymbol{\Sigma}^{-1}\boldsymbol{x} \tag{4-44}$$

令

$$\boldsymbol{w}_i=\boldsymbol{\Sigma}^{-1}\boldsymbol{\mu}_i \tag{4-45}$$

$$w_{i0}=-\frac{1}{2}\boldsymbol{\mu}_i^{\mathrm{T}}\boldsymbol{\Sigma}^{-1}\boldsymbol{\mu}_i+\ln P(\omega_i) \tag{4-46}$$

式(4-44)可以表示为

$$g_i(\boldsymbol{x})=\boldsymbol{w}_i^{\mathrm{T}}x+w_{i0}-\frac{1}{2}\boldsymbol{x}^{\mathrm{T}}\boldsymbol{\Sigma}^{-1}\boldsymbol{x} \tag{4-47}$$

观察式(4-47)，最后一项 $\frac{1}{2}\boldsymbol{x}^{\mathrm{T}}\boldsymbol{\Sigma}^{-1}\boldsymbol{x}$ 与类别号 $i$ 无关，可以不考虑，进一步简化判决函数为

$$g_i(\boldsymbol{x})=\boldsymbol{w}_i^{\mathrm{T}}\boldsymbol{x}+w_{i0} \tag{4-48}$$

此时分类器是线性分类器，决策面是一个超平面，相邻两类的决策面方程满足：

$$\begin{aligned}g_i(\boldsymbol{x})-g_j(\boldsymbol{x})&=(\boldsymbol{w}_i^{\mathrm{T}}\boldsymbol{x}+w_{i0})-(\boldsymbol{w}_j^{\mathrm{T}}\boldsymbol{x}+w_{j0})\\&=(\boldsymbol{w}_i-\boldsymbol{w}_j)^{\mathrm{T}}\boldsymbol{x}+(w_{i0}-w_{j0})\\&=(\boldsymbol{\mu}_i-\boldsymbol{\mu}_j)^{\mathrm{T}}\boldsymbol{\Sigma}^{-1}\boldsymbol{x}-\frac{1}{2}\boldsymbol{\mu}_i^{\mathrm{T}}\boldsymbol{\Sigma}^{-1}\boldsymbol{\mu}_i+\frac{1}{2}\boldsymbol{\mu}_j^{\mathrm{T}}\boldsymbol{\Sigma}^{-1}\boldsymbol{\mu}_j+\ln P(\omega_i)-\ln P(\omega_j)\\&\triangleq\boldsymbol{w}_{ij}^{\mathrm{T}}(\boldsymbol{x}-\boldsymbol{x}_0)\end{aligned}$$

其中：

$$\boldsymbol{w}_{ij}=\boldsymbol{\Sigma}^{-1}(\boldsymbol{\mu}_i-\boldsymbol{\mu}_j) \tag{4-49}$$

$$\boldsymbol{x}_0=\frac{1}{2}(\boldsymbol{\mu}_i+\boldsymbol{\mu}_j)-\frac{\ln[P(\omega_i)/P(\omega_j)]}{(\boldsymbol{\mu}_i-\boldsymbol{\mu}_j)^{\mathrm{T}}\boldsymbol{\Sigma}^{-1}(\boldsymbol{\mu}_i-\boldsymbol{\mu}_j)}(\boldsymbol{\mu}_i-\boldsymbol{\mu}_j) \tag{4-50}$$

由式(4-49)可知，$\boldsymbol{w}$ 通常不在 $(\boldsymbol{\mu}_i-\boldsymbol{\mu}_j)$ 方向，$\boldsymbol{x}-\boldsymbol{x}_0$ 为通过 $\boldsymbol{x}_0$ 的向量。$\boldsymbol{w}$ 和 $\boldsymbol{x}-\boldsymbol{x}_0$ 的点积为零，表示它们正交，所以决策面通过 $\boldsymbol{x}_0$，但不与 $(\boldsymbol{\mu}_i-\boldsymbol{\mu}_j)$ 正交，如图 4-6 所示。

由式(4-50)可以看出，点 $\boldsymbol{x}_0$ 在 $\boldsymbol{\mu}_i$ 和 $\boldsymbol{\mu}_j$ 的连线上，距离概率较小的那一类的类心较近，如图 4-7 所示。

**3. 第三种情况：$\boldsymbol{\Sigma}_i=\boldsymbol{\Sigma}_j=\boldsymbol{\Sigma}$ 且 $P(\omega_i)=P$**

若增加各类等概率的条件，即

$$P(\omega_i)=P\quad i=1,2,\cdots,m$$

则式(4-43)中的 $\ln P(\omega_i)$ 不起作用，则判决函数可以表示为

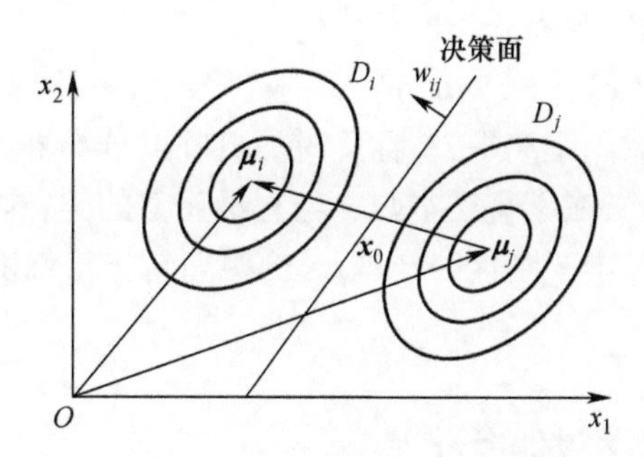


图 4-6　二维正态分布且 $\boldsymbol{\Sigma}_i = \boldsymbol{\Sigma}_j$

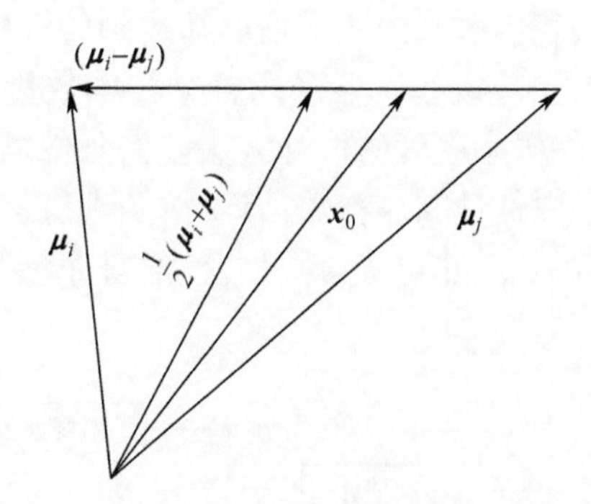


图 4-7　类条件概率对决策面影响示意图

$$g_i(\boldsymbol{x}) = \boldsymbol{w}_i^{\mathrm{T}}\boldsymbol{x} + w_{i0} = -\frac{1}{2}(\boldsymbol{x} - \boldsymbol{\mu}_i)^{\mathrm{T}}\boldsymbol{\Sigma}^{-1}(\boldsymbol{x} - \boldsymbol{\mu}_i) \tag{4-51}$$

式中：$w_{i0} = -\frac{1}{2}\boldsymbol{\mu}_i^{\mathrm{T}}\boldsymbol{\Sigma}^{-1}\boldsymbol{\mu}_i$。这里，$(\boldsymbol{x} - \boldsymbol{\mu}_i)^{\mathrm{T}}\boldsymbol{\Sigma}^{-1}(\boldsymbol{x} - \boldsymbol{\mu}_i)$ 是马氏(Mahalanobis)距离平方。若将系数舍去，将马氏距离平方直接作为判决函数，即

$$g_i(\boldsymbol{x}) = (\boldsymbol{x} - \boldsymbol{\mu}_i)^{\mathrm{T}}\boldsymbol{\Sigma}^{-1}(\boldsymbol{x} - \boldsymbol{\mu}_i) \tag{4-52}$$

此时决策准则为

$$\text{如果 } g_i(\boldsymbol{x}) = \min_{j=1,2,\cdots,m} g_j(\boldsymbol{x})\text{，则 } \boldsymbol{x} \in \omega_i$$

称这种分类器为线性距离分类器。这时决策规则为：为了对样本进行分类，只要计算出样本 $\boldsymbol{x}$ 到各类均值点 $\boldsymbol{\mu}_i$ 的马氏距离平方，最后把 $\boldsymbol{x}$ 归于距离最小的类。

**4. 第四种情况：$\boldsymbol{\Sigma}_i = \boldsymbol{\Sigma}_j = \sigma^2\boldsymbol{I}$ 且 $P(\omega_i) = P$**

若在上述条件的基础上再增加条件：类内各特征间相互独立，且具有相同方差，即

$$\boldsymbol{\Sigma} = \sigma^2\boldsymbol{I}$$

则

$$\boldsymbol{w}_i = \frac{\boldsymbol{\mu}_i}{\sigma^2} \tag{4-53}$$

$$w_{i0} = -\frac{1}{2\sigma^2}\boldsymbol{\mu}_i^{\mathrm{T}}\boldsymbol{\mu}_i \tag{4-54}$$

与该线性分类器等价的线性距离分类器简化为

$$g_i(\boldsymbol{x}) = (\boldsymbol{x} - \boldsymbol{\mu}_i)^{\mathrm{T}}(\boldsymbol{x} - \boldsymbol{\mu}_i) = \|\boldsymbol{x} - \boldsymbol{\mu}_i\| \tag{4-55}$$

此时判决函数是 $\boldsymbol{x}$ 到 $\boldsymbol{\mu}_i$ 欧氏距离平方，称此时的贝叶斯分类器为最小距离分类器。

距离分类器的几何意义在于将样本归入与它最相似的类，这里把类的均值向量 $\boldsymbol{\mu}_i$ 看作每一类的代表样本，将样本 $\boldsymbol{x}$ 到代表样本 $\boldsymbol{\mu}_i$ 的距离看作相似度的度量，距离越小，相似度越高。

## 4.4 概率密度函数参数估计

4.2 节介绍的贝叶斯分类器设计都要求先验概率 $P(\omega_i)$ 和类条件概率密度 $p(\boldsymbol{x}|\omega_i)$ 是已知的，但在实际应用中，我们拿到的通常是已知类别的训练样本，这就需要根据样本集利用估计理论进行估计。先验概率一般采用各类样本数量占总样本数量的比例作为估计量，本节主要讨论类条件概率密度的估计方法。类条件概率密度的估计按照概率分布形式是否已知可以分为参数估计和非参数估计，按照训练样本集中样本类别是否已知又可分进一步分为监督参数估计、非监督参数估计、监督非参数估计、非监督非参数估计等 4 种，如图 4-8 所示。

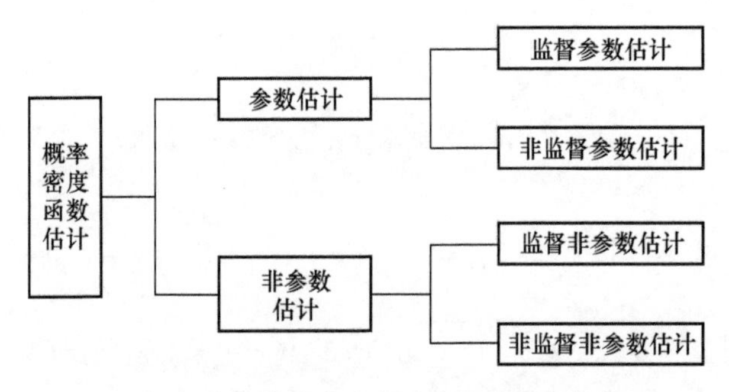


图 4-8 概率密度函数估计主要方法分类

本节主要介绍概率密度函数的监督参数估计方法，主要包括最大似然估计、贝叶斯估计和贝叶斯学习。

在概率密度函数的监督参数估计中，假定类条件概率密度 $p(\boldsymbol{x}|\omega_i)$ 具有某种确定的函数形式，例如正态分布、指数分布等，但其中某些参数未知，将未知参数记为 $\boldsymbol{\theta}_i$ 。$p(\boldsymbol{x}|\omega_i)$ 与参数向量 $\boldsymbol{\theta}_i$ 有关，记作 $p(\boldsymbol{x}|\omega_i,\boldsymbol{\theta}_i)$ 。假设样本集有 $m$ 种类别，按类别把样本集分开，得到 $m$ 个样本子集 $X_1, X_2, \cdots, X_m$ ，其中，$X_i$ 中的样本都是从概率密度函数为 $p(\boldsymbol{x}|\omega_i)$ 的总体中抽取出来的，类 $X_i$ 中的样本只对 $\boldsymbol{\theta}_i$ 提供有关信息，而没有关于 $\boldsymbol{\theta}_j(j \neq i)$ 的任何信息。监督参数估计的问题就是从样本提供的信息来得到参数 $\boldsymbol{\theta}_1, \boldsymbol{\theta}_2, \cdots, \boldsymbol{\theta}_m$ 的估计值。我们可以对每一类独立地进行处理，利用 $X_i$ 中的样本估计 $\boldsymbol{\theta}_i$ ( $i = 1,2,\cdots,m$ )。这样就可将 $p(\boldsymbol{x}|\omega_i,\boldsymbol{\theta}_i)$ 中的类别标志 $\omega_i$ 去掉，用 $\boldsymbol{\theta}$ 代替 $\boldsymbol{\theta}_i$ ，以简化符号，即利用每一类的训练样本估计该类的 $p(\boldsymbol{x}|\boldsymbol{\theta})$ 。

### 4.4.1　最大似然估计

最大似然估计(MLE)是一种常用的、有效的方法,就是利用已知结果,反推最有可能导致这样结果的参数值。它的原理可以用一张图来说明,如图 4-9 所示。图中有两个外形相似的箱子,A 箱中有 15 只灰球,1 只黑球;B 箱中有 15 只黑球,1 只灰球。一次试验取出一个球,结果球是黑色的,请问黑球从哪个箱子里取出的? 对于这个问题,我们的感觉应该是从 B 箱中取出的,因为这是“最符合”人们的经验事实。这里的“最符合”就是“最大似然”的意思,这种想法就是最大似然原理。

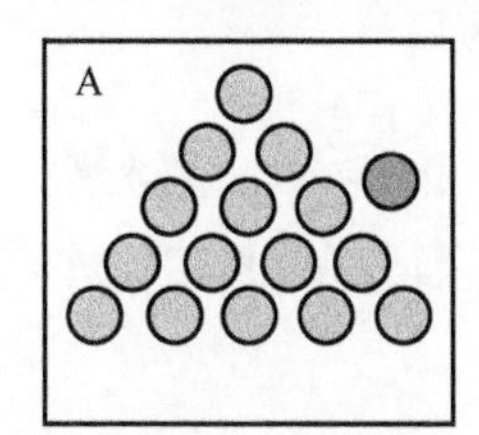

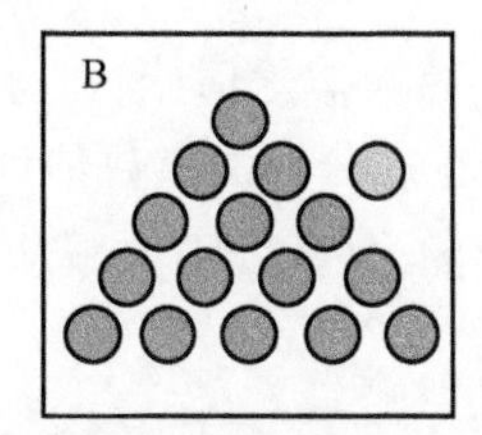


图 4-9　最大似然估计原理示意图

最大似然估计是建立在最大似然原理基础上的一个统计方法,是概率论在统计学中的应用。它提供了用一组给定观测数据来评估模型参数的方法,即“模型已知,参数未知”。通过若干次试验,观察其结果,利用试验结果得到使观测数据出现概率最大的参数值。

设某一类样本集 $X=\{\boldsymbol{x}_1,\boldsymbol{x}_2,\cdots,\boldsymbol{x}_N\}$ ,具有概率密度 $p(\boldsymbol{x}_k|\boldsymbol{\theta})(k=1,2,\cdots,N)$ ,并且样本是独立抽取的。$N$ 个随机样本的联合密度为

$$p(X|\boldsymbol{\theta})=p(\boldsymbol{x}_1,\boldsymbol{x}_2,\cdots,\boldsymbol{x}_N|\boldsymbol{\theta})=\prod_{k=1}^{N}p(\boldsymbol{x}_k|\boldsymbol{\theta}) \tag{4-56}$$

称 $p(X|\boldsymbol{\theta})$ 为样本集 $X$ 的似然函数。$p(X|\boldsymbol{\theta})$ 是 $\boldsymbol{\theta}$ 的函数,记为 $L(\boldsymbol{\theta})$ ,即

$$L(\boldsymbol{\theta})=p(\boldsymbol{x}_1,\boldsymbol{x}_2,\cdots,\boldsymbol{x}_N|\boldsymbol{\theta})=\prod_{k=1}^{N}p(\boldsymbol{x}_k|\boldsymbol{\theta}) \tag{4-57}$$

最大似然估计法的基本思想是:事件 $X=\{\boldsymbol{x}_1,\boldsymbol{x}_2,\cdots,\boldsymbol{x}_N\}$ 在 $N$ 次独立试验(从概率总体中抽取样本)中出现了,那么,可以认为 $p(X|\boldsymbol{\theta})$ 达到了最大值。使 $p(X|\boldsymbol{\theta})$ 达到最大值的 $\hat{\boldsymbol{\theta}}$ 就是 $\boldsymbol{\theta}$ 的最大似然估计,记为 $\hat{\boldsymbol{\theta}}_{\mathrm{ML}}$ ,即

$$\hat{\boldsymbol{\theta}}_{\mathrm{ML}}=\arg\max_{\theta}L(\boldsymbol{\theta}) \tag{4-58}$$

在很多情况下,特别是对于指数密度函数,使用似然函数的对数要比似然函数本身更加方便、简洁。对数函数是单调递增的,因此,使对数似然函数最大的 $\boldsymbol{\theta}$ 值也必然使似然函数达到最大。$L(\boldsymbol{\theta})$ 的自然对数称为对数似然函数,记为 $H(\boldsymbol{\theta})$ ,即

$$H(\boldsymbol{\theta})=\ln L(\boldsymbol{\theta})=\sum_{k=1}^{N}\ln p(\boldsymbol{x}_k|\boldsymbol{\theta}) \tag{4-59}$$

相应的 $\hat{\boldsymbol{\theta}}_{\mathrm{ML}}$ 为

$$\hat{\boldsymbol{\theta}}_{\mathrm{ML}}=\arg\max_{\theta}\ln L(\boldsymbol{\theta}) \tag{4-60}$$

其中，$\boldsymbol{\theta}=(\theta_1,\theta_2,\cdots,\theta_p)^{\mathrm{T}}$，似然函数或对数似然函数的梯度为零时的解为 $\hat{\boldsymbol{\theta}}_{\mathrm{ML}}$。

$$\nabla_\theta L(\boldsymbol{\theta})=\nabla_\theta\left(\prod_{k=1}^{N}p(\boldsymbol{x}_k\mid\boldsymbol{\theta})\right)=\mathbf{0}\text{ 或 }\nabla_\theta H(\boldsymbol{\theta})=\sum_{k=1}^{N}\nabla_\theta\ln p(\boldsymbol{x}_k\mid\boldsymbol{\theta})=\mathbf{0}\qquad(4\text{-}61)$$

其中，$\nabla_\theta=\left[\frac{\partial}{\partial\theta_1},\frac{\partial}{\partial\theta_2},\cdots,\frac{\partial}{\partial\theta_p}\right]^{\mathrm{T}}$，$\hat{\boldsymbol{\theta}}_{\mathrm{ML}}$ 可以由下面 $p$ 个方程联合确定：

$$\frac{\partial H(\boldsymbol{\theta})}{\partial\theta_i}=\sum_{k=1}^{N}\frac{\partial}{\partial\theta_i}\ln p(\boldsymbol{x}_k\mid\boldsymbol{\theta})=\mathbf{0}\qquad i=1,2,\cdots,p\qquad(4\text{-}62)$$

式中：$p$ 个联立方程的解是极值的必要条件。可以从方程组的所有解中求出使似然函数达到最大的 $\hat{\boldsymbol{\theta}}$ 作为 $\theta$ 的最大似然估计。

**例 4-4** 考虑一维正态分布的参数估计。设样本(一维)集 $X=\{x_1,x_2,\cdots,x_N\}$ 都是由独立的抽样试验采集的，且密度函数服从正态分布，其均值 $\mu$ 与方差 $\sigma^2$ 未知，求均值和方差的最大似然估计。

**解**：设 $\theta_1=\mu$，$\theta_2=\sigma^2$，$\boldsymbol{\theta}=[\theta_1,\theta_2]^{\mathrm{T}}$。

$x_k$ 的密度函数为

$$p(x_k\mid\boldsymbol{\theta})=\frac{1}{\sqrt{2\pi}\,\sigma}\exp\left\{-\frac{(x_k-\mu)^2}{2\sigma^2}\right\}$$

样本的似然函数为

$$L(\boldsymbol{\theta})=\prod_{k=1}^{N}p(x_k\mid\boldsymbol{\theta})=\frac{1}{(2\pi)^{\frac{N}{2}}\sigma^N}\exp\left\{-\sum_{k=1}^{N}\frac{(x_k-\mu)^2}{2\sigma^2}\right\}$$
$$=\frac{1}{(2\pi)^{\frac{N}{2}}\theta_2^{\frac{N}{2}}}\exp\left\{-\sum_{k=1}^{N}\frac{(x_k-\theta_1)^2}{2\theta_2}\right\}$$

对数似然函数为

$$H(\boldsymbol{\theta})=\ln L(\boldsymbol{\theta})=-\frac{1}{2\theta_2}\sum_{k=1}^{N}(x_k-\theta_1)^2-\frac{N}{2}\ln 2\pi-\frac{N}{2}\ln\theta_2$$

因此，

$$\frac{\partial}{\partial\theta_1}H(\boldsymbol{\theta})=\frac{1}{\theta_2}\sum_{k=1}^{N}(x_k-\theta_1)$$

$$\frac{\partial}{\partial\theta_2}H(\boldsymbol{\theta})=\frac{1}{2\theta_2^2}\sum_{k=1}^{N}(x_k-\theta_1)^2-\frac{N}{2\theta_2}$$

由联立方程

$$\begin{cases}\dfrac{\partial}{\partial\theta_1}H(\boldsymbol{\theta})=\dfrac{1}{\theta_2}\displaystyle\sum_{k=1}^{N}(x_k-\theta_1)=0\\[2ex]\dfrac{\partial}{\partial\theta_2}H(\boldsymbol{\theta})=\dfrac{1}{2\theta_2^2}\displaystyle\sum_{k=1}^{N}(x_k-\theta_1)^2-\dfrac{N}{2\theta_2}=0\end{cases}$$

可得均值 $\mu$ 与方差 $\sigma^2$ 最大似然估计为

$$\hat{\mu}_{\mathrm{ML}}=\frac{1}{N}\sum_{k=1}^{N}x_k=\bar{x}$$

$$\hat{\sigma}_{\mathrm{ML}}^2=\frac{1}{N}\sum_{k=1}^{N}(x_k-\bar{x})^2$$

上述结果可以类似地推广到多元正态分布。设样本($d$ 维) $\boldsymbol{X}=\{\boldsymbol{x}_1,\boldsymbol{x}_2,\cdots,\boldsymbol{x}_N\}$ 服从 $d$ 元正态分布,其均值向量 $\boldsymbol{\mu}$ 与协方差矩阵 $\boldsymbol{\Sigma}$ 未知。$\boldsymbol{x}_k$ 的密度函数为

$$p(\boldsymbol{x}_k\mid\boldsymbol{\theta})=\frac{1}{(\sqrt{2\pi})^d|\boldsymbol{\Sigma}|^{\frac{1}{2}}}\exp\left\{-\frac{1}{2}(\boldsymbol{x}_k-\boldsymbol{\mu})^{\mathrm{T}}\boldsymbol{\Sigma}^{-1}(\boldsymbol{x}_k-\boldsymbol{\mu})\right\}$$

通过类似的推导得到,均值向量 $\boldsymbol{\mu}$ 与协方差矩阵 $\boldsymbol{\Sigma}$ 的最大似然估计为

$$\hat{\boldsymbol{\mu}}_{\mathrm{ML}}=\frac{1}{N}\sum_{k=1}^{N}\boldsymbol{x}_k$$

$$\hat{\boldsymbol{\Sigma}}_{\mathrm{ML}}=\frac{1}{N}\sum_{k=1}^{N}(\boldsymbol{x}_k-\hat{\boldsymbol{\mu}}_{\mathrm{ML}})(\boldsymbol{x}_k-\hat{\boldsymbol{\mu}}_{\mathrm{ML}})^{\mathrm{T}}$$

**例 4-5**　若一维样本 $x_1,x_2,\cdots,x_N$ 独立抽取自总体分布为均匀分布的样本集,其概率密度函数为

$$p(x\mid a,b)=\begin{cases}\dfrac{1}{b-a} & x\in[a,b]\\ 0 & \text{其他}\end{cases}$$

其中,$a$、$b$ 为未知参数,且 $a<b$,求其最大似然估计量。

**解:**设 $\theta_1=a$,$\theta_2=b$,$\boldsymbol{\theta}=[\theta_1,\theta_2]^{\mathrm{T}}$。

样本的似然函数为

$$L(\boldsymbol{\theta})=\prod_{k=1}^{N}p(x_k\mid\boldsymbol{\theta})=\begin{cases}\dfrac{1}{(b-a)^N} & a\leqslant x_1,x_2,\cdots,x_N\leqslant b\\ 0 & \text{其他}\end{cases}$$

对数似然函数为

$$\ln L(\boldsymbol{\theta})=\begin{cases}-N\ln(b-a) & a\leqslant x_1,x_2,\cdots,x_N\leqslant b\\ 0 & \text{其他}\end{cases}$$

对上式求偏导得

$$\begin{cases}\dfrac{\partial\ln L(\boldsymbol{\theta})}{\partial\theta_1}=\dfrac{N}{b-a}=0\\[2ex] \dfrac{\partial\ln L(\boldsymbol{\theta})}{\partial\theta_2}=-\dfrac{N}{b-a}=0\end{cases}$$

由上式可知,要想使上式成立,必须使分母为无穷大,这显然是不合理的。但是,我们

知道，样本 $x_1,x_2,\cdots,x_N$ 在 $[a,b]$ 区间内，要想使 $b-a$ 最大，最有可能的估计值应该是

$$\begin{cases} a = \min\limits_{i=1,2,\cdots,N} x_i \\ b = \max\limits_{i=1,2,\cdots,N} x_i \end{cases}$$

### 4.4.2 贝叶斯估计

在最大似然估计中，将未知参数看作确定的值，而在贝叶斯估计中，未知参数则被看作具有某种分布的随机变量，其密度函数为 $p(\boldsymbol{\theta})$ 。贝叶斯估计就是在参数取值空间中寻求一个真实参数的估计值，使由此引起的风险达到最小。贝叶斯估计和最小风险贝叶斯判决的思路是类似的，二者的异同如表 4-2 所列。

表 4-2 贝叶斯估计和最小风险贝叶斯判决比较表

| 贝叶斯估计 | 贝叶斯决策 |
|---|---|
| 训练样本集 $X$ | 样本 $\boldsymbol{x}$ |
| 估计参数 $\hat{\boldsymbol{\theta}}$ | 决策 $\alpha_i$ |
| 真实参数 $\boldsymbol{\theta}$ | 真实类别 $\omega_i$ |
| 连续参数空间 $\boldsymbol{\Theta}$ | 离散类别空间 $A$ |
| 参数先验概率密度 $p(\boldsymbol{\theta})$ | 类别先验概率 $p(\omega_i)$ |

设 $\boldsymbol{\theta}=(\theta_1,\theta_2,\cdots,\theta_p)^{\mathrm{T}}$ 是属于参数空间 $\Theta$ 的 $p$ 维参数，$\hat{\boldsymbol{\theta}}$ 是参数空间中的一个估计，$\hat{\boldsymbol{\theta}}$ 与 $\boldsymbol{\theta}$ 的非负实值函数 $C(\hat{\boldsymbol{\theta}},\boldsymbol{\theta})$ 表示用 $\hat{\boldsymbol{\theta}}$ 估计 $\boldsymbol{\theta}$ 所付出的代价，称为代价函数。常用的代价函数为平方偏差，其定义式为

$$C(\hat{\boldsymbol{\theta}},\boldsymbol{\theta})=(\hat{\boldsymbol{\theta}}-\boldsymbol{\theta})^{\mathrm{T}}(\hat{\boldsymbol{\theta}}-\boldsymbol{\theta}) \tag{4-63}$$

定义代价函数 $C(\hat{\boldsymbol{\theta}},\boldsymbol{\theta})$ 的数学期望为风险函数，记为 $R$ ，即

$$R=E[C(\hat{\boldsymbol{\theta}},\boldsymbol{\theta})] \tag{4-64}$$

使风险函数达到最小的估计称为贝叶斯估计。

假设样本集为 $X=\{\boldsymbol{x}_1,\boldsymbol{x}_2,\cdots,\boldsymbol{x}_N\}$ ，风险函数可以用积分形式表示为

$$\begin{aligned} R &= E[C(\hat{\boldsymbol{\theta}},\boldsymbol{\theta})] \\ &= \int\cdots\int C(\hat{\boldsymbol{\theta}},\boldsymbol{\theta})p(\boldsymbol{x}_1,\boldsymbol{x}_2,\cdots,\boldsymbol{x}_N,\boldsymbol{\theta})\mathrm{d}\boldsymbol{x}_1\mathrm{d}\boldsymbol{x}_2\cdots\mathrm{d}\boldsymbol{x}_N\mathrm{d}\boldsymbol{\theta} \\ &= \int\cdots\int C(\hat{\boldsymbol{\theta}},\boldsymbol{\theta})p(\boldsymbol{x}_1,\boldsymbol{x}_2,\cdots,\boldsymbol{x}_N)p(\boldsymbol{\theta}|\boldsymbol{x}_1,\boldsymbol{x}_2,\cdots,\boldsymbol{x}_N)\mathrm{d}\boldsymbol{x}_1\mathrm{d}\boldsymbol{x}_2\cdots\mathrm{d}\boldsymbol{x}_N\mathrm{d}\boldsymbol{\theta} \\ &= \int\cdots\int p(\boldsymbol{x}_1,\boldsymbol{x}_2,\cdots,\boldsymbol{x}_N)\left\{\int C(\hat{\boldsymbol{\theta}},\boldsymbol{\theta})p(\boldsymbol{\theta}|\boldsymbol{x}_1,\boldsymbol{x}_2,\cdots,\boldsymbol{x}_N)\mathrm{d}\boldsymbol{\theta}\right\}\mathrm{d}\boldsymbol{x}_1\mathrm{d}\boldsymbol{x}_2\cdots\mathrm{d}\boldsymbol{x}_N \end{aligned} \tag{4-65}$$

因为 $p(\boldsymbol{x}_1,\boldsymbol{x}_2,\cdots,\boldsymbol{x}_N)$ 非负，因此，只要使 $\int C(\hat{\boldsymbol{\theta}},\boldsymbol{\theta})p(\boldsymbol{\theta}|\boldsymbol{x}_1,\boldsymbol{x}_2,\cdots,\boldsymbol{x}_N)\mathrm{d}\boldsymbol{\theta}$ 达到最小，就能

使 $R=E[C(\hat{\boldsymbol{\theta}},\boldsymbol{\theta})]$ 最小,即

$$\min_{\hat{\boldsymbol{\theta}}} R \Leftrightarrow \min_{\hat{\boldsymbol{\theta}}} \int C(\hat{\boldsymbol{\theta}},\boldsymbol{\theta}) p(\boldsymbol{\theta} | \boldsymbol{x}_1,\boldsymbol{x}_2,\cdots,\boldsymbol{x}_N) \mathrm{d}\boldsymbol{\theta} \tag{4-66}$$

取代价函数为平方偏差 $C(\hat{\boldsymbol{\theta}},\boldsymbol{\theta})=(\hat{\boldsymbol{\theta}}-\boldsymbol{\theta})^{\mathrm{T}}(\hat{\boldsymbol{\theta}}-\boldsymbol{\theta})$ ,此时,

$$\min_{\hat{\boldsymbol{\theta}}} R \Leftrightarrow \min_{\hat{\boldsymbol{\theta}}} \int_{\Theta} (\hat{\boldsymbol{\theta}}-\boldsymbol{\theta})^{\mathrm{T}}(\hat{\boldsymbol{\theta}}-\boldsymbol{\theta}) p(\boldsymbol{\theta} | \boldsymbol{x}_1,\boldsymbol{x}_2,\cdots,\boldsymbol{x}_N) \mathrm{d}\boldsymbol{\theta} \tag{4-67}$$

对上式的右边取 $\hat{\boldsymbol{\theta}}$ 的偏导,并令其等于0,即

$$\begin{aligned}
&\frac{\partial}{\partial \hat{\boldsymbol{\theta}}} \int_{\Theta} (\hat{\boldsymbol{\theta}}-\boldsymbol{\theta})^{\mathrm{T}}(\hat{\boldsymbol{\theta}}-\boldsymbol{\theta}) p(\boldsymbol{\theta} | \boldsymbol{x}_1,\boldsymbol{x}_2,\cdots,\boldsymbol{x}_N) \mathrm{d}\boldsymbol{\theta} \\
&= 2\int_{\Theta} (\hat{\boldsymbol{\theta}}-\boldsymbol{\theta}) p(\boldsymbol{\theta} | \boldsymbol{x}_1,\boldsymbol{x}_2,\cdots,\boldsymbol{x}_N) \mathrm{d}\boldsymbol{\theta} \\
&= 2\int_{\Theta} \hat{\boldsymbol{\theta}} p(\boldsymbol{\theta} | \boldsymbol{x}_1,\boldsymbol{x}_2,\cdots,\boldsymbol{x}_N) \mathrm{d}\boldsymbol{\theta} - 2\int_{\Theta} \boldsymbol{\theta} p(\boldsymbol{\theta} | \boldsymbol{x}_1,\boldsymbol{x}_2,\cdots,\boldsymbol{x}_N) \mathrm{d}\boldsymbol{\theta} \\
&= 2\hat{\boldsymbol{\theta}} \int_{\Theta} p(\boldsymbol{\theta} | \boldsymbol{x}_1,\boldsymbol{x}_2,\cdots,\boldsymbol{x}_N) \mathrm{d}\boldsymbol{\theta} - 2E(\boldsymbol{\theta} | \boldsymbol{x}_1,\boldsymbol{x}_2,\cdots,\boldsymbol{x}_N) \\
&= 2\hat{\boldsymbol{\theta}} - 2E(\boldsymbol{\theta} | \boldsymbol{x}_1,\boldsymbol{x}_2,\cdots,\boldsymbol{x}_N) = 0
\end{aligned}$$

从而得到贝叶斯估计为

$$\hat{\boldsymbol{\theta}}_{\mathrm{Bayes}} = E(\boldsymbol{\theta} | \boldsymbol{x}_1,\boldsymbol{x}_2,\cdots,\boldsymbol{x}_N) \tag{4-68}$$

其中

$$E(\boldsymbol{\theta} | \boldsymbol{x}_1,\boldsymbol{x}_2,\cdots,\boldsymbol{x}_N) = \int_{\Theta} \boldsymbol{\theta} p(\boldsymbol{\theta} | \boldsymbol{x}_1,\boldsymbol{x}_2,\cdots,\boldsymbol{x}_N) \mathrm{d}\boldsymbol{\theta} \tag{4-69}$$

是在给定样本集 $X=\{\boldsymbol{x}_1,\boldsymbol{x}_2,\cdots,\boldsymbol{x}_N\}$ 的条件下 $\boldsymbol{\theta}$ 的条件均值; $p(\boldsymbol{\theta} | \boldsymbol{x}_1,\boldsymbol{x}_2,\cdots,\boldsymbol{x}_N)$ 是给定样本集 $\boldsymbol{\theta}$ 的后验概率。

综上所述,贝叶斯估计的步骤如下:

(1) 确定未知参数集 $\boldsymbol{\theta}$ 的先验概率 $p(\boldsymbol{\theta})$ ;

(2) 计算样本集的联合概率密度 $p(\boldsymbol{x}_1,\boldsymbol{x}_2,\cdots,\boldsymbol{x}_N | \boldsymbol{\theta})$ ,由于样本是独立同分布的,因此

$$p(\boldsymbol{x}_1,\boldsymbol{x}_2,\cdots,\boldsymbol{x}_N | \boldsymbol{\theta}) = \prod_{k=1}^{N} p(\boldsymbol{x}_k | \boldsymbol{\theta})$$

(3) 根据贝叶斯公式计算 $\boldsymbol{\theta}$ 的后验概率 $p(\boldsymbol{\theta} | \boldsymbol{x}_1,\boldsymbol{x}_2,\cdots,\boldsymbol{x}_N)$

$$p(\boldsymbol{\theta} | \boldsymbol{x}_1,\boldsymbol{x}_2,\cdots,\boldsymbol{x}_N) = \frac{p(\boldsymbol{x}_1,\boldsymbol{x}_2,\cdots,\boldsymbol{x}_N | \boldsymbol{\theta}) p(\boldsymbol{\theta})}{p(\boldsymbol{x}_1,\boldsymbol{x}_2,\cdots,\boldsymbol{x}_N)} = \frac{p(\boldsymbol{x}_1,\boldsymbol{x}_2,\cdots,\boldsymbol{x}_N | \boldsymbol{\theta}) p(\boldsymbol{\theta})}{\int_{\Theta} p(\boldsymbol{x}_1,\boldsymbol{x}_2,\cdots,\boldsymbol{x}_N | \boldsymbol{\theta}) p(\boldsymbol{\theta})}$$

(4) 根据式(4-68)计算 $\boldsymbol{\theta}$ 的贝叶斯估计量

$$\hat{\boldsymbol{\theta}}_{\mathrm{Bayes}} = E(\boldsymbol{\theta} | \boldsymbol{x}_1,\boldsymbol{x}_2,\cdots,\boldsymbol{x}_N)$$

**例4-6**　设一维样本集 $X=\{x_1,x_2,\cdots,x_N\}$ 是取自正态分布 $N(\mu,\sigma^2)$ 的样本集,其中均值 $\mu$ 为未知的参数,方差 $\sigma^2$ 已知。未知参数 $\mu$ 是随机参数,它有先验分布 $N(\mu_0,\sigma_0^2)$ , $\mu_0$、$\sigma_0^2$ 已知。求 $\mu$ 的贝叶斯估计 $\hat{\mu}$ 。

**解**:对于平方偏差代价函数的贝叶斯估计

$$\hat{\mu} = \int \mu p(\mu | X) \mathrm{d}\mu$$

由上式可知,要求$\hat{\mu}$,首先要求$\mu$的后验分布$p(\mu | X)$

$$p(\mu | X) = \frac{p(X|\mu)p(\mu)}{\int p(X|\mu)p(\mu)\mathrm{d}\mu} = \alpha \prod_{k=1}^{N} p(x_k |\mu)p(\mu)$$

其中,比例因子$\alpha = \dfrac{1}{\int p(X|\mu)p(\mu)\mathrm{d}\mu}$,仅与$X$有关,而与$\mu$无关。由于

$$p(x_k |\mu) \sim N(\mu, \sigma^2), p(\mu) \sim N(\mu_0, \sigma_0^2)$$

因此

$$\begin{aligned} p(\mu | X) &= \alpha \prod_{k=1}^{N} \frac{1}{\sqrt{2\pi}\sigma} \exp\left\{-\frac{(x_k - \mu)^2}{2\sigma^2}\right\} \frac{1}{\sqrt{2\pi}\sigma_0} \exp\left\{-\frac{(\mu - \mu_0)^2}{2\sigma_0^2}\right\} \\ &= \alpha' \exp\left\{-\frac{1}{2}\left[\sum_{k=1}^{N} \frac{(x_k - \mu)^2}{\sigma^2} + \frac{(\mu - \mu_0)^2}{\sigma_0^2}\right]\right\} \\ &= \alpha'' \exp\left\{-\frac{1}{2}\left[\left(\frac{N}{\sigma^2} + \frac{1}{\sigma_0^2}\right)\mu^2 - 2\left(\frac{1}{\sigma^2}\sum_{k=1}^{N} x_k + \frac{\mu_0}{\sigma_0^2}\right)\mu\right]\right\} \end{aligned}$$

式中:与$\mu$无关的因子全部包含在因子$\alpha'$与$\alpha''$中。因此,$p(\mu|X)$是$\mu$的二次函数的指数函数,所以仍是一个正态密度函数,我们把$p(\mu | X)$写成$N(\mu_N, \sigma_N^2)$,即

$$p(\mu | X) = \frac{1}{\sqrt{2\pi}\sigma_N} \exp\left\{-\frac{(x - \mu_N)^2}{2\sigma_N^2}\right\}$$

其中

$$\mu_N = \frac{N\sigma_0^2}{N\sigma_0^2 + \sigma^2} m_N + \frac{\sigma^2}{N\sigma_0^2 + \sigma^2} \mu_0$$

$$\sigma_N^2 = \frac{\sigma^2 \sigma_0^2}{N\sigma_0^2 + \sigma^2}$$

$$m_N = \frac{1}{N} \sum_{k=1}^{N} x_k$$

$\mu$的贝叶斯估计为

$$\hat{\mu} = \int \mu p(\mu | X) \mathrm{d}\mu = \mu_N = \frac{N\sigma_0^2}{N\sigma_0^2 + \sigma^2} m_N + \frac{\sigma^2}{N\sigma_0^2 + \sigma^2} \mu_0$$

密度函数$p(\mu|X)$的均值$\mu_N = \dfrac{N\sigma_0^2}{N\sigma_0^2 + \sigma^2} m_N + \dfrac{\sigma^2}{N\sigma_0^2 + \sigma^2} \mu_0$,是样本均值$m_N$与先验均值$\mu_0$的线性组合,二者的系数非负,且和为1,因此,$\mu_N$介于$m_N$与$\mu_0$之间。一般地,$\sigma_0 \neq 0$,此时,当$N \to \infty$时,$\mu_N \to m_N$,也就是说,如果增加样本数$N$,能从样本得到不随$\sigma$、$\sigma_0$变化的$\mu_N$。若$\sigma_0 = 0$,则$\forall N$,$\mu_N = \mu_0$,说明先验值$\mu_0$很可靠,以致不论做多少次观测,都不改变其结果。若$\sigma_0 \gg \sigma$,则$\mu_N = m_N$,说明先验值非常没有把握。只要

$\sigma/\sigma_0$ 不是无穷大，则增加样本数，就会使 $\mu_N$ 接近 $m_N$，而 $\mu_0$、$\sigma_0$ 的具体值就不重要了。

### 4.4.3 贝叶斯学习

贝叶斯学习是指在求出待定参数 $\boldsymbol{\theta}$ 的后验分布后，不再去估计 $\boldsymbol{\theta}$，而是直接求总体分布 $p(x|X)$：

$$p(\boldsymbol{x}|X)=\int_{\Theta}p(\boldsymbol{x},\boldsymbol{\theta}|X)\mathrm{d}\boldsymbol{\theta}=\int_{\Theta}p(\boldsymbol{x}|\boldsymbol{\theta})p(\boldsymbol{\theta}|X)\mathrm{d}\boldsymbol{\theta} \tag{4-70}$$

其中，

$$\begin{aligned}p(\boldsymbol{x},\boldsymbol{\theta}|X)&=\frac{p(\boldsymbol{x},\boldsymbol{\theta})p(X|\boldsymbol{x},\boldsymbol{\theta})}{p(X)}\\&=\frac{p(\boldsymbol{x},\boldsymbol{\theta})p(X|\boldsymbol{\theta})}{p(X)}\\&=p(\boldsymbol{x}|\boldsymbol{\theta})\cdot\frac{p(\boldsymbol{\theta})p(X|\boldsymbol{\theta})}{p(X)}\\&=p(\boldsymbol{x}|\boldsymbol{\theta})\cdot p(\boldsymbol{\theta}|X)\end{aligned}$$

现在讨论 $p(\boldsymbol{x}|X)$ 是否收敛于 $p(\boldsymbol{x})$ 的问题，其中 $p(\boldsymbol{x})$ 是 $\boldsymbol{x}$ 的真实总体分布，它的参数为真实参数 $\boldsymbol{\theta}$。为了明确表示样本集 $X$ 中的样本个数，用 $X^N$ 表示由 $N$ 个样本组成的样本集，即 $X^N=\{\boldsymbol{x}_1,\boldsymbol{x}_2,\cdots,\boldsymbol{x}_N\}$。假设样本之间相互独立，当 $N>1$ 时，有

$$p(X^N|\boldsymbol{\theta})=p(\boldsymbol{x}_N|\boldsymbol{\theta})p(X^{N-1}|\boldsymbol{\theta}) \tag{4-71}$$

此外，后验概率与样本个数的关系为

$$\begin{aligned}p(\boldsymbol{\theta}|X^N)&=\frac{p(X^N|\boldsymbol{\theta})p(\boldsymbol{\theta})}{\int_{\Theta}p(X^N|\boldsymbol{\theta})p(\boldsymbol{\theta})\mathrm{d}\boldsymbol{\theta}}\\&=\frac{p(\boldsymbol{x}_N|\boldsymbol{\theta})p(X^{N-1}|\boldsymbol{\theta})p(\boldsymbol{\theta})}{\int_{\Theta}p(x_N|\boldsymbol{\theta})p(X^{N-1}|\boldsymbol{\theta})p(\boldsymbol{\theta})\mathrm{d}\boldsymbol{\theta}}\\&=\frac{p(\boldsymbol{x}_N|\boldsymbol{\theta})p(\boldsymbol{\theta}|X^{N-1})p(X^{N-1})}{\int_{\Theta}p(\boldsymbol{x}_N|\boldsymbol{\theta})p(\boldsymbol{\theta}|X^{N-1})p(X^{N-1})\mathrm{d}\boldsymbol{\theta}}\\&=\frac{p(\boldsymbol{x}_N|\boldsymbol{\theta})p(\boldsymbol{\theta}|X^{N-1})}{\int_{\Theta}p(\boldsymbol{x}_N|\boldsymbol{\theta})p(\boldsymbol{\theta}|X^{N-1})\mathrm{d}\boldsymbol{\theta}}\end{aligned} \tag{4-72}$$

随着样本数的增加，我们可以得到一个密度函数序列 $p(\boldsymbol{\theta}),p(\boldsymbol{\theta}|\boldsymbol{x}_1),p(\boldsymbol{\theta}|\boldsymbol{x}_1,\boldsymbol{x}_2),\cdots$，这个过程称为递推贝叶斯方法。如果该密度函数序列收敛于一个以真实参数为中心的 $\delta$ 函数，则 $p(\boldsymbol{x}|X^N)$ 收敛到 $p(\boldsymbol{x})$，即

$$\lim_{N\to\infty}p(\boldsymbol{x}|X^N)=p(\boldsymbol{x})$$

这一性质称为贝叶斯学习。

例4-6中得到后验概率密度 $p(\boldsymbol{\mu}|X)$，$\mu_N$ 反映了在观察到一组样本集后对 $\mu$ 的推断，而 $\sigma_N^2$ 则反映了对这一推断的不确定性。由于 $\sigma_N^2$ 随着 $N$ 的增加而单调减少，说明每增加一个观察样本都可以减少对 $\mu$ 推测的不确定性。当 $N$ 增加时，$p(\mu|X)$ 的峰会变得

越来越凸起，当$N\to\infty$时趋近于$\delta$函数，如图 4-10 所示。因此，正态分布具有贝叶斯学习的性质。

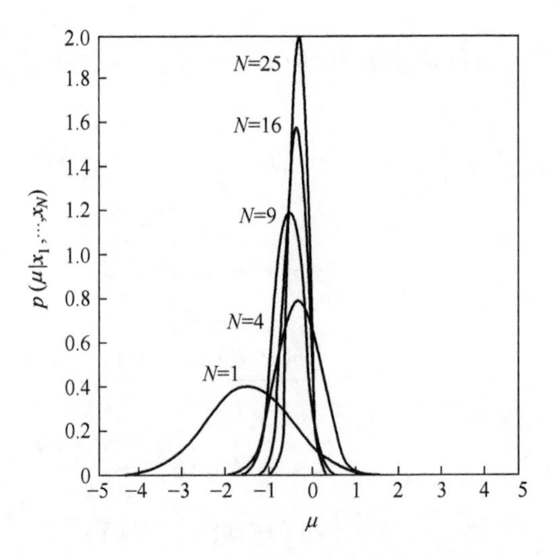


图 4-10 正态分布的贝叶斯学习示意图

例 4-6 中得到后验概率密度 $p(\mu|X)$ 以后，由下式可以求出样本 $x$ 概率密度函数：

$$\begin{aligned}
p(x|X) &= \int p(x|\mu)p(\mu|X)\mathrm{d}\mu \\
&= \int \frac{1}{\sqrt{2\pi}\sigma}\exp\left\{-\frac{(x-\mu)^2}{2\sigma^2}\right\}\frac{1}{\sqrt{2\pi}\sigma_N}\exp\left\{-\frac{(\mu-\mu_N)^2}{2\sigma_N^2}\right\}\mathrm{d}\mu \\
&= \int \frac{1}{\sqrt{2\pi}\sqrt{\sigma^2+\sigma_N^2}}\exp\left[-\frac{(x-\mu_N)^2}{2(\sigma^2+\sigma_N^2)}\right]\times \\
&\quad \frac{1}{\sqrt{2\pi}\dfrac{\sigma\sigma_N}{\sqrt{\sigma^2+\sigma_N^2}}}\exp\left\{-\frac{\left[x-\dfrac{\sigma^2\sigma_N^2}{\sigma^2+\sigma_N^2}\left(\dfrac{x}{\sigma^2}+\dfrac{\mu_N}{\sigma_N^2}\right)\right]^2}{2\dfrac{\sigma^2\sigma_N^2}{\sigma^2+\sigma_N^2}}\right\}\mathrm{d}\mu \\
&= \frac{1}{\sqrt{2\pi}\sqrt{\sigma^2+\sigma_N^2}}\exp\left[-\frac{(x-\mu_N)^2}{2(\sigma^2+\sigma_N^2)}\right]\times \\
&\quad \int \frac{1}{\sqrt{2\pi}\dfrac{\sigma\sigma_N}{\sqrt{\sigma^2+\sigma_N^2}}}\exp\left\{-\frac{\left[x-\dfrac{\sigma^2\sigma_N^2}{\sigma^2+\sigma_N^2}\left(\dfrac{x}{\sigma^2}+\dfrac{\mu_N}{\sigma_N^2}\right)\right]^2}{2\dfrac{\sigma^2\sigma_N^2}{\sigma^2+\sigma_N^2}}\right\}\mathrm{d}\mu \\
&= \frac{1}{\sqrt{2\pi}\sqrt{\sigma^2+\sigma_N^2}}\exp\left[-\frac{(x-\mu_N)^2}{2(\sigma^2+\sigma_N^2)}\right]
\end{aligned} \tag{4-73}$$

即 $p(x|X)$ 是正态分布函数,均值为 $\mu_N$,方差为 $\sigma^2+\sigma_N^2$,也就是

$$p(x|X) \sim N(\mu_N,\sigma^2+\sigma_N^2) \tag{4-74}$$

由式(4-74)可知,贝叶斯学习和贝叶斯估计得到的总体均值是相同的,都是 $\mu_N$;贝叶斯学习得到的总体概率密度函数的形式与已知形式相同,只是用 $\mu_N$ 代替 $\mu$,用 $\sigma^2+\sigma_N^2$ 代替 $\sigma^2$。由于用 $\mu_N$ 代替真实值 $\mu$ 带来不确定性的增加,从而方差 $\sigma^2$ 增加为 $\sigma^2+\sigma_N^2$。

## 4.5 朴素贝叶斯分类器

贝叶斯分类器设计的关键步骤之一,就是利用训练样本估计类条件概率密度函数 $p(\boldsymbol{x}|\omega_i)$,该概率是所有特征的联合概率。当基于有限样本进行估计时,在计算上会出现组合爆炸问题,在样本数据上将会出现样本稀疏问题,特征维度越高,问题就会越严重。为了解决这一问题,朴素贝叶斯分类器采用"特征条件独立性假设",这时类条件概率密度函数 $p(\boldsymbol{x}|\omega_i)$ 可以表示为

$$p(\boldsymbol{x}|\omega_i)=\prod_{k=1}^{d}p(x_k|\omega_i)$$

式中:$d$ 是特征向量的维度。相应的最大后验概率判决准则为

$$\text{如果 } p(\boldsymbol{x}|\omega_i)P(\omega_i)=\max_{j\in(1,2,\cdots,m)}\prod_{k=1}^{d}p(x_k|\omega_j)P(\omega_j)\text{,则 } \boldsymbol{x}\in\omega_i$$

朴素贝叶斯分类器的训练过程就是利用训练样本集估计先验概率和每个特征的类条件概率密度 $p(x_k|\omega_i)$。

# 第5章　非线性分类器

## 5.1　引言

前面介绍了线性分类器和贝叶斯分类器的设计方法,在实际应用中还有一些较为常用的非线性分类器,比如近邻法、决策树、随机森林、AdaBoost 算法等。它们与前面介绍的分类器设计一般框架有所差别,本章单独介绍。

## 5.2　近邻法

前面介绍的线性距离分类器和最小距离分类器思路类似,都是选择一种距离作为相似性度量,将每一类的均值作为代表点,计算未知类别样本与每一类代表点的相似程度,未知样本与哪类最相似,就将其判为哪一类。这种思想非常直观,也是我们日常进行分类识别时的常用做法。近邻法也是源于这种思想,它最初是由 Cover 和 Hart 于 1968 年提出的,它的基本思路是将样本集中的每个样本都作为代表点,其实质上是一种分段线性分类器。

### 5.2.1　最近邻法

顾名思义,最近邻法就是将样本判属于它的最近邻(和它距离最近的代表点)所在的类。假定有 $m$ 个类别 $\omega_1,\omega_2,\cdots,\omega_m$ 的识别问题,每类有 $N_i(i=1,2,\cdots,m)$ 个样本,定义类 $\omega_i$ 的判别函数为

$$g_i(\boldsymbol{x})=\min_i d(\boldsymbol{x},\boldsymbol{x}_i^k)\quad k=1,2,\cdots,N_i \tag{5-1}$$

式中:$\boldsymbol{x}_i^k$ 表示第 $i$ 类的第 $k$ 个样本;$d(\cdot)$ 表示样本之间的距离度量。

判决准则如下:

$$\text{若 } g_j(\boldsymbol{x})=\min_{i=1,2,\cdots,m} g_i(\boldsymbol{x}),\text{ 则 } \boldsymbol{x}\in\omega_j \tag{5-2}$$

称这种决策方法为最近邻法,相应的分类器称为最近邻分类器。

最近邻法是一种次优方法,虽然它的错误概率比最小错误概率判决准则的错误概率要大,但是当样本数目无限时,它的错误概率不会超过后者的错误概率的一倍。假设近邻分类器的渐近平均错误概率为 $P_\infty$,最小错误概率判决准则的错误概率为 $P_e^*$,那么它们之间存在如下关系:

$$P_e^*\leqslant P_\infty\leqslant P_e^*\left(2-\frac{m}{m-1}P_e^*\right) \tag{5-3}$$

其中 $P_\infty$ 定义为

$$P_\infty = \lim_{N\to\infty} P_N(e) \tag{5-4}$$

式中：$P_N(e)$ 是当样本数为 $N$ 时近邻分类器的平均错误概率。

图 5-1 为式(5-3)的关系示意图，图中曲线与直线分别是近邻法分类器当 $N\to\infty$ 时渐进平均错误概率的上下界，具体的 $P_\infty$ 落在图中阴影区内。

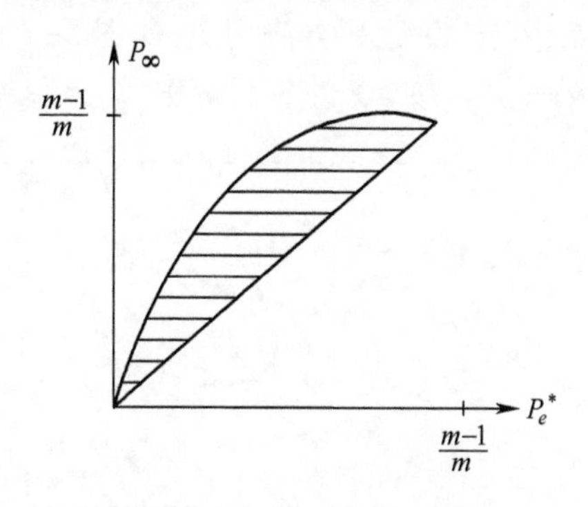


图 5-1　$P_\infty$ 的上下界

### 5.2.2　$k$-近邻法

最近邻分类器是将样本判属与它距离最近的样本所属的类，这种方法的特点是直观、容易理解，最近邻样本和待分类样本在距离意义下是最相似的。其缺点在于容易受随机噪声影响，特别是在两类的交叠区内。

图 5-2 中示出两类样本点分布情况，有两个待识别样本，其中点①落在第一类较密集的区域内，它属于第一类的可能性较大，但点①的最近邻为第二类的样本，而该样本对于第二类的区域而言属于因较大的随机误差引起的样本。同理，点②落在第二类较密集的区域内，它属于第二类的可能性较大，但点②的最近邻为第一类的样本，而该样本对于第一类的区域而言属于因较大的随机误差引起的样本。

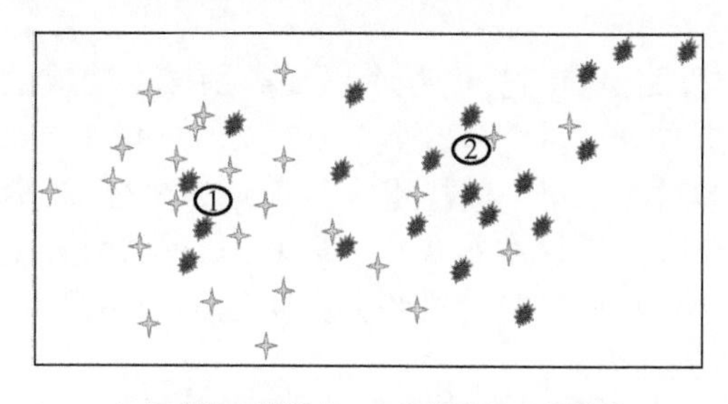


图 5-2　随机噪声对最近邻分类结果有较大影响

为了解决这个问题，可以考虑利用待分类样本所在区域的样本分布情况，$k$-近邻法正是基于这种思想。对于待分类样本 $\boldsymbol{x}$，在 $N$ 个样本集中找出它的 $k$ 个近邻，设 $k$ 个样本中属于第 $i$ 类的为 $k_i$ 个($i=1,2,\cdots,m$)，即

$$k = k_1 + k_2 + \cdots + k_m \tag{5-5}$$

定义判别函数：

$$g_i(\boldsymbol{x}) = k_i \quad i = 1,2,\cdots,m \tag{5-6}$$

则判决准则为

$$\text{若 } g_j(\boldsymbol{x}) = \max_i g_i(\boldsymbol{x}) = \max_i k_i,\ \text{则 } \boldsymbol{x} \in \omega_j$$

称这种方法为 $k$ -近邻法，相应的分类器称为 $k$ -近邻分类器。

对于图 5-2 中的样本点，若按 8-近邻方法判决，如图 5-3 所示，样本①的 8-近邻中，$k_1 = 6, k_2 = 2$，所以应判属第一类。样本②的8-近邻中，$k_1 = 2, k_2 = 6$，所以应判属第二类。

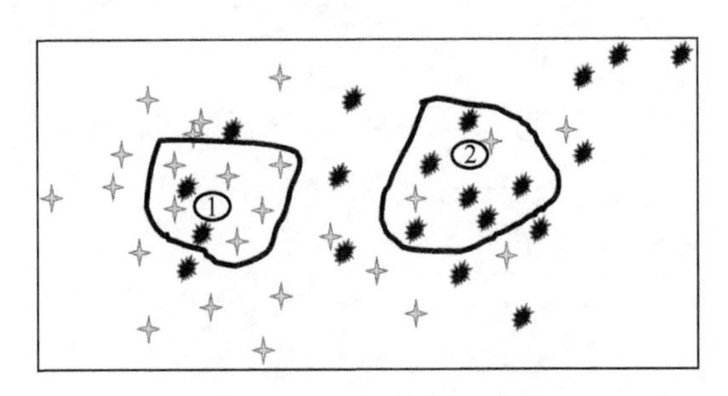


✧ 代表第一类样本 ✸ 代表第二类样本

图 5-3 8-近邻示意图

$k$-近邻分类器的渐近平均错误概率也满足：

$$P_e^* \leqslant P_\infty \leqslant P_e^* \left(2 - \frac{m}{m-1} P_e^*\right) \tag{5-7}$$

式中：$P_e^*$ 为最小错误概率贝叶斯分类器的错误概率。

### 5.2.3 剪辑近邻法

对于近邻法分类来说，因为类别交界附近样本混杂，甚至类别之间出现重叠，这不仅容易造成样本错判，还容易导致分类决策面非常复杂。剪辑近邻法针对上述问题，提出来解决思路。它通过清理类别之间的边界，去掉混杂样本，得到更加清新的类边界，改善近邻分类器性能。

剪辑近邻法的基本思路是：首先，将 $N$ 个已知类别样本构成的样本集 $X$ 划分为测试集 $X^{\mathrm{NT}}$ 和训练集 $X^{\mathrm{NR}}$，其中 $X^{\mathrm{NT}}$ 中样本个数为 NT，$X^{\mathrm{NR}}$ 中样本个数为 NR，$\mathrm{NT} + \mathrm{NR} = N$；然后，用训练集中的样本对测试集中的样本进行最近邻法分类，剪辑掉 $X^{\mathrm{NT}}$ 中被错误分类的样本，剩下的样本构成剪辑样本集 $X^{\mathrm{NTE}}$；最后，利用剪辑样本集对未知样本进行最近邻分类。理论研究表明，当在剪辑阶段和分类阶段都采用最近邻法，则剪辑近邻法错误率与最近邻法错误率关系为

$$P_1^{\mathrm{E}}(e \mid \boldsymbol{x}) = \frac{P(e \mid \boldsymbol{x})}{2[1 - P(e \mid \boldsymbol{x})]} \tag{5-8}$$

式中：$\boldsymbol{x}$ 为任意未知类别样本；$P(e \mid \boldsymbol{x})$ 为采用最近邻法对样本 $\boldsymbol{x}$ 分类的错误率；$P_1^{\mathrm{E}}(e \mid \boldsymbol{x})$ 为剪辑近邻法错误率。显然，剪辑近邻法的错误率比最近邻法错误率要小。进一步，如果 $P(e \mid \boldsymbol{x})$ 很小，则剪辑近邻法的错误率为

$$P_1^{\mathrm{E}}(e \mid \boldsymbol{x}) \approx \frac{1}{2} P(e \mid \boldsymbol{x}) \tag{5-9}$$

由于最近邻的渐进错误率上界为最小错误概率判决准则错误概率的两倍,因此,剪辑近邻法的渐进错误概率接近最小错误概率判决准则的错误概率。

剪辑近邻法中首先要划分训练集和测试集,不同的划分会导致不同的结果。为了减少样本集划分的影响,当样本数量较多时,可以采用多重剪辑方法,即MULTIEDIT。其算法步骤如下:

(1) 样本集划分。将样本集 $X^{(i)}$ 随机划分为 $s(s \geqslant 3)$ 个子集 $X_1^i, X_2^i, \cdots, X_s^i$;

(2) 样本子集循环分类。从样本子集 $X_j^i(j \geqslant 2)$ 对 $X_{j+1}^i$ 中样本进行近邻法分类,用 $X_s^i$ 对 $X_1^i$ 进行近邻法分类;

(3) 样本剪辑。将(2)中错分样本从各子集中剪辑掉。

(4) 样本混合。将剩余样本合并,形成新的样本集 $X^{\mathrm{NE}}$。

(5) 迭代剪辑。令 $i=i+1, X^{(i)}=X^{\mathrm{NE}}$,转入(1)进行迭代剪辑,直到最近 $m$ 次迭代中都没有样本被剪裁掉,则终止迭代,用最后的 $X^{\mathrm{NE}}$ 作为最终的代表样本集。

### 5.2.4 压缩近邻法

剪辑近邻法可以很好地剔除类边界附近容易引起混乱的训练样本,使分界面更加清晰。但是近邻法的另一个明显问题是,当样本数量较多时,计算量非常大,解决这个问题的一种思路是通过快速算法提升运算效率;另一种思路是进一步优化样本集。压缩近邻法是一种优化样本集的算法,它通过剔除远离分类边界的样本,来简化计算量。通过对近邻法的原理分析可知,远离分类边界的样本对最后分类决策是没有贡献的。

压缩近邻法的思路是:将样本集 $X$ 划分为储备集 $X^{\mathrm{S}}$ 和备选集 $X^{\mathrm{G}}$,算法开始时 $X^{\mathrm{S}}$ 中只有一个样本,其余均在 $X^{\mathrm{G}}$ 中。考查 $X^{\mathrm{G}}$ 中每一个样本,如果 $X^{\mathrm{S}}$ 中的样本能够将其正确分类,该样本就保留不变,否则将该样本移入 $X^{\mathrm{S}}$ 中;依次类推,直到没有样本需要搬移为止。最后 $X^{\mathrm{S}}$ 中的样本作为代表样本集,对未知样本进行分类。

压缩近邻法在不损害分类准确率的情况下,大大压缩了用于决策的样本数量,它结合剪辑近邻法,可以得到非常好的效果。

## 5.3 决策树

决策树在目标识别中是一种有效的分类器设计方法,对于解决多类或多峰问题非常方便,同时,它还可以处理非数值特征。它的基本思想是利用多个判决准则将复杂的多类分类问题转化为若干个简单的分类问题,是自上而下逐级处理的。

一般地,一个决策树由一个根节点、一组内节点和一组叶节点组成。决策树在内部节点进行特征比较,特征的不同取值对应于决策树的不同分支,在叶节点得到分类结论。一个决策树对应特征空间的一种划分,即一种分类结果。如果除叶节点之外,每个节点仅有两个分支,则称为二分决策树。由它构成的分类器可以把一个复杂的多类别问题转化为多级多个两类分类问题来解决。图5-4所示的就是一个二分决策树,其中 $n_1$ 是根节点,$n_2$ 是内节点,$t_i(i=1,2,3)$ 是叶节点。这个决策树将特征空间划分为三个区域,分别对应类 $\omega_1$、$\omega_2$、$\omega_3$。当 $n_1$ 对应特征取值为 $a_1$,$n_2$ 对应特征取值为 $b_2$ 时,样本属于第二类 $\omega_2$。

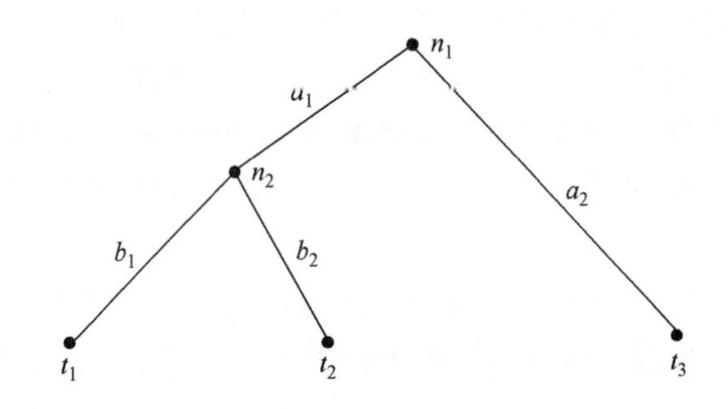


图 5-4 决策数示意图

设计一个决策树要解决以下关键问题:①合理安排树的节点和分支,构造合理的树结构;②确定根节点和内节点使用的特征;③在叶节点选择合适的判决准则。决策树有一些等价的网络表示形式,对应不同的实现算法,本节主要介绍 CLS 学习算法、ID3 算法和 C4.5 算法。

### 5.3.1 CLS 学习算法

CLS(concept learning system)学习算法是 Hunt 等人在 1966 年提出的,它是早期的决策树学习算法。它的基本思想是从一个空决策树出发,通过添加新的节点来改善决策树的性能,直到该决策树将所有训练样本都正确分类。该算法的基本步骤如下:

(1) 假设决策树 $T$ 的初始状态只包含一个根节点 $(X,Q)$, 其中 $X$ 为训练样本集, $Q$ 为全部特征的集合;

(2) 若 $T$ 的所有叶节点 $(X',Q')$ 均满足: $X'$ 中的训练样本属于同一类或 $Q'$ 为空,则算法结束;

(3) 否则,选择一个不具备步骤(2)所述状态的叶节点 $(X',Q')$;

(4) 对于 $Q'$, 按照一定规则选取特征 $b$, 若 $X'$ 被 $b$ 的不同取值分为 $m$ 个互不相交的子集 $X'_i$, $1 \leqslant i \leqslant m$, 得到 $m$ 个分支,每个分支代表 $b$ 的一个不同取值,从而得到 $m$ 个新的叶节点 $(X'_i, Q' \setminus \{b\})$, $1 \leqslant i \leqslant m$, 转步骤(2)。

在算法步骤(4)中,应该满足 $m > 1$, 否则继续分类没有意义;另外,在该步骤中并未给出特征 $b$ 的选取标准,所以 CLS 有很大的改进空间。

### 5.3.2 ID3 算法

1979 年 Quinlan 提出了以信息熵的下降速度作为特征选取标准的 ID3 算法。设训练样本集为 $X$, 决策树对样本的划分为 $R = \{R_1, R_2, \cdots, R_m\}$, 分别对应类 $\omega_1, \omega_2, \cdots, \omega_m$。假设属于第 $i$ 类的训练样本数为 $N_i$, $X$ 中训练样本数为 $N$, 第 $i$ 类样本出现的概率为

$$P(\omega_i) = \frac{N_i}{N}$$

决策树对划分 $R$ 的不确定性可以表示为

$$H(X,R) = -\sum P(\omega_i) \log_2 P(\omega_i) \tag{5-10}$$

简记为 $H(X)$。

决策树在学习过程中应该使决策树对划分的不确定性逐渐减小。若选择特征 $b$，在特征 $b$ 取值为 $b_j$ 时，得到 $b=b_j$ 条件下属于第 $i$ 类的训练样本个数为 $N_{ij}$，则此时的概率为

$$P(\omega_i|b=b_j)=\frac{N_{ij}}{N_j}$$

这时决策树对划分 $R$ 的不确定性为

$$H(X|b=b_j)=-\sum_i P(\omega_i|b=b_j)\log_2 P(\omega_i|b=b_j) \tag{5-11}$$

在选择特征 $b$ 之后，根据 $b$ 的不同取值得到的叶节点对于分类信息的信息熵为

$$H(X|b)=\sum_j P(b=b_j)H(X|b=b_j) \tag{5-12}$$

特征 $b$ 对于分类提供的信息增益为

$$\mathrm{Gain}(b)=H(X)-H(X|b) \tag{5-13}$$

式(5-12)取值越小则式(5-13)的值越大，说明选择 $b$ 用于分类提供的信息增益越大，分类结果的不确定性越小。ID3 算法就是每次选择使 Gain($b$) 最大的特征用于分类。下面通过一个例子来说明该算法。

**例 5-1** 给出一组数据集合如表 5-1 所列，它有四个属性：Outlook、Temperature、Humidity、Windy。数据集被分为两类 $N$ 和 $P$，请采用 ID3 算法构造分类决策树。

表 5-1 样本数据集

| 属性 | Outlook | Temperature | Humidity | Windy | 类别 |
|---|---|---|---|---|---|
| 1 | Overcast | Hot | High | Not | N |
| 2 | Overcast | Hot | High | Very | N |
| 3 | Overcast | Hot | High | Medium | N |
| 4 | Sunny | Hot | High | Not | P |
| 5 | Sunny | Hot | High | Medium | P |
| 6 | Rain | Mild | High | Not | N |
| 7 | Rain | Mild | High | Medium | N |
| 8 | Rain | Hot | Normal | Not | P |
| 9 | Rain | Cool | Normal | Medium | N |
| 10 | Rain | Hot | Normal | Very | N |
| 11 | Sunny | Cool | Normal | Very | P |
| 12 | Sunny | Cool | Normal | Medium | P |
| 13 | Overcast | Mild | High | Not | N |
| 14 | Overcast | Mild | High | Medium | N |
| 15 | Overcast | Cool | Normal | Not | P |
| 16 | Overcast | Cool | Normal | Medium | P |
| 17 | Rain | Mild | Normal | Not | N |
| 18 | Rain | Mild | Normal | Medium | N |
| 19 | Overcast | Mild | Normal | Medium | P |

续表

| 属性 | Outlook | Temperature | Humidity | Windy | 类别 |
| --- | --- | --- | --- | --- | --- |
| 20 | Overcast | Mild | Normal | Very | P |
| 21 | Sunny | Mild | High | Very | P |
| 22 | Sunny | Mild | High | Medium | P |
| 23 | Sunny | Hot | Normal | Not | P |
| 24 | Rain | Mild | High | Very | N |

**解**:由于初始时刻属于类 $N$ 和类 $P$ 的样本数均为 12 个,因此有

$$H(X)=-\frac{12}{24}\log_2\frac{12}{24}-\frac{12}{24}\log_2\frac{12}{24}=1$$

如果选取 Outlook 特征进行分类,根据式(5-12)可得

$$\begin{aligned}H(X\mid \text{Outlook})=&\frac{9}{24}\left(-\frac{4}{9}\log_2\frac{4}{9}-\frac{5}{9}\log_2\frac{5}{9}\right)+\frac{8}{24}\left(-\frac{1}{8}\log_2\frac{1}{8}-\frac{7}{8}\log_2\frac{7}{8}\right)+\\&\frac{7}{24}\left(-\frac{7}{7}\log_2\frac{7}{7}-\frac{0}{7}\log_2\frac{0}{7}\right)\\=&0.5528\end{aligned}$$

如果选取 Temperature 特征进行分类,则有

$$\begin{aligned}H(X\mid \text{Temperature})=&\frac{8}{24}\left(-\frac{4}{8}\log_2\frac{4}{8}-\frac{4}{8}\log_2\frac{4}{8}\right)+\frac{11}{24}\left(-\frac{4}{11}\log_2\frac{4}{11}-\frac{7}{11}\log_2\frac{7}{11}\right)+\\&\frac{5}{24}\left(-\frac{4}{5}\log_2\frac{4}{5}-\frac{1}{5}\log_2\frac{1}{5}\right)\\=&0.9172\end{aligned}$$

如果选取 Humidity 特征进行分类,则有

$$\begin{aligned}H(X\mid \text{Humidity})=&\frac{12}{24}\left(-\frac{4}{12}\log_2\frac{4}{12}-\frac{8}{12}\log_2\frac{8}{12}\right)+\frac{12}{24}\left(-\frac{4}{12}\log_2\frac{4}{12}-\frac{8}{12}\log_2\frac{8}{12}\right)\\=&0.9183\end{aligned}$$

如果选取 Windy 特征进行分类,则有

$$\begin{aligned}H(X\mid \text{Windy})=&\frac{8}{24}\left(-\frac{4}{8}\log_2\frac{4}{8}-\frac{4}{8}\log_2\frac{4}{8}\right)+\frac{6}{24}\left(-\frac{3}{6}\log_2\frac{3}{6}-\frac{3}{6}\log_2\frac{3}{6}\right)+\\&\frac{10}{24}\left(-\frac{5}{10}\log_2\frac{5}{10}-\frac{5}{10}\log_2\frac{5}{10}\right)\\=&1\end{aligned}$$

可以看出,$H(X\mid \text{Outlook})$ 的值最小,Outlook 能够提供最大信息增益,所以首先选择 Outlook 作为分类特征,这样就将训练样本集分为 3 个子集,生成 3 个叶节点,对每个叶节点依次利用上面的过程构造决策树,最终结果如图 5-5 所示决策树。

### 5.3.3 C4.5 算法

ID3 算法得到的最终结果偏向于具有大量属性值的特征,也就是说,在训练样本集中,不同取值多的特征,它就越容易被拿来作为分类特征。C4.5 算法是在 ID3 算法之后

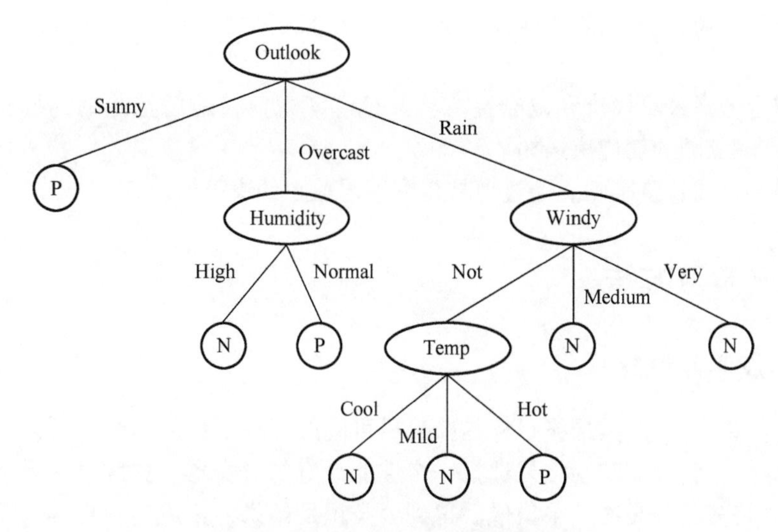


图 5-5　例 5-1 训练所得决策树

人们提出的一种改进算法,该算法用信息增益率代替了 ID3 算法中的信息增益。信息增益率的定义为

$$\text{GainRatio}(b)=\frac{\text{Gain}(b)}{\text{SplitInfo}(b)} \tag{5-14}$$

其中, SplitInfo($b$) 称为特征的分裂信息,定义为

$$\text{SplitInfo}(b)=\sum_{j}\frac{|X_{b_j}|}{|X|}\times\log_2\frac{|X_{b_j}|}{|X|} \tag{5-15}$$

式中: $|X|$ 表示样本集 $X$ 中样本个数; $X_{b_j}$ 表示特征 $b$ 取值为 $b_j$ 的样本集; $|X_{b_j}|$ 表示 $X_{b_j}$ 中样本个数。信息增益率准则对取值较少的特征值有所偏好。

C4.5 算法选择划分特征的准则不仅仅是增益率最大,而是使用启发式方法,先计算候选特征平均增益率,然后在高于平均增益率的候选特征中选择增益率最高的作为划分特征。

### 5.3.4 树剪枝

在创建决策树的过程中,由于存在噪声以及一些离散点,有些分枝反映的是训练数据中的异常情况。树剪枝就是用来处理这种由于对训练数据的过拟合导致的异常现象。树剪枝采用统计度量剪去最不可靠的分枝,一般有两种方法:预剪枝和后剪枝。

预剪枝处理过程是在决策树构造过程中,通过判断节点是否需要继续分枝还是直接作为叶节点,来控制决策树的生长。判断是否需要停止的方法很多,这里列出一些规则:

(1) 当决策树达到一定高度时,停止决策树的生长;

(2) 到达某节点的样本个数小于某个阈值时停止生长,该方法适用于样本数量较小情况;

(3) 计算每次生长时系统的信息增益,当增益小于某个阈值时停止生长。

后剪枝是指在决策树生成之后,对一些分枝进行删除、合并等实现剪枝。这里也列出一些常用的后剪枝规则:

(1) 提升分类正确率的剪枝法。通过比较剪枝前后分类正确率的改变,判断是否剪枝。

(2) 综合考虑最小代价和复杂性方法。统筹考虑剪枝前后正确率的提升与复杂性减少,得到二者兼顾的较优决策树。

(3) 最小描述长度准则。通过剪枝得到编码最短的决策树。

## 5.4 集成学习方法

### 5.4.1 集成学习概述

对于分类识别问题,其最终目标是获得尽可能好的识别性能。为此,传统做法是,设计不同的分类方案,根据实验结果选择一个性能最好的分类器。集成学习是通过构建多个分类器,并将多个分类器结果集成后得到分类识别结果。集成学习也称为多分类器融合,是信息融合技术在分类识别中应用,也是信息融合技术的一个重要分支。

目前集成学习方法可以大致分为两类:一类是个体分类器之间存在强依赖关系,必须串行生成的序列化方法,代表算法是 Boosting 系列算法;另一类是个体分类器之间不存在强依赖关系,可同时生成的并行化方法,代表算法有 bagging 和随机森林,图 5-6 给出了并行集成学习的原理框图。

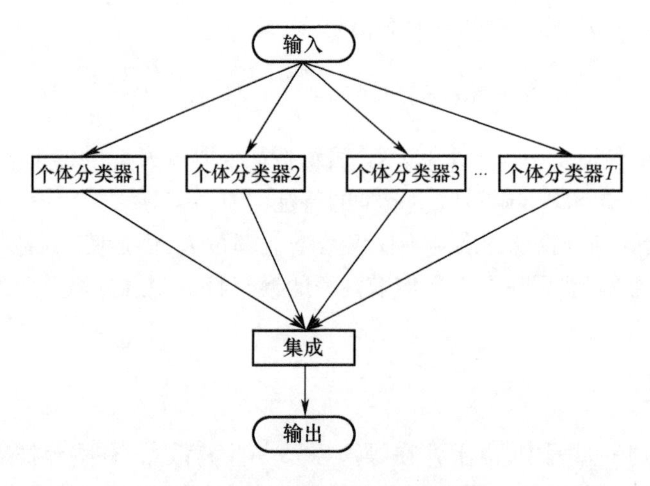


图 5-6 并行集成学习原理框图

### 5.4.2 AdaBoost 算法

AdaBoost 算法是 1997 年由 Freund 和 Schapire 等提出的,是 Boosting 系列算法中的一种,该算法的工作原理是:先用初始训练样本集训练出一个弱分类器;再根据弱分类器性能对训练样本分布进行调整,使得弱分类器对前期错分的样本能够更加关注;然后基于调整后的训练样本来训练下一个弱分类器;上述过程重复进行,直到分类器数目达到预先指定的阈值。最终强分类器是这 $T$ 个弱分类器的加权。这里给出 AdaBoost 算法构造 $T$ 个弱分类器,并进行决策的基本过程。

设给定$N$个样本的训练样本集$X=\{\boldsymbol{x}_1,\boldsymbol{x}_2,\cdots,\boldsymbol{x}_N\}$，对于二分类问题，设$T$个弱分类器的判决函数为$y=g_t(\boldsymbol{x})\in\{-1,1\},t=1,2,\cdots,T$。

（1）初始化训练样本。每个样本$\boldsymbol{x}_i$权重为$\omega_i=\frac{1}{N},i=1,2,\cdots,N$。

（2）训练弱分类器。令$t=1:T$，重复以下过程$T$次：

① 利用权重$\omega_i^t(i=1,2,\cdots,N;t=1,2,\cdots,T)$对样本进行加权，然后构造分类器$g_t(\boldsymbol{x})\in\{-1,1\}$。

② 计算分类器对样本集的误差率$e_t$，如下：

$$e_t=P(g_t(\boldsymbol{x})\neq y_t)=\sum_{i=1}^{N}\omega_i^t I(g_t(\boldsymbol{x}_i)\neq y_i) \tag{5-16}$$

其中

$$I(g_t(\boldsymbol{x}_i)\neq y_t^i)=\begin{cases}0 & g_t(\boldsymbol{x}_i)=y_i\\ 1 & g_t(\boldsymbol{x}_i)\neq y_i\end{cases} \tag{5-17}$$

由上式可知，分类器对样本集的误差率$e_t$等于误分类样本的权重之和。

③ 计算分类器的权重$\alpha_t$，如下：

$$\alpha_t=\frac{1}{2}\log\frac{1-e_t}{e_t} \tag{5-18}$$

④ 更新样本权重，如下：

$$\omega_i^{t+1}=\frac{\omega_i^t\exp(-\alpha_t y_i g_t(\boldsymbol{x}_i))}{\sum_{i=1}^{N}\omega_i^t\exp(-\alpha_t y_i g_t(\boldsymbol{x}_i))} \tag{5-19}$$

（3）样本分类。每一个分类器的权重为$\alpha_t(t=1,2,\cdots,T)$，对于待分类样本，判决函数为

$$g(\boldsymbol{x})=\operatorname{sgn}(\sum_{t=1}^{T}\alpha_t g_t(\boldsymbol{x})) \tag{5-20}$$

根据弱分类器样本权重计算公式可知，分类误差率越小，弱分类器的权重越大，它是弱分类器误差率的递减函数。弱分类器就像一个水平不稳定的医生，如果在考核中对病情判断的准确率越高，那么就加大他在会诊中说话的分量。

Boosting算法是一种渐进式分类器设计方法，自提出后得到了广泛应用。除了AdaBoost算法外，人们还提出了其他的加权方法和应用于多类问题的算法。

### 5.4.3　随机森林

随机森林也是一种集成学习方法，它是多个决策树分类器的集成，集成输出按照多数投票法的原则进行。因此，随机森林是由多个决策树组成的“森林”，它是为了克服决策树的过拟合问题。

随机森林作为一种集成学习方法，和Boosting算法的不同之处在于，Boosting算法中各个弱分类器之间有依赖关系，而随机森林的各个弱分类器没有联系，它的特点是“随机采样”。随机采样是指从训练样本集中采集固定个数的样本进行分类器训练，每次采集完样本后，该样本又被放回样本集，也就是说，每次都是从原始的样本集中采集。如果需

要 $R$ 个决策树,就采集 $R$ 次,得到 $R$ 个样本集。

设训练样本集 $X$ 的样本个数为 $N$, 样本的特征维度为 $M$, 则随机森林算法的基本步骤如下:

(1) 随机采样。随机且有放回地从训练样本集中抽取 $N$ 个样本构成样本集 $X_i$ ($i = 1,2,\cdots,R$)。这里, $X_i$ 中的样本有可能出现重复样本,随机抽样确保每棵树的训练样本集是不完全一样的,有放回的抽样则确保每棵树的训练样本集不是完全不同的。

(2) 决策树生成。用样本集 $X_i$ 构造决策树,构造中每次从 $M$ 个特征中随机抽取 $d(d \ll M)$ 个特征作为决策树训练中的备选特征。

(3) 决策。重复(1)、(2)两步,构造了 $T$ 个决策树,用这些决策树将未知类别样本进行分类,得到 $R$ 个结果,综合这些结果,综合方法采用多数投票法。

多数投票法就是在多个分类器中,选择得票最多的类别作为输出。对于 $m$ 类的分类问题,有 $R$ 个分类器 $e_1,e_2,\cdots,e_R$ 对同一输入样本 $\boldsymbol{x}$ 进行分类,定义示性函数:

$$T_k(\boldsymbol{x} \in \omega_j) = \begin{cases} 1 & e_k(\boldsymbol{x}) = j,\ j \in \{1,2,\cdots,m\} \\ 0 & \text{其他} \end{cases} \tag{5-21}$$

多数投票准则可以表示为

$$E(\boldsymbol{x}) = \begin{cases} j & \sum_{k=1}^{R} T_k(\boldsymbol{x} \in \omega_j) = \max_i \sum_{k=1}^{R} T_k(\boldsymbol{x} \in \omega_i) > \dfrac{R}{2} \\ m+1 & \text{其他} \end{cases} \tag{5-22}$$

式中: $m+1$ 表示拒绝判断。式(5-22)表示将样本判决为得票数量最多且过分类器半数的类别。更一般的形式为

$$E(\boldsymbol{x}) = \begin{cases} j & \sum_{k=1}^{R} T_k(\boldsymbol{x} \in \omega_j) = \max_i \sum_{k=1}^{R} T_k(\boldsymbol{x} \in \omega_i) > \alpha \cdot R \\ m+1 & \text{其他} \end{cases} \tag{5-23}$$

式中: $0 < \alpha \leqslant 1$。进一步修正式(5-23),得到新的多数投票准则:

$$E(\boldsymbol{x}) = \begin{cases} j & \begin{array}{l} \sum_{k=1}^{R} T_k(\boldsymbol{x} \in \omega_j) = \max_i \sum_{k=1}^{R} T_k(\boldsymbol{x} \in \boldsymbol{\omega_i}) \text{ 且} \\ \sum_{k=1}^{R} \boldsymbol{T_k}(\boldsymbol{x} \in \omega_j) - \max_{i \neq j} \sum_{k=1}^{R} T_k(\boldsymbol{x} \in \omega_i) > \alpha \cdot R \end{array} \\ m+1 & \text{其他} \end{cases} \tag{5-24}$$

式(5-24)表示不仅考虑了得票最多的类别号,而且考虑了得票第一多与第二多的票数之间的差异。

# 第6章　聚类分析

## 6.1　引言

前几章介绍的目标分类识别方法是有监督的方法，也就是，先用已知类别的目标样本作为训练样本集，设计分类器，再用分类器对未知类别样本进行分类。聚类分析是一种无监督的分类方法，即在设计分类器时，样本的类别未知，根据样本之间的相似性进行自动分类。聚类分析是基于客观世界中存在的自然类，每一类中的个体在某些属性具有非常强的相似性而建立起来的数学方法，反映了“物以类聚，人以群分”的思想。

聚类分析应用非常广泛，主要原因是很多情况下无法获取有效的训练样本或者训练样本标注需要耗费大量的人力、财力和时间。聚类分析可以作为复杂分类算法的预处理，也可用于数据压缩、数据挖掘和知识发现。

常用的聚类分析主要包括基于划分的聚类方法、基于层次的聚类方法、基于密度的聚类方法、基于网格的聚类方法和基于模型的聚类方法等五大类。

1）基于划分的聚类方法

这类方法的基本思想是：对给定的数据集，首先创建一个初始划分，然后通过反复迭代改变分组，使每一次改进后的分组方案比前一次好，这里好的标准是同一组的样本越来越聚集，不同组的样本越来越离散。常用的基于划分的聚类算法有 *K*-Means 算法、*K*-Medoids 算法等。

2）基于层次的聚类方法

这类方法的基本思想是：对给定的数据集进行层次分解，直到满足某种条件为止，具体可分为“自底向上”和“自顶向下”两种方案，其中“自底向上”是指初始时每一个样本单独一类，在接下来的迭代中，不断合并相邻的类，直到所有样本归为一类或满足某个条件为止；“自顶向下”则是指初始时所有样本为一类，在接下来的迭代中，不断分裂，直到满足某个条件为止。常用的基于层次的聚类算法有 BIRCH 算法、CURE 算法、CHAMELEON 算法等。

3）基于密度的聚类方法

基于划分和基于层次的方法都是应用各种距离来度量相似性，而基于密度的方法只要一个区域中的样本密度大于某个阈值，就把它加到相近的类中去。该类方法克服了基于距离算法只能发现“类圆形”的聚类的缺点。常用的基于密度的聚类算法有 DBSCAN 算法、OPTICS 算法、ENCLUE 算法等。

4）基于网格的聚类方法

这类方法的基本思想是：首先将样本空间划分为有限个单元的网格结构，所有的处理都是以各个单元为对象,这种方法的处理速度快,处理过程与样本数量无关,只与样本空间划分的网格数量有关。常用的基于网格的聚类算法有 STING 算法、CLIQUE 算法、WAVE-CLUSTER 算法等。

5) 基于模型的聚类方法

这类方法的基本思想是:为每一个类簇假定一个模型(如数据点在空间的密度分布函数或其他),寻找这些模型与数据集的最佳匹配。这类聚类算法不仅可以获得数据集的类簇划分,还可以得到各类簇相应的特征描述,通常有概率模型和神经网络模型。常用的算法有高斯混合模型(GMM)和自组织映射算法(SOM)。

本章在介绍样本相似性度量和聚类准则基础上,重点介绍五大类聚类方法中的代表算法。

## 6.2 相似性测度与聚类准则

聚类分析是以样本的相似性为基础,按照某种聚类准则进行判决。本节介绍相似性测度与聚类准则。

### 6.2.1 相似性测度

为了对目标进行分类,需要定义相似性测度,来度量各样本间的相似性和差异性。一种方法是利用距离,将每一个样本看成 $d$ 维特征空间的一个点,并在该空间定义距离,距离较近的点归为一类,距离较远的点划分为不同的类。另一种方法是利用相似系数,将每一个样本看成 $d$ 维特征空间的一个向量,特征越接近的样本之间的相似系数越大(接近 1),把它们归为一类;反过来,彼此无关的样本之间的相似系数接近 0,把它们划分为不同的类。在聚类分析中正确选择距离与相似系数是非常重要的,它直接影响分类的效果。

**1. 距离**

用 $d_{ij}$ 表示第 $i$ 个样本与第 $j$ 个样本之间的距离,一般要求距离满足以下三个条件(即距离三公理):

(1) 非负性: $d_{ij} \geqslant 0, \forall i,j$, 当且仅当第 $i$ 个样本与第 $j$ 个样本的各个特征相同时, $d_{ij}=0$;

(2) 对称性: $d_{ij} = d_{ji}, \forall i,j$;

(3) 三角不等式:

$$d_{ij} \leqslant d_{ik} + d_{kj} \quad \forall i,j,k \tag{6-1}$$

在实际应用中有些距离并不满足“三角不等式”,只是在广义的角度上也称它为距离。在有些场合,“三角不等式”加强为

$$d_{ij} \leqslant \max\{d_{ik}, d_{kj}\} \quad \forall i,j,k$$

第 2 章已经给出了几种常用的距离,包括欧氏距离、加权欧氏距离、汉明距离、马氏距离、明可夫斯基距离和切比雪夫距离等。

在距离计算时,需要注意量纲的影响,量纲选取不同有可能会得到不同的结果,如图 6-1 所示。图 6-1(a)中的 4 个样本,当 $x_1$ 方向上的特征大小缩减为原来的 1/5 时,可以

看出 $c$ 和 $d$ 距离最近，$a$ 和 $b$ 距离最近，如图 6-1(b)所示；当 $x_2$ 方向上的特征大小缩减为原来的 1/5 时，可以看出 $a$ 和 $c$ 距离最近，$b$ 和 $d$ 距离最近，如图 6-1(c)所示。

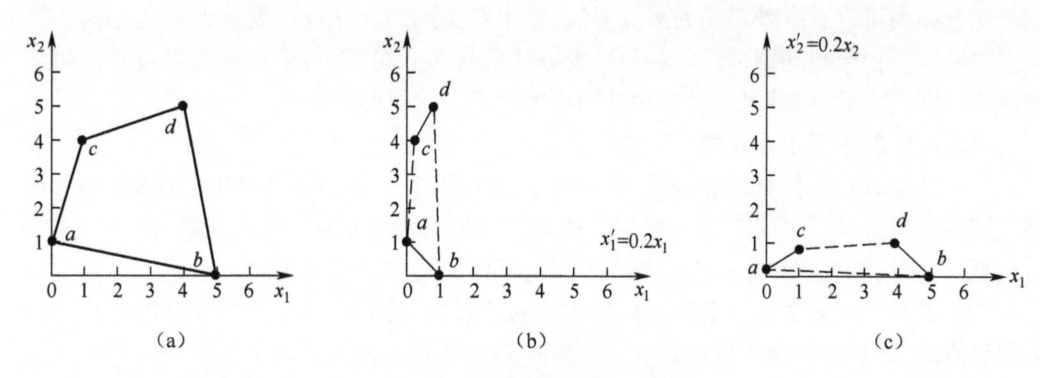


图 6-1　特征量纲对距离的影响

**2. 相似系数**

用 $c_{ij}$ 表示向量 $\boldsymbol{x}_i$ 与 $\boldsymbol{x}_j$ 的相似系数，一般规定：

(1) $c_{ij}=\pm 1 \Leftrightarrow \boldsymbol{x}_i = a\boldsymbol{x}_j, a\neq 0$ 是一常数；

(2) $|c_{ij}|\leqslant 1, \forall i,j$；

(3) $c_{ij}=c_{ji}, \forall i,j$。

其中，$c_{ij}$ 越接近 1，$\boldsymbol{x}_i$ 与 $\boldsymbol{x}_j$ 的关系越密切。

设向量 $\boldsymbol{x}_i=(x_{i1},x_{i2},\cdots,x_{id})^{\mathrm{T}}$，$\boldsymbol{x}_j=(x_{j1},x_{j2},\cdots,x_{jd})^{\mathrm{T}}$，则常用的相似系数有如下几种。

1) 夹角余弦

夹角余弦的定义为

$$c_{ij}=\frac{\boldsymbol{x}_i^{\mathrm{T}}\boldsymbol{x}_j}{\|\boldsymbol{x}_i\|\cdot\|\boldsymbol{x}_j\|}=\frac{\sum_{k=1}^{d}x_{ik}x_{jk}}{\sqrt{\left(\sum_{k=1}^{d}x_{ik}^2\right)\left(\sum_{k=1}^{d}x_{jk}^2\right)}} \tag{6-2}$$

2) 相关系数

相关系数是将数据标准化后的夹角余弦，即

$$c_{ij}=\frac{(\boldsymbol{x}_i-\overline{\boldsymbol{x}}_i)(\boldsymbol{x}_j-\overline{\boldsymbol{x}}_j)}{\|\boldsymbol{x}_i-\overline{\boldsymbol{x}}_i\|\cdot\|\boldsymbol{x}_j-\overline{\boldsymbol{x}}_j\|}=\frac{\sum_{k=1}^{d}(x_{ik}-\overline{x}_{ik})(x_{jk}-\overline{x}_{jk})}{\sqrt{\left[\sum_{k=1}^{d}(x_{ik}-\overline{x}_{ik})^2\right]\left[\sum_{k=1}^{d}(x_{jk}-\overline{x}_{jk})^2\right]}} \tag{6-3}$$

式中：$\overline{x}_{ik}$、$\overline{x}_{jk}$ 分别为分量 $x_{ik}$、$x_{jk}$ 的平均值。

3) 指数相似系数

指数相似系数定义为

$$c_{ij}=\frac{1}{d}\sum_{k=1}^{d}\exp\left[-\frac{3}{4}\cdot\frac{(x_{ik}-x_{jk})^2}{\sigma_k^2}\right] \tag{6-4}$$

式中：$\sigma_k^2$ 为相应分量的方差。指数相似系数不受量纲变化的影响。

### 6.2.2 聚类准则

在分类中可以有多种不同的聚类方法,将未知类别的 $N$ 个样本划分到 $m$ 类中去。这就需要确定一种聚类准则来评价各种聚类方法的优劣。事实上,聚类的优劣只是针对某种评价准则而言的,很难找到对各种准则均表现优良的聚类方法。

聚类准则的确定主要有两种方式:

(1) 试探方式。凭直观和经验,针对实际问题给定一种相似性测度的阈值,按最近邻规则指定待分类样本属于某一类别。例如,以欧氏距离作相似性的度量,将一个样本分到某一类时,凭直观和经验规定一个距离阈值作为聚类的判别准则。

(2) 聚类准则函数法。定义一种聚类准则函数 $J$, 其函数值与样本的划分有关,当 $J$ 取得极值时,就认为得到了最佳划分。常用的聚类准则函数为误差平方和准则与类间距离和准则。

假设有 $N$ 个样本,在某种相似性测度的准则下属于类 $\omega_1,\omega_2,\cdots,\omega_m$, 类 $\omega_i$ 中有 $N_i$ 个样本。

**1. 误差平方和准则**

误差平方和准则也可以称为类内距离准则,是一种简单而又广泛应用的聚类准则。设类 $\omega_i$ 的均值为

$$\boldsymbol{\mu}_i = \frac{1}{N_i}\sum_{\boldsymbol{x}\in\omega_i}\boldsymbol{x} \quad i=1,2,\cdots,m \tag{6-5}$$

误差平方和定义为

$$J = \sum_{i=1}^{m}\sum_{\boldsymbol{x}\in\omega_i}\|\boldsymbol{x}-\boldsymbol{\mu}_i\|^2 \tag{6-6}$$

$J$ 是样本与聚类中心的函数,表示各样本到其被划归类别的中心的距离平方和。对应一种划分,可求得一个误差平方和 $J$。以误差平方和作为准则时,目的就是要找到使 $J$ 值最小的那种划分。

误差平方和准则适用于同类样本比较密集、各类样本数目相差不大且类间距离较大的情况。当各类样本数相差很大且类间距离较小时,采用误差平方和准则,就有可能将样本数多的一类拆成两类或多类,从而出现错误聚类。

**2. 类间距离和准则**

全部样本的均值 $\boldsymbol{\mu}$ 为

$$\boldsymbol{\mu} = \frac{1}{N}\sum_{i=1}^{N}\boldsymbol{x}_i \tag{6-7}$$

类间距离和定义为

$$J = \sum_{i=1}^{m}(\boldsymbol{\mu}_i-\boldsymbol{\mu})^{\mathrm{T}}(\boldsymbol{\mu}_i-\boldsymbol{\mu}) \tag{6-8}$$

加权的类间距离和定义为

$$J = \sum_{i=1}^{m}\frac{N_i}{N}(\boldsymbol{\mu}_i-\boldsymbol{\mu})^{\mathrm{T}}(\boldsymbol{\mu}_i-\boldsymbol{\mu}) \tag{6-9}$$

对应一种划分,可求得一个类间距离和。类间距离和准则是找到使类间距离和达到最大

的那种划分。

## 6.3　基于划分的聚类方法

基于划分的聚类是一种动态聚类方法，先选择一些初始聚类中心，让样本按某种准则划分到各类中，得到初始分类；然后，用某种准则进行修正，直到分类比较合理为止。动态聚类法的流程框图如图 62 所示，其中，每一部分都有很多种方法，不同的组合方式得到不同动态聚类算法。动态聚类法有如下 3 个要点：

(1) 选定某种相似性测度作为样本间的相似性度量；

(2) 确定评价聚类结果的准则函数；

(3) 给定初始聚类中心，进行初始分类，用迭代的算法找出使准则函数取极值的聚类结果。

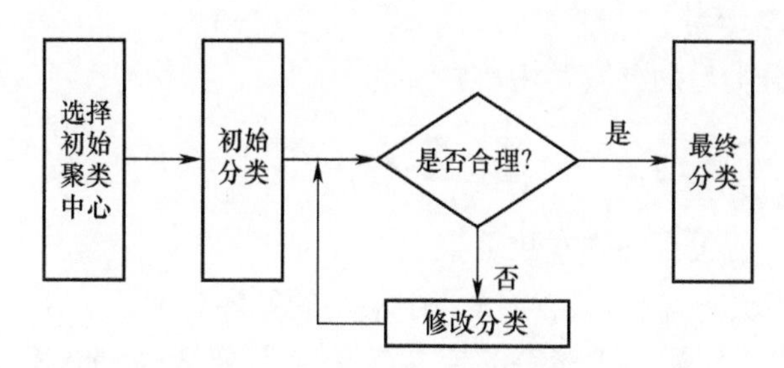


图 6-2　动态聚类法的流程框图

初始聚类中心的选择可以采用以下方法：

(1) 用前 $m$ 个样本点作为代表点。

(2) 将全部样本随机分成 $m$ 类，计算每类重心，把这些重心作为每类的代表点。

(3) 凭经验选代表点，根据问题的性质、数据分布，从直观上看来选较合理的 $m$ 个代表点。

(4) 按密度大小选代表点。以每个样本作为球心，以 $d$ 为半径做球形；落在球内的样本数称为该点的密度，按密度大小排序。首先选密度最大的作为第一个代表点，即第一个聚类中心。再考虑第二大密度点，这样按密度大小考察下去，所选代表点间的距离都大于 $d$。

(5) 将相距最远的 $m$ 个样本作为初始聚类中心。

初始分类方法有以下几种方法：

(1) 成批处理法。选择初始聚类中心后，计算其他样本到聚类中心的距离，把所有样本归于最近的聚类中心点所属类，形成初始分类。

(2) 逐个处理法。选择初始聚类中心后，依次计算其他样本的归类。首先将第一个样本归于最近的聚类中心，形成新的分类，再重新计算聚类中心；然后计算第二个样本到新的聚类中心的距离，对第二个样本归类。即每个样本的归类都改变一次聚类中心。

(3) 最近邻法。不指定初始聚类中心，直接用样本进行初始分类。先规定距离 $d$，把第一个样本作为第一类的聚类中心，考察第二个样本，若第二个样本距第一个聚类中心

距离小于 $d$，就把第二个样本归于第一类，否则第二个样本就成为第二类的聚类中心，再考虑其他样本，根据样本到聚类中心距离大于还是小于 $d$，决定分裂还是合并。

下面简要介绍两种典型的动态聚类法：K-Means 算法和迭代自组织数据分析算法。

### 6.3.1 K-Means 算法

K-Means 算法使用的聚类准则是误差平方和准则，通过反复迭代优化聚类结果，使所有样本到各自所属类别中心的距离平方和达到最小。算法步骤如下：

（1）任选 $K$ 个初始聚类中心：$\boldsymbol{z}_1^{(1)},\boldsymbol{z}_2^{(1)},\cdots,\boldsymbol{z}_K^{(1)}$，其中，上角标表示聚类过程中的迭代运算次数。

（2）假设已进行到第 $r$ 次迭代。若对某一样本 $\boldsymbol{x}$ 有

$$d(\boldsymbol{x},\boldsymbol{z}_j^{(r)})=\min\{d(\boldsymbol{x},\boldsymbol{z}_i^{(r)}),i=1,2,\cdots,K\} \tag{6-10}$$

则 $\boldsymbol{x}\in S_j^{(r)}$。其中，$S_j^{(r)}$ 是以 $\boldsymbol{z}_j^{(r)}$ 为聚类中心的样本子集。按照这种最小距离原则，将全部样本分配到 $K$ 个聚类中。

（3）计算重新分类后的各聚类中心：

$$\boldsymbol{z}_j^{(r+1)}=\frac{1}{N_j^{(r)}}\sum_{\boldsymbol{x}\in S_j^{(r)}}\boldsymbol{x}\quad j=1,2,\cdots,K \tag{6-11}$$

式中：$N_j^{(r)}$ 为 $S_j^{(r)}$ 中所包含的样本数。

（4）若 $\boldsymbol{z}_j^{(r+1)}=\boldsymbol{z}_j^{(r)}$，$j=1,2,\cdots,K$，则结束；否则转(2)。

因为在第(3)步要计算 $K$ 个聚类的样本均值，故称作 K-Means 算法。该算法的特点是选一批代表点(初始聚类中心)后，计算所有样本到聚类中心的距离，将所有样本按最小距离原则划分类别，形成初始分类，再重新计算各聚类中心，这是一种批处理方法。

另一种方法是逐个处理法，每读入一个样本就把它归于距离最近的一类，形成新的分类并计算新的聚类中心，然后再读入下一个样本归类，即每个样本的归类都改变一次聚类中心。可以证明，在逐个处理法中，如果把 $\boldsymbol{y}$ 从 $S_k$ 类移入 $S_j$ 类，两类的样本数量发生变化，其他类别不受影响。调整后两类的均值变化为

$$\tilde{\boldsymbol{\mu}}_k=\boldsymbol{\mu}_k+\frac{1}{N_k-1}[\boldsymbol{\mu}_k-\boldsymbol{y}] \tag{6-12}$$

$$\tilde{\boldsymbol{\mu}}_j=\boldsymbol{\mu}_j+\frac{1}{N_j+1}[\boldsymbol{y}-\boldsymbol{\mu}_j] \tag{6-13}$$

相应地，两类的误差平和变化为

$$\tilde{J}_k=J_k-\frac{N_k}{N_k-1}\|\boldsymbol{y}-\boldsymbol{\mu}_k\|^2 \tag{6-14}$$

$$\tilde{J}_j=J_j+\frac{N_j}{N_j+1}\|\boldsymbol{y}-\boldsymbol{\mu}_j\|^2 \tag{6-15}$$

总的误差平方和的变化只取决于这两类的变化。因为移出样本使误差平方和减小，移入样本使误差平方和增大，我们最终目的是使总的误差平方和最小，因此，选择移入移出样本 $\boldsymbol{y}$ 的原则是减少量要大于增加量，即

$$\frac{N_k}{N_k-1}\|\boldsymbol{y}-\boldsymbol{\mu}_k\|^2>\frac{N_j}{N_j+1}\|\boldsymbol{y}-\boldsymbol{\mu}_j\|^2 \tag{6-16}$$

$K$-Means 算法的分类结果与所选聚类中心的个数 $K$ 和初始聚类中心选择有关。因此,在实际应用中,需试探不同的 $K$ 值和选择不同的初始聚类中心。此外, $K$ - Means 算法的分类结果受到样本的几何性质和读入次序的影响。如果样本的几何特性能使它们形成几个相距较远的孤立区,那么算法一般能够收敛。

**例 6-1**　样本分布如图 6-3 所示,试用 $K$-Means 算法进行聚类。取 $K = 2$。

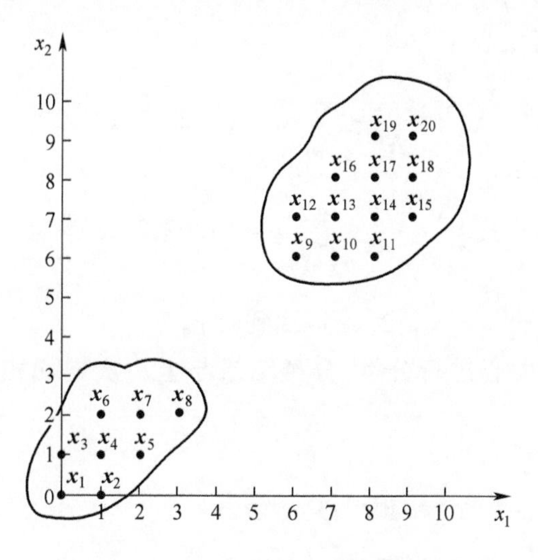


图 6-3　$K$-Means 算法例题样本集

**解:**

(1) 选取 $\boldsymbol{z}_1^{(1)} = \boldsymbol{x}_1 = (0,0)^{\mathrm{T}}, \boldsymbol{z}_2^{(1)} = \boldsymbol{x}_2 = (1,0)^{\mathrm{T}}$。

(2) 因为

$$\|\boldsymbol{x}_1 - \boldsymbol{z}_1^{(1)}\| < \|\boldsymbol{x}_1 - \boldsymbol{z}_2^{(1)}\|, \text{所以 } \boldsymbol{x}_1 \in S_1^{(1)}$$

$$\|\boldsymbol{x}_2 - \boldsymbol{z}_1^{(1)}\| > \|\boldsymbol{x}_2 - \boldsymbol{z}_2^{(1)}\|, \text{所以 } \boldsymbol{x}_2 \in S_2^{(1)}$$

$$\|\boldsymbol{x}_3 - \boldsymbol{z}_1^{(1)}\| < \|\boldsymbol{x}_3 - \boldsymbol{z}_2^{(1)}\|, \text{所以 } \boldsymbol{x}_3 \in S_1^{(1)}$$

……

得

$$S_1^{(1)} = \{\boldsymbol{x}_1, \boldsymbol{x}_3\}$$

$$S_2^{(1)} = \{\boldsymbol{x}_2, \boldsymbol{x}_4, \boldsymbol{x}_5, \boldsymbol{x}_6, \boldsymbol{x}_7, \boldsymbol{x}_8, \boldsymbol{x}_9, \boldsymbol{x}_{10}, \boldsymbol{x}_{11}, \boldsymbol{x}_{12}, \boldsymbol{x}_{13}, \boldsymbol{x}_{14}, \boldsymbol{x}_{15}, \boldsymbol{x}_{16}, \boldsymbol{x}_{17}, \boldsymbol{x}_{18}, \boldsymbol{x}_{19}, \boldsymbol{x}_{20}\}$$

(3) 计算新的聚类中心:

$$\boldsymbol{z}_1^{(2)} = \frac{1}{N_1^{(1)}} \sum_{\boldsymbol{x} \in S_1^{(1)}} \boldsymbol{x} = \frac{1}{2}(\boldsymbol{x}_1 + \boldsymbol{x}_3) = (0, 0.5)^{\mathrm{T}}$$

$$\boldsymbol{z}_2^{(2)} = \frac{1}{N_2^{(1)}} \sum_{\boldsymbol{x} \in S_2^{(1)}} \boldsymbol{x} = \frac{1}{18}(\boldsymbol{x}_2 + \boldsymbol{x}_4 + \boldsymbol{x}_5 + \cdots + \boldsymbol{x}_{20}) = (5.67, 5.33)^{\mathrm{T}}$$

(4) 因为 $\boldsymbol{z}_i^{(2)} \neq \boldsymbol{z}_i^{(1)}, i = 1,2$, 所以回到(2)按新的聚类中心重新分类。

(2)′由新的聚类中心,有

$$\|\boldsymbol{x}_1 - \boldsymbol{z}_1^{(2)}\| < \|\boldsymbol{x}_1 - \boldsymbol{z}_2^{(2)}\|, \text{所以 } \boldsymbol{x}_1 \in S_1^{(2)}$$

$$\|\boldsymbol{x}_2 - \boldsymbol{z}_1^{(2)}\| < \|\boldsymbol{x}_2 - \boldsymbol{z}_2^{(2)}\|, \text{所以 } \boldsymbol{x}_2 \in S_1^{(2)}$$

$$\|x_3 - z_1^{(2)}\| < \|x_3 - z_2^{(2)}\|, \text{所以} x_3 \in S_1^{(2)}$$

……

得

$$S_1^{(2)} = \{x_1, x_2, x_3, x_4, x_5, x_6, x_7, x_8\}$$
$$S_2^{(2)} = \{x_9, x_{10}, x_{11}, x_{12}, x_{13}, x_{14}, x_{15}, x_{16}, x_{17}, x_{18}, x_{19}, x_{20}\}$$

(3)′计算新的聚类中心

$$z_1^{(3)} = \frac{1}{N_1^{(2)}} \sum_{x \in S_1^{(2)}} x = (1.25, 1.13)^{\mathrm{T}}$$

$$z_2^{(3)} = \frac{1}{N_2^{(2)}} \sum_{x \in S_2^{(2)}} x = (7.67, 7.33)^{\mathrm{T}}$$

(4)′ 因为$z_i^{(3)} \neq z_i^{(2)}, i = 1,2$，所以回到(2)。

(2)″ 按新的聚类中心进行分类，分类结果与上一次迭代相同$S_1^{(3)} = S_1^{(2)}, S_2^{(3)} = S_2^{(2)}$。

(3)″ 计算聚类中心。

(4)″ 因为聚类中心与上一次相同，算法结束。

### 6.3.2 迭代自组织数据分析算法

迭代自组织的数据分析算法(iterative self-organizing data technique algorithm，ISODATA)。类似于K-Means算法，ISODATA算法的聚类中心也是通过样本均值的迭代运算来决定的。与K-Means算法不同的是，ISODATA算法增加了一些试探性步骤和人机交互的“自组织”处理方式，在迭代过程中可将一类分成二类，亦可能将二类合为一类，即分裂和合并处理。迭代自组织算法的流程图如图6-4所示。

ISODATA算法的具体算法步骤如下。

(1) 读入包含$N$个样本的样本集$\{x_1, x_2, \cdots, x_N\}$，选择$m$个初始聚类中心$\{z_1, z_2, \cdots, z_m\}$。其中，$m$不一定等于预期的聚类中心数目。

参数设计：

$K$——预期的聚类中心数目；

$\theta_N$——一个聚类中最少的样本数目，即如少于此数就不作为一个独立的聚类；

$\theta_s$——聚类中样本单个分量的标准方差的上限，若某个聚类中样本单个分量的标准方差的最大值大于此数，则可能分裂该聚类的中心；

$\theta_c$——两聚类中心之间的最小距离，如小于此数，合并两个聚类；

$L$——在一次迭代过程中，最多可以合并的聚类中心的对数；

$I$——最大的迭代次数。

(2) 根据最小距离准则，将样本$x_1, x_2, \cdots, x_N$分别归入最近的聚类，即

$$\text{若 } d(x, z_j) = \min d(x, z_i), i = 1,2,\cdots,m, \text{ 则 } x \in S_j$$

式中：$S_j$是以$z_j$为聚类中心的样本子集。

(3) 如果$S_j(j = 1,2,\cdots,m)$中的样本数目$N_j < \theta_N$，则取消$S_j$，令$m = m - 1$，并转入

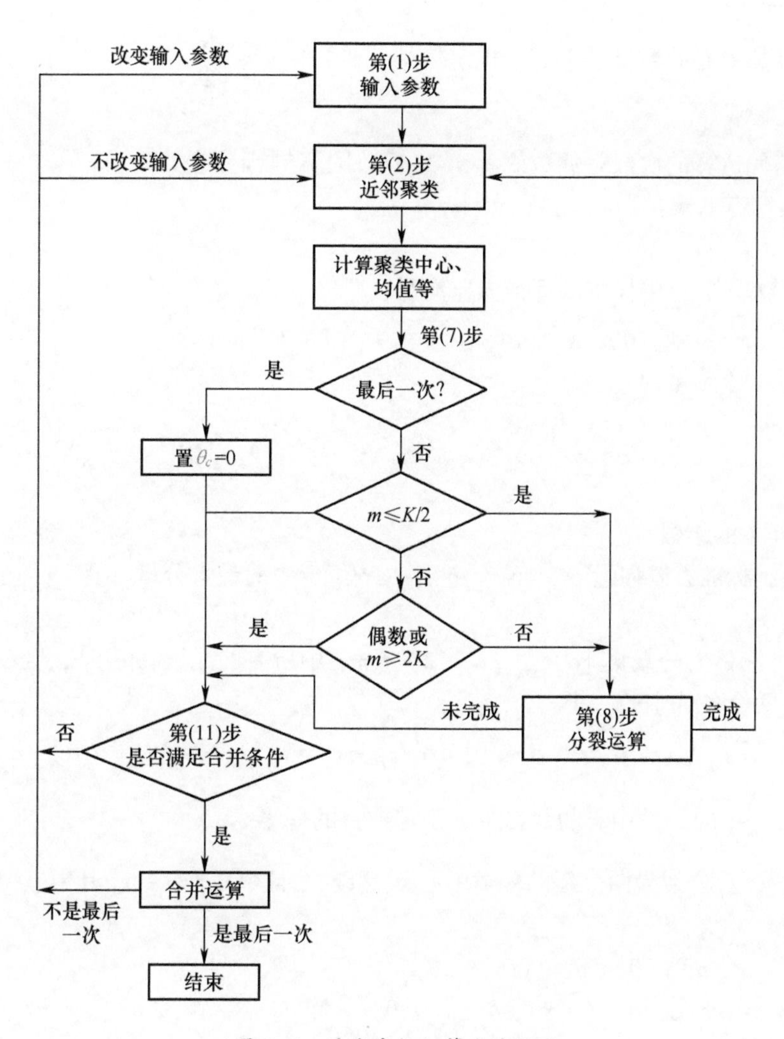


图 6-4　迭代自组织算法流程图

(2);否则转入下一步。

(4) 调整聚类中心:

$$\boldsymbol{z}_j = \frac{1}{N_j} \sum_{\boldsymbol{x} \in S_j} \boldsymbol{x} \quad j = 1,2,\cdots,m \tag{6-17}$$

(5) 计算各聚类中样本与聚类中心之间的平均距离:

$$\overline{D}_j = \frac{1}{N_j} \sum_{\boldsymbol{x} \in S_j} d(\boldsymbol{x},\boldsymbol{z}_j) \quad j = 1,2,\cdots,m \tag{6-18}$$

(6) 计算全部样本与相应聚类中心之间的平均距离:

$$\overline{D} = \sum_{j=1}^{m} \frac{N_j}{N} \overline{D}_j \tag{6-19}$$

(7) 判断分裂、合并和迭代运算等步骤:

① 如果迭代运算次数已达最大的迭代次数 $I$, 即最后一次迭代, 令 $\theta_c = 0$, 转入(11),结束迭代运算。

② 如聚类中心的数目小于等于规定值的一半，即 $m \leqslant \frac{K}{2}$，则转入(8)，分裂已有的聚类。

③ 如迭代运算的次数是偶数或者 $m \geqslant 2K$，则不进行分裂处理，转入(11)；否则，转入(8)，分裂已有的聚类。

分裂处理：

(8) 计算聚类 $S_j$ 中样本的标准差向量：

$$\boldsymbol{\sigma}_j = (\sigma_{j1}, \sigma_{j2}, \cdots, \sigma_{jd})^{\mathrm{T}} \quad j = 1, 2, \cdots, m \tag{6-20}$$

向量 $\boldsymbol{\sigma}_j$ 的第 $i$ 个分量为

$$\sigma_{ji} = \frac{1}{N_j} \sum_{\boldsymbol{x}_k \in S_j} (x_{ki} - z_{ji})^2 \quad i = 1, 2, \cdots, d \tag{6-21}$$

其中，$d$ 为样本的维数。

(9) 找出标准方差向量 $\boldsymbol{\sigma}_j = (\sigma_{j1}, \sigma_{j2}, \cdots, \sigma_{jd})^{\mathrm{T}}$ 中的最大分量，记为 $\sigma_{j,\max}$，其中 $j = 1, 2, \cdots, m$。

(10) 检测最大分量集 $\{\sigma_{j,\max}, j = 1, 2, \cdots, m\}$ 中所有的元素，如果 $\sigma_{j,\max} > \theta_s$，同时又满足以下两个条件中的一个：

① $\overline{D}_j > \overline{D}$ 和 $N_j > 2(\theta_N + 1)$，即 $S_j$ 中样本总数超过规定值的一倍以上；

② $m < \frac{K}{2}$，即聚类中心的数目少于预定数目的一半。

则将 $S_j$ 的中心 $\boldsymbol{z}_j$ 分裂为两个新的聚类中心 $\boldsymbol{z}_j^+$ 和 $\boldsymbol{z}_j^-$，且令 $m = m + 1$，其中 $\boldsymbol{z}_j^+$ 和 $\boldsymbol{z}_j^-$ 的计算如下：

① 选定一个 $p$ 值，$0 < p \leqslant 1$；

② 令 $\boldsymbol{\gamma}_j = p\boldsymbol{\sigma}_j$ 或 $\boldsymbol{\gamma}_j = (0, \cdots, p\boldsymbol{\delta}_{j,\max} \cdots, 0)^{\mathrm{T}}$；

③ $\boldsymbol{z}_j^+ = \boldsymbol{z}_j + \boldsymbol{\gamma}_j, \boldsymbol{z}_j^- = \boldsymbol{z}_j - \boldsymbol{\gamma}_j$。

如果本步完成了分裂运算，则转入(2)，否则转入(11)。

合并处理：

(11) 计算全部聚类中心之间的距离：

$$D_{ij} = d(\boldsymbol{z}_i, \boldsymbol{z}_j) \tag{6-22}$$

(12) 比较 $D_{ij}$ 与 $\theta_c$ 值，将 $D_{ij} < \theta_c$ 的 $L$ 个值递增排列，即

$$\{D_{i_1 j_1}, D_{i_2 j_2}, \cdots, D_{i_L j_L}\}$$

式中：$D_{i_1 j_1} \leqslant D_{i_2 j_2} \leqslant \cdots \leqslant D_{i_L j_L}$。

(13) 从最小的 $D_{i_1 j_1}$ 开始，对于每个 $D_{i_l j_l}$，合并相应的两个聚类中心 $\boldsymbol{z}_{i_l}$ 和 $\boldsymbol{z}_{j_l}$，新的聚类中心为

$$z_l^* = \frac{N_{i_l} \boldsymbol{z}_{i_l} + N_{j_l} \boldsymbol{z}_{j_l}}{N_{i_l} + N_{j_l}} \quad l = 1, 2, \cdots, L \tag{6-23}$$

并令 $m = m - L$。

(14) 如果迭代运算次数已达最大的迭代次数 $I$，即最后一次迭代，算法结束；如果需要由操作者改变输入参数，转入(1)，设计相应的参数；否则，转入(2)。到了本步运算，迭代运算的次数加1。

## 6.4 基于层次的聚类方法

### 6.4.1 层次聚类法基本思想

层次聚类法(hierarchical clustering method)，有的文献称为系统聚类法，是一种常用的聚类方法。这种方法的基本思想是：首先将 $N$ 个样本各自看成一类，计算类与类之间的距离，选择距离最小的一对合并成一个新类；计算新类和其他类之间的距离，再将距离最近的两类合并；这样每次减少一类，直至所有的样本划分成两类为止，或者直到满足分类要求。

层次聚类算法的具体步骤如下：

(1) 初始分类。假设有 $N$ 个样本，每个样本自成一类，则有 $N$ 类：$G_1^0, G_2^0, \cdots, G_N^0$ ( $G_i^k$ 表示第 $k$ 次合并时的第 $i$ 类，此步 $k=0$)。

(2) 计算各类之间的距离，得 $m \times m$ 维的距离矩阵 $\boldsymbol{D}^k$，$m$ 为类别个数(初始时 $m=N$，$k=0$)。

(3) 已求得距离矩阵 $\boldsymbol{D}^k$，找出 $\boldsymbol{D}^k$ 中类间距离最小的元素，如果它对应着 $G_i^k$ 和 $G_j^k$，则将类 $G_i^k$ 和 $G_j^k$ 合并为一类，由此得到新的分类 $G_1^{k+1}, G_2^{k+1}, \cdots$，并令 $m=m-1$，计算距离矩阵 $\boldsymbol{D}^{k+1}$。

(4) 若 $\boldsymbol{D}^{k+1}$ 中类间距离最小值大于距离阈值 $T$ 时，算法停止，所得分类即为聚类结果(或者，如果所有的样本被聚成两类，算法停止)；否则转(3)。

层次聚类法将样本逐步聚类，类别由多到少。层次聚类算法的特点是在聚类过程中聚类中心不断地调整，但样本一旦划到某个类后就不会再改变了。

### 6.4.2 类与类之间的距离

层次聚类算法中，需要计算各类之间的距离构成距离矩阵。类与类之间的距离有许多定义的方法，例如可定义为两类之间最近的距离，或者定义为两类重心之间的距离等，采用不同的定义就产生了层次聚类的不同过程。下面介绍常用的8种类间距离定义方法。

**1. 最短距离法**

用 $d_{ij}$ 表示样本 $\boldsymbol{x}_i$ 和样本 $\boldsymbol{x}_j$ 之间的距离，$G_1, G_2, \cdots$ 表示类，定义类与类之间的距离为两类相距最近的样本之间的距离，用 $D_{pq}$ 表示类 $G_p$ 与类 $G_q$ 的距离，则

$$D_{pq} = \min_{\boldsymbol{x}_i \in G_p, \boldsymbol{x}_j \in G_q} d_{ij} \tag{6-24}$$

若 $G_{pq}$ 是 $G_p$ 与 $G_q$ 合并而得，则递推可得 $G_i$ 与 $G_{pq}$ 的距离为

$$D_{i,pq} = \min\{D_{ip}, D_{iq}\} \tag{6-25}$$

**2. 最长距离法**

最长距离法就是类与类之间的距离用两类样本之间最远的距离来表示，即

$$D_{pq} = \max_{x_i \in G_p, x_j \in G_q} d_{ij} \tag{6-26}$$

若 $G_{pq}$ 是 $G_p$ 与 $G_q$ 合并而得,则递推可得 $G_i$ 与 $G_{pq}$ 的距离为

$$D_{i,pq} = \max\{D_{ip}, D_{iq}\} \tag{6-27}$$

**3. 中间距离法**

设某一步将 $G_p$ 与 $G_q$ 合并为类 $G_{pq}$,需要计算 $G_{pq}$ 与任意一类 $G_i$ 的距离。不失一般性,假设 $D_{ip} < D_{iq}$。按最短距离法,$D_{i,pq} = D_{ip}$;按最长距离法,$D_{i,pq} = D_{iq}$。如图 6-5 所示,三角形的三个边是 $D_{ip}$、$D_{iq}$、$D_{pq}$,直观上看,在 $D_{ip}$ 与 $D_{iq}$ 之间,选择边 $D_{pq}$ 的中线为好。

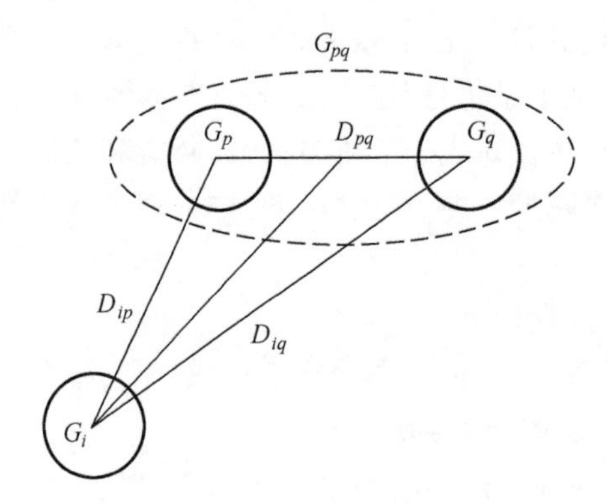


图 6-5 中间距离法示意图

由初等几何可知,中线长度的平方等于 $\frac{1}{2}D_{ip}^2 + \frac{1}{2}D_{iq}^2 - \frac{1}{4}D_{pq}^2$。若把这个中线长度作为类 $G_{pq}$ 与类 $G_i$ 之间的距离 $D_{i,pq}$,则有递推公式:

$$D_{i,pq}^2 = \frac{1}{2}D_{ip}^2 + \frac{1}{2}D_{iq}^2 - \frac{1}{4}D_{pq}^2 \tag{6-28}$$

$D_{i,pq}$ 介于最短距离和最长距离之间。

由于式(6-28)中出现的全是距离的平方,为了计算的方便,在层次聚类中,若采用中间距离法,一般采用距离的平方代替距离进行比较。中间距离法还可以推广为更一般的形式,即

$$D_{i,pq}^2 = \frac{1}{2}D_{ip}^2 + \frac{1}{2}D_{iq}^2 + \beta D_{pq}^2 \tag{6-29}$$

式中:$-\frac{1}{4} \leqslant \beta \leqslant 0$。

**4. 重心法**

重心法用一个类的重心(该类样本的均值)代表该类,类与类之间的距离就用重心之间的距离来表示。设 $G_p$ 与 $G_q$ 的重心分别是 $\boldsymbol{x}_p$ 和 $\boldsymbol{x}_q$,则 $G_p$ 与 $G_q$ 之间的距离是

$$D_{pq} = d(\boldsymbol{x}_p, \boldsymbol{x}_q) \tag{6-30}$$

设某一步类 $G_p$ 与 $G_q$ 的重心分别是 $\boldsymbol{x}_p$ 和 $\boldsymbol{x}_q$,它们的样本数分别为 $n_p$ 与 $n_q$,将类 $G_p$ 与 $G_q$ 合并为 $G_{pq}$,则类 $G_{pq}$ 的样本数为 $n_{pq} = n_p + n_q$,它的重心 $\boldsymbol{x}_{pq}$ 为

$$\boldsymbol{x}_{pq} = \frac{n_p \boldsymbol{x}_p + n_q \boldsymbol{x}_q}{n_{pq}}$$

进一步假设类 $G_i$ 的重心为 $\boldsymbol{x}_i$。当样本之间距离采用欧氏距离时,类 $G_i$ 与 $G_{pq}$ 的距离满足:

$$\begin{aligned}D_{i,pq}^2 = d(\boldsymbol{x}_i,\boldsymbol{x}_{pq}) &= (\boldsymbol{x}_i-\boldsymbol{x}_{pq})^{\mathrm{T}}(\boldsymbol{x}_i-\boldsymbol{x}_{pq})\\ &= \left(\boldsymbol{x}_i-\frac{n_p\boldsymbol{x}_p+n_q\boldsymbol{x}_q}{n_{pq}}\right)^{\mathrm{T}}\left(\boldsymbol{x}_i-\frac{n_p\boldsymbol{x}_p+n_q\boldsymbol{x}_q}{n_{pq}}\right)\\ &= \boldsymbol{x}_i^{\mathrm{T}}\boldsymbol{x}_i-2\frac{n_p}{n_{pq}}\boldsymbol{x}_i^{\mathrm{T}}\boldsymbol{x}_p-2\frac{n_q}{n_{pq}}\boldsymbol{x}_i^{\mathrm{T}}\boldsymbol{x}_q+\\ &\quad \frac{1}{n_{pq}^2}(n_p^2\boldsymbol{x}_p^{\mathrm{T}}\boldsymbol{x}_p+2n_pn_q\boldsymbol{x}_p^{\mathrm{T}}\boldsymbol{x}_q+n_q^2\boldsymbol{x}_q^{\mathrm{T}}\boldsymbol{x}_q)\end{aligned} \tag{6-31}$$

其中,

$$\boldsymbol{x}_i^{\mathrm{T}}\boldsymbol{x}_i=\frac{n_p\boldsymbol{x}_i^{\mathrm{T}}\boldsymbol{x}_i+n_q\boldsymbol{x}_i^{\mathrm{T}}\boldsymbol{x}_i}{n_{pq}} \tag{6-32}$$

则

$$D_{i,pq}^2=\frac{n_p}{n_{pq}}D_{ip}^2+\frac{n_q}{n_{pq}}D_{iq}^2-\frac{n_p}{n_{pq}}\frac{n_q}{n_{pq}}D_{pq}^2 \tag{6-33}$$

式(6-33)是重心法的递推公式。

**5. 类平均距离法**

类平均距离法将两类之间的距离平方定义为这两类样本两两之间的距离平方的平均,即

$$D_{pq}^2=\frac{1}{n_pn_q}\sum_{\boldsymbol{x}_i\in G_p,\boldsymbol{x}_j\in G_q}d_{ij}^2 \tag{6-34}$$

将 $G_p$ 与 $G_q$ 合并为 $G_{pq}$,由式(6-34)可得,类 $G_{pq}$ 与类 $G_i$ 之间的距离平方为

$$D_{i,pq}^2=\frac{1}{n_in_{pq}}\sum_{\boldsymbol{x}_k\in G_i,\boldsymbol{x}_m\in G_{pq}}d_{km}^2=\frac{1}{n_in_{pq}}\left(\sum_{\boldsymbol{x}_k\in G_i,\boldsymbol{x}_m\in G_p}d_{km}^2+\sum_{\boldsymbol{x}_k\in G_i,\boldsymbol{x}_m\in G_q}d_{km}^2\right) \tag{6-35}$$

于是,类平均距离法的递推公式为

$$D_{i,pq}^2=\frac{n_p}{n_{pq}}D_{ip}^2+\frac{n_q}{n_{pq}}D_{iq}^2 \tag{6-36}$$

类平均距离法充分利用各样本的信息,从而成为层次聚类法中效果比较好的方法之一。

**6. 可变类平均法**

可变类平均法是在类平均距离法的递推公式(6-36)中加入 $D_{pq}$ 的影响,把递推公式修正为

$$D_{i,pq}^2=\frac{n_p}{n_{pq}}(1-\beta)D_{ip}^2+\frac{n_q}{n_{pq}}(1-\beta)D_{iq}^2+\beta D_{pq}^2 \qquad \beta<1 \tag{6-37}$$

**7. 可变法**

可变法是在中间距离法的推广,即将递推公式(6-29)中前两项的系数也依赖于 $\beta$,即

$$D_{i,pq}^2=\frac{1}{2}(1-\beta)(D_{ip}^2+D_{iq}^2)+\beta D_{pq}^2 \tag{6-38}$$

可变类平均法与可变法的分类效果依赖于 $\beta$ 的选择，有一定的主观性，在实际中使用并不多。

**8. 离差平方和法**

设将 $N$ 个样本分成 $k$ 类—— $G_1,G_2,\cdots,G_k$，用 $\boldsymbol{x}_{it}$ 表示 $G_t$ 中的第 $i$ 个样本。$n_t$ 表示 $G_t$ 中的样本个数，$\boldsymbol{x}_t$ 是 $G_t$ 的重心，则 $G_t$ 中样本的类内离差平方和是

$$S_t=\sum_{i=1}^{n_t}(\boldsymbol{x}_{it}-\boldsymbol{x}_t)^{\mathrm{T}}(\boldsymbol{x}_{it}-\boldsymbol{x}_t) \tag{6-39}$$

聚类过程中，将两类合并，离差平方和就要增大。把两类合并所增加的离差平方和定义为两类距离平方，即将类 $G_p$ 与 $G_q$ 合并为 $G_{pq}$ 时，定义 $D_{pq}^2=S_{pq}-S_p-S_q$，且有

$$D_{pq}^2=\frac{n_p n_q}{n_{pq}}(\boldsymbol{x}_p-\boldsymbol{x}_q)^{\mathrm{T}}(\boldsymbol{x}_p-\boldsymbol{x}_q) \tag{6-40}$$

可以证明，离差平方和法有递推公式如下：

$$D_{i,pq}^2=\frac{n_i+n_p}{n_i+n_{pq}}D_{ip}^2+\frac{n_i+n_q}{n_i+n_{pq}}D_{iq}^2-\frac{n_i}{n_i+n_{pq}}D_{pq}^2 \tag{6-41}$$

公式中各符号意义同前。

以上给出了 8 种类与类之间的距离，并且得到不同的递推公式，这些递推公式具有统一形式：

$$D_{i,pq}^2=\alpha_p D_{ip}^2+\alpha_q D_{iq}^2+\beta D_{pq}^2+\gamma\left|D_{ip}^2-D_{iq}^2\right| \tag{6-42}$$

式中：系数 $\alpha_p,\alpha_q,\beta,\gamma$ 对于不同的方法有不同的取值。表 6-1 列出了上述 8 种方法中 4 个参数的取值。

表 6-1 递推公式中的参数

| 方法 | $\alpha_p$ | $\alpha_q$ | $\beta$ | $\gamma$ |
| --- | --- | --- | --- | --- |
| 最短距离法 | 1/2 | 1/2 | 0 | −1/2 |
| 最长距离法 | 1/2 | 1/2 | 0 | 1/2 |
| 中间距离法 | 1/2 | 1/2 | $-\frac{1}{4}\leqslant\beta\leqslant 0$ | 0 |
| 重心法 | $n_p/n_{pq}$ | $n_q/n_{pq}$ | $-\alpha_p\alpha_q$ | 0 |
| 类平均距离法 | $n_p/n_{pq}$ | $n_q/n_{pq}$ | 0 | 0 |
| 可变类平均法 | $(1-\beta)\frac{n_p}{n_{pq}}$ | $(1-\beta)\frac{n_p}{n_{pq}}$ | <1 | 0 |
| 可变法 | $(1-\beta)/2$ | $(1-\beta)/2$ | <1 | 0 |
| 离差平方和法 | $\frac{n_i+n_p}{n_i+n_{pq}}$ | $\frac{n_i+n_p}{n_i+n_{pq}}$ | $-\frac{n_i}{n_i+n_{pq}}$ | 0 |

## 6.4.3 BIRCH 层次聚类算法

BIRCH 的全称是利用层次方法的平衡迭代和聚类(balanced iterative reducing and clustering using hierarchies)，是 1996 年由 Tian Zhang 等为大数据量聚类设计的一种层次聚类算法。它最大的特点是利用有限的内存资源完成大数据集的高质量聚类，同时算法只需要扫描数据集一次就能够实现聚类，这大大减少了 I/O 代价。

BIRCH 算法引入聚类特征(clustering feature,CF)和聚类特征树(CF Tree)的概念,用于描述聚类簇。

**1. 聚类特征(CF)**

CF 是 BIRCH 算法的核心,它概括描述了各簇的信息,一个 CF 由一个三元组组成。即

$$\mathrm{CF}=(N,\mathrm{LS},\mathrm{SS})$$

式中:$N$ 是子类中样本的数量;LS 是 $N$ 个样本各特征维度的和向量;SS 是 $N$ 个样本各特征维度的平方和向量。

例如:在某个 CF1 中有 5 个样本 (3,4)、(2,6)、(4,5)、(4,7)、(3,8),则

$$\mathrm{LS}=(3+2+4+4+3,4+6+5+7+8)=(16,30)$$

$$\mathrm{SS}=(3^2+2^2+4^2+4^2+3^2,4^2+6^2+5^2+7^2+8^2)=(54,190)$$

因此

$$\mathrm{CF1}=(5,(16,30),(54,190))$$

显然,CF 满足线性关系。如果 $\mathrm{CF1}=(N1,\mathrm{LS1},\mathrm{SS1})$,$\mathrm{CF2}=(N2,\mathrm{LS2},\mathrm{SS2})$,则有 $\mathrm{CF1}+\mathrm{CF2}=(N1+N2,\mathrm{LS1}+\mathrm{LS2},\mathrm{SS1}+\mathrm{SS2})$。

**2. 聚类特征树(CF Tree)**

CF Tree 存储了层次聚类的簇的特征,它有 3 个参数:枝平衡因子 $\beta$、叶平衡因子 $\lambda$ 和空间阈值 $\tau$。CF Tree 由根节点、枝节点和叶节点组成。非叶节点中包含不多于 $\beta$ 个形如的[CF$i$,child$i$]条目,其中 CF$i$ 表示该节点上子簇的聚类特征信息,指针 child$i$ 指向该节点的子节点。叶节点中包含不多于 $\lambda$ 的形如[CF$i$]的条目,此外,每个叶节点中包含一个指针 prev 指向前一个叶节点和指针 next 指向后一个叶节点。空间阈值 $\tau$ 用于限制叶节点的子簇的大小,即叶节点子簇的直径 $D$ 不得大于 $\tau$。图 6-6 给出了 $\beta=2,\lambda=3$ 的 CF Tree 实例,图 6-7 给出了图 6-6 的示意图。需要注意的是,CF Tree 上不存储样本数据信息,只存储树的结构信息以及相关的聚类特征信息,因此,CF Tree 可以实现数据压缩。

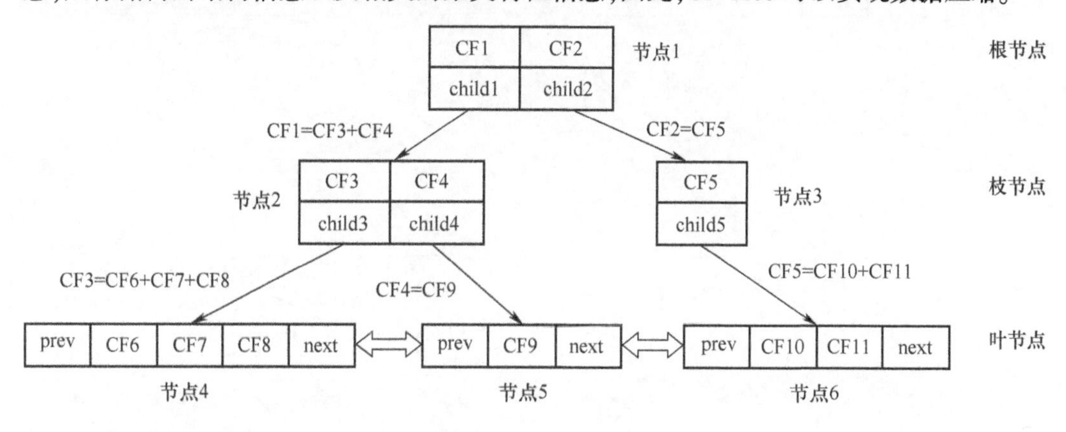


图 6-6 CF Tree 实例图

**3. 聚类特征树的生成**

聚类特征树的生成过程就是一个聚类过程,下面先通过一个例子说明聚类特征树的生成过程。假设样本集 $X=\{\boldsymbol{x}_1,\boldsymbol{x}_2,\boldsymbol{x}_3,\boldsymbol{x}_4,\boldsymbol{x}_5,\boldsymbol{x}_6\}$,设定 CF Tree 的参数为内部节点的最大 CF 数 $\beta=2$,叶子节点最大 CF 数 $\lambda=2$,叶节点的最大样本半径阈值 $\tau$。最开始时,CF

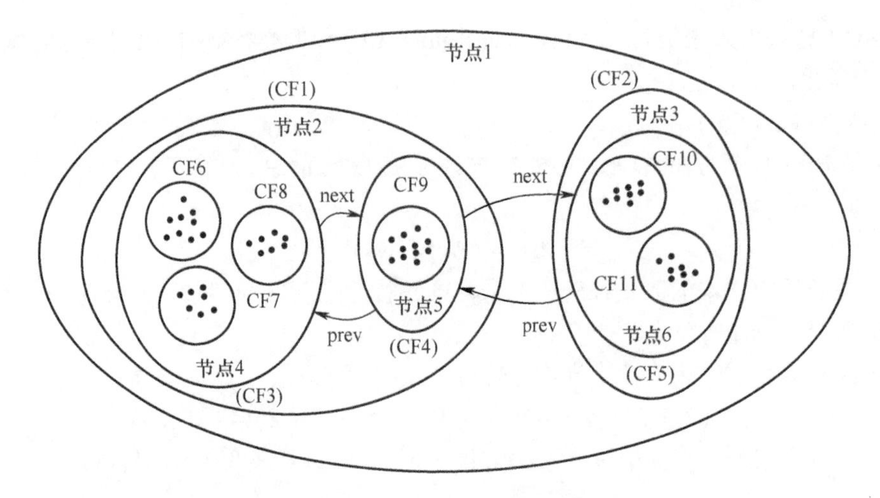


图 6-7 图 6-6 的示意图

Tree 没有任何样本,是空的。

(1) 从样本集中读入样本 $\boldsymbol{x}_1$, 将它放入一个新的 CF 三元组 CF1 中,并将 CF1 作为根节点 LN1,如图 6-8(a)所示。

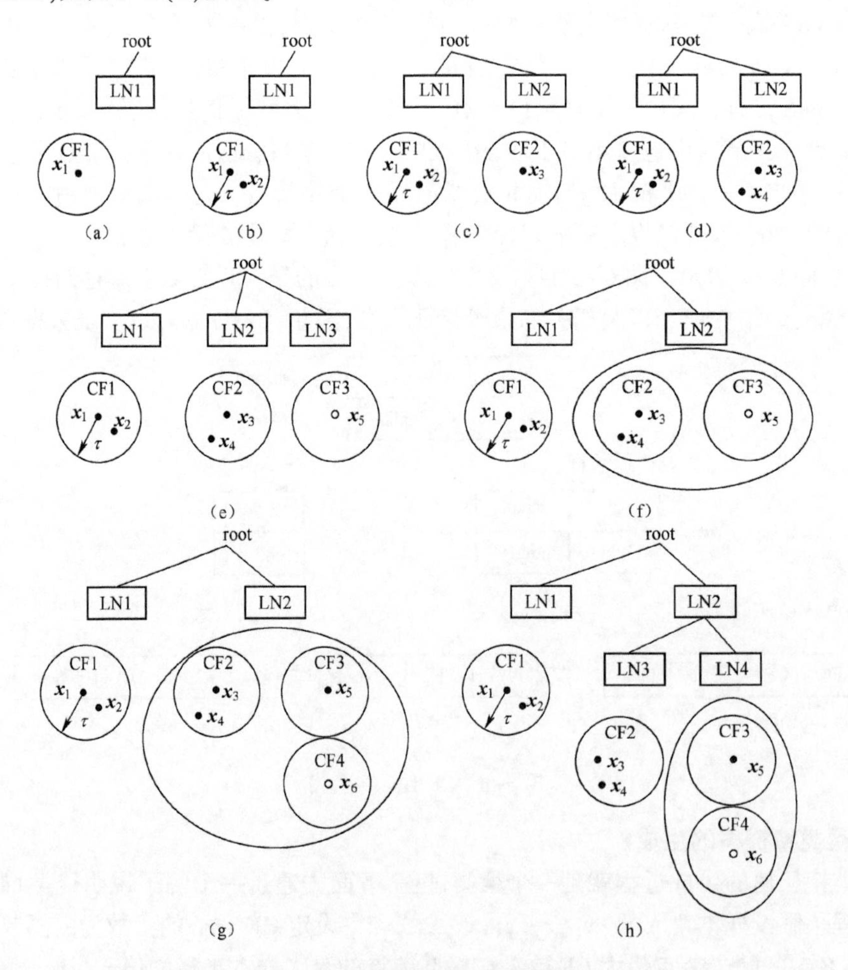


图 6-8 聚类特征树的生成过程

(2) 从样本集中读入样本 $\boldsymbol{x}_2$，因为 $\boldsymbol{x}_2$ 和 $\boldsymbol{x}_1$ 在半径为 $\tau$ 的超球体内，所以 $\boldsymbol{x}_2$ 属于 CF1，如图 6-8(b)所示。

(3) 从样本集中读入样本 $\boldsymbol{x}_3$，因为 $\boldsymbol{x}_3$ 不在 CF1 形成的超球体内，这时创建一个新的聚类特征 CF2，并将其作为根节点的一个新节点 LN2，如图 6-8(c)所示。

(4) 从样本集中读入样本 $\boldsymbol{x}_4$，因为 $\boldsymbol{x}_4$ 在 CF2 形成的超球体内，所以 $\boldsymbol{x}_4$ 属于 CF2，如图 6-8(d)所示。

(5) 从样本集中读入样本 $\boldsymbol{x}_5$，因为 $\boldsymbol{x}_5$ 不在 CF1、CF2 形成的超球体内，这时创建一个新的聚类特征 CF3，这时，如果将 CF3 作为根节点的一个新节点 LN3，如图 6-8(e)所示，这就不满足内部节点的最大 CF 数 $\beta = 2$ 的要求，也就是说 root 的子节点数已经超出最大值，因此需要分裂处理。此时找出 root 中两个最远的 CF 作为两个新的叶子节点的种子，即 CF1、CF3，然后将其他 CF，即 CF2 按照最小距离原则归入新的叶子节点，显然 CF2 归入 CF3 形成新节点 LN2，如图 6-8(f)所示。

(6) 从样本集中读入样本 $\boldsymbol{x}_6$，因为 $\boldsymbol{x}_6$ 不在 CF1、CF2、CF3 的超球体内，因此创建一个新 CF4 来容纳 $\boldsymbol{x}_6$；因为 CF4 离叶子节点 CF3 最近，所以将其归入 CF3 所在的节点 LN2 中，如图 6-8(g)所示；因为叶子节点最大 CF 数 $\lambda = 2$，因此 LN2 需要分裂处理。此时找出 LN2 中两个最远的 CF 作为两个新的叶子节点的种子 CF，即 CF2、CF4，然后将其他 CF，即 CF3 按照最小距离原则归入新的叶子节点，显然 CF3 归入 CF4 形成新的节点 LN3 和 LN4，如图 6-8(h)所示。

上面的系列图示给出了 CF Tree 中样本插入的基本过程，这里总结具体思路如下：

(1) 从根节点向下寻找和新样本距离最近的叶子节点以及叶子节点里最近的 CF 节点。

(2) 如果新样本与最近 CF 节点距离小于阈值 $\tau$，则将该样本放入该 CF 中，并更新 CF 三元组信息，插入结束；否则转入(3)。

(3) 如果当前叶子节点的 CF 节点个数小于叶子节点最大 CF 数 $\lambda$，则创建一个新的 CF 节点，放入新样本，将这一新 CF 放入叶子节点，更新路径上所有 CF 三元组，插入结束；否则转入(4)。

(4) 分裂叶子节点。将当前叶子节点划分为两个新的叶子节点，选择旧叶子节点中所有 CF 元组中距离最远的两个 CF 元组作为两个新叶子节点的种子 CF，将其他元组和新样本元组按照距离最近原则放入对应叶子节点。然后依次向上检查父节点是否需要分裂，如果需要，按照叶子节点相同的分裂方式进行。

**4. CF Tree 后处理**

在 CF Tree 形成过程中，可能会因为存储 CF Tree 节点及其相关信息的内存有限，出现部分样本还未插入 CF 中，内存就溢出了；或者叶节点的最大样本半径阈值 $\tau$ 过小，形成的叶节点子簇数量太多等问题。上述问题可以通过增大阈值 $\tau$，实现 CF Tree 的瘦身。

在对 CF Tree 瘦身之后，还需要对叶节点中的稀疏子簇进行处理，稀疏子簇是指簇内的样本数量远远小于簇平均样本数的叶节点子簇。BIRCH 算法将这些稀疏子簇作为潜在离散群点放入预留的回收空间，并尝试将它们插入 CF 树中，如果仍未插入，则将其作为离散群点进行删除。

在 CF Tree 形成过程中，样本读入的顺序不同，形成的树结构有可能不一样，在某些情况下,可能会出现不合理的树结构情况。此外,由于节点 CF 个数的限制会导致树结构分裂。为了得到更加合理的聚类结果,可以利用 $K$-Means 算法等其他聚类算法对 CF Tree 的叶节点进行聚类。

CF Tree 后处理是对聚类结果的优化处理,BIRCH 算法的关键步骤是 CF Tree 的建立过程。图 6-9 给出了 BIRCH 算法的处理流程。

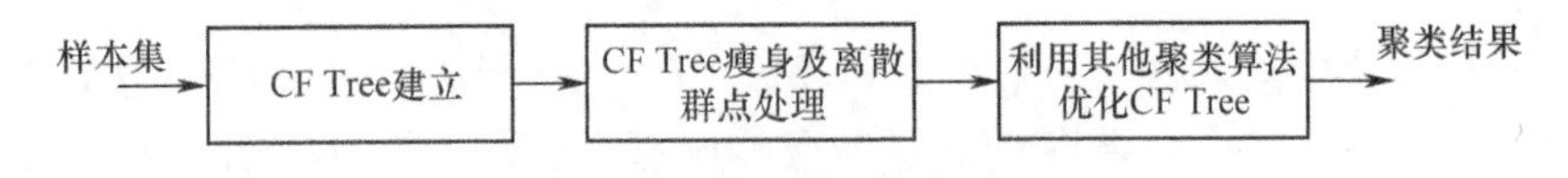


图 6-9 BIRCH 算法流程

BIRCH 算法的主要优点有:①所有样本都存储在磁盘上,内存只存储节点及其指针,因此算法节约内存;②算法在构建 CF Tree 时只扫描一遍训练样本集,因此聚类速度快;③算法可以识别噪声点,还可以作为数据集预处理,实现样本的初始分类。

当然,BIRCH 算法也有其缺陷,主要表现为:①由于算法对节点的 CF 个数有限制,这会导致聚类结果可能会出现与真实类别分布不同的情况;②当样本特征维度较高时,聚类效果不好;③当样本集分布类似于超球体时,聚类效果好,但对于其他分布情况效果不好。

## 6.5 基于密度的聚类方法

基于划分的聚类算法和基于层次的聚类算法都是用于发现“球状簇”的,对于非“球状簇”就会把大量的噪声或离散群点包含到簇中。解决任意簇形状的聚类问题就需要变换思路,基于密度的聚类方法可以解决上述问题。基于密度的聚类方法以数据在空间分布的稠密程度为依据进行聚类,该类方法不需要预先设定簇的数量,可以发现任意形状的聚类,且对噪声数据不敏感。常用的算法是 DBSCAN(density-based spatial clustering of application with noise),意思是“具有噪声应用的基于密度的空间聚类”。

### 6.5.1 DBSCAN 算法基本概念

在介绍 DBSCAN 算法之前,首先介绍几个概念。

(1) 密度:数据集中某个样本点 $\boldsymbol{x}$ 的密度用以 $\boldsymbol{x}$ 为中心的 $\varepsilon$ 半径内样本点的数量(包含 $\boldsymbol{x}$) 来估计。显然密度依赖于 $\varepsilon$ 大小。

(2) 核心对象:如果一个样本点是某个长度为 $\varepsilon$ 的超球面区域的球心,且该超球面区域内至少包含 MinPts 个样本,则该样本称为核心对象。记为 ($\varepsilon$,Minpts) -核心对象,球面区域称为核心对象的 $\varepsilon$ -邻域。例如图 6-10 中,设 $\varepsilon$ = 1cm,Minpts = 5, 则 $O_1$、$O_2$、$O_3$ 都是核心对象。

(3) 噪声对象:如果一个对象既不是核心对象,也不在核心对象的 $\varepsilon$ -邻域内,则称该对象为噪声对象。

(4) 边缘对象:如果一个对象在核心对象的 $\varepsilon$ -邻域内但不是核心对象,则称该对象为边缘对象。

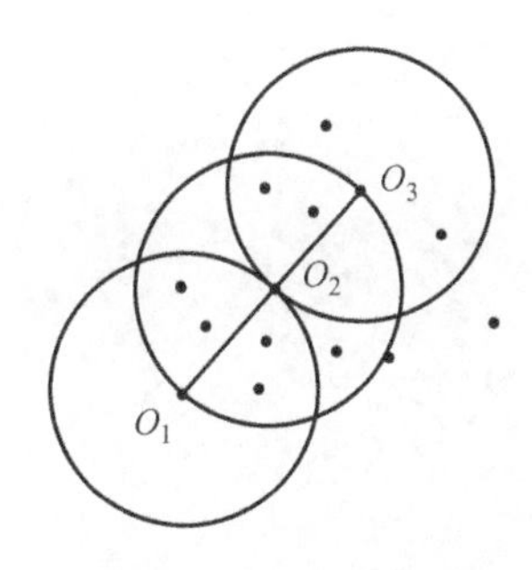


图6-10　概念示意图

(5) 直接密度可达：对于 $(\varepsilon,\text{Minpts})$ -核心对象 $O_1$ 和任意对象(样本) $O_2$，如果 $O_2$ 在 $O_1$ 的 $\varepsilon$ -邻域内，则称 $O_2$ 为从 $O_1$ 直接密度可达。这里只要求 $O_1$ 为核心对象，而 $O_2$ 可以是任意对象。例如图6-10中，$O_2$ 为从 $O_1$ 直接密度可达，$O_2$ 为从 $O_3$ 直接密度可达。

(6) 密度可达：对于核心对象 $O_1$ 和任意对象 $O_n$ 是密度可达，如果存在一组对象链 $\{O_1,O_2,\cdots,O_n\}$，其中 $O_i$ 到 $O_{i+1}$ 都是关于 $(\varepsilon,\text{Minpts})$ 直接密度可达的。显然 $O_1$，$O_2,\cdots,O_{n-1}$ 都必须是核心对象。例如图6-10中，$O_3$ 从 $O_1$ 密度可达。

(7) 密度相连：如果存在一个对象 $p$，使得 $p$ 到对象 $O_1$、$O_2$ 都是密度可达的，则称对象 $O_1$、$O_2$ 是密度相连的。这里不要求对象 $O_1$、$O_2$ 是核心对象。显然，如果 $O_1$ 与 $O_2$ 是密度相连的，那么 $O_2$ 与 $O_1$ 也是密度相连的，密度相连是一个具有对称性的定义。图6-11给出了 $O_1$ 与 $O_2$ 密度相连的示例，其中 $\varepsilon = 1\text{cm}$，$\text{Minpts} = 5$。

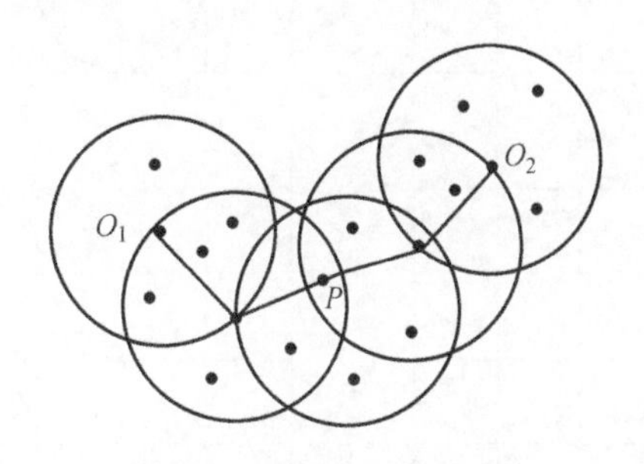


图6-11　密度相连示意图

密度可达和密度相连是两个容易混淆的概念，它们的区别在于，密度可达是指在两个对象之间能够找到一条通路，而密度相连是指两个对象可以通过一个中间对象联通。

### 6.5.2 DBSCAN算法思路

DBSCAN算法的基本思路是先找到一个核心对象，然后找到与该核心对象密度相连的所有对象，这些对象就构成一个簇。例如图6-12中，如果要找的簇是外圈的样本点，显然内圈的样本点与外圈上的样本点肯定不是密度相连的，其他的一些离散点与外圈的样本点也不是密度相连的。

DBSCAN算法基本步骤如下：

第一步：从样本集中抽取一个未处理的样本 $\boldsymbol{x}_i$，判断该样本是否已经在已形成的簇中，如果是，则选择下一样本，如果不是，继续进行第二步；

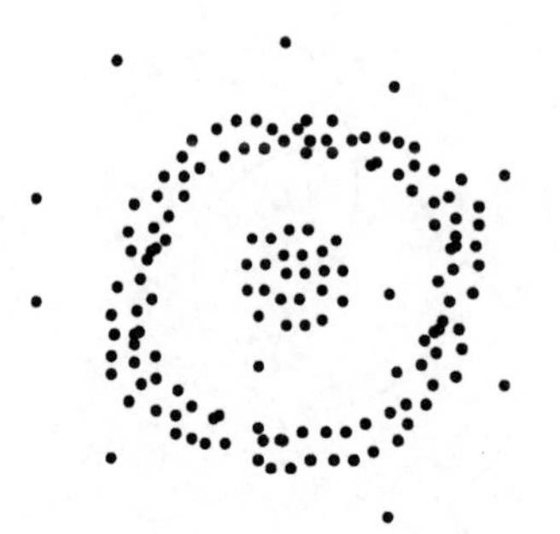

图 6-12 样本点示意图

第二步：判断 $x_i$ 是否为核心对象，如果是，就去寻找它的密度可达对象，形成聚类簇；

第三步：判断 $x_i$ 是否为最后一个样本，如果不是则转到第一步，如果是，则结束。

**例 6-2** 已知样本集包含 12 个样本，如图 6-13(a)所示：

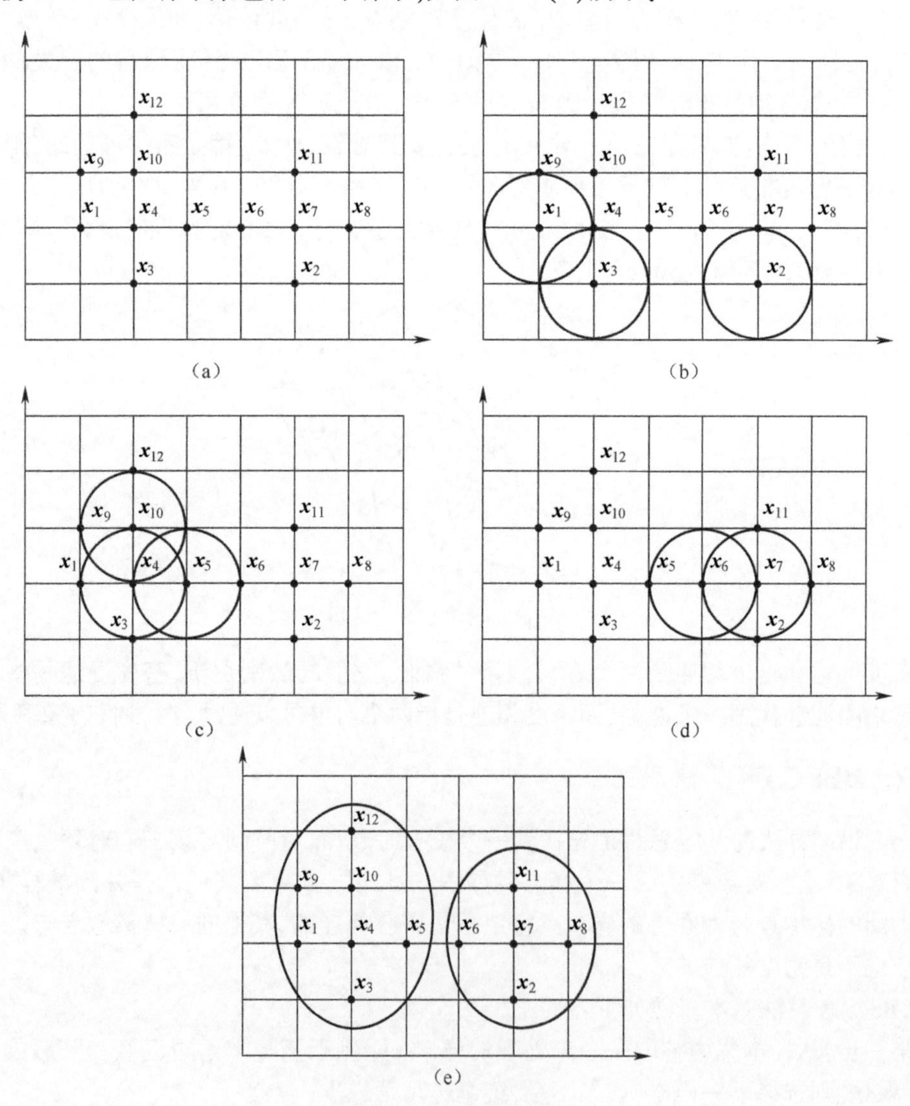


图 6-13 例 6-2 示图

$$x_1=(1,2)^T, x_2=(5,1)^T, x_3=(2,1)^T, x_4=(2,2)^T, x_5=(3,2)^T, x_6=(4,2)^T$$

$$x_7=(5,2)^T, x_8=(6,2)^T, x_9=(1,3)^T, x_{10}=(2,3)^T, x_{11}=(5,3)^T, x_{12}=(2,4)^T$$

采用 DBSCAN 算法实现聚类,设 $\varepsilon=1$, MinPts = 4。

**解**:第一步,从样本集中选取一个样本 $x_1=(1,2)^T$, 由于以它为圆心半径为 1 的圆内包含 3 个点(小于 4),因此该点不是核心对象,选择下一个样本,如图 6-13(b)所示。

第二步,从样本集中选取一个样本 $x_2=(5,1)^T$, 由于以它为圆心半径为 1 的圆内包含 2 个点(小于 4),因此该点不是核心对象,选择下一个样本,如图 6-13(b)所示。

第三步,从样本集中选取一个样本 $x_3=(2,1)^T$, 由于以它为圆心半径为 1 的圆内包含 2 个点(小于 4),因此该点不是核心对象,选择下一个样本,如图 6-13(b)所示。

第四步,从样本集中选取一个样本 $x_4=(2,2)^T$, 由于以它为圆心半径为 1 的圆内包含 5 个点(大于 4),因此该点为核心对象,寻找它的直接密度可达对象为 $x_1$、$x_3$、$x_5$、$x_{10}$;因为 $x_{10}$ 也是核心对象,从 $x_{10}$ 直接密度可达对象为 $x_9$、$x_{12}$, 如图 6-13(c)所示。因此,新的聚类为 $\{x_1, x_3, x_4, x_5, x_9, x_{10}, x_{12}\}$, 选择下一个样本。

第五步,从样本集中选取一个样本 $x_5=(3,2)^T$, 因为该样本已在已有的簇 1 中,选择下一个样本。

第六步,从样本集中选取下一个样本 $x_6=(4,2)^T$, 由于以它为圆心半径为 1 的圆内包含 3 个点(小于 4),因此该点不是核心对象,选择下一个样本,如图 6-13(d)所示。

第七步,从样本集中选取一个样本 $x_7=(5,2)^T$, 由于以它为圆心半径为 1 的圆内包含 5 个点(大于 4),因此该点为核心对象,寻找它的直接密度可达对象为 $x_2$、$x_6$、$x_8$、$x_{11}$;如图 6-13(d)所示。因此,新的聚类为 $\{x_2, x_6, x_7, x_8, x_{11}\}$, 选择下一个样本。

第八步,从样本集中选取一个样本 $x_8=(6,2)^T$, 因为该样本已在已有的簇 2 中,选择下一个样本。

第九步,从样本集中选取一个样本 $x_9=(1,3)^T$, 因为该样本已在已有的簇 1 中,选择下一个样本。

第十步,从样本集中选取一个样本 $x_{10}=(2,3)^T$, 因为该样本已在已有的簇 1 中,选择下一个样本。

第十一步,从样本集中选取一个样本 $x_{11}=(5,3)^T$, 因为该样本已在已有的簇 2 中,选择下一个样本。

第十二步,从样本集中选取一个样本 $x_{12}=(2,4)^T$, 因为该样本已在已有的簇 1 中,选择下一个样本;最终的聚类结果如图 6-13(e)所示。

DBSCAN 算法的优点:一是可以发现任意形状的聚类,克服了基于距离的聚类算法只能发现"类圆形"聚类的缺点;二是可以检测数据集中的噪声点,且对数据集中的异常点不敏感;三是对数据输入顺序不敏感。

但是 DBSCAN 算法对输入参数 $\varepsilon$、MinPts 较为敏感,若选取不当,就会影响聚类效果。此外,算法一旦找到核心对象,就会以核心对象为中心向外扩展,在这个过程中,核心对象会不断增加,未处理的对象被保留在内存中,如果数据集较大时,需要大内存支持。

## 6.6 基于网格的聚类方法

基于网格的聚类方法是指将样本空间量化为有限数量的单元,形成一个网格结构,所有的聚类都在这个网格结构上进行。网格单元的划分依据样本各维特征的所有可能取值。基于网格的聚类方法很多,本节重点介绍 STING 算法和 CLIQUE 算法。

### 6.6.1 STING 算法

STING 算法是一种基于网格的多分辨率聚类方法,它将特征空间划分为矩形单元。这些矩形单元按照不同的分辨率形成层次结构,每个单元被划分为多个子单元,如图 6-14 所示。每个网格单元统计信息,比如平均值、最大值、最小值等被预先计算后作为属性存储起来。上一层的单元特征值可以由低一层的单元属性值计算得到,因此,只需要存储最底层网格单元的属性参数信息就可以了。

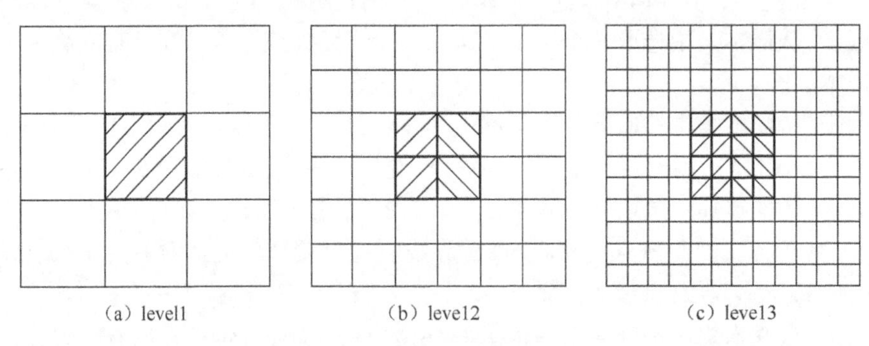


图 6-14 网格单元的层次结构

网格中常用参数包括:

count——网格中样本数量;

mean——网格中所有样本均值;

stdev——网格中样本特征值的标准偏差;

min——网格中样本特征值的最小值;

max——网格中样本特征值的最大值;

distribution——网格中样本特征值符合的分布类型,例如正态分布、均匀分布、指数分布或 none(分布类型未知)等。

已知样本数据,就可以计算最底层网格单元的各个参数值,其中,分布类型如果已知就直接由用户指定,如果未知可以通过假设检验来获得。一个高层网格单元的分布类型可以基于它对应的低一层单元多数分布类型(通过与一个阈值进行比较,如果相同分布类型的单元数量超过阈值,则称其为多数分布类型);如果低一层单元的分布彼此不同,阈值检验失败,则高层分布类型被置为 none。

统计信息用于回答查询的过程是一个自顶向下的基于网格方法,基本思路如下:

首先,在网格结构中选定一个层次作为查询起点,通常选择包含少量单元的层次;

然后,对当前层次的每个单元计算置信区间或估算其概率,反映该单元与给定查询的关联程度。不相关的单元就不需要考虑了,后续的查询只检查剩余的相关单元。上述过程反复进行,直到达到最底层单元。

最后,判断查询是否被满足,如果满足则返回相关单元区域;否则,检索和处理落在相关单元的数据,直到满足查询要求。

STING算法的计算独立于查询,因此有利于并行处理和增量更新;此外,算法扫描样本集一次来计算统计信息,因此聚类的时间复杂度与样本数量有关;在层次结构建立后,查询时间与低层网格单元数目有关。

STING算法的聚类结果与网格划分的粒度有关,如果粒度比较细,处理的代价会显著增加;但是如果粒度过粗,则会影响聚类分析的质量。此外,由于在构建节点时没有考虑其子节点与相邻单元之间的关系,因此聚类簇的边界或者是水平的,或者是竖直的,没有斜的分界线。

### 6.6.2 CLIQUE算法

CLIQUE算法是基于网格的空间聚类算法,该算法将基于密度的聚类方法思想融入基于网格的聚类方法中,因此,该算法的聚类结果既能像基于密度的聚类方法一样发现任意形状的簇,又可以像基于网格的聚类方法那样处理较大的多维数据集。

在介绍算法之前先定义几个基本概念。

(1) 网格密度:网格中包含的样本数量;

(2) 密集网格:给定阈值$\varepsilon$,当网格密度大于等于$\varepsilon$时,该网格称为密集网格,否则称为非密集网格;

(3) 网格密度连通区域:设Grids为一个网格集合,若集合中的所有网格相互连接且均为密集网格,则称Grids为网格密度连通区域。

CLIQUE算法需要确定两个参数,一个是网格的步长$\rho$,另一个是网格的密度阈值$\varepsilon$。$\rho$决定特征空间的网格划分粒度,$\varepsilon$决定哪些网格是密集网格。CLIQUE算法聚类的基本思路是:扫描所有网格,当发现第一个密集网格时,就以该网格为基础进行扩展,扩展的原则是若一个网格与已知网格密集连通邻接,且自己也是密集网格时,则将该网格加入该密集连通区域,直到不再有这样的网格为止。不断重复上述过程,直至遍历所有网格。

CLIQUE算法步骤如下:

第一步:把样本空间划分为相互不重叠的网格单元,并计算每一个网格单元的密度,根据给定阈值,识别出密集网格和非密集网格,同时将每个网格初始状态设置为“未处理”;

第二步:遍历所有网格,查找状态为“未处理”的网格,如果没有,转第六步;否则,选择一个“未处理”网格,进行下面的步骤;

第三步:将当前网格状态改为“已处理”,若该网格为非密集网格则转回第二步;否则,进行下一步。

第四步:如果当前网格是密集网格,则创建一个新的簇队列,并赋予新的簇标记,将该密集网格存入簇队列;

第五步:取出簇队列中列尾的网格,检查其邻接“未处理”网格,将该网格的状态改为“已处理”,并判断是否为密集网格,如果是,就加入该簇队列;重复该步骤的处理,直到没有新的网格加入簇队列后,转第二步。

第六步:将样本标记为所在簇的标记值,结束。

## 6.7 基于模型的聚类方法

基于模型的聚类方法中,模型通常有概率模型和神经网络模型等,本节主要介绍基于概率模型的聚类方法,基于神经网络模型的方法将在第 7 章介绍。

基于概率模型的聚类方法基本思路是,利用样本集来估计概率分布,如果样本的概率分布都是单峰的,比如高斯分布,这样每一个聚类的样本在特征空间上就会聚集在一起,在概率分布上就会出现一个局部峰值,聚类分析就是寻找样本分布密度的单峰,把每一个局部峰值作为聚类中心。利用这种思想实际上就把聚类问题转换为概率密度函数的估计问题,由于聚类中的样本集是类别未知的,因此这是非监督概率密度函数估计问题。

本节主要讨论高斯混合模型(Gaussion mixture models,GMM)。GMM 是一种应用广泛的聚类算法。它是多个高斯分布函数的线性组合,理论上它可以拟合出任意类型的分布,通常解决同一集合下的数据包含多种不同分布的情况。

### 6.7.1 高斯混合模型

高斯混合模型定义为

$$p(\boldsymbol{x}\mid\boldsymbol{\theta})=\sum_{k=1}^{m}\pi_k N(\boldsymbol{x}\mid\boldsymbol{\theta}_k) \tag{6-43}$$

式中:$\pi_k$ 是混合系数,且 $\sum_{k=1}^{m}\pi_k=1$;$\boldsymbol{x}=(x_1,x_2,\cdots,x_d)^{\mathrm{T}}$ 是 $d$ 维样本;$\boldsymbol{\theta}_k=(\boldsymbol{\mu}_k,\boldsymbol{\Sigma}_k)$ 为第 $k$ 个高斯分布的均值向量和协方差矩阵。

定义似然函数为

$$L(\boldsymbol{\theta})=p(X\mid\boldsymbol{\theta})=\prod_{k=1}^{N}p(\boldsymbol{x}_k\mid\boldsymbol{\theta}) \tag{6-44}$$

相应的对数似然函数为

$$H(\boldsymbol{\theta})=\ln[L(\boldsymbol{\theta})]=\sum_{k=1}^{N}\ln p(\boldsymbol{x}_k\mid\boldsymbol{\theta}) \tag{6-45}$$

最大似然估计为

$$L(\hat{\boldsymbol{\theta}})=\max_{\boldsymbol{\theta}\in\Theta}\prod_{k=1}^{N}p(\boldsymbol{x}_k\mid\boldsymbol{\theta}) \tag{6-46}$$

或

$$H(\hat{\boldsymbol{\theta}})=\max_{\boldsymbol{\theta}\in\Theta}\sum_{k=1}^{N}\ln p(\boldsymbol{x}_k\mid\boldsymbol{\theta}) \tag{6-47}$$

通过式(6-46)或式(6-47)得到估计量 $\hat{\boldsymbol{\theta}}$ 后,就可以从其中解得其分量 $\hat{\boldsymbol{\theta}}_1,\hat{\boldsymbol{\theta}}_2,\cdots,\hat{\boldsymbol{\theta}}_m$。那么是否能够恢复出各分量,这里定义可识别性为:当 $\boldsymbol{\theta}\neq\boldsymbol{\theta}'$ 时,如果对于每一个

样本 $\boldsymbol{x}$, 都有 $p(\boldsymbol{x} \mid \boldsymbol{\theta}) \neq p(\boldsymbol{x} \mid \boldsymbol{\theta}')$, 则称 $p(\boldsymbol{x} \mid \boldsymbol{\theta})$ 是可识别的。

例如:如果 $x$ 是取0或1的离散随机变量, $P(x \mid \boldsymbol{\theta})$ 是混合密度,即

$$P(x \mid \boldsymbol{\theta}) = \frac{1}{2}\theta_1^x (1-\theta_1)^{1-x} + \frac{1}{2}\theta_2^x (1-\theta_2)^{1-x} = \begin{cases} \frac{1}{2}(\theta_1+\theta_2) & x=1 \\ 1-\frac{1}{2}(\theta_1+\theta_2) & x=0 \end{cases}$$

当我们知道 $P(x=1 \mid \boldsymbol{\theta})=0.6, P(x=0 \mid \boldsymbol{\theta})=0.4$, 就可以得到混合概率 $P(x \mid \boldsymbol{\theta})$, 但无法唯一地分解出 $\theta_1$ 和 $\theta_2$, 这是因为根据已知条件,我们只能得到 $\theta_1+\theta_2=1.2$ 这一个方程,这是混合分布参数不可识别的例子。当然,大多数常见连续随机变量的混合密度函数是可识别的。

### 6.7.2 模型求解算法——EM算法

高斯混合模型使用期望最大(expectation maximization, EM)算法进行求解。EM算法被称为机器学习的十大算法之一,是一种从不完全数据或有数据丢失的数据集(存在隐含变量)中求解概率模型参数的最大似然估计算法。下面举一个例子来说明它的基本思路。

例如,为了得到男生和女生身高的统计分布,已知它们均服从高斯分布。我们分别测量了100个男生和100个女生的身高数据,得到200个数据,如果在测量中我们只记录了身高数据,而没有记录性别信息,这就会导致样本的类别信息不清楚,这时我们需要对样本进行两个方面的估计,一是类别 $A$,二是类条件概率密度中的参数 $B$(均值和方差)。

尽管开始状态下 $A$ 和 $B$ 都是未知的,但如果知道了 $A$ 的信息就可以得到 $B$ 的信息,反过来知道了 $B$ 也就得到了 $A$。因此,可以考虑先给 $A$ 设定某个初值,以此得到 $B$ 的估计值,然后从 $B$ 的当前值出发,重新估计 $A$ 的取值,这个过程一直持续到收敛为止。下面给出EM算法解决男生和女生身高的统计分布估计的过程:

第一步,根据经验给出男生身高的高斯分布均值和方差,假设均值为1.7m,方差为0.1m。

第二步,基于第一步的假设对数据进行分类,得到男生身高数据集和女生身高数据集;

第三步,利用第二步得到的带类别标签的数据集,采用最大似然估计得到它们的高斯分布参数,更新分布信息;

第四步,重复第二、第三步,直到参数估计结果基本不再发生变化为止。

下面介绍如何使用EM算法求解高斯混合模型。

这里引入一个 $m$ 维随机向量 $\boldsymbol{z}=(z_1,z_2,\cdots,z_m)^{\mathrm{T}}$ 表示样本 $\boldsymbol{x}$ 的类别,其中 $z_k(k=1,2,\cdots,m)$ 满足 $z_k \in \{0,1\}$, 且 $\sum_{k=1}^{m} z_k = 1$。也就是说,向量 $\boldsymbol{z}$ 的 $m$ 个分量中只能有一个分量为1,当 $z_k=1$ 时,表示样本 $\boldsymbol{x}$ 的类别为第 $k$ 类。$\boldsymbol{z}$ 的概率分布根据混合系数 $\pi_k$ 进行赋值,即

$$p(z_k=1)=\pi_k \tag{6-48}$$

其中参数 $\{\pi_k\}$ 必须满足

$$0 \leqslant \pi_k \leqslant 1, \text{且} \sum_{k=1}^{m} \pi_k = 1$$

确保概率是一个合法的值。由于 $\boldsymbol{z}$ 使用了“1-of-$m$”表示方法,因此可以将 $p(\boldsymbol{z})$ 表示为

$$p(\boldsymbol{z}) = \prod_{k=1}^{m} \pi_k^{z_k} \tag{6-49}$$

类似地,设 $\boldsymbol{x}$ 的条件概率分布 $p(\boldsymbol{x} \mid \boldsymbol{z})$ 是一个高斯分布,当给定 $\boldsymbol{z}$ 的一个特定的值时,可得

$$p(\boldsymbol{x} \mid \boldsymbol{\mu}, \boldsymbol{\Sigma}, z_k = 1) = N(\boldsymbol{x} \mid \boldsymbol{\mu}_k, \boldsymbol{\Sigma}_k) \tag{6-50}$$

上式也可以写成

$$p(\boldsymbol{x} \mid \boldsymbol{\mu}, \boldsymbol{\Sigma}, \boldsymbol{z}) = \prod_{k=1}^{m} N(\boldsymbol{x} \mid \boldsymbol{\mu}_k, \boldsymbol{\Sigma}_k)^{z_k} \tag{6-51}$$

样本 $\boldsymbol{x}$ 及其对应类别向量 $\boldsymbol{z}$ 联合概率分布为

$$p(\boldsymbol{x}, \boldsymbol{z}) = p(\boldsymbol{x} \mid \boldsymbol{z}) p(\boldsymbol{z}) = \prod_{k=1}^{m} \pi_k^{z_k} \prod_{k=1}^{m} N(\boldsymbol{x} \mid \boldsymbol{\mu}_k, \boldsymbol{\Sigma}_k)^{z_k} \tag{6-52}$$

通过联合概率分布对所有可能的 $\boldsymbol{z}$ 求和可以得到 $p(\boldsymbol{x} \mid \boldsymbol{\mu}, \boldsymbol{\Sigma})$,即

$$p(\boldsymbol{x} \mid \boldsymbol{\mu}, \boldsymbol{\Sigma}) = \sum_{\boldsymbol{z}} p(\boldsymbol{x} \mid \boldsymbol{\mu}, \boldsymbol{\Sigma}, \boldsymbol{z}) p(\boldsymbol{z}) = \sum_{k=1}^{m} \pi_k N(\boldsymbol{x} \mid \boldsymbol{\mu}_k, \boldsymbol{\Sigma}_k) \tag{6-53}$$

如果有观测样本集 $X = \{\boldsymbol{x}_1, \boldsymbol{x}_2, \cdots, \boldsymbol{x}_N\}$ 服从高斯混合模型,样本的特征维度为 $d$,样本集中样本对应的类别构成 $Z = \{\boldsymbol{z}_1, \boldsymbol{z}_2, \cdots, \boldsymbol{z}_N\}$,但类别未知,可以认为 $\boldsymbol{x}_i (i = 1, 2, \cdots, N)$ 独立抽取于 $p(\boldsymbol{x}, \boldsymbol{z})$,其类别 $\boldsymbol{z}_i$ 为隐含变量。因此,观测 $\boldsymbol{x}_1, \boldsymbol{x}_2, \cdots, \boldsymbol{x}_N$ 的联合似然函数为

$$p(X \mid Z) p(Z) = \prod_{i=1}^{N} p(x_i \mid z_i) p(z_i) = \prod_{i=1}^{N} \left[ \prod_{k=1}^{m} N(x_i \mid \boldsymbol{\mu}_k, \boldsymbol{\Sigma}_k)^{z_{i,k}} \prod_{k=1}^{m} \pi_k^{z_{i,k}} \right] \tag{6-54}$$

为了便于求解,对上式两边同时求对数,得到对数似然函数

$$\begin{aligned} \ln p(X \mid Z) p(Z) &= \sum_{i=1}^{N} \left[ \sum_{k=1}^{m} z_{i,k} \ln N(\boldsymbol{x}_n \mid \boldsymbol{\mu}_k, \boldsymbol{\Sigma}_k) + \sum_{k=1}^{m} z_{i,k} \ln \pi_k \right] \\ &= \sum_{i=1}^{N} \sum_{k=1}^{m} z_{i,k} \left[ -\ln\left( (2\pi)^{\frac{d}{2}} \lvert \boldsymbol{\Sigma}_k \rvert^{\frac{1}{2}} \right) - \frac{1}{2} (\boldsymbol{x}_i - \boldsymbol{\mu}_k)^{\mathrm{T}} \boldsymbol{\Sigma}_k^{-1} (\boldsymbol{x}_i - \boldsymbol{\mu}_k) \right] + \sum_{i=1}^{N} \sum_{k=1}^{m} z_{i,k} \ln \pi_k \end{aligned} \tag{6-55}$$

可以通过贝叶斯定理求解隐变量 $z_{i,k}$ 的后验分布:

$$p(z_{i,k} = 1 \mid \boldsymbol{x}_i) = \frac{p(\boldsymbol{x}_i \mid z_{i,k} = 1) p(z_{i,k} = 1)}{\sum_{j=1}^{m} p(\boldsymbol{x}_i \mid z_{i,j} = 1) p(z_{i,j} = 1)} = \frac{\pi_k N(\boldsymbol{x}_i \mid \boldsymbol{\mu}_k, \boldsymbol{\Sigma}_k)}{\sum_{j=1}^{m} \pi_j N(\boldsymbol{x}_i \mid \boldsymbol{\mu}_j, \boldsymbol{\Sigma}_j)} \tag{6-56}$$

如果给定 $\pi_k$、$N(\boldsymbol{x}_i \mid \boldsymbol{\mu}_k, \boldsymbol{\Sigma}_k)(i = 1, 2, \cdots, N; k = 1, 2, \cdots, m)$,由式(6-56)就可以得到 $z_{i,k}$ 的后验分布,基于该后验分布可以计算隐性变量 $\boldsymbol{z}_i (i = 1, 2, \cdots, N)$ 的期望,即

$$E(z_{i,k}) = 1 \cdot p(z_{i,k} = 1 \mid \boldsymbol{x}_i) + 0 \cdot p(z_{i,k} = 0 \mid \boldsymbol{x}_i) = p(z_{i,k} = 1 \mid \boldsymbol{x}_i) \quad k = 1, 2, \cdots, m$$

将 $E(z_{i,k})$ 作为隐藏变量 $z_{i,k}$ 的估计值,得到 $\boldsymbol{z}_i (i = 1, 2, \cdots, N)$ 的估计值为

$$\hat{\boldsymbol{z}}_i = (p(z_{i,1} = 1 \mid \boldsymbol{x}_i), p(z_{i,2} = 1 \mid \boldsymbol{x}_i), \cdots, p(z_{i,m} = 1 \mid \boldsymbol{x}_i))^{\mathrm{T}}$$

这一步被称为最大化期望(expectation)步,简称为 E 步。

由式(6-55)可以计算$\boldsymbol{\mu}_k$、$\boldsymbol{\Sigma}_k$的最大似然估计值,即

$$\begin{cases} \dfrac{\partial \ln p(X \mid Z)p(Z)}{\partial \boldsymbol{\mu}_k} = \mathbf{0} & (1) \\ \dfrac{\partial \ln p(X \mid Z)p(Z)}{\partial \boldsymbol{\Sigma}_k} = \mathbf{0} & (2) \end{cases} \tag{6-57}$$

由式(6-57)中的(1)式,可以得到$\boldsymbol{\mu}_k$的解:

$$\sum_{i=1}^{N} \hat{z}_{i,k}[\boldsymbol{\mu}_k - \boldsymbol{x}_i] = \mathbf{0} \tag{6-58}$$

$$\hat{\boldsymbol{\mu}}_k = \frac{1}{N_k}\sum_{i=1}^{N} \hat{z}_{i,k}\boldsymbol{x}_i \tag{6-59}$$

式中:$N_k = \sum_{i=1}^{N} \hat{z}_{i,k}$。

由式(6-57)中的(2)式,可以得到$\boldsymbol{\Sigma}_k$的解:

$$\sum_{i=1}^{N} \hat{z}_{i,k}[\boldsymbol{\Sigma}_k - (\boldsymbol{x}_i - \boldsymbol{\mu}_k)(\boldsymbol{x}_i - \boldsymbol{\mu}_k)^{\mathrm{T}}] = \mathbf{0} \tag{6-60}$$

$$\hat{\boldsymbol{\Sigma}}_k = \frac{1}{N_k}\sum_{i=1}^{N} z_{i,k}(\boldsymbol{x}_i - \boldsymbol{\mu}_k)(\boldsymbol{x}_i - \boldsymbol{\mu}_k)^{\mathrm{T}} \tag{6-61}$$

由于混合比例系数$\pi_k$需要满足一定约束条件,因此采用拉格朗日乘数法求解,此时的目标函数为

$$\ln p(X \mid Z)p(Z) + \lambda\left(\sum_{k=1}^{m}\pi_k - 1\right) \tag{6-62}$$

将式(6-55)代入上式可得

$$\begin{aligned} & \ln p(X \mid Z)p(Z) + \lambda\left(\sum_{k=1}^{m}\pi_k - 1\right) \\ &= \sum_{i=1}^{N}\sum_{k=1}^{m}\hat{z}_{i,k}\left[-\ln\left((2\pi)^{\frac{d}{2}}\,|\boldsymbol{\Sigma}_k|^{\frac{1}{2}}\right) - \frac{1}{2}(\boldsymbol{x}_i - \boldsymbol{\mu}_k)^{\mathrm{T}}\boldsymbol{\Sigma}_k^{-1}(\boldsymbol{x}_i - \boldsymbol{\mu}_k)\right] + \\ & \quad \sum_{i=1}^{N}\sum_{k=1}^{m}\hat{z}_{i,k}\ln\pi_k + \lambda\left(\sum_{k=1}^{m}\pi_k - 1\right) \end{aligned} \tag{6-63}$$

上式对$\pi_k$求导可得

$$\frac{\sum_{i=1}^{N}\hat{z}_{i,k}}{\pi_k} + \lambda = 0 \tag{6-64}$$

将上式两边同时乘以$\pi_k$,然后对$k$求和,可得

$$\sum_{i=1}^{N}\hat{z}_{i,k} + \lambda\pi_k = 0 \tag{6-65}$$

$$\sum_{k=1}^{m}\sum_{i=1}^{N}\hat{z}_{i,k} + \lambda\sum_{k=1}^{m}\pi_k = 0 \tag{6-66}$$

因为 $N_k = \sum_{i=1}^{N} \hat{z}_{i,k}$, $\sum_{k=1}^{m} \pi_k = 1$, 所以

$$\sum_{k=1}^{m} N_k + \lambda \times 1 = 0 \tag{6-67}$$

又因 $N = \sum_{k=1}^{m} N_k$, 所以有

$$N + \lambda = 0 \tag{6-68}$$

所以得到 $\lambda = -N$, 将其代入式(6-64)中,可得

$$\frac{\sum_{i=1}^{N} \hat{z}_{i,k}}{\pi_k} - N = 0 \tag{6-69}$$

$$\frac{N_k}{\pi_k} - N = 0 \tag{6-70}$$

因此得出 $\pi_k = N_k/N$, 混合比例系数 $\pi_k$ 表示属于第 $k$ 类的样本数量占总的样本数量的比例。均值 $\boldsymbol{\mu}_k$ 的物理含义是第 $k$ 类高斯分布的均值向量。协方差 $\boldsymbol{\Sigma}_k$ 表示的是第 $k$ 类高斯分布的协方差矩阵。这一步是通过最大化数据似然得到的,因此被称为最大化(maximization)步,简称为 M 步。

下面对 EM 算法求解模型的参数步骤进行总结。

第一步:初始化均值向量 $\boldsymbol{\mu}_k$、协方差矩阵 $\boldsymbol{\Sigma}_k$ 和混合比例系数 $\pi_k$;

第二步:E 步,估计样本 $\boldsymbol{x}_i$ 对应的隐变量 $\boldsymbol{z}_i$ 的估计值

$$\hat{z}_{i,k} = \frac{\pi_k N(\boldsymbol{x}_i \mid \boldsymbol{\mu}_k, \boldsymbol{\Sigma}_k)}{\sum_{j=1}^{m} \pi_j N(\boldsymbol{x}_i \mid \boldsymbol{\mu}_j, \boldsymbol{\Sigma}_j)}$$

第三步:M 步,基于更新后的 $\hat{\boldsymbol{z}}_i$, 重新估计参数 $(\boldsymbol{\mu}_k, \boldsymbol{\Sigma}_k, \pi_k)$

$$\boldsymbol{\mu}_k^{\text{new}} = \frac{1}{N_k} \sum_{i=1}^{N} \hat{z}_{i,k} \boldsymbol{x}_i$$

$$\boldsymbol{\Sigma}_k^{\text{new}} = \frac{1}{N_k} \sum_{i=1}^{N} \hat{z}_{i,k} (\boldsymbol{x}_i - \boldsymbol{\mu}_k^{\text{new}})(\boldsymbol{x}_i - \boldsymbol{\mu}_k^{\text{new}})^{\mathrm{T}}$$

$$\pi_k^{\text{new}} = \frac{N_k}{N}$$

其中, $N_k = \sum_{i=1}^{N} \hat{z}_{i,k}$;

第四步:重新估计对数似然,检查是否收敛,若否,则返回第二步。

**例 6-2** 采用高斯混合模型对下面 4 个样本进行聚类:

$$\boldsymbol{x}_1 = \begin{bmatrix} -1.1 \\ 0.2 \end{bmatrix}, \boldsymbol{x}_2 = \begin{bmatrix} -0.9 \\ -0.2 \end{bmatrix}, \boldsymbol{x}_3 = \begin{bmatrix} 1.1 \\ -0.1 \end{bmatrix}, \boldsymbol{x}_4 = \begin{bmatrix} 0.9 \\ 0.1 \end{bmatrix}$$

**解**:EM 算法迭代求解过程如下:

(1) 第一次迭代:

第一步：初始化$\boldsymbol{\mu}_1=\begin{bmatrix}-0.5\\0.0\end{bmatrix}$，$\boldsymbol{\mu}_2=\begin{bmatrix}0.5\\0.0\end{bmatrix}$，$\boldsymbol{\Sigma}_1=\begin{bmatrix}1&0\\0&1\end{bmatrix}$，$\boldsymbol{\Sigma}_2=\begin{bmatrix}1&0\\0&1\end{bmatrix}$，$\pi_1=0.1$，$\pi_2=0.9$，得到对数似然函数为-9.73；

第二步：E 步，计算$\boldsymbol{z}_i$的期望值：

$$\hat{z}_{1,1}=\frac{0.1\times0.130}{0.1\times0.130+0.9\times0.043}=0.250$$

$$\hat{z}_{1,2}=\frac{0.9\times0.043}{0.1\times0.130+0.9\times0.043}=0.750$$

$$\hat{z}_{2,1}=\frac{0.1\times0.144}{0.1\times0.144+0.9\times0.059}=0.215$$

$$\hat{z}_{2,2}=\frac{0.9\times0.059}{0.1\times0.144+0.9\times0.059}=0.785$$

$$\hat{z}_{3,1}=\frac{0.1\times0.044}{0.1\times0.044+0.9\times0.132}=0.036$$

$$\hat{z}_{3,2}=\frac{0.9\times0.132}{0.1\times0.044+0.9\times0.132}=0.964$$

$$\hat{z}_{4,1}=\frac{0.1\times0.059}{0.1\times0.059+0.9\times0.146}=0.043$$

$$\hat{z}_{4,2}=\frac{0.9\times0.146}{0.1\times0.059+0.9\times0.146}=0.957$$

第三步：M 步，重新估算参数：

$$\boldsymbol{\mu}_1=\frac{1}{N_1}\sum_{i=1}^{4}\hat{z}_{i,1}\boldsymbol{x}_i=\begin{bmatrix}-0.72\\0.01\end{bmatrix},N_1=\sum_{i=1}^{4}\hat{z}_{i,1}=0.544$$

$$\boldsymbol{\mu}_2=\frac{1}{N_2}\sum_{i=1}^{4}\hat{z}_{i,2}\boldsymbol{x}_i=\begin{bmatrix}0.11\\-0.00\end{bmatrix},N_2=\sum_{i=1}^{4}\hat{z}_{i,2}=3.456$$

$$\boldsymbol{\Sigma}_1=\frac{1}{N_1}\sum_{i=1}^{4}\hat{z}_{i,1}(\boldsymbol{x}_i-\boldsymbol{\mu}_1)(\boldsymbol{x}_i-\boldsymbol{\mu}_1)^{\mathrm{T}}=\begin{bmatrix}0.505&-0.020\\-0.020&0.035\end{bmatrix}$$

$$\boldsymbol{\Sigma}_2=\frac{1}{N_2}\sum_{i=1}^{4}\hat{z}_{i,2}(\boldsymbol{x}_i-\boldsymbol{\mu}_2)(\boldsymbol{x}_i-\boldsymbol{\mu}_2)^{\mathrm{T}}=\begin{bmatrix}0.996&-0.012\\-0.012&0.023\end{bmatrix}$$

$$\pi_1=N_1/(N_1+N_2)=0.136$$

$$\pi_2=N_2/(N_1+N_2)=0.864$$

第四步：计算对数似然函数为-9.68。

(2)第二次迭代：

第一步：E 步，

$$\hat{z}_{1,1}=0.985,\hat{z}_{1,2}=0.015,\hat{z}_{2,1}=0.981,\hat{z}_{2,2}=0.019$$

$$\hat{z}_{3,1}=0.0,\hat{z}_{3,2}=1.0,\hat{z}_{4,1}=0.0,\hat{z}_{4,2}=1.0$$

第二步:M 步,

$$\boldsymbol{\mu}_1=\begin{bmatrix}-1.0\\0.0\end{bmatrix},N_1=1.97,\boldsymbol{\mu}_2=\begin{bmatrix}0.97\\-0.00\end{bmatrix},N_2=2.03$$

$$\boldsymbol{\Sigma}_1=\begin{bmatrix}0.01- & 0.02\\-0.02 & 0.04\end{bmatrix},\boldsymbol{\Sigma}_2=\begin{bmatrix}0.08 & -0.001\\-0.001 & 0.01\end{bmatrix}$$

$$\pi_1=0.49,\pi_2=0.51$$

第三步:计算对数似然函数为 3.43。

后续迭代,模型收敛,迭代截止。

# 第 7 章　神经网络分类器

## 7.1　引言

目标识别是计算机对人类感知能力的模仿,而人类的智能活动离不开其大脑这一神经系统。人的大脑有大约 $1.4\times10^{11}$ 个神经细胞单元,即神经元,一个神经元主要由细胞体、树突、轴突和突触四个部分组成。每个神经元轴突大约与 1000 个其他神经元相连,实现信息传递,从而构成一个高度复杂的人脑神经系统,控制人体的各种智能活动。如果能让计算机模拟人类大脑神经系统的工作机理,就能够提高计算机的目标识别能力。基于上述思想,人工神经网络和近年来不断兴起的深度学习研究不断深入,并且在目标识别领域得到广泛应用。

1943 年,心理学家 McCulloch 和数学家 Pitts 合作提出了人工神经元最早的数学模型,拉开了人工神经网络研究的序幕。人工神经网络(artificial neural network,ANN)简称神经网络,是由大量的人工神经元广泛互联而成的网络。人工神经网络是在现代生物学研究人脑组织所取得的成果基础上提出的,目的在于模拟人脑神经系统的结构与功能。

人工神经网络已经成为一门重要的交叉学科,广泛应用于目标识别、智能控制、信号处理、计算机视觉、辅助决策等领域。本章简要介绍神经网络基础、常用的神经网络以及神经网络应用于目标识别的基本思想。

## 7.2　神经网络的基本要素

### 7.2.1　人工神经元模型

人工神经元是神经网络的基本处理单元,是对生物神经元的简化与模拟,单个神经元模型如图 7-1 所示。人工神经元是一个多输入、单输出的非线性元件,其输入输出关系可表示为

$$y = f\left(\sum_{i=1}^{n} w_i x_i - \theta\right) \tag{7-1}$$

式中:$x_1,x_2,\cdots,x_n$ 是从外部环境或其他神经元传来的输入信号;$w_1,w_2,\cdots,w_n$ 是对应于输入的连接权值;$\theta$ 是一个阈值;函数 $f:R\rightarrow R$ 为传递函数,也称为激活函数,表示神经元的输出。

常用的激活函数如下:

(1) 阈值型函数。常用的阈值型函数有阶跃函数和符号函数。阶跃函数的表达式为

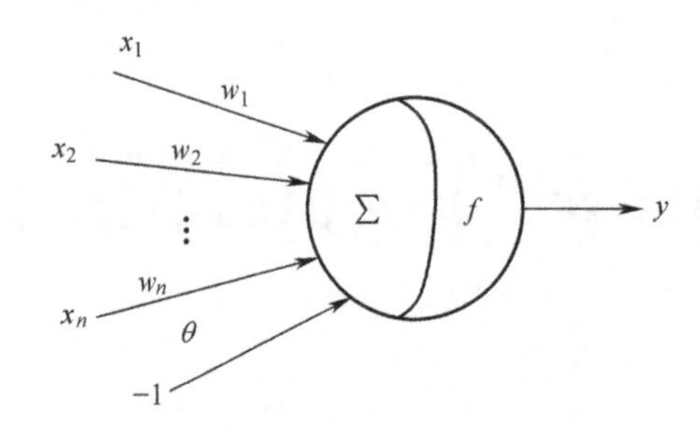


图 7-1 单个人工神经元模型

$$f(x)=\begin{cases}1 & x \geqslant 0\\0 & x<0\end{cases} \tag{7-2}$$

符号函数的表达式为

$$f(x)=\begin{cases}1 & x \geqslant 0\\-1 & x<0\end{cases} \tag{7-3}$$

(2) sigmoid 函数。该函数是基础的非线性激活函数,其作用是将输入的连续实值变换为 0 和 1 之间的输出。对于非常大的负数,输出为 0;对于非常大的正数,输出为 1,如图 7-2 所示。其函数表达式为

$$f(x)=\frac{1}{1+\mathrm{e}^{-x}} \tag{7-4}$$

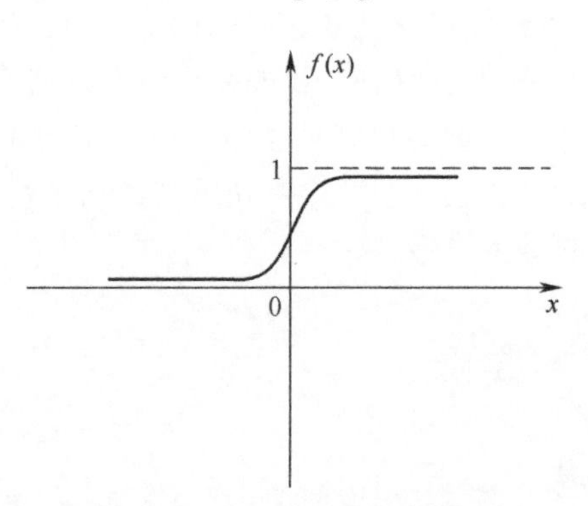


图 7-2 sigmoid 函数示意图

(3) tanh 函数。该函数的值域为 (−1,1),且穿过原点。它实际上是 sigmoid 函数向下平移和伸缩后的结果,如图 7-3 所示。其函数表达式为

$$f(x)=\frac{\mathrm{e}^{x}-\mathrm{e}^{-x}}{\mathrm{e}^{x}+\mathrm{e}^{-x}} \tag{7-5}$$

(4) ReLU 函数。该函数是一种修正的线性函数,如图 7-4 所示。其函数表达式为

$$f(x)=\max(0,x) \tag{7-6}$$

对于 ReLU 函数,当 $x$ 为负数时,导数恒为 0;当 $x$ 为正数,导数恒为 1。从实际应用角度看,激活函数的导数为 0 时神经元将不会训练,这会导致稀疏性,Leaky ReLU 函数通过将 $x<0$ 时的函数值不设为 0,而是有轻微的下斜,以解决上述问题。Leaky ReLU 函数如图 7-5 所示。

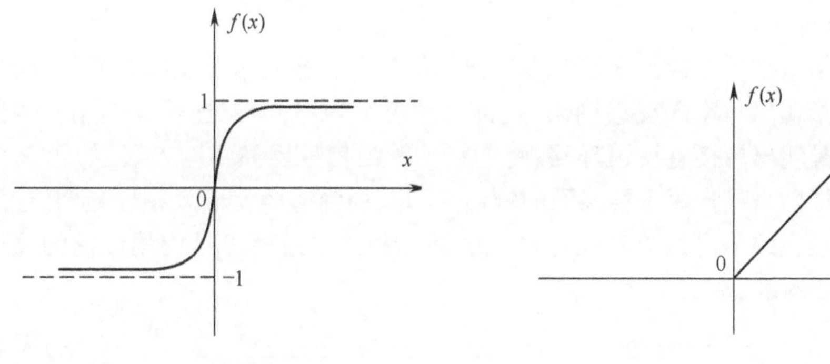


图 7-3　tanh 函数示意图　　　　图 7-4　ReLU 函数示意图

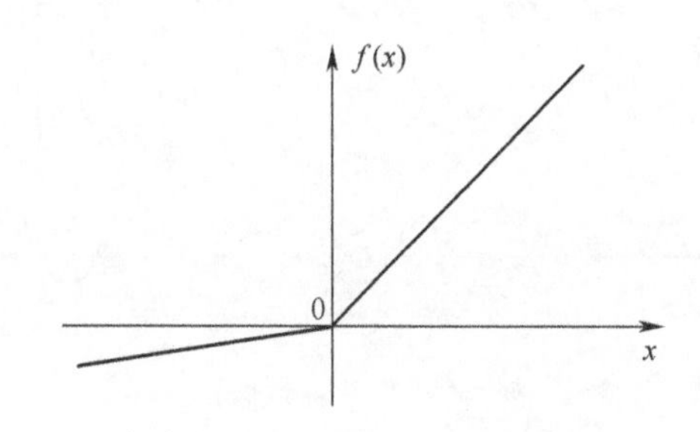


图 7-5　Leaky ReLU 函数示意图

### 7.2.2　神经网络结构

神经网络是由大量的人工神经元广泛互连而成的网络，根据网络的拓扑结构不同，神经网络可分为前馈神经网络网络、反馈神经网络。下面简单进行介绍。

**1. 前馈神经网络**

前馈神经网络中神经元分层排列，网络由输入层、中间层（也称隐含层）、输出层组成，每一层神经元的输入只能是前一层神经元的输出。根据是否有中间层，前馈神经网络分为单层前馈神经网络和多层前馈神经网络。常用的前馈神经网络有感知器、BP 网络、RBF 网络等。

单层前馈神经网络没有中间层，如图 7-6(a)所示。由于输入层只接受外界输入，无任何计算功能，输入层不纳入层数的计算中，“单层”是指具有计算节点的输出层。多层前馈神经网络有一个或多个隐含层，如图 7-6(b)所示。隐含层节点的输入和输出都是网络内部的，隐含层节点具有计算功能，所以隐含层纳入层数的计算中。

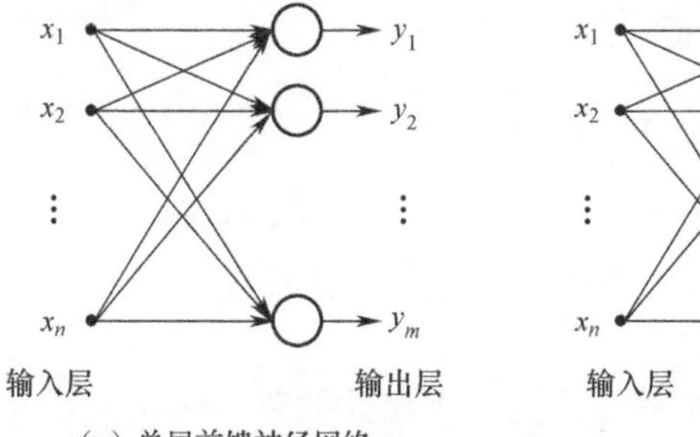


(a) 单层前馈神经网络

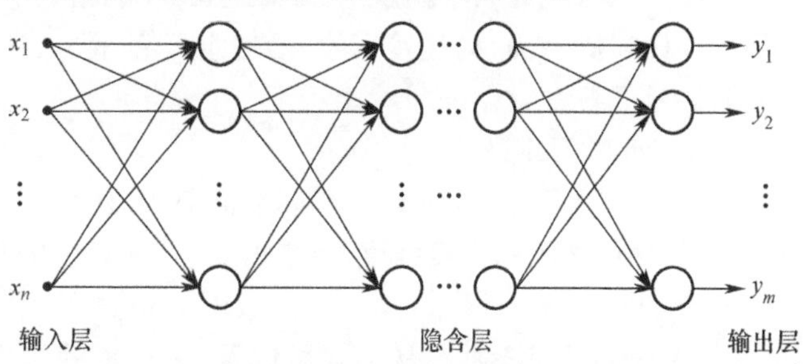


(b) 多层前馈神经网络

图 7-6　前馈神经网络

**2. 反馈神经网络**

反馈神经网络是指每个神经元同时将其输出信号作为输入信号反馈给其他神经元。反馈神经网络包括输出向输入反馈网络、局部互连反馈网络、全互连反馈网络。输出向输入反馈网络只是输出层接有反馈环路,将网络的输出信号反馈到输入层,如图 7-7 所示。局部互连反馈网络是指每个神经元的输出只和其周围神经元输入相连;全互连反馈网络是指每个神经元的输出都与其他神经元的输入相连。最简单且应用广泛的反馈神经网络是 Hopfield 网络。

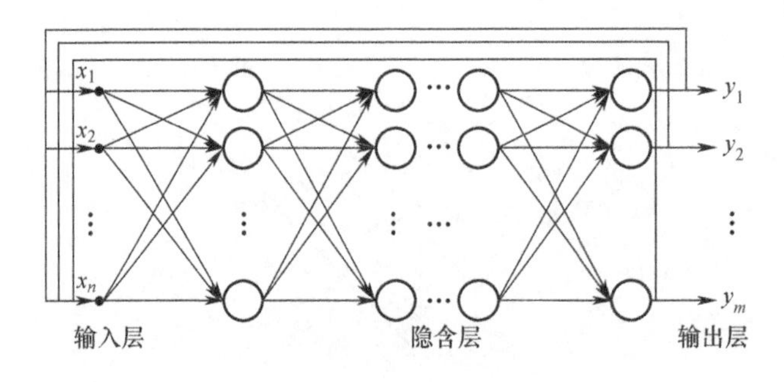


图 7-7 反馈神经网络

## 7.2.3 神经网络学习

神经网络信息处理包括学习和执行两个阶段:

(1) 学习阶段也称为训练阶段,给定训练样本集,按一定的学习规则调整权系数,使某种代价函数达到最小,也就是使权系数收敛到最优值;

(2) 执行阶段是指利用学习阶段得到的连接权系数对输入信息进行处理,并产生相应的输出。

根据学习过程的组织与管理,神经网络的学习可分为两大类:

(1) 监督学习。对每一个输入训练样本,都有一个期望得到的输出值(也称导师信号),将它和实际输出值进行比较,根据两者之间的差值不断调整网络的连接权值,直到差值减小到预定的要求。

(2) 非监督学习。网络的学习完全是一种自我调整过程,不存在导师信号。输入样本进入网络后,网络按照预先设定的某种规则反复地自动调整网络结构和连接权值,使网络最终具有识别分类功能。

假设 $y_j$ 为神经元 $j$ 的输出, $x_i$ 为神经元 $i$ 对神经元 $j$ 的输入, $w_{ij}$ 是神经元 $i$ 与神经元 $j$ 之间的连接权值, $\Delta w_{ij}$ 为连接权值 $w_{ij}$ 的修正值,即 $w_{ij}(n+1)=w_{ij}(n)+\Delta w_{ij}$。下面介绍常用的学习规则。

**1. Hebb 学习规则**

Hebb 学习规则是 1949 年由心理学家 D. O. Hebb 提出的。当两个神经元同时处于兴奋状态时,它们之间的连接强度应该加强。连接权值的学习规则按下式计算:

$$\Delta w_{ij} = \eta y_j x_i \tag{7-7}$$

其中, $\eta$ 为学习速率参数。从上式可以看出,权重的修正值和神经元的输入输出乘积成正比,输入值对权值的影响很大。在实际应用中,为了避免权值的无限增长,需要预先设定权值的饱和值。

**2. 离散感知器学习规则**

1958年,美国学者 Frank Rosenblatt 首次提出感知器,由此也产生了感知器的学习规则,该规则属于有导师训练,学习信号来自神经元期望输出和实际输出之间的误差,定义误差信号为

$$r_j = d_j - y_j \tag{7-8}$$

式中:$d_j$ 为神经元 $j$ 的期望响应。权重调整公式为

$$\Delta w_{ij} = \eta r_j x_i \tag{7-9}$$

感知器采用符号函数作为激活函数,如式(7-3)所示,所以权重调整公式可以简化为

$$\Delta w_{ij} = \pm 2\eta x_i \tag{7-10}$$

**3. 连续感知器学习规则——$\delta$ 规则**

1986年,认知心理学家 McClelland 和 Rumelhart 在神经网络训练中引入了 $\delta$ 学习规则,该规则也称为连续感知器学习规则,它是由输出值和期望值之间的最小均方误差推导出来的。设均方误差定义为

$$E = \frac{1}{2}(d_j - y_j)^2 = \frac{1}{2}\left(d_j - f\left(\sum_k w_{kj}x_k - \theta_j\right)\right)^2 \tag{7-11}$$

从而,

$$\frac{\partial E}{\partial w_{ij}} = -(d_j - y_j)f'\left(\sum_k w_{kj}x_k - \theta_j\right)x_i \tag{7-12}$$

要使期望误差最小,要求在负梯度方向上改变,所以取

$$\Delta w_{ij} = \eta(d_j - y_j)f'\left(\sum_k w_{kj}x_k - \theta_j\right)x_i \tag{7-13}$$

式中:$\eta$ 为学习速率参数。该规则是根据梯度进行迭代更新的,BP 神经网络使用的就是这个学习规则。

**4. Widrow-Hoff 学习规则**

Widrow-Hoff 学习规则也是使期望输出值和实际输出之间平方误差最小,因此又称为最小均方误差学习规则。学习规则定义如下:

$$r_j = d_j - y_j \tag{7-14}$$

$$\Delta w_{ij} = \eta r_j x_i \tag{7-15}$$

实际上,该规则可以看作 $\delta$ 学习规则的特殊情况,当激活函数为

$$y_j = f\left(\sum_{i=1}^{n} w_{ij}x_i - \theta_j\right) = \sum_{i=1}^{n} w_{ij}x_i - \theta_j \tag{7-16}$$

所以 $f'\left(\sum_k w_{kj}x_k - \theta_j\right) = 1$, 此时

$$\frac{\partial f\left(\sum_k w_{kj}x_k - \theta_j\right)}{\partial w_{ij}} = f'\left(\sum_k w_{kj}x_k - \theta_j\right)x_i = x_i \tag{7-17}$$

式(7-13)可以简化为

$$\Delta w_{ij} = \eta(d_j - y_j)x_i = \eta r_j x_i \tag{7-18}$$

Widrow-Hoff 学习规则不需要对激活函数求导,学习速度快,精度较高。

**5. 相关学习规则**

相关学习规则为

$$\Delta w_{ij} = \eta d_j x_i \tag{7-19}$$

这是 Hebb 规则的特殊情况，但相关规则是有导师的，要求权初始化 $w_{ij}=0$。

**6. Winner-Take-All(胜者为王)学习规则**

Winner-Take-All 学习规则是一种竞争关系的学习规则，主要用于无监督学习。当网络的某一层被确定为竞争层，对于某个特定输入，竞争层的所有神经元均有输出响应，其中响应值最大的神经元称为获胜神经元，即

$$\boldsymbol{w}_j^{\mathrm{T}} \boldsymbol{x} = \max_k (\boldsymbol{w}_k^{\mathrm{T}} \boldsymbol{x}) \tag{7-20}$$

权重的调整只针对获胜的神经元

$$\Delta w_{ij} = \eta (x_i - w_{ij}) \tag{7-21}$$

由式(7-20)可知，输入向量和权重向量越接近，两个向量的内积越大。因此，调整获胜神经元权值的结果就是让权向量与输入向量不断接近。如果下次出现与输入向量相似的向量，上次获胜的神经元就容易获胜。在这样的反复竞争学习中，各神经元所对应的权向量被逐渐调整为输入样本空间的聚类中心。

## 7.3 前馈神经网络

本节介绍三种常用的前馈神经网络：感知器、BP 网络和径向基函数网络。

### 7.3.1 感知器

单层感知器网络如图 7-8 所示，该网络只包含输入层和输出层，输入层不涉及计算，也就是说不存在信号或信息交换。设输入样本为 $d$ 维向量 $\boldsymbol{x} = (x_1, x_2, \cdots, x_d)^{\mathrm{T}}$，此时，输入层就包含 $d$ 个节点。如果输入样本属于 $m$ 个类别 $\omega_1, \omega_2, \cdots, \omega_m$，那么输出层就设为 $m$ 个输出节点 $y_1, y_2, \cdots, y_m$，其中，每个输出节点对应一类。输入节点 $i$ 和输出节点 $j$ 的连接权值为 $w_{ij}(i = 1,2,\cdots,d; j = 1,2,\cdots,m)$。输出层第 $j$ 个神经元的输出为

$$y_j = f\left(\sum_{i=1}^{d} w_{ij} x_i - \theta_j\right) \tag{7-22}$$

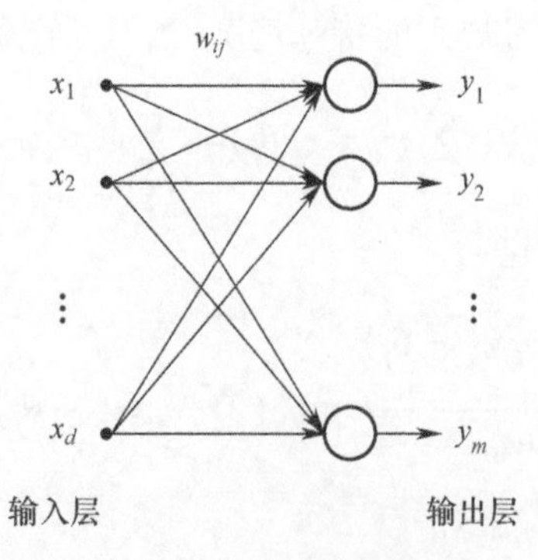


图 7-8 单层感知器网络结构图

其中,传递函数$f$采用符号函数,式(7-22)可以表示为

$$y_j = f\left(\sum_{i=1}^{d} w_{ij}x_i - \theta_j\right) = \mathrm{sgn}\left(\sum_{i=1}^{d} w_{ij}x_i - \theta_j\right) = \begin{cases} +1 & \boldsymbol{x} \in \omega_j \\ -1 & \boldsymbol{x} \notin \omega_j \end{cases} \tag{7-23}$$

感知器的学习规则为式(7-9)。当输入已知类别的样本对网络进行训练时,网络利用神经元实际输出与期望输出之间的偏差对连接权值进行修正,这个过程迭代进行,直到得到期望权值。单层感知器网络的训练步骤如下:

(1) 设置初始权向量 $w_{ij}(0)$。通常 $w_{ij}(0)$ 设置为较小的非零数。

(2) 输入训练样本。

(3) 权值修正。设第$k$次输入样本为$\boldsymbol{x}_k$,此时与第$j$个输出神经元连接的权向量为$\boldsymbol{w}_j(k) = (w_{1j}(k), w_{2j}(k), \cdots, w_{dj}(k))^{\mathrm{T}}$,计算神经网络的实际输出 $y_j(k)$。如果 $d_j$ 为第$j$个神经元的期望输出,则权重修正公式为

$$\boldsymbol{w}_j(k+1) = \boldsymbol{w}_j(k) + \boldsymbol{\eta}(d_j - y_j(k))\boldsymbol{x}_k \tag{7-24}$$

(4) 检验所有样本是否都能够收敛,如果是,则结束;如果不是,则转到(2)。

单层感知器网络只能解决线性可分问题。在单层感知器网络的输入层和输出层之间加入一层或多层神经元作为隐含层,就构成了多层感知器网络。多层感知器可以解决线性不可分样本的分类问题。

### 7.3.2 BP 网络

BP(back propagation,BP)神经网络是 1986 年由 Rumelhart 和 McClelland 为首的科学家提出的,它是采用误差反向传播算法的多层前馈网络,是应用最为广泛的神经网络模型之一。BP 神经网络的激活函数采用 sigmoid 函数,网络的输入和输出是一种非线性映射关系。

BP 网络的学习规则采用$\delta$学习规则。在网络学习过程中,把输出层节点的期望输出(目标输出)与实际输出(计算输出)的均方误差,逐层向输入层反向传播,分配给各连接节点,并计算出各连接节点的参考误差,在此基础上调整各连接权值,使得网络的期望输出与实际输出的均方误差达到最小。

**1. BP 算法原理**

在 BP 网络训练过程中,对于输入样本$\boldsymbol{x}$,若期望的网络输出为$\boldsymbol{y}$,实际的网络输出为$\hat{\boldsymbol{y}}$,此时网络输出的均方误差为

$$e = \frac{1}{2}\|\boldsymbol{y} - \hat{\boldsymbol{y}}\|^2 = \frac{1}{2}\sum_{i=1}^{m}(y_i - \hat{y}_i)^2 \tag{7-25}$$

式中:$m$为输出层的节点数。

连接权的调整主要有逐个处理和成批处理两种方法:①逐个处理,是指每输入一个样本就调整一次连接权值;②成批处理,是指一次性输入所有训练样本,计算总误差,然后调整连接权值。

当采用逐个处理的方法,并根据误差的负梯度修改连接权值时,BP 网络的学习规则为

$$\begin{cases} w_{pq}^{(r)}(k+1) = w_{pq}^{(r)}(k) + \Delta w_{pq}^{(r)} \\ \Delta w_{pq}^{(r)} = -\eta \dfrac{\partial e(k)}{\partial w_{pq}^{(r)}} \end{cases} \quad \forall p,q \tag{7-26}$$

式中：$k$ 为迭代次数；$w_{pq}^{(r)}(k)$ 表示 $r-1$ 层的第 $p$ 个神经元与 $r$ 层的第 $q$ 个神经元之间的连接权值；$\eta$ 为学习步长，$0<\eta<1$；$e(k)$ 为第 $k$ 次迭代输出的均方误差。

设 BP 网络有 $d$ 个输入节点，$m$ 个输出节点，有 $l$ 个隐含层，每个隐含层有 $n_i(i=1,2,\cdots,l)$ 个节点；$x_1,x_2,\cdots,x_d$ 为实际输入，$y_1,y_2,\cdots,y_m$ 为网络的期望输出，$\hat{y}_1,\hat{y}_2,\cdots,\hat{y}_m$ 为网络的实际输出，第 $k$ 次迭代神经网络的输出为

$$\hat{y}_i(k) = f(\overline{y}_i(k)) = f\left(\sum_{j=1}^{n_l} w_{ji}^{l+1}(k)\hat{h}_j^l(k)\right) \tag{7-27}$$

式中：$f(\cdot)$ 为输出层的传递函数；$\overline{y}_i(k)$ 为输出层第 $i$ 个神经元的输入值，它等于所有与它相连接的上一层神经元输出的加权和；$w_{ji}^{l+1}(k)$ 表示第 $l$ 个隐含层（即最后一个隐含层）的第 $j$ 个神经元和输出层（第 $l+1$ 层）第 $i$ 个神经元之间的权值；$\hat{h}_j^l(k)$ 表示第 $l$ 个隐含层的第 $j$ 节点的输出。下面讨论各层连接权值的计算。

（1）输出层（第 $l+1$ 层）。第 $k$ 次迭代后，输出均方误差为

$$e(k) = \frac{1}{2}\sum_{i=1}^{m}[y_i(k) - \hat{y}_i(k)]^2 = \frac{1}{2}\sum_{i=1}^{m}[y_i(k) - f(\overline{y}_i(k))]^2 \tag{7-28}$$

$$\Delta w_{ji}^{(l+1)}(k) = -\eta \frac{\partial e(k)}{\partial w_{ji}^{(l+1)}(k)} \tag{7-29}$$

$$\frac{\partial e(k)}{\partial w_{ji}^{(l+1)}(k)} = \frac{\partial e(k)}{\partial \hat{y}_i(k)} \cdot \frac{\partial \hat{y}_i(k)}{\partial \overline{y}_i(k)} \cdot \frac{\partial \overline{y}_i(k)}{\partial w_{ji}^{(l+1)}(k)} \tag{7-30}$$

因为

$$\frac{\partial e(k)}{\partial \hat{y}_i(k)} = -[y_i(k) - \hat{y}_i(k)], \quad \frac{\partial \hat{y}_i(k)}{\partial \overline{y}_i(k)} = f'(\overline{y}_i(k)), \quad \frac{\partial \overline{y}_i(k)}{\partial w_{ji}^{(l+1)}(k)} = \hat{h}_j^l(k)$$

所以

$$\Delta w_{ji}^{(l+1)}(k) = \eta[y_i(k) - \hat{y}_i(k)] \cdot f'(\overline{y}_i(k)) \cdot \hat{h}_j^l(k) \tag{7-31}$$

$$\Delta w_{ji}^{(l+1)}(k) = \eta \varepsilon_i^{(l+1)}(k)\hat{h}_j^l(k) \tag{7-32}$$

其中

$$\varepsilon_i^{(l+1)}(k) = [y_i(k) - \hat{y}_i(k)] \cdot f'(\overline{y}_i(k)) \tag{7-33}$$

且 $f'(\cdot)$ 为输出层的传递函数对输入变量的导数。

（2）隐含层（第 $r$ 层，$r=1,2,\cdots,l$）。第 $r-1$ 层各节点到第 $r(r=1,2,\cdots,l)$ 层第 $p$ 个节点的加权和为

$$\overline{h}_p^{(r)}(k) = \sum_{j=1}^{n_{r-1}} w_{jp}^{(r)}(k)\hat{h}_j^{(r-1)}(k) \tag{7-34}$$

式中：$n_{r-1}$ 表示第 $r-1$ 层的节点数；$w_{jp}^{(r)}(k)$ 表示第 $r-1$ 层的第 $j$ 个节点和第 $r$ 层第 $p$ 个节点之间权值；$\hat{h}_j^{(r-1)}(k)$ 表示第 $r-1$ 层的第 $j$ 个节点输出。若第 $r$ 层的传递函数为

$f_r(\cdot)$，则第 $r(r=1,2,\cdots,l)$ 层第 $p$ 个节点的输出为

$$\hat{h}_p^{(r)}(k)=f_r(\overline{h}_p^{(r)}(k))=f_r\left(\sum_{j=1}^{n_{r-1}} w_{jp}^{(r)}(k)\hat{h}_j^{(r-1)}(k)\right) \tag{7-35}$$

对第 $r(r=1,2,\cdots,l)$ 隐含层，连接权的调整方程为

$$\Delta w_{jp}^{(r)}(k)=-\eta\frac{\partial e(k)}{\partial w_{jp}^{(r)}(k)}=-\eta\frac{\partial e(k)}{\partial \overline{h}_p^{(r)}(k)}\cdot\frac{\partial \overline{h}_p^{(r)}(k)}{\partial w_{jp}^{(r)}(k)}=-\eta\frac{\partial e(k)}{\partial \overline{h}_p^{(r)}(k)}\hat{h}_j^{(r-1)}(k) \tag{7-36}$$

$$\Delta w_{jp}^{(r)}(k)=\eta\varepsilon_p^{(r)}(k)\hat{h}_j^{(r-1)}(k)$$

其中，

$$\varepsilon_p^{(r)}(k)=-\frac{\partial e(k)}{\partial \overline{h}_p^{(r)}(k)} \tag{7-37}$$

为第 $k$ 次迭代中第 $r$ 隐含层的局部误差。

下面分析 $\varepsilon_p^{(r)}(k)=-\dfrac{\partial e(k)}{\partial \overline{h}_p^{(r)}(k)}$ 的迭代方法：

$$\varepsilon_p^{(r)}(k)=-\frac{\partial e(k)}{\partial \overline{h}_p^{(r)}(k)}=-\frac{\partial e(k)}{\partial \hat{h}_p^{(r)}(k)}\cdot\frac{\partial \hat{h}_p^{(r)}(k)}{\partial \overline{h}_p^{(r)}(k)}=-\frac{\partial e(k)}{\partial \hat{h}_p^{(r)}(k)}\cdot f'_r(\overline{h}_p^{(r)}(k)) \tag{7-38}$$

其中，$f'_r(\cdot)$ 为 $f_r(\cdot)$ 的导数。BP 网络的误差反向传播为

$$\frac{\partial e(k)}{\partial \hat{h}_p^{(r)}(k)}=\frac{1}{n_{r+1}}\sum_{i=1}^{n_{r+1}}\frac{\partial e(k)}{\partial \overline{h}_i^{(r+1)}(k)}\cdot\frac{\partial \overline{h}_i^{(r+1)}(k)}{\partial \hat{h}_p^{(r)}(k)}=\frac{1}{n_{r+1}}\sum_{i=1}^{n_{r+1}}(-\varepsilon_i^{(r+1)})(k)\cdot w_{pi}^{(r+1)} \tag{7-39}$$

因此，

$$\varepsilon_p^{(r)}(k)=f'_r(\overline{h}_p^{(r)}(k))\cdot\frac{1}{n_{r+1}}\sum_{i=1}^{n_{r+1}}\varepsilon_i^{(r+1)}(k)\cdot w_{pi}^{(r+1)}\quad r=1,2,\cdots,l \tag{7-40}$$

逐个处理的 BP 算法训练步骤如下：

(1) 初始化。根据实际问题，设计网络连接结构，例如，输入变量和输出变量个数、隐含的层数、各层神经元的个数，并随机设置所有的连接权值为任意小值。假设输入变量为 $d$ 个，输出变量为 $m$ 个，每个训练样本的形式为 $(x_1,x_2,\cdots,x_d;y_1,y_2,\cdots,y_m)$，其中，$\boldsymbol{y}=[y_1,y_2,\cdots,y_m]$ 是输入为 $\boldsymbol{x}=[x_1,x_2,\cdots,x_d]$ 时的期望输出。

(2) 输入一个样本，用现有的权值计算网络中各神经元的实际输出。

(3) 利用式(7-33)和式(7-40)计算局部误差 $\varepsilon_p^{(i)}(k)(i=1,2,\cdots l,l+1)$，$l$ 为隐含层的个数。

(4) 根据递推式(7-32)和式(7-36)计算 $\Delta w_{jp}^{(i)}(k)(i=1,2,\cdots l,l+1)$，并更新相应的权值。

(5) 输入另一样本，转步骤(2)。

训练样本是随机输入的，并且要求把训练集中所有样本都加到网络上，直到网络收敛且均方误差小于给定的阈值，才结束训练。此时，固定权值网络就构成了一个分类器。

成批处理时,将全部 $N$ 个样本依次输入,累加 $N$ 个输出误差后对连接权进行一次调整。

**例 7-1** 隐含层为一层的 BP 网络的结构如图 7-9 所示。网络共分为 3 层:$i$ 为输入层节点,$j$ 为隐含层节点,$k$ 为输出层节点。隐含层节点的激活函数采用 sigmoid 函数:

$$f(x)=\frac{1}{1+\mathrm{e}^{-x}}$$

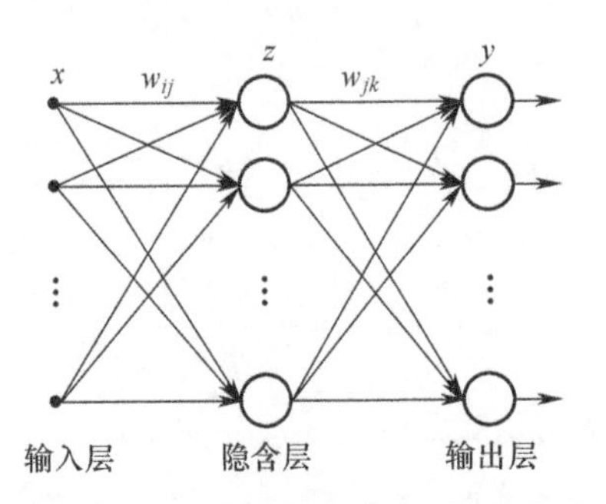


图 7-9 一个隐含层的 BP 网络的结构图

定义网络的误差函数为

$$e=\frac{1}{2}\sum_{k}(\hat{y}_k-y_k)^2$$

式中:$\hat{y}_k$ 表示网络的期望输出;$y_k$ 表示网络的实际输出。

各层连接权值修正公式如下:

(1) 隐含层与输出层为

$$w_{jk}(t+1)=w_{jk}(t)+\eta\varepsilon_k x'_j,$$
$$\varepsilon_k=y_k(1-y_k)(\hat{y}_k-y_k)$$

(2) 输入层与隐含层为

$$w_{ij}(t+1)=w_{ij}(t)+\eta\varepsilon_j x_i,$$
$$\varepsilon_j=z_j(1-z_j)\sum_{k}\varepsilon_k w_{jk}$$

式中:$\eta$ 为学习率;$\varepsilon_k,\varepsilon_j$ 为修正值;$z_j$ 为隐含层节点 $j$ 的输出,$z_j=\frac{1}{1+\mathrm{e}^{-(\Sigma w_{ij}x_i-\theta_j)}}$。

BP 学习算法是神经网络学习中最常用的学习方法之一,BP 网络广泛应用于模式识别、函数逼近、数据压缩等多个方面。但是,BP 算法存在一些不足,例如,隐含层数和隐含层神经元数目通常是通过实验确定的,缺乏理论依据;有可能收敛到一个局部极小点,得到局部最优解;学习算法的收敛速度较慢。

**2. BP 网络学习算法改进**

BP 网络只要有足够的隐含层和隐含节点,就可以逼近任意非线性映射,此外,BP 网络的学习算法是一种全局优化算法,具有很好的泛化能力,因此,BP 网络得到广泛应用。但是 BP 网络也存在收敛速度慢、容易陷入局部最优、隐含层及其节点个数难以确定等问题。针对上述问题,许多学者提出了改进算法,这里给出几种典型的改进算法。

1）引入惯性项

为了加快网络的收敛速度，可以在权值修正公式中加入一个惯性项，使权系数的变化更加平稳。

$$\begin{cases} w_{pq}^{(r)}(k+1) = w_{pq}^{(r)}(k) + \Delta w_{pq}^{(r)} + \alpha[w_{pq}^{(r)}(k) - w_{pq}^{(r)}(k-1)] \\ \Delta w_{pq}^{(r)} = -\eta \dfrac{\partial e(k)}{\partial w_{pq}^{(r)}} \end{cases} \quad \forall p,q \tag{7-41}$$

式中：$\alpha(0 < \alpha < 1)$ 为惯性系数。

2）引入动量项

BP 网络的学习方法是一种简单的梯度下降法，在进行权系数 $w_{pq}(k)$ 修正时，只按照 $k$ 时刻的负梯度方式进行修正，却没有考虑以往梯度方向的积累经验，这会导致学习过程发生振荡现象，收敛速度也会变慢。通过引入动量项对这一问题进行改进。

$$\begin{cases} w_{pq}^{(r)}(k+1) = w_{pq}^{(r)}(k) + \eta[(1-\alpha)D(k) + \alpha D(k-1)] \\ D(k) = -\dfrac{\partial e(k)}{\partial w_{pq}^{(r)}}, D(k-1) = -\dfrac{\partial e(k-1)}{\partial w_{pq}^{(r)}} \end{cases} \quad \forall p,q \tag{7-42}$$

式中：$\alpha(0 < \alpha < 1)$ 为动量项因子。

这里的动量项相当于阻尼项，它可以减小学习过程中振荡现象，加快收敛速度，是目前应用较为广泛的一种改进方法。

3）变步长法

步长 $\eta$ 的选择对算法的收敛速度影响很大，$\eta$ 太小，收敛速度太慢，$\eta$ 太大，则有可能修正过头，导致无法收敛。变步长算法可以解决这一问题。

$$\begin{cases} w_{pq}^{(r)}(k+1) = w_{pq}^{(r)}(k) + \eta(k)D(k) \\ D(k) = -\dfrac{\partial e(k)}{\partial w_{pq}^{(r)}} \\ \eta(k) = 2^{\lambda}\eta(k-1) \\ \lambda = \mathrm{sgn}[D(k)D(k-1)] \end{cases} \quad \forall p,q \tag{7-43}$$

式中：$\eta$ 取决于相邻两次梯度，如果连续两次梯度方向相同时，说明下降速度太慢，就增加步长；反之，则说明下降速度太快，就需要减小步长。

当然，权系数的修正方法还有很多，大家可以参考相关文献选择适合的方法对网络进行训练。

### 7.3.3 径向基函数网络

径向基函数（radial basis function，RBF）网络是建立在 1985 年 Powell 提出的多变量插值径向基函数方法基础上，1988 年由 Broomhead 和 Lowe 将其应用于神经网络设计。RBF 网络结构与 BP 网络类似，它是一个三层前馈网络，其结构如图 7-10 所示。

**1. 基本原理**

RBF 网络的隐含层的变换函数为径向基函数，它是一种局部分布的关于中心点径向对称衰减的非负非线性函数。隐含层对输入样本进行变换，将低维空间的样本变换到高维空间，使得在低维空间线性不可分问题在高维空间中线性可分。RBF 函数作为隐含层

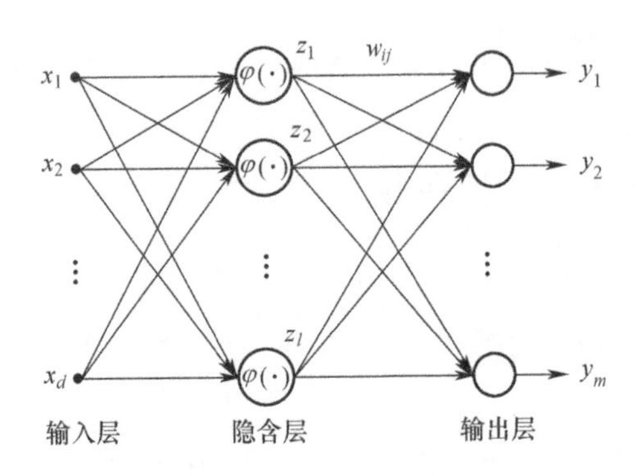


图 7-10 RBF 网络结构

的"基"构成隐含层空间,当 RBF 的中心点确定后,这个映射关系也就确定了。

隐含层到输出层的映射是线性的,输出层的输出是隐含层各节点输出的线性加权和,权值就是网络可调参数。即

$$y_j = \sum_{i=1}^{l} w_{ij} z_i + b_j \quad j = 1,2,\cdots,m \tag{7-44}$$

式中:$w_{ij}$ 为隐含层中节点 $i$ 到输出层节点 $j$ 的连接权值,有监督学习时,可利用 $\delta$ 学习规则反向修改权值;$l$ 为径向基函数的个数,即隐含层节点数;$b_j$ 为输出层节点 $j$ 的偏移(阈值);$z_i$ 为隐含层中节点 $i$ 的输出,即

$$z_i = \varphi_i(\boldsymbol{x}) \quad i = 1,2,\cdots,l \tag{7-45}$$

这里,$\boldsymbol{x} = (x_1,x_2,\cdots,x_d)^{\mathrm{T}} \in \mathrm{R}^d$ 为输入信号;$\varphi_i(\cdot)$ 为径向基函数,其中心向量为 $\boldsymbol{u}_i \in \mathrm{R}^d$,分布宽度为 $\alpha_i > 0$(形状参数)。常用的 RBF 函数是高斯核函数,其表达式为

$$z_i = \exp\left(-\frac{\|\boldsymbol{x} - \boldsymbol{u}_i\|^2}{2\alpha_i^2}\right) \quad i = 1,2,\cdots,l \tag{7-46}$$

网络学习时,RBF 函数的中心向量 $\boldsymbol{u}_i$ 和形状参数 $\alpha_i$ 也参与学习修正。中心向量修正的方法主要有自组织特征映射方法和 $K$-Means 方法。RBF 函数的形状参数 $\alpha_i$ 应根据样本的特性自适应地选择:若 $\alpha_i$ 取得较大,则隐含层中节点 $i$ 能感受较大范围内的模式,容错性好,但局部性差;若 $\alpha_i$ 取得较小,则容错性差,但局部性好。

从理论上而言,RBF 网络和 BP 网络一样可近似任何连续非线性函数,二者的主要差别在于它们使用不同的传递函数。BP 网络中隐含层节点的传递函数一般为非线性函数,RBF 网络隐含层节点的传递函数是关于中心对称的径向基函数。BP 网络各层单元间通过权连接,RBF 网络输入层和隐层间为直接连接,隐含层到输出层通过权连接。

**2. 学习过程**

RBF 神经网络学习主要是求解 3 个参数:基函数中心向量 $\boldsymbol{u}_i$、形状参数 $\alpha_i$ 以及隐含层到输出层的权值 $w_{ij}$。

学习过程可分为两个阶段:第一阶段为非监督学习阶段,该阶段主要是根据训练样本确定隐含层径向基函数的中心向量 $\boldsymbol{u}_i$、形状参数 $\alpha_i$;第二阶段为监督学习阶段,该阶段是在隐含层参数确定的基础上,根据最小二乘原则,确定隐含层到输出层的权值 $w_{ij}$。

设训练样本集为 $X = \{\boldsymbol{x}_1,\boldsymbol{x}_2,\cdots,\boldsymbol{x}_N\}$,样本的期望输出为 $\{\boldsymbol{y}_1,\boldsymbol{y}_2,\cdots,\boldsymbol{y}_N\}$,实际输出

为 $\{\hat{\boldsymbol{y}}_1,\hat{\boldsymbol{y}}_2,\cdots,\hat{\boldsymbol{y}}_N\}$，输出神经元的个数为 $m$。所有样本的总误差定义为

$$e=\frac{1}{2}\sum_{i=1}^{N}\|\boldsymbol{y}_i-\hat{\boldsymbol{y}}_i\|^2=\frac{1}{2}\sum_{i=1}^{N}\sum_{j=1}^{m}(y_{ij}-\hat{y}_{ij})^2 \tag{7-47}$$

(1) 非监督学习阶段。利用 $K$-Means 算法确定径向基函数的中心向量的思路是将 $K$-Means 算法得到的样本聚类中心作为中心向量。形状参数 $\alpha_i=\frac{C_{\max}}{\sqrt{2l}}$，其中 $C_{\max}$ 为所选取的中心之间的最大距离，$l$ 为隐含层神经元个数。形状参数这样计算是为了避免径向基函数太尖或太平。

(2) 监督学习阶段。隐含层到输出层是一个线性变换，连接权值的求解实际上是一个线性方程组的求解问题，可以通过线性优化进行求解。权值的学习算法为

$$w_{ij}(t+1)=w_{ij}(t)+\eta(y_j-\hat{y}_j)\frac{\boldsymbol{\varphi}_i(\boldsymbol{x})}{\boldsymbol{\varphi}^{\mathrm{T}}\boldsymbol{\varphi}} \tag{7-48}$$

式中：$\boldsymbol{\varphi}=\lceil\varphi_1(\boldsymbol{x}),\varphi_2(\boldsymbol{x}),\cdots,\varphi_l(\boldsymbol{x})\rceil$；$\varphi_i(\boldsymbol{x})$ 为隐含层径向基函数；$i(1\leqslant i\leqslant l)$ 表示隐含层节点标号；$j(1\leqslant i\leqslant m)$ 表示输出层节点标号；$\eta(0<\eta<1)$ 为迭代步长。

RBF 网络具有唯一最佳逼近的特性，且无局部极小，学习速度快，适合在线实时控制。

## 7.4　离散型 Hopfield 网络

Hopfield 网络是一种反馈型神经网络，由美国加州理工学院的 J. Hopfield 教授在 1982 年提出的。这种网络每个神经元的输出都会被反馈到其他神经元。反馈神经网络是一个非线性动力系统，可以用一组微分方程或差分方程来描述。它具有联想、记忆、最优化计算等功能。根据网络输出是离散量还是连续量，Hopfield 网络分为离散型和连续型两种，本节重点介绍离散型 Hopfield 网络。

**1. 网络模型**

离散型 Hopfield 网络是一个单层网络，如图 7-11 所示。网络有 $n$ 个神经元，每个神经元的输出都反馈到其他神经元的输入，各节点没有自反馈。

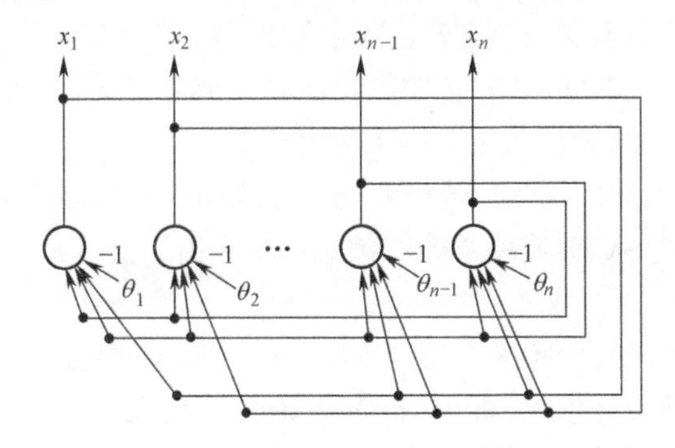


图 7-11　Hopfield 网络结构示意图

设神经元 $t$ 时刻的状态为 $\boldsymbol{x}(t)=[x_1(t),x_2(t),\cdots,x_n(t)]^{\mathrm{T}}$，第 $i$ 个神经元输出反馈

到第$j$个神经元输入的连接权重为$w_{ij}(i,j=1,2,\cdots,n)$，所有权重可以构成一个连接权矩阵$\boldsymbol{w}=(w_{ij})_{n\times n}$，其中当$i=j$时，$w_{ij}=0$；神经元的阈值$\boldsymbol{\theta}=(\theta_1,\theta_2,\cdots,\theta_n)^{\mathrm{T}}$。神经元的状态方程为

$$x_j(k+1)=f\left(\sum_{i=1}^{n}w_{ij}x_i(k)-\theta_j\right)\quad j=1,2,\cdots,n \tag{7-49}$$

式中：$f(\cdot)$是变换函数，对于离散型 Hopfield 网络，通常为二值函数，即

$$f(s)=\begin{cases}1 & s\geqslant 0\\ -1 & s<0\end{cases}\quad 或 f(s)=\begin{cases}1 & s\geqslant 0\\ 0 & s<0\end{cases} \tag{7-50}$$

**2. 网络工作方式**

网络有同步和异步两种工作方式。同步工作方式是一种并行工作方式，每次同时更新所有神经元的状态，更新方程为式(7-49)；异步工作方式也称为串行工作方式，网络运行时每次只更新一个神经元的状态，而其他神经元状态保持不变，设更新的神经元为$l(l\in\{1,2,\cdots,n\})$，则有

$$x_j(k+1)=\begin{cases}f\left(\sum_{i=1}^{n}w_{ij}x_i(k)-\theta_j\right) & j=l\\ x_j(k) & j\neq l\end{cases} \tag{7-51}$$

**3. 网络稳定性**

离散型 Hopfield 网络是一个离散非线性动力学系统，网络从初始状态$\boldsymbol{x}(0)$开始，经过有限次迭代，如果其状态不再发生变换，则称该网络为稳定的。如果网络是稳定的，那么从任意初始状态都可以收敛到稳定状态；如果网络是不稳定的，由于网络的输出只能是两种状态，所以系统出现限幅的自持振荡，而不是无限发散，称这种网络为有限环网络。

网络达到稳定时的状态$\boldsymbol{x}$，称为网络的吸引子。一个动力学系统最终行为是由它的吸引子决定的，若把需要记忆的样本信息存储于不同的吸引子中，当输入含有部分记忆信息的样本时，网络的演变过程便是从部分信息寻找全部信息，即联想回忆的过程。下面给出离散 Hopfield 网络的吸引子的定义及相关结论。

网络吸引子定义为：如果网络的状态$\boldsymbol{x}$满足$\boldsymbol{x}=f(\boldsymbol{w}^{\mathrm{T}}\boldsymbol{x}-\boldsymbol{\theta})$，则称$\boldsymbol{x}$为网络吸引子。系统的稳定性和工作方式有关，已经证明的结论如下：

(1) 对于离散型 Hopfield 网络，若按照异步方式调整状态，且连接权矩阵为对称阵，则对于任意初始状态，网络总能收敛到一个吸引子上；

(2) 对于离散型 Hopfield 网络，若按照同步方式调整状态，且连接权矩阵为非负定对称矩阵，则对于任意初始状态，网络总能收敛到一个吸引子上。

**4. 网络权值设计**

离散型 Hopfield 网络的权向量不是训练出来的，也不需要再学习，权矩阵是利用李雅普诺夫(Lyapunov)函数设计思想，采用 Hebb 规则计算出来的。网络训练中不断更新的不是权向量而是各神经元状态。网络不断演变到最终稳定时神经元的状态就是问题的解。前面在稳定性分析中已经知道，当网络异步工作时，只要权矩阵是对称的就能够稳定收敛，而网络同步工作时，要想稳定收敛，则要求权矩阵是非负定对称的，这一要求较

高,因此,这里仅考虑异步方式收敛的情况。

设 $N$ 个样本 $\boldsymbol{x}^{(k)}(k=1,2,\cdots,N)$,采用有监督 Hebb 规则来设计权矩阵,可以分下面两种情况进行计算。

(1) 当网络状态为 1 和 -1 两种状态时,相应的权向量为

$$w_{ij}=\begin{cases}\sum_{k=1}^{N}x_i^{(k)}x_j^{(k)} & i\neq j\\ 0 & i=j\end{cases}\tag{7-52}$$

写成矩阵形式为

$$\begin{aligned}\boldsymbol{w}&=(\boldsymbol{x}^{(1)},\boldsymbol{x}^{(2)},\cdots,\boldsymbol{x}^{(N)})\begin{pmatrix}\boldsymbol{x}^{(1)\,\mathrm{T}}\\ \boldsymbol{x}^{(2)\,\mathrm{T}}\\ \vdots\\ \boldsymbol{x}^{(N)\,\mathrm{T}}\end{pmatrix}-N\mathbf{I}\\ &=\sum_{k=1}^{N}(\boldsymbol{x}^{(k)}\boldsymbol{x}^{(k)\,\mathrm{T}}-\mathbf{I})\end{aligned}\tag{7-53}$$

式中:$\mathbf{I}$ 是单位矩阵。

(2) 当网络状态为 1 和 0 两种状态时,相应的权向量为

$$w_{ij}=\begin{cases}\sum_{k=1}^{N}(2x_i^{(k)}-1)(2x_j^{(k)}-1) & i\neq j\\ 0 & i=j\end{cases}\tag{7-54}$$

写成矩阵形式为

$$\boldsymbol{w}=\sum_{k=1}^{N}(2\boldsymbol{x}^{(k)}-\boldsymbol{b})(2\boldsymbol{x}^{(k)}-\boldsymbol{b})^{\mathrm{T}}-N\mathbf{I}\tag{7-55}$$

式中:$\boldsymbol{b}=(1,1,\cdots,1)^{\mathrm{T}}$。

**例 7-2** 设计离散型 Hopfield 网络,其中网络节点数 $n=4$,$\theta_i=0(i=1,2,3,4)$,有 2 个训练样本,分别为 $\boldsymbol{x}^{(1)}=(1,1,1,1)^{\mathrm{T}}$ 和 $\boldsymbol{x}^{(2)}=(-1,-1,-1,-1)^{\mathrm{T}}$。

**解:**(1)根据式(7-53)求连接权矩阵

$$\boldsymbol{w}=\sum_{k=1}^{N}(\boldsymbol{x}^{(k)}\boldsymbol{x}^{(k)\,\mathrm{T}}-\mathbf{I})=\begin{pmatrix}0&2&2&2\\2&0&2&2\\2&2&0&2\\2&2&2&0\end{pmatrix}$$

(2) 分析两个样本是否为网络的稳定点:

$$f(\boldsymbol{w}\boldsymbol{x}^{(1)})=f\left(\begin{pmatrix}6\\6\\6\\6\end{pmatrix}\right)=\begin{pmatrix}1\\1\\1\\1\end{pmatrix}=\boldsymbol{x}^{(1)},\quad f(\boldsymbol{w}\boldsymbol{x}^{(2)})=f\left(\begin{pmatrix}-6\\-6\\-6\\-6\end{pmatrix}\right)=\begin{pmatrix}-1\\-1\\-1\\-1\end{pmatrix}=\boldsymbol{x}^{(2)}$$

可见,两个样本是网络的稳定点。

(3) 分析稳定点是否具有联想记忆功能。

① 设 $\boldsymbol{x}(0)=(-1,1,1,1)^{\mathrm{T}}$,按照异步方式进行,演变顺序为 1—2—3—4:

$$x_1(1)=f(\sum_{i=1}^{4}w_{i1}x_i(0))=f(6)=1$$
$$x_2(1)=x_2(0)=1$$
$$x_3(1)=x_3(0)=1$$
$$x_4(1)=x_4(0)=1$$

也就是说，$\boldsymbol{x}(1)=(1,1,1,1)^{\mathrm{T}}=\boldsymbol{x}^{(1)}$，经过一次异步调整就收敛到 $\boldsymbol{x}^{(1)}$。

② 设 $\boldsymbol{x}(0)=(1,-1,-1,-1)^{\mathrm{T}}$，按照异步方式进行，演变顺序为 1—2—3—4：

$$x_1(1)=f(\sum_{i=1}^{4}w_{i1}x_i(0))=f(-6)=-1$$
$$x_2(1)=x_2(0)=-1$$
$$x_3(1)=x_3(0)=-1$$
$$x_4(1)=x_4(0)=-1$$

也就是说，$\boldsymbol{x}(1)=(-1,-1,-1,-1)^{\mathrm{T}}=\boldsymbol{x}^{(2)}$，经过一次异步调整就收敛到 $\boldsymbol{x}^{(2)}$。

③ 设 $\boldsymbol{x}(0)=(1,1,-1,-1)^{\mathrm{T}}$，它与 $\boldsymbol{x}^{(1)}$、$\boldsymbol{x}^{(2)}$ 的汉明距离均为 2，按照异步方式进行，当演变顺序为 1—2—3—4，可得

$$x_1(1)=f(\sum_{i=1}^{4}w_{i1}x_i(0))=f(-2)=-1$$
$$x_2(1)=x_{2(0)}=1$$
$$x_3(1)=x_{3(0)}=-1$$
$$x_4(1)=x_{4(0)}=-1$$

即 $\boldsymbol{x}(1)=(-1,1,-1,-1)^{\mathrm{T}}$，不收敛，进行第二次调整，可得

$$x_2(2)=f\left(\sum_{i=1}^{4}w_{i2}x_i(1)\right)=f(-6)=-1$$
$$x_3(2)=x_3(1)=-1$$
$$x_4(2)=x_4(1)=-1$$
$$x_1(2)=x_1(1)=-1$$

即 $\boldsymbol{x}(2)=(-1,-1,-1,-1)^{\mathrm{T}}$，经过两次异步调整就收敛到 $\boldsymbol{x}^{(2)}$。

若按照 3—4—1—2 的调整顺序可得

$$x_3(1)=f(\sum_{i=1}^{4}w_{i3}x_i(0))=f(2)=1$$
$$x_4(1)=x_4(0)=-1$$
$$x_1(1)=x_1(0)=1$$
$$x_2(1)=x_2(0)=1$$

即 $\boldsymbol{x}(1)=(1,-1,1,1)^{\mathrm{T}}$，不收敛，进行第二次调整，可得

$$x_4(2)=f(\sum_{i=1}^{4}w_{i2}x_i(1))=f(2)=1$$

$$x_1(2)=x_1(1)=1$$
$$x_2(2)=x_2(1)=1$$
$$x_3(2)=x_3(1)=1$$

即$\boldsymbol{x}(1)=(1,1,1,1)^{\mathrm{T}}=\boldsymbol{x}^{(1)}$，经过两次异步调整就收敛到$\boldsymbol{x}^{(1)}$。由此可见,不同的调整顺序会导致不同的收敛结果。

## 7.5 自组织特征映射神经网络

生理学研究表明,人脑中不同细胞的作用并不相同,处于不同空间位置的脑细胞区域有各自的分工,控制着人体不同部位的运动。类似地,处于不同区域的脑细胞对来自某一方面或特定刺激信号的敏感程度也不同。某一外界信息所引起的兴奋刺激并不只针对某一个神经细胞,而是对以某个神经细胞为中心的一个区域内各细胞的兴奋刺激,并且响应强度在区域中心最大,随着与中心距离的增大,强度逐渐减弱,远离中心的神经元反而还要受到抑制。这种特定细胞对特定信号的特别反应能力是由后来的经历和训练形成的。

1981年,芬兰赫尔辛基大学神经网络专家科霍恩(Kohonen)教授根据人脑的这一特性提出了自组织映射(self-organizing feature map,SOFM)理论,很好地模拟了人脑的功能区域性、自组织特性及神经元兴奋刺激规律。

### 7.5.1 网络结构

自组织特征映射神经网络由输入层和输出层组成,输出层也称为竞争层,网络结构如图7-12所示。输入层为输入样本的一维阵,其节点数为输入样本的维数。输入层和输出层(也称为竞争层)神经元间为全互连方式,即所有输入层节点到所有输出层节点都有权值连接。输出层神经元按二维阵列形式排列,有时相互间也存在侧抑制的局部连接。

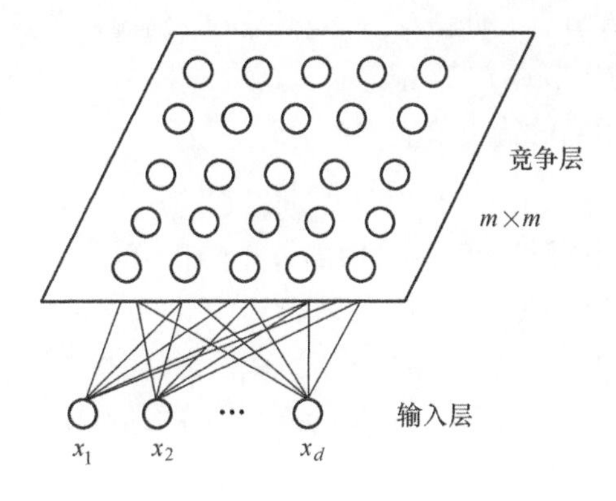


图7-12 自组织特征映射网络结构图

对于给定的输入样本$\boldsymbol{x}=(x_1,x_2,\cdots,x_d)^{\mathrm{T}}$,网络在学习过程中不断调整连接权值,形成兴奋中心神经元(获胜神经元)$j^*$。在神经元$j^*$的邻域$\mathrm{NE}_{j^*}$内的神经元都在不同程度上得到兴奋，而在 $NE_{j^*}$ 以外的神经元都被抑制。这个邻域 $NE_{j^*}$ 可以是任意形状，如正方形、六边形。区域 $NE_{j^*}$ 的大小是时间 $t$ 的函数，用 $NE_{j^*}(t)$ 表示，随着时间 $t$ 的增大，$NE_{j^*}(t)$ 的面积逐渐减小，最后只剩下一组神经元或一个神经元，反映了某一类输入样本的特性。采用正方形的邻域形状图如图 7-13 所示。

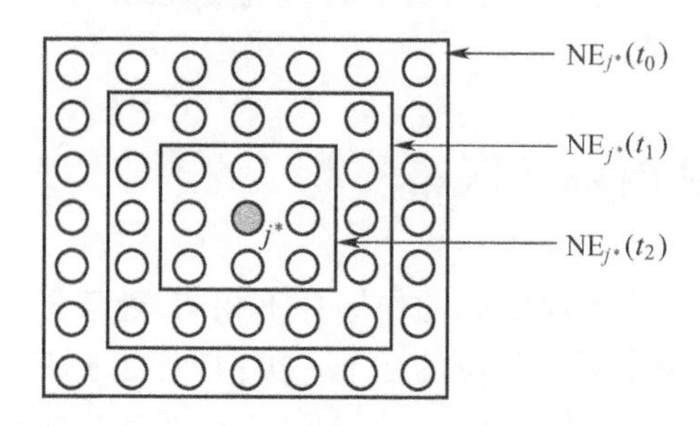


图 7-13　不同时刻特征映射的拓扑邻域($t_0 < t_1 < t_2$)

### 7.5.2 自组织特征映射算法

设自组织特征映射网络的输入样本 $\boldsymbol{x} = (x_1, x_2, \cdots, x_d)^{\mathrm{T}}$，输出层每个节点(神经元)对应一个权向量 $\boldsymbol{W}_j = (w_{1j}, w_{2j}, \cdots, w_{dj})^{\mathrm{T}}$，$w_{ij}$ 是输入节点 $i$ 到输出节点 $j$ 的连接权值。输入一个样本 $\boldsymbol{x}$ 时，将其和输出层每个节点的权向量都进行比较，然后对距离最近的节点及其邻域中的节点的权向量进行修正。

科霍恩给出了自组织特征映射算法，具体过程如下：

(1) 初始化权值。初始化从 $d$ 个输入节点到 $m^2$ 个输出节点的权值，取值为小的随机数，设定邻域半径的初始值 $d_{\mathrm{NE}}(0)$ 及总学习次数 $T$。

(2) 提交 $t$ 时刻的输入模式：$\boldsymbol{x}(t) = (x_1(t), x_2(t), \cdots, x_d(t))^{\mathrm{T}}$。

(3) 计算输入样本到所有输出节点的距离：

$$r_j = \sum_{i=1}^{d} (x_i(t) - w_{ij}(t))^2 \quad j = 1,2,\cdots,m^2 \tag{7-56}$$

式中：$x_i(t)$ 是 $t$ 时刻输入节点 $i$ 的输入；$w_{ij}(t)$ 是 $t$ 时刻输入节点 $i$ 到输出节点 $j$ 的连接权值；$r_j$ 为输入样本到输出节点 $j$ 的距离。

(4) 选择具有最小距离的输出节点 $j^*$：

$$j^* = \arg \min_{1 \leqslant j \leqslant m^2} r_j \tag{7-57}$$

(5) 更新节点 $j^*$ 及其邻域 $NE_{j^*}(t)$ 中的节点的权值：

$$w_{ij}(t+1) = w_{ij}(t) + \eta(t)(x_i(t) - w_{ij}(t)) \qquad 1 \leqslant i \leqslant d, \ j \in NE_{j^*}(t) \tag{7-58}$$

式中：$\eta(t)$ 为增益项，$0 < \eta(t) < 1$，$\eta(t)$ 是时间 $t$ 的递减函数；$NE_{j^*}(t)$ 为节点 $j^*$ 的邻域。

(6) 将下一个样本数据输入，返回到步骤(2)，直到所有样本全部学习完毕。

(7) 更新 $\eta(t)$ 及 $d_{\mathrm{NE}}(t)$

$$\eta(t) = \left(1 - \frac{t}{T}\right)\eta(0) \tag{7-59}$$

$$d_{NE}(t)=\mathrm{INT}[d_{NE}(0)\exp(-t/T)] \tag{7-60}$$

式中：INT[·]是取整函数，要求 $d_{NE}(t)\geqslant 1$。

(8) 令 $t=t+1$，返回步骤(2)，直到 $t=T$ 为止。

SOFM 网络中，输出层各神经元的连接权向量的空间分布能够准确反映输入样本空间的概率分布，这就是 SOFM 网络的自组织能力。因此，可以利用 SOFM 网络对未知概率分布模式进行学习，由网络的连接权向量的空间分布获得输入样本的概率分布。

自组织特征映射算法属于非监督学习，SOFM 网络也可用于有监督的学习。当已知类别的学习样本 $\boldsymbol{x}$ 输入网络，仍按式(7-57)选择获胜神经元 $j^*$，如果获胜神经元是输入样本的正确类别，则将获胜神经元的连接权向量向 $\boldsymbol{x}$ 靠拢的方向调整，否则向反方向调整。调整方程为

$$\begin{cases} w_{ij^*}(t+1)=w_{ij^*}(t)+\eta(t)(x_i(t)-w_{ij^*}(t)) & \text{如果 } j^* \text{ 是正确类别} \\ w_{ij^*}(t+1)=w_{ij^*}(t)-\eta(t)(x_i(t)-w_{ij^*}(t)) & \text{如果 } j^* \text{ 不是正确类别} \end{cases} \tag{7-61}$$

## 7.6 深度学习网络

深度学习来源于人工神经网络的研究，是机器学习研究的新领域。深度学习网络与传统的人工神经网络一样也是分层结构，包含输入层、隐含层和输出层，但是与传统的人工神经网络相比，深度学习网络一般含有更多的隐含层。深度学习的概念最早来源于2006年 Hinton 提出的非监督贪心逐层训练算法——深度置信网(deep belief network，DBN)，为解决深层结构相关的优化问题带来希望。随后又提出了自编码器、卷积神经网络(convolutional neural network，CNN)、循环神经网络(recurrent neural network，RNN)、生成对抗网络等深度学习网络模型。本节重点介绍 CNN 和 RNN 两种深度学习网络。

### 7.6.1 卷积神经网络(CNN)

卷积神经网络思想来源于 Hubel 和 Wiesel 研究的猫大脑皮层中应用于局部敏感和方向选择的神经元独特网络结构，它是一种对图像处理非常有效的网络结构，目前已成为深度学习及其应用的研究热点之一。

卷积神经网络是一种多层监督学习的前馈神经网络，通常由三部分组成，其中第一部分为输入层，第二部分由 $n$ 个卷积层和池化层组成，第三部分由一个全连接的多层感知分类器组成，如图 7-14 所示，网络参数的学习也是通过误差反向传播算法来进行的。

**1. 输入层**

输入层输入的是一幅图像，由多维矩阵表示，例如一幅宽 32 个像素、高 32 个像素、3 个颜色通道的图像可以表示为 32×32×3 的三维矩阵。

**2. 卷积层**

卷积层主要通过对输入图像进行滤波实现特征提取。卷积层中的神经元不是全连接的，每个神经元只与前一层的部分神经元局部连接，这一思想来源于局部感知野概念；局部连接权值称为卷积核，同一层的神经元权值共享。

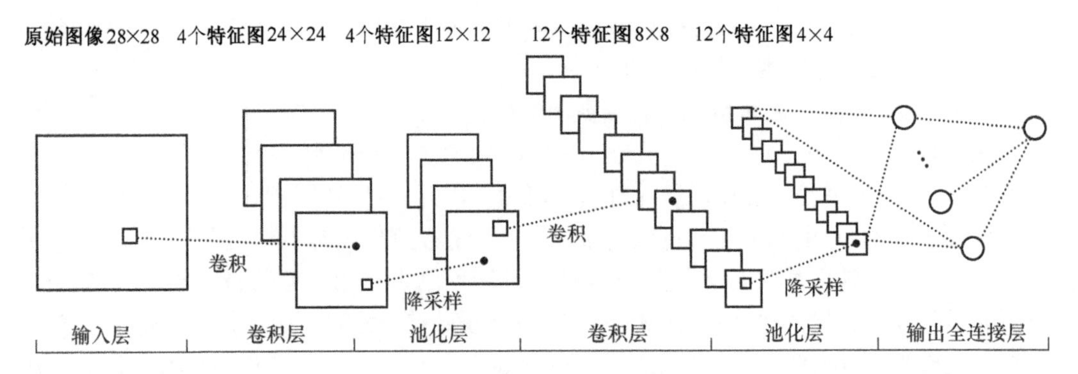


图 7-14 卷积神经网络示意图

1）局部感知野

卷积层采用局部连接是受到生物视觉系统结构的启发,也就是说人眼对外界环境的感知是一个从局部到全局的过程。此外,图像空间中某个像素也存在与其周围局部像素联系紧密,和距离该像素较远的像素相关性较弱的特点。因此,没有必要让卷积层的每个神经元都具有感知全局图像的能力,只需要让特定神经元对特定区域进行感知就可以。这样在不影响训练效果的情况下大大减少了神经网络的训练参数。如图 7-15 所示,左图为全连接,右图为局部连接。我们可以看到,对于一幅 $1000 \times 1000 \times 1$ 的图像,隐含层有 $10^6$ 个神经元,如果采用全连接方式,就需要有 $1000 \times 1000 \times 10^6 = 10^{12}$ 个连接参数;假设每个神经元只和 $10 \times 10$ 个像素相连,那么就只需要 $10 \times 10 \times 10^6 = 10^8$ 个连接参数,减少为原来的万分之一。此时, $10 \times 10$ 个参数就相当于卷积操作。

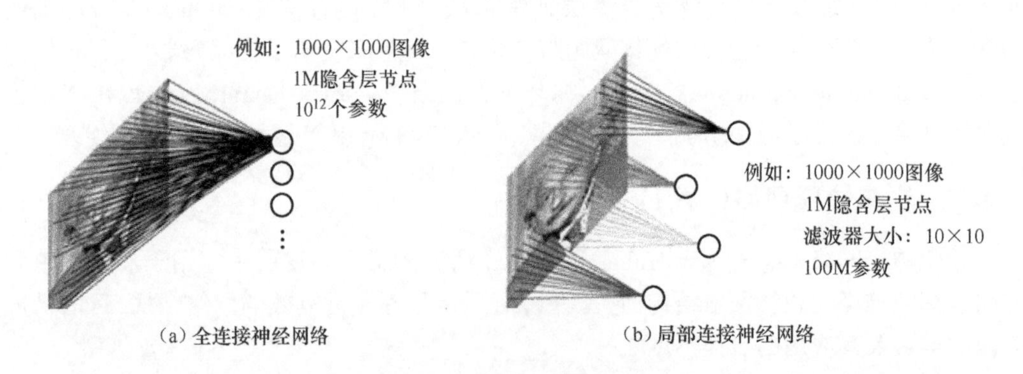


（a）全连接神经网络　（b）局部连接神经网络

图 7-15 局部感知野示意图

2）权值共享

卷积层通过局部连接大大减少了参数,但实际上参数仍然很多,例如图 7-15 中,尽管连接参数已经减少为原来的万分之一,但是还有 $10^8$ 个。如何再进一步减少参数呢?我们知道,卷积操作相当于特征提取,该处理应该与位置无关,也就是说可以采用相同的特征提取算子(即卷积核)对全部图像进行处理,这就是权值共享。通过权值共享,图 7-15 中的连接参数就减少为 100 个。

3）多卷积核

卷积操作实际上是一个特征提取过程,卷积核相当于一个滤波器。例如图 7-16 中,左边为输入层，输入 $32 \times 32 \times 3$ 图像，右边 $5 \times 5 \times 3$ 小方块是卷积核，将输入层划分为多个区域，用该卷积核进行处理，经过滤波处理后得到 $28 \times 28 \times 1$ 的特征图像。

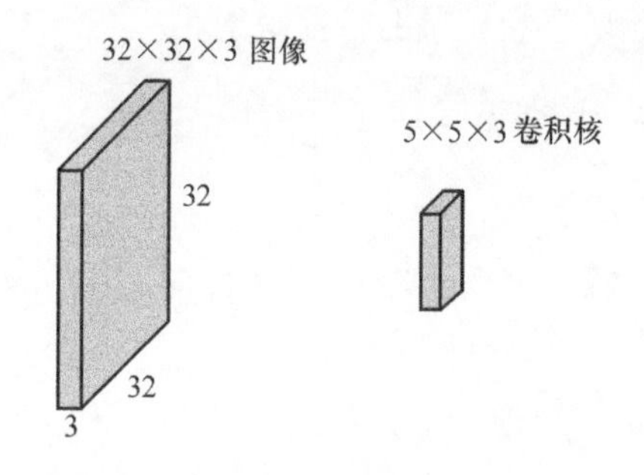


图 7-16　卷积核示意图

如果只采用一个卷积核，特征提取是不充分的，如果采用多个卷积核进行滤波，可以得到多个特征图像。图 7-17 给出的是经过 2 个 $5 \times 5 \times 3$ 卷积核滤波后得到的 2 个 $28 \times 28 \times 1$ 的特征图像。

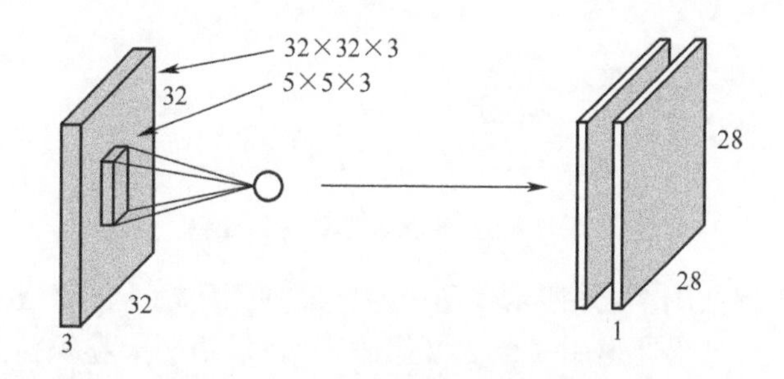


图 7-17　卷积层卷积示意图

当然，卷积也不仅仅对原始图像，图 7-18 中间方块代表原始经过 6 个卷积核卷积后得到的 6 个特征图。右边方块是对中间方块进行卷积操作的结果，其中使用了 10 个卷积核得到了 10 个特征图。需要注意的是，每一个卷积核的深度必须与上一层输入的深度相等。

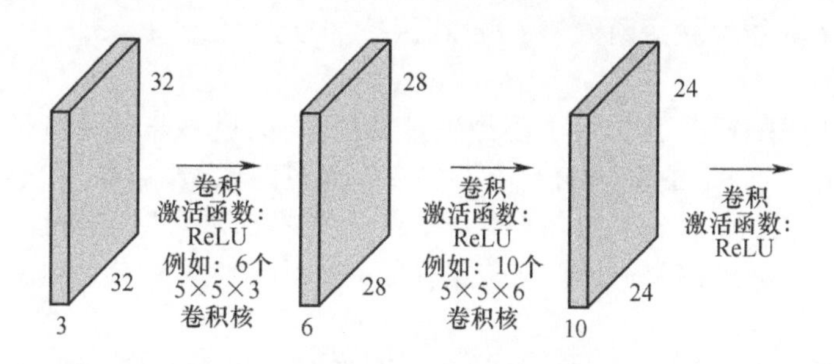


图 7-18　多次卷积示意图

4）卷积运算

设卷积层输入图像 $\boldsymbol{X} \in \mathbf{R}^{M \times N \times D}$ 为三维矩阵，其中 $M \times N$ 表示 1 个通道图像的大小，$D$ 表示通道数，$\boldsymbol{X}^d \in \mathbf{R}^{M \times N}(d = 1,2,\cdots,D)$ 表示第 $d$ 个通道的图像；卷积核为 $\boldsymbol{W} \in \mathbf{R}^{m \times n \times D \times P}$，其中 $m \times n$ 为 1 个二维卷积核，$P$ 为卷积核的个数，$\boldsymbol{W}^{p,d} \in \mathbf{R}^{m \times n}(p = 1,2,\cdots,P;$

$d = 1,2,\cdots,D$）表示第 $p$ 个卷积核的第 $d$ 个通道；卷积层输出 $\boldsymbol{Y} \in \mathbf{R}^{M' \times N' \times P}$，其中 $M' \times N'$ 表示卷积层输出 1 个通道图像的大小，$P$ 表示通道数，与卷积核的个数相同。偏置量为 $b^p (p = 1,2,\cdots,P)$，是一个标量。卷积层的特征映射为

$$\boldsymbol{Z}^p = \boldsymbol{W}^p \otimes \boldsymbol{X} + b^p = \sum_{i=1}^{D} \boldsymbol{W}^{p,i} \otimes \boldsymbol{X}^i + b^p \tag{7-62}$$

$$\boldsymbol{Y}^p = f(\boldsymbol{Z}^p) \tag{7-63}$$

式中：$f(\cdot)$ 为非线性激活函数，一般用 ReLU 函数，即 $f(x) = \max(0,x)$；$\otimes$ 为互相关运算。

整个计算过程如图 7-19 所示。

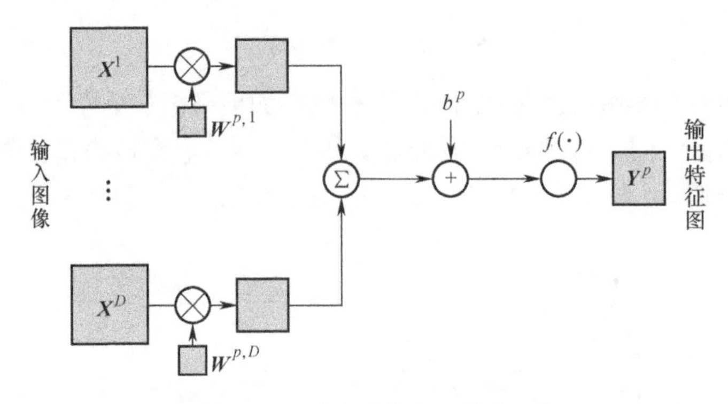


图 7-19　卷积层卷积运算过程

卷积的计算流程如图 7-20 所示。图中左区域是原始输入图像 $\boldsymbol{X} \in \mathbf{R}^{7\times7\times3}$，输入图像有 RGB 三个通道，每个通道用一个 7×7 矩阵表示；采用两个卷积核 $\boldsymbol{W} \in \mathbf{R}^{3\times3\times3\times2}$，偏置量分别为 $b^1 = 1, b^2 = 0$；卷积步长为 2，因此输出特征图像为 $\boldsymbol{Y} \in \mathbf{R}^{3\times3\times2}$。这里以 $\boldsymbol{Y}^1(1,1)$ 的计算为例加以说明，如图 7-21 所示。

第一步：在输入矩阵上有一个和卷积核相同尺寸的滑窗，然后让输入矩阵在滑窗里的部分与卷积核矩阵对应位置相乘后求和；

第二步：将 3 个矩阵产生的结果求和，并加上偏置项，即 $0 + 2 + 0 + 1 = 3$；

第三步：输入非线性激活函数——ReLU 函数，得到 $\boldsymbol{Y}^1(1,1) = 3$。

**3. 池化层**

池化层又称子采样层，其作用主要是进行特征选择，进一步减少特征数量。基本思路是将卷积层得到的特征图 $\boldsymbol{Y} \in \mathbf{R}^{M' \times N' \times P}$ 的每个通道图像 $\boldsymbol{Y}^p \in \mathbf{R}^{M' \times N'} (p = 1,2,\cdots,P)$ 划分为不同区域 $\mathbf{R}^p_{m,n} (1 \leqslant m \leqslant M', 1 \leqslant n \leqslant N')$，这些区域可以重叠也可以不重叠。子采样就是对这些区域做降采样处理，将降采样结果作为该区域的代表。常用的降采样函数有以下两种。

（1）最大值降采样（max pooling）。最大值降采样是取区域内所有神经元的最大值，即

$$y^p_{m,n}(i_{\max}, j_{\max}) = \max_{i,j \in \mathrm{R}^p_{m,n}} y^p_{m,n}(i,j) \tag{7-64}$$

（2）平均降采样（mean pooling）。平均采样是取区域内所有神经元的平均值，即

$$y^p_{m,n}(i_{\text{mean}}, j_{\text{mean}}) = \frac{1}{|R^p_{m,n}|} \sum_{i,j \in \mathrm{R}^p_{m,n}} y^p_{m,n}(i,j) \tag{7-65}$$

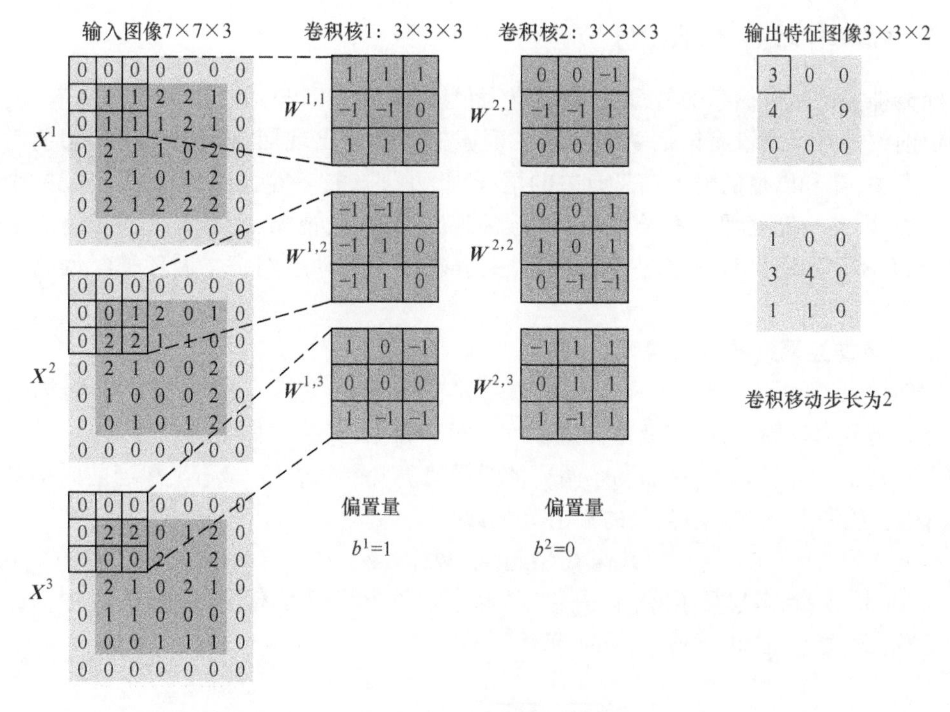


图 7-20　卷积运算示意图

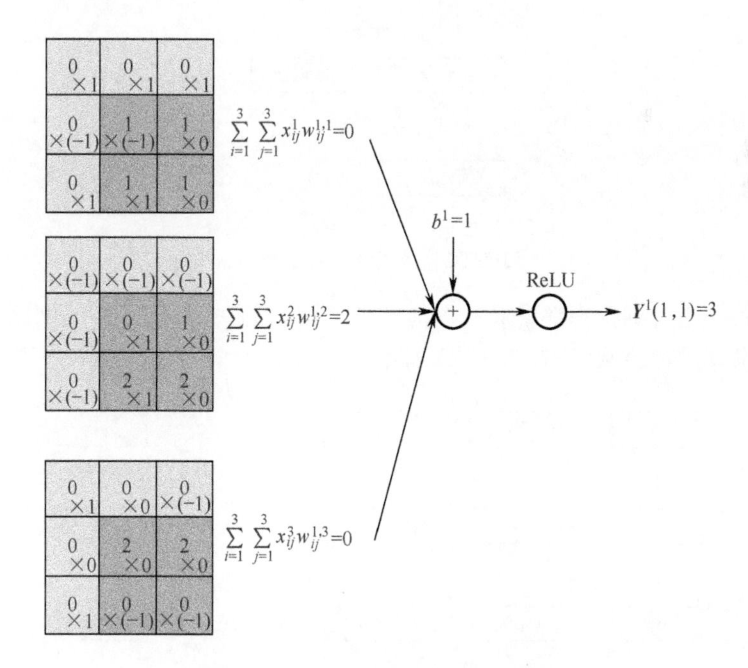


图 7-21　单次卷积运算过程示意图

卷积神经网络的权值共享更接近生物神经网络，它降低了网络复杂性，减少了权值数量，且能够同时实现特征提取和分类，避免了传统识别算法中更复杂的特征提取过程，在图像处理方面表现优异。常见的卷积神经网络有 LeNet-5、AlexNet、ZFNet、VGGNet、GoogeLeNet、ResNet 等，这里不做讨论，大家可参考相关文献进行深入学习。

### 7.6.2 循环神经网络(RNN)

前馈神经网络对信息的处理是单向的,而且网络输出只与当前的输入信息有关,也就是说前馈神经网络没有记忆功能。但在现实中经常会出现网络输出不仅与当前时刻的信息有关,还和以往的输入信息有关的情况;此外,前馈神经网络的输入神经元的个数是固定的,因此不能处理任意长度的时序数据,比如语音、视频、文本等。为了解决上述问题,我们需要网络具有一定的记忆功能,变静态网络为动态网络。循环神经网络就是这样一个动态网络。

**1. 循环神经网络基本原理**

循环神经网络是一类具有一定记忆功能的神经网络,它是一种有环路网络结构,它的神经元是带自反馈的,能够处理任意长度的时序数据,其结构如图 7-22 所示。给定一个输入序列 $\boldsymbol{x}_{1:T}=\{\boldsymbol{x}_1,\boldsymbol{x}_2,\cdots,\boldsymbol{x}_T\}$,循环神经网络隐含层的输出 $\boldsymbol{h}_t$ 不仅和当前时刻的输入 $\boldsymbol{x}_t$ 有关,还和上一时刻隐含层的输出有关,即

$$\boldsymbol{h}_t=f(\boldsymbol{U}\boldsymbol{h}_{t-1}+\boldsymbol{W}\boldsymbol{x}_t+\boldsymbol{b}) \tag{7-66}$$

式中:$\boldsymbol{U}$ 是状态-状态权重矩阵;$\boldsymbol{W}$ 是输入-状态权重矩阵;$\boldsymbol{b}$ 为偏置向量;$f(\cdot)$ 是非线性激活函数,通常为 logistic 函数或 tanh 函数。

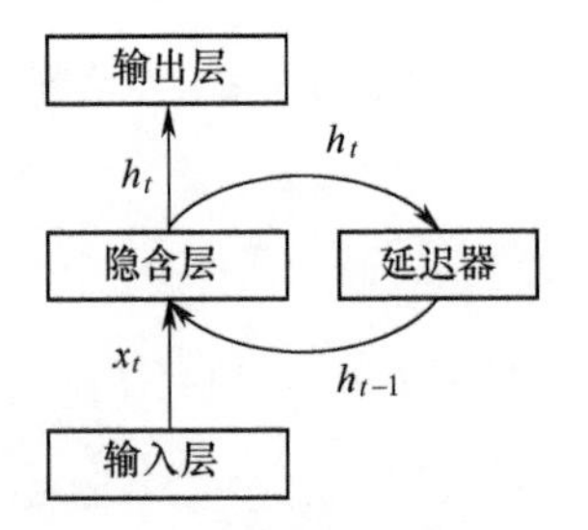


图 7-22 循环神经网络结构

如果把每一个时刻状态都看成一个前馈神经网络的一层,循环神经网络可以看作时间维上权值共享的神经网络,如图 7-23 所示。

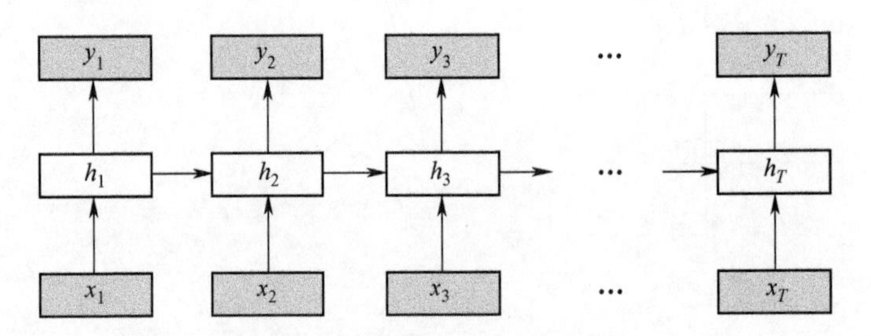


图 7-23 按时间展开的循环神经网络

循环神经网络应用于不同类型的机器学习任务有不同的模式,比如序列到类别模式、同步序列到序列模式、异步序列到序列模式等。本书主要介绍序列到类别模式,该模式主要应用于目标识别任务。类别模式输入是样本序列,输出是目标类别,这时网络的

输出可以有两种思路确定。

一种思路是将 $\boldsymbol{h}_T$ 作为整个序列的最终表示,并将其作为输出层的输入,得到分类结果 $\boldsymbol{y}$, 如图 7-24(a)所示,即

$$\boldsymbol{y}=f(\boldsymbol{h}_T) \tag{7-67}$$

另一种思路是将隐含层所有状态平均后作为输出层的输入,如图 7-24(b)所示,即

$$\boldsymbol{y}=f\left(\frac{1}{T}\sum_{t=1}^{T}\boldsymbol{h}_T\right) \tag{7-68}$$

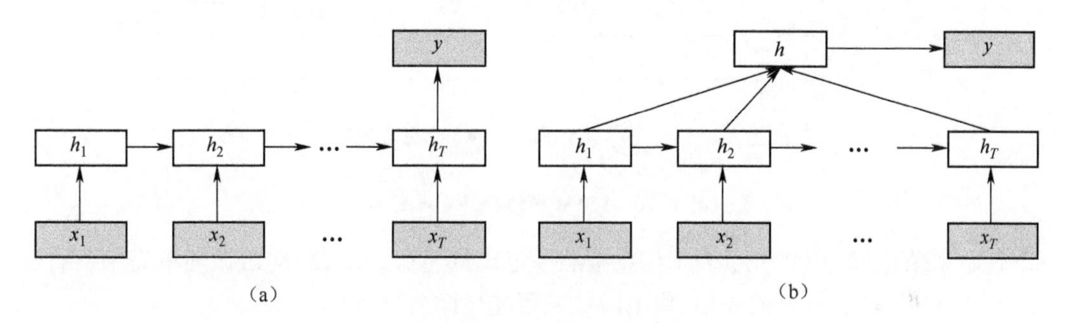


图 7-24　序列到类别模式

循环神经网络的参数学习也是采用梯度下降法,常用的计算梯度的方式有随时间反向传播(backpropagation through time, BPTT)算法和实时循环学习(real-time recurrent learning,RTRL)算法。

在参数学习过程中经常会出现梯度消失或爆炸等问题,这将无法建立长时间间隔状态之间的依赖关系。为了避免上述问题的发生,一种思路是选取合适的参数,同时使用非饱和激活函数,但是这种方式需要非常丰富的人工参数调整经验,不利于模型的广泛应用。因此,人们提出了很多模型改进和优化方法改进的思路。基于门控的循环神经网络就是其中之一,它通过引入门控机制来控制信息的积累速度,以解决梯度消失或爆炸问题。常用的基于门控的循环神经网络有长短时记忆(long short-term memory,LSTM)网络和门控循环单元(gated recurrent unit,GRU)网络。本节重点介绍 LSTM 网络。

**2. LSTM 网络**

LSTM 网络是循环神经网络的一种变体,它通过在循环单元引入记忆单元 $c_t$ 和门控机制来解决网络的梯度爆炸或消失问题。一般循环神经网络循环单元结构如图 7-25 所示,LSTM 网络的循环单元结构如图 7-26 所示。

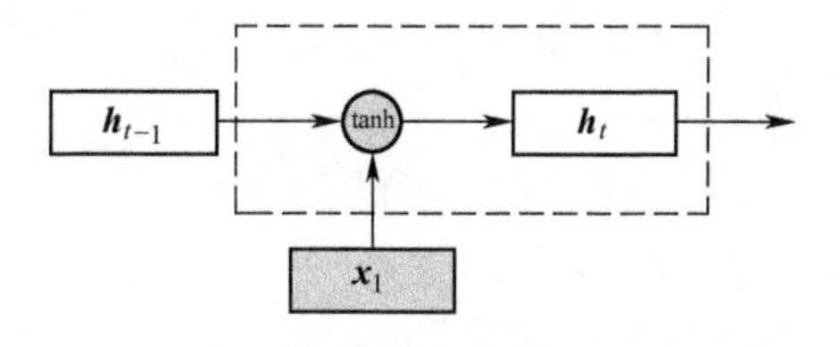


图 7-25　循环神经网络循环单元结构

门控机制借鉴数字电路中"门"的概念。在数字电路中,"门"只有两种状态,0 代表关闭状态,没有信息可以通过;1 代表开放状态,信息可以通过。LSTM 中的"门"是一个

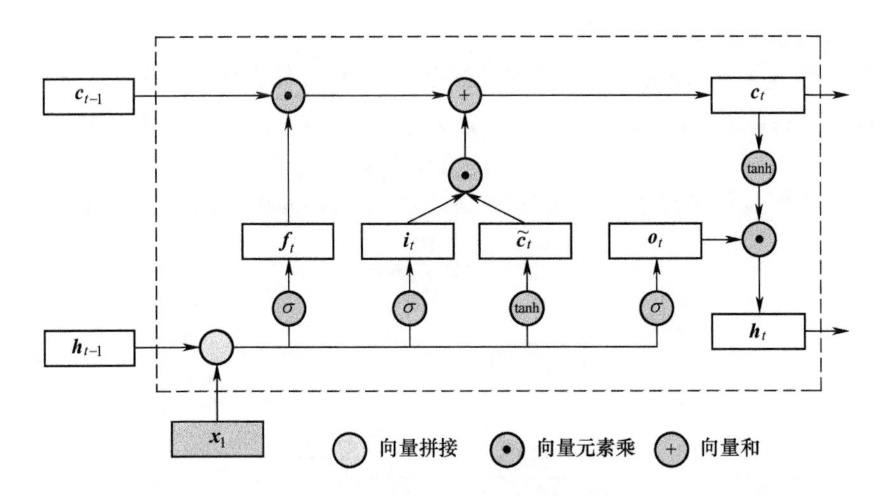


图 7-26 LSTM 网络循环单元结构

软开关，取值区间为 (0,1)，表示信息按照一定比例通行。LSTM 网络循环单元中共有 3 个“门”，它们是遗忘门、输入门、输出门。下面进行详细介绍。

(1) 遗忘门。遗忘门主要控制上一时刻记忆单元 $\boldsymbol{c}_{t-1}$ 有多少信息需要遗忘，其输出为 0~1 之间的值，0 代表全部移除，1 代表全部保留。遗忘向量 $\boldsymbol{f}_t$ 的计算公式为

$$\boldsymbol{f}_t = \sigma(\boldsymbol{W}_f\boldsymbol{x}_t + \boldsymbol{U}_f\boldsymbol{h}_{t-1} + b_f) \tag{7-69}$$

式中：$\sigma(\cdot)$ 是 logistic 函数，取值区间为 (0,1)；$b_f$ 是遗忘门中的常数偏置量。

遗忘向量 $\boldsymbol{f}_t$ 与上一时刻的记忆状态向量 $\boldsymbol{c}_{t-1}$ 进行向量元素相乘，实现对过去记忆中某些部分的遗忘。

(2) 输入门。输入门主要控制哪些部分以多大的强度构成新的记忆向量。这个过程分为两步。首先计算新的候选状态 $\tilde{\boldsymbol{c}}_t$ 然后计算 $\boldsymbol{i}_t$ 决定需要更新哪些值，最后得到新的记忆向量 $\boldsymbol{c}_t$。它们的计算公式如下：

$$\tilde{\boldsymbol{c}}_t = \tanh(\boldsymbol{W}_c\boldsymbol{x}_t + \boldsymbol{U}_c\boldsymbol{h}_{t-1} + b_c) \tag{7-70}$$

$$\boldsymbol{i}_t = \sigma(\boldsymbol{W}_i\boldsymbol{x}_t + \boldsymbol{U}_i\boldsymbol{h}_{t-1} + b_i) \tag{7-71}$$

$$\boldsymbol{c}_t = \boldsymbol{f}_t \odot \boldsymbol{c}_{t-1} + \boldsymbol{i}_t \odot \tilde{\boldsymbol{c}}_t \tag{7-72}$$

式中：⊙表示向量元素乘积；$\boldsymbol{c}_{t-1}$ 是上一时刻记忆单元的输出。

(3) 输出门。输出门主要控制当前记忆单元有多少信息需要传递出去。输出向量 $\boldsymbol{o}_t$ 的表达式为

$$\boldsymbol{o}_t = \sigma(\boldsymbol{W}_o\boldsymbol{x}_t + \boldsymbol{U}_o\boldsymbol{h}_{t-1} + b_o) \tag{7-73}$$

新的外部状态 $h_t$ 的表达式为

$$\boldsymbol{h}_t = \boldsymbol{o}_t \odot \tanh(\boldsymbol{c}_t) \tag{7-74}$$

LSTM 网络的循环单元的计算过程如下：

(1) 利用上一时刻外部状态 $\boldsymbol{h}_{t-1}$ 和当前时刻的输入 $\boldsymbol{x}_t$ 计算三个控制门 $\boldsymbol{f}_t$、$\boldsymbol{i}_t$、$\boldsymbol{o}_t$ 和候选状态 $\tilde{\boldsymbol{c}}_t$；

(2) 结合遗忘门 $\boldsymbol{f}_t$、输入门 $\boldsymbol{i}_t$ 更新当前时刻的记忆单元 $\boldsymbol{c}_t$；

(3) 结合输出门 $\boldsymbol{o}_t$ 将内部状态传递给外部状态 $\boldsymbol{h}_t$。

LSTM网络通过三个门可以动态地控制内部状态应该遗忘多少历史信息、输入多少新的信息、输出多少信息等,确保整个网络可以建立较长的时间依赖关系。通过改变门控制机制可以得到LSTM网络的各种变体,比如无遗忘门LSTM、耦合输入和控制门的LSTM等。

## 7.7 神经网络应用于识别的基本思路

人工神经网络由大量结构和功能简单的处理单元广泛互联组成,用以模拟人类大脑神经网络结构和功能。目标识别研究的是利用计算机实现人类的识别能力,而人对外界感知的主要生理基础就是神经系统,因此,根据人脑生理结构构造而成的人工神经网络系统具有目标识别的理论和结构基础。事实上,目标识别是神经网络理论应用最成功的领域之一。

神经网络用于目标识别时,输入神经元用来输入目标样本或其特征向量,输出神经元的输出值对应分类结果。通常,基于神经网络的目标识别可分为训练和识别两个阶段:

(1) 训练阶段根据训练样本集,按一定的学习规则调整权系数,使权系数收敛到最优值,得到神经网络分类器;

(2) 识别阶段利用学习阶段得到的神经网络分类器,对输入样本进行识别,生成分类结果。

下面以前馈神经网络为例,介绍神经网络应用于目标识别的基本思路,具体应用可以参见后续各章。在各种人工神经网络模型中,前馈神经网络是应用较多,特别是BP网络和RBF网络。前馈网络用于识别时,网络输入是表征样本的特征向量,每一个输入节点对应样本的一个特征,网络的输出值对应分类结果,根据输出节点的数量一般可分为多输出型和单输出型两种。

**1. 多输出型**

多输出型网络的输出层节点数表示类别,可以有两种方式,第一种方式是每一类对应一个输出节点;第二种方式是用输出节点的某种编码方式来代表类别。

在训练阶段,如果输入训练样本属于第$i$类,那么,对应于第一种方式,将第$i$个输出节点的期望输出设为1,而其余输出节点的期望输出均设为0;而对应于第二种方式,训练时的期望输出应为第$i$类对应的编码。在识别阶段,当一个未知类别的样本输入时,检查输出层各节点的输出值,根据网络选择的输出方式判定样本所属的类别。对于第一种方式,若输出值最大的节点与其他节点输出的差距较小(如小于某个阈值),则可以做出拒绝决策。

**2. 单输出型**

单输出型方式,即网络的输出层只有一个神经元。一个单输出型网络只能判断输入样本是否属于某个类别,对每个类别都要构建一个网络,且要对每个网络分别进行训练。

在训练阶段,将网络对应类别的样本期望输出设为1,而把属于其他类别的样本的期望输出设为0。在识别阶段,将未知类别的样本输入到每一个网络,如果某个网络的输出接近1或大于某个阈值,则将该样本判属于这个网络对应的类别;如果多个网络的输出均大于阈值,则可以将样本判属为具有最大输出值的网络所对应的类别,或者作出拒绝决策;当所有网络的输出均小于阈值时,也可以采取类似的决策方法。

在单输出型方式中,由于每个网络只需识别一个类别,不像多输出型网络需要同时适应所有类别,所需的隐含层节点数目相对更少,训练时收敛速度更快。

# 第8章　雷达目标识别

## 8.1　引言

雷达利用目标对电磁波的散射特性探测目标,并对目标进行定位、跟踪与识别。雷达与其他目标探测传感器相比,具有全天候、全天时的特点,因此在军事应用方面是无可替代的。雷达自动目标识别是利用雷达探测到的目标信息对目标进行不同层次的自动判别,根据判别的层次不同可以将识别具体分为以下几类:

(1) 检测:从环境中分离出目标。

(2) 分类:确定目标的种类,比如飞机、舰船、车辆、导弹等。

(3) 识别:确定目标的类型,比如飞机可以区分为战斗机、轰炸机、运输机等不同类型,舰船可以区分为航空母舰、驱逐舰、护卫舰等。

(4) 身份确认:确定目标具体的型号,比如 F16 战斗机、E-2K 预警机、B52 轰炸机等。

(5) 个体识别:确认是哪一个具体的目标,比如特定机尾号的 F16 战斗机。

典型的雷达目标自动识别系统框图如图 8-1 所示。

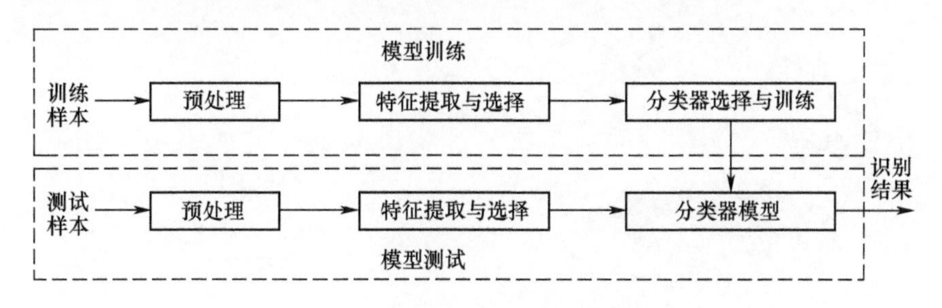


图 8-1　雷达目标自动识别系统框图

在雷达目标自动识别系统中,预处理主要是采用雷达信号处理技术对目标回波信号进行处理,使结果更有利于分类识别;特征提取与选择是雷达目标识别的关键,针对不同的目标识别问题,采用的特征也不尽相同,比如空中目标识别主要利用目标的运动特征、调制特征、一维和二维像特征等;海面目标识别主要利用 RCS 特征、一维和二维像特征等;地面目标识别主要采用微多普勒特征、SAR 图像特征等;空间目标识别主要利用 RCS 特征、极化特征、微动特征、一维和二维像特征等。如何提取和选择更有效的特征目前仍然是雷达目标识别研究重点。分类器选择与训练可以采用前面相关章节介绍的方法。

## 8.2 雷达目标识别特征

通过对目标的雷达散射特性、运动特性等分析，从雷达回波中获取聚散性好、辨识度高的特征，是雷达目标识别的重要环节之一。对于低分辨率雷达，由于距离向和方位向的分辨率较低，目标一般被认为是点目标，通常利用目标回波获取 RCS 特征、运动特征、微动特征等，对高分辨率雷达可以得到目标一维距离像、二维像等，从中提取特征，为目标识别奠定基础。

### 8.2.1 目标 RCS 特征

目标的 RCS 特征是利用回波信号的幅相变化来判定目标形状及运动规律，该特征一般用于目标的粗分类，很难做到对目标的个体识别。图 8-2 给出了典型目标 RCS 特征。

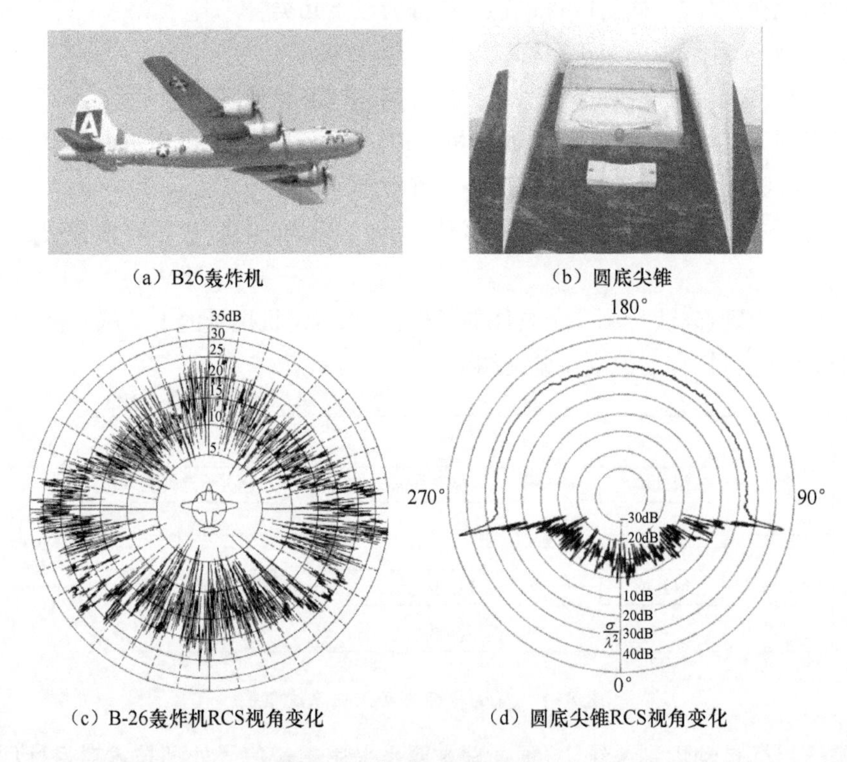


（a）B26轰炸机　（b）圆底尖锥

（c）B-26轰炸机RCS视角变化　（d）圆底尖锥RCS视角变化

图 8-2 典型目标 RCS 特征

对于窄带雷达来说，其 RCS 特征提取主要包括物理域特征提取和统计特征提取两大类。物理域特征提取是指从目标的 RCS 序列中提取目标的周期性特征、形状特征、大小特征等；统计特征则是利用概率统计理论对目标的 RCS 序列进行处理，得到有利于分类的特征。对于宽带雷达将在 8.2.5 节中介绍。

在物理域特征中，目标形状、大小等结构特征是研究重点，因为 RCS 的产生机理非常复杂，所以直接从 RCS 中提取结构很困难。通常的思路是：首先研究常用的已知几何形状的 RCS 特性,根据目标 RCS 测量结果判断是否为某种几何形状,然后估计其尺寸;或者是直接对常用目标进行建模仿真,得到预估 RCS,分析 RCS 与目标结构特征的关系,然后对实测数据进行特征提取。

常用的统计特征包括均值、方差、最大值、最小值、极差、标准均差、变异系数、偏度、峭度、频谱均值、自相关均值等,这些统计特征的定义如表 8-1 所列。

表 8-1 RCS 统计特征列表

| 特征序号 | 特征名称 | 特征说明 | 计算方法 |
| --- | --- | --- | --- |
| 1 | 均值 | 序列的平均值 | $e = \sum_{i=1}^{N} a_i / N$ |
| 2 | 方差 | 序列的方差 | $\text{std} = \frac{1}{N-1}\sum_{i=1}^{N}(a_i - e)^2$ |
| 3 | 最大值 | 序列的最大值 | 求取序列中最大值 max |
| 4 | 最小值 | 序列的最小值 | 求取序列中最小值 min |
| 5 | 极差 | 最大值与最小值之差 | range = max - min |
| 6 | 标准均差 | | $\text{sm} = \frac{1}{N}\sum_{i=1}^{N}(a_i - e)/\text{std}$ |
| 7 | 变异系数 | 序列的变异指标与其平均指标之比 | $\text{cv} = \text{std}/e$ |
| 8 | 偏度 | 序列三阶中心矩与标准差三次方之比 | $\text{skew} = \frac{1}{N}\sum_{i=1}^{N}(a_i - e)^3/\text{std}^3$ |
| 9 | 峭度 | 反映序列分布特性的数值统计量,是归一化的 4 阶中心矩 | $\text{kurt} = \frac{1}{N}\sum_{i=1}^{N}(a_i - e)^4/\text{std}^4$ |
| 10 | 频谱均值 | | $f_{\text{specmean}}(x) = \frac{1}{L}\sum_{k=0}^{L-1}\left\vert\sum_{n=0}^{L-1}x(n)e^{-j2\pi kn/N}\right\vert$ |
| 11 | 自相关均值 | | $f_{\text{cormean}}(x) = \frac{1}{L}\sum_{j=0}^{L-1}\sum_{i=1}^{L-j}x(i)x(i+j-1)$ |

## 8.2.2 目标极化特征

目标极化特征是雷达目标电磁散射的基本属性之一。由于受到雷达系统工作体制和工作带宽等因素的制约,早期研究都是面向窄带、低分辨,甚至非相干雷达系统,在复杂多变的现代战场环境下,宽带、多极化已经成为新一代雷达系统扩大信息来源、提高探测性能的必然发展趋势。

极化散射矩阵 $\boldsymbol{S}$ 可以描述入射波和目标之间的相互作用。在单色波激励下,雷达目标在远场区的电磁散射是一个线性过程,入射波和目标散射波的各极化分量之间存在线性关系,可以由极化散射矩阵来描述,即目标散射波 $\boldsymbol{e}_S = [e_{SH}, e_{SV}]^{\mathrm{T}}$ 与入射波 $\boldsymbol{e}_i = [e_{iH}, e_{iV}]^{\mathrm{T}}$,各极化分量的变换关系可表示为

$$\boldsymbol{e}_S = G(r)\boldsymbol{S}\boldsymbol{e}_i \tag{8-1}$$

式中:$e_{SH}$、$e_{SV}$ 分别为散射场在水平(H)、垂直(V)极化基下的复振幅;$e_{iH}$、$e_{iV}$ 分别为入

射场在水平(H)、垂直(V)极化基下的复振幅；$G(r)=\frac{1}{r}\exp(-\mathrm{j}kr)$ 为极化散射矩阵的球面波因子；$\boldsymbol{S}$ 为 Sinclair 极化散射矩阵,可以表示为

$$\boldsymbol{S}=\begin{bmatrix} S_{\mathrm{HH}} & S_{\mathrm{HV}} \\ S_{\mathrm{VH}} & S_{\mathrm{VV}} \end{bmatrix}=\mathrm{e}^{\mathrm{j}\alpha}\begin{bmatrix} |S_{\mathrm{HH}}| & |S_{\mathrm{HV}}|\mathrm{e}^{\mathrm{j}(\phi_{\mathrm{HV}}-\alpha)} \\ |S_{\mathrm{HV}}|\mathrm{e}^{\mathrm{j}(\phi_{\mathrm{HV}}-\alpha)} & |S_{\mathrm{VV}}|\mathrm{e}^{\mathrm{j}(\phi_{\mathrm{VV}}-\alpha)} \end{bmatrix}=\mathrm{e}^{\mathrm{j}\alpha}\boldsymbol{S}^{R} \tag{8-2}$$

其中：$S_{\mathrm{HV}}$ 物理意义上对应着以垂直极化波照射目标时后向散射波的水平极化分量,类似地可以解释其余 3 个元素的物理含义；$\alpha=\varphi_{\mathrm{HH}}$ 为散射矩阵的绝对相位；$\boldsymbol{S}^{R}$ 为相对极化散射矩阵。

目标的极化散射矩阵不但取决于目标本身的物理属性,如形状、尺寸、结构、材料等,同时也与观测条件有关,如入射波频率、目标与收/发天线的相对空间关系、目标状态取向、收/发天线坐标系和极化基的选取等。它会随着目标姿态角的变化而变化,直接使用极化散射矩阵对目标的极化特性进行分析非常不方便,因此可以提取一些反映目标特性的稳定特征信号。这些特征信号的取值仅取决于目标自身的物理属性以及雷达观测条件,而与雷达的极化基无关,称为极化不变量。常用的极化不变量有行列式值 $\Delta$、功率矩阵迹 $P_1$、去极化系数 $D$、本征极化方向角 $\varphi_d$ 和本征极化椭圆率 $\tau_d$。

(1) 行列式值 $\Delta$。它可以粗略地反映目标的“粗细”或“胖瘦”。

$$\Delta=\det\boldsymbol{S}=S_{11}S_{22}-S_{12}^{2} \tag{8-3}$$

(2) 功率矩阵的迹 $P_1$。它代表一对正交极化天线所接收到的总功率,可以大致反映目标回波能量的大小。

$$P_1=\mathrm{trace}(\boldsymbol{S}^{*\mathrm{T}}\boldsymbol{S})=|S_{11}|^2+|S_{22}|^2+2|S_{12}|^2 \tag{8-4}$$

(3) 去极化系数 $D$。它大致反映了目标上散射中心的个数。

$$D=1-\frac{|S_1|^2}{2P_1} \tag{8-5}$$

式中：$S_1=S_{11}+S_{22}$。

(4) 本征极化方向角 $\varphi_d$。它反映了目标的极化方向。

$$\varphi_d=\frac{1}{2}\arctan\frac{2\mathrm{Re}(S_1^{*}S_{12})}{\mathrm{Re}(S_1^{*}S_2)} \tag{8-6}$$

式中：$S_2=S_{11}-S_{22}$。

(5) 本征极化椭圆率 $\tau_d$。它反映了目标的对称性差异。

$$\tau_d=\frac{1}{2}\arctan\frac{j2S'_{12}}{S_1} \tag{8-7}$$

式中：$S'_{12}=S_{12}\cos2\varphi-\frac{1}{2}S_2\sin2\varphi$。

### 8.2.3 目标运动特征

目标运动特征包括目标的位置、速度、加速度等,根据这些特征可进一步提取航迹特征,即目标随时间的运动变化特性。例如对于飞机目标,可以得到包括目标活动区域、初始发现位置、高速俯冲及跃升等飞行航迹特征。运动特征常用于对飞机、舰船、空间目标

的分类识别。

目标的运动特征来源于雷达检测、跟踪获得的航迹信息。目标高度是根据雷达获取的目标距离和俯仰角度估计出来；目标速度是根据雷达多普勒测速或距离变化率、俯仰变化率和方位变化率估计；目标加速度可以根据目标径向速度或绝对速度变化率计算得到，进而可估计目标的机动性能。

### 8.2.4 目标微动特征

目标微动特征主要指目标组成部件在径向相对于雷达运动产生的多普勒调制，如喷气式发动机调制、直升机旋翼反射及调制等。微多普勒效应在一定程度上反映了目标运动特性以及目标结构部件的几何构成，这是目标的本质特征。目标微动特征对信号频段比较敏感，只有当目标周期性运动频移和运动偏移的乘积足够大，才有可能观察。此外，微多普勒效应与雷达脉冲重复频率也是密切相关的，雷达可观测的多普勒范围是由脉冲重复频率决定的，如果目标的多普勒频率超出这个范围，就会出现频率重叠现象。

常见的微动包括旋转、振动、翻滚和进动等类型。目前，基于微动特征的雷达目标识别应用主要有下面几种用途。

（1）利用振动、旋转和翻滚等微动特性及其微多普勒特征对地面坦克、装甲车、移动导弹发射架、人员、动物等的分类识别；

（2）基于喷气引擎调制（JEM）现象对直升飞机、螺旋桨飞机、喷气式飞机等空中目标进行分类识别；

（3）利用颠簸和摆动等微多普勒效应识别海面舰船目标；

（4）基于弹道目标进动、章动、翻滚等微动特性，对真假弹头进行识别；

（5）可以利用人的呼吸、心跳等微多普勒效应，实现生命体征的定位识别。

### 8.2.5 目标高分辨雷达特征

高分辨率雷达可以获取目标的一维距离像、二维雷达图像，从中提取目标结构特征和变换特征。

**1. 一维距离像**

雷达一维距离像是目标散射特性在雷达视线方向的一维投影，是一种特征信号，可以直接用于目标识别，也可以通过特征提取得到目标的结构特征和变换特征后，再用于识别。

常用的结构特征包括一维散射中心、径向长度、目标距离与结构（即目标散射中心位置之间的相对关系）、目标散射中心数目等特征。

变换特征主要是采用傅里叶变换、高阶谱变换、小波变换、K-L变换、Fisher准则等对回波信号进行处理，得到压缩后的有效特征。

**2. 二维像特征**

二维图像主要包括合成孔径雷达（SAR）成像和逆合成孔径雷达（ISAR）成像。SAR成像的基本原理是利用一个小天线沿着长线阵的轨迹等速移动并辐射相参信号，把不同位置的接收回波进行相干处理，从而得到较高分辨率的雷达图像，SAR的距离分辨率是通过增大发射信号的带宽实现的，方位向的分辨率是通过相干积累实现的。ISAR成像的基本原理也是通过雷达与目标之间的相对运动形成较大的合成孔径，但是与SAR成像不同的是，其方位向是通过目标旋转引起目标不同散射点上的多普勒特性来实现的。从SAR图像或ISAR图像中可以提取目标的长宽高等尺寸特征、目标轮廓特征、目标区域面积特征、目标结构特征等。基于SAR图像的目标识别将在第10章详细介绍。

## 8.3 基于运动特性的飞机目标识别

雷达目标识别的范围非常广泛，从识别对象来说，可以分为地面目标识别、海上目标识别、空中目标识别、弹道导弹识别等。地面目标识别主要是利用SAR图像对目标进行分类识别；海上目标识别分为舰船、非舰船识别，军船、民船识别，舰船的类型识别等三个层次；空中目标识别分为飞机架次识别、飞机军民属性识别、飞机类别（战斗机、轰炸机等）识别和飞机型号识别等四个层次；弹道导弹目标识别主要是对真假弹道目标进行识别。

雷达探测得到的目标航迹包括经纬度、速度、高度、加速度等参数，这些参数反映了目标的运动特性。不同目标的运动特性存在差异，同类目标在执行不同任务时的运动特性也存在差异，因此，可以利用目标的运动特性对其进行分类识别。本节介绍一种基于目标运动特性的飞机目标识别方法。

### 8.3.1 飞机目标运动特征

飞机目标的运动特性除了雷达探测得到的经纬度、速度、高度、加速度等参数外，还包括从航迹数据中提取的统计特性、高阶特性等，例如飞行高度、速度、机动性等统计分布，飞行时刻、飞行地域、巡航特性等专家经验信息，速度谱等高阶抽象特征。下面介绍空中目标的运动统计特性、巡航特性、机动特性、飞行区域及速度谱特性等。

1）运动统计特征

空中目标的飞行参数包含飞行统计特征和机动性，在传统的特征提取中通常提取目标的速度、高度统计特征，如平均速度 $\overline{v}$、最大速度 $v_{\max}$、速度区间 $v_{\mathrm{d}}$ 以及飞行海拔区间统计 $h_{\mathrm{d}}$ 等常规参数，通过简单特征提取可以分辨差异较大的飞行目标，如小型直升机与民航客机。

2）巡航特征

根据空气动力学设计及任务需要，空中目标在低机动飞行段通常会出现较为明显的巡航规律，同时为了平衡油耗与飞行管制问题，空中目标也会设定理想飞行高度和速度。因此可以提取巡航阶段目标的飞行时长 $t_{\max}$、巡航高度 $h_{\mathrm{steady}}$、巡航速度 $v_{\mathrm{steady}}$ 等特征参数，采用上述特征参数实现对空中目标的分类识别。目标飞行时长 $t_{\max}$ 可通过统计单次飞行总时长获得，它表征了飞机的续航能力；巡航高度 $h_{\mathrm{steady}}$ 与巡航速度 $v_{\mathrm{steady}}$ 可以通过统计目标处于低机动运动状态下的飞行高度与速度值得到，其隐含表征了各类型空中目标的动力性能与任务要求差异。

3）机动特征

机动性是衡量空中目标改变飞行速度、方向、高度的指标，具体体现在加速度值 $a_{\mathrm{f}}$、转弯半径 $R_{\mathrm{f}}$ 的大小以及爬升率 $P_{a_{\mathrm{f}}}$ 的高低，此类特征可进一步区分识别空中目标。实际提取中，可利用经纬度以及各时刻目标移动方向数据计算目标水平机动特性，再利用高度信息分析目标垂直机动性爬升率的大小。

4）飞行区域特征

飞行区域是利用航迹提取飞行经行地区，执行特定任务的空中目标有固定的飞行航线和飞行轨迹，在重点区域会进行盘旋或者绕行，在航迹中先检索所有经过区域，再对高机动飞行区域和高频活动区域进行重点分析，与热点图进行比较，匹配相应目标类型。常见区域设定标准及可用于辅助分析的信息如表8-2所列。

表8-2 飞行区域划分

| 区域类别 | 边界设定标准 | 辅助分析 |
| --- | --- | --- |
| 国家地区 $A_1$ | 国境线 | 国别区域划分 |
| 机场 $A_2$ | 军事基地 | 部署地飞机匹配 |
| 侦察区域 $A_3$ | 防空识别区、侦察要地 | 飞行任务分析 |

5）速度谱特征

速度谱是速度谱密度函数的简称，定义为单位时间内的速度。它表示速度随着时间的变化情况，即速度在时间上的分布状况。定义速度信号 $v(t)$ 在时间段 $t \in [-T/2, T/2]$ 上的平均速度为

$$v = \frac{1}{T}\int_{-T/2}^{T/2} v^2(t)\,\mathrm{d}t \tag{8-8}$$

如果 $v(t)$ 在时间段 $t \in [-T/2, T/2]$ 上可以用 $v_T(t)$ 表示，且 $v_T(t)$ 的傅里叶变换为 $F_T(\omega) = F[v_T(t)]$，其中 $F(\cdot)$ 表示傅里叶变换。当 $T$ 增加时，$F_T(\omega)$ 以及 $|F_T(\omega)|^2$ 的能量增加。当 $T \to +\infty$ 时，$v_T(t) \to v(t)$，此时 $|F_T(\omega)|^2/2\pi T$ 可能趋近于一极限，如果该极限存在，其平均速度亦可以在频域表示，即

$$v = \lim_{T\to+\infty} \frac{1}{T}\int_{-T/2}^{T/2} v^2(t)\,\mathrm{d}t = \frac{1}{2\pi}\int_{-\infty}^{+\infty} \lim_{T\to+\infty} \frac{|F_T(\omega)|^2}{2\pi T}\mathrm{d}\omega \tag{8-9}$$

速度谱密度函数表达式如下：

$$V(\omega) = \lim_{T\to+\infty} \frac{|F_T(\omega)|^2}{2\pi T} \tag{8-10}$$

对航迹进行功率谱分析，是对航迹提取高维抽象的特征，获取其高频分量特性，分析航迹中出现的机动性特征。

表8-3给出了每类特征及其在目标识别中的作用。

表8-3 飞机目标运动特征与作用

| 特征名称 | 运动统计特征 | 巡航特征 | 机动特征 | 飞行区域特征 | 速度谱特征 |
| --- | --- | --- | --- | --- | --- |
| 指标 | 平均速度 $\bar{v}$<br>最大速度 $v_{\max}$<br>速度区间 $v_{\mathrm{d}}$<br>飞行海拔区间统计 $h_{\mathrm{d}}$ | 飞行时长 $t_{\max}$<br>巡航高度 $h_{\mathrm{steady}}$<br>巡航速度 $v_{\mathrm{steady}}$ | 加速度 $a_{\mathrm{f}}$<br>转弯半径 $R_{\mathrm{f}}$<br>爬升率 $P_{a_{\mathrm{f}}}$ | 国家地区 $A_1$<br>机场 $A_2$<br>侦察区域 $A_3$ | 速度高频分量特性 $P$ |

续表

| 特征名称 | 运动统计特征 | 巡航特征 | 机动特征 | 飞行区域特征 | 速度谱特征 |
| --- | --- | --- | --- | --- | --- |
| 作用 | 飞机性能分析 | 飞机类型判别 | 飞机性能与任务类型分析 | 任务需求与周边机型匹配 | 飞机性能分析 |
| 区分对象 | 民航机型<br>直升机<br>战斗机<br>侦察机 | 民航机型<br>直升机<br>侦察机 | 战斗机<br>轰炸机<br>直升机<br>侦察机 | 民航机型<br>直升机与<br>战斗机<br>侦察机 | 民航机型<br>直升机与<br>战斗机<br>侦察机 |

### 8.3.2 飞机目标类型识别

飞机目标识别流程如图 8-3 所示。其基本原理是首先对航迹数据进行坐标变换、野值剔除等预处理,优化航迹数据质量;然后提取运动特性、巡航特性、机动特性、飞行区域以及速度谱等多维航迹特征,为分类识别的正确率与稳健性提供基础;最后,采用决策树中的 C4.5 算法实现分类识别。其中,航迹高维特征是识别的关键。

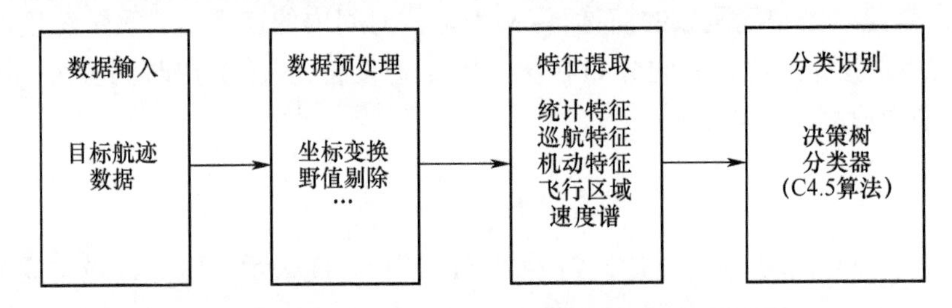


图 8-3 基于运动特征的飞机目标识别流程

本节采用空中目标真实飞行轨迹构建实验数据集,目标航迹数据集是近两年民航或军机特定目标的飞行航迹数据。数据集共有 933 条航迹,其中 300 条作为测试数据。数据包括战斗机、民航飞机和侦察机三类四型目标,分别为民航、战斗机 1、战斗机 2 和侦察机。四类飞机数据共 20 架次,其中民航飞机共有 8 架次,战斗机 1 共有 3 架次,战斗机 2 共有 2 架次,侦察机共有 7 架次。数据集中每条航迹均由数据标号、飞行时间、经度、纬度、高度以及机型标签六个属性组成。

图 8-4 为对数据集中的民航航迹进行特征提取后的部分特征示意。其中,图(a)是航迹数据预处理后的航迹三维图,图(b)是数据采样间隔,图(c)是速度采样图,图(d)是整条航迹的速度分布情况,图(e)是航迹加速度分布情况,图(f)是提取的目标飞行高度变化曲线,图(g)是采样点加速度分布情况,图(h)是目标速度谱分布。

由图 8-4 (a)、(b)可知,航迹数据采样间隔变化较大,中间段出现采样间隔过大情形,使得在飞行中段出现少量飞行数据缺失现象,不过航迹整体完整性与连贯性较好。由图 8-4 (c)、(g)可知,在起飞阶段快速爬升,加速度成高数值正值;中段巡航期保持平稳飞行,无明显速度变化;末端飞机缓降,加速度呈低数值负数。由图 8-4 (d)、(e)及(h)分析可知,该飞机速度集中度较高,加速度极值较小,整体机动性较弱。

图 8-5 给出了分类实验结果,是验证采用的分类器为决策树,图(a)采用本节提出的高维特征矩阵,图(b)为传统航迹特征(包括目标经度、纬度、高度、速度)。不难看出,利用高维特征矩阵可以较好分辨标签 1 民航机型与标签 2 战斗机机型空中目标,对标签 3

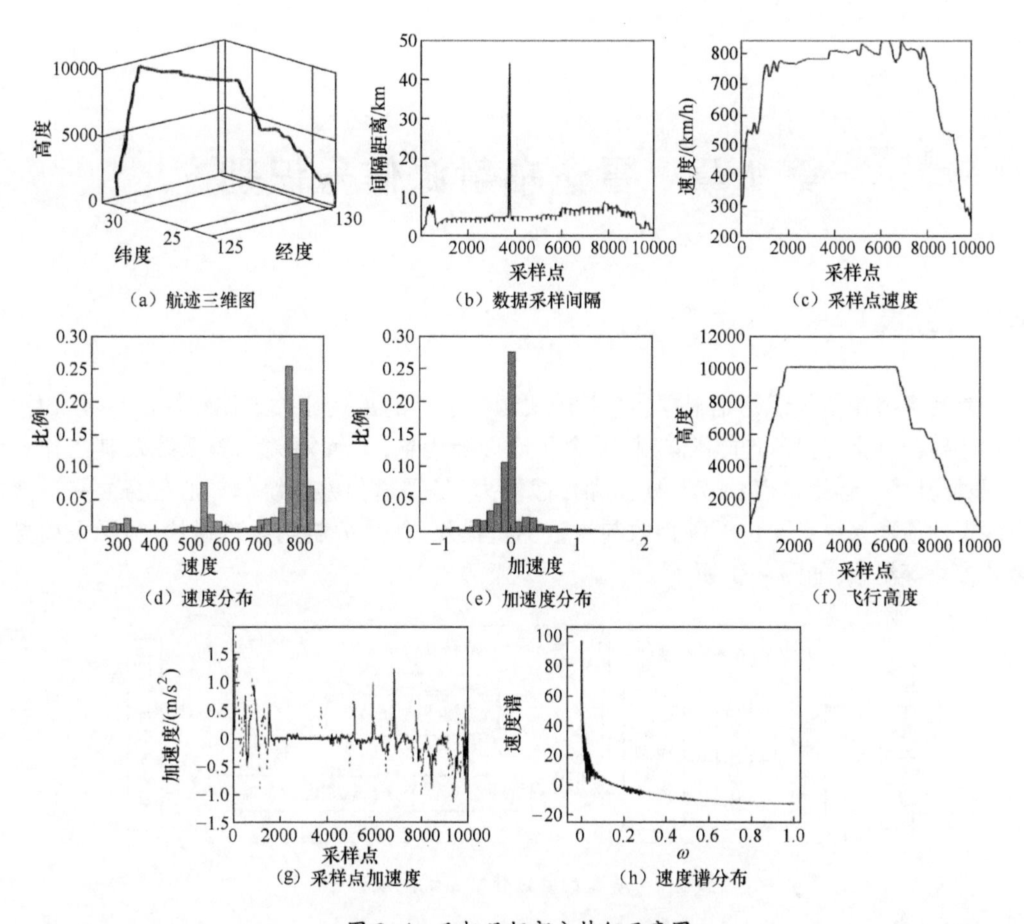


图8-4　飞机目标部分特征示意图

战斗机机型和标签4侦察机机型的目标出现少量识别错误。从选用的四型飞机的航迹数据分析,可解释上述现象出现的原因:数据库中标签1的民航数据飞行平稳,数据质量高,特征区分性好,识别准确率高;然而,选取的战斗机与侦察机飞机在飞行中部分轨迹相似,实验所选取的航迹数据主要为巡航段飞行数据,加速度 $a_f$、转弯半径 $R_f$、爬升率 $P_{a_f}$ 特征不明显,速度分量 $P$ 未表现出明显差异且飞行区域重合,从而导致出现2%的误判率;因此,在尽可能获取完整航迹、区域划分合理的情况下可得到更为理想的分类效果。

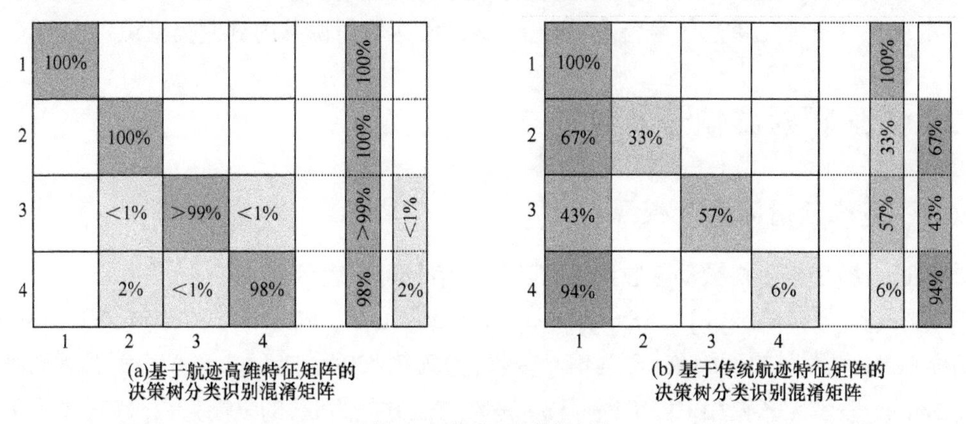


图8-5　分类识别结果图

# 第9章 雷达辐射源信号识别

## 9.1 引言

雷达辐射源信号识别是根据侦察接收机预分选后的雷达相关工作和特征参数,识别雷达辐射源种类,进而获取其体制、用途和型号等信息,了解相关武器系统及其工作状态,掌握其战术运用特点、活动、规律和作战能力,是雷达侦察系统的核心任务之一。典型的雷达侦察系统主要由无源接收与参数测量模块、信号分析与处理模块、显示及引导装置模块等组成,如图9-1所示。

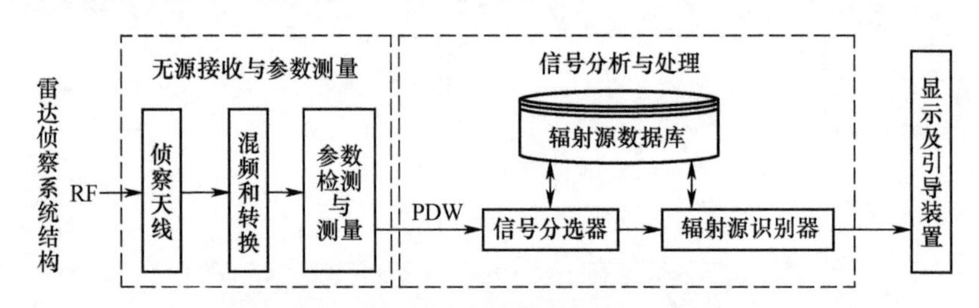


图9-1 典型的雷达侦察系统组成框图

雷达侦察系统首先通过宽带接收机截获目标平台的雷达辐射信号,进行高精度的信号检测、参数测量及特征提取,获得不同信号的载频(radio frequency,RF)、脉冲幅度(pulse amplitude,PA)、脉冲宽度(pulse width,PW)、到达时间(time of arrival,TOA)和到达方向(direction of arrival,DOA)等常规特征参数,构成脉冲描述字(pulse description word,PDW);然后在脉冲描述字PDW的基础上,对随机交叠的脉冲流进行去交错处理,分离出各个雷达脉冲,实现脉冲分选;最后对脉内调制类型、雷达辐射源类型、个体以及目标平台等进行识别,对态势和威胁进行评估并辅助决策。

本章在分析常见雷达信号特点基础上,给出雷达辐射源脉内调制类型识别实例。

## 9.2 雷达辐射源信号及特征

### 9.2.1 雷达辐射源信号模型

双通道数字接收机被动接收到的雷达脉冲信号可以表示为:

$$x(n)=A(n)\exp[\mathrm{j}(2\pi f_c n/f_s+\varphi(n)+\Delta\varphi(n))]+w(n)\quad n\in[1,N]\tag{9-1}$$

式中:$A(n)$为瞬时幅度函数;$f_c$为信号载频;$f_s$为接收机采样率;$\varphi(n)$表示有意调制函数;$\Delta\varphi(n)$表示无意调相UPMOP;$w(n)$是零均值方差为$\sigma^2$的复高斯白噪声;$N$为采样

点数。根据调制函数 $\varphi(n)$ 的不同,可将雷达辐射源信号划分为不同的类别,具体如下。

1）常规雷达信号(conventional wareform,CW)

CW 是一般的简单脉冲,不进行脉内调制,即调制函数

$$\varphi(n)=0 \tag{9-2}$$

早期雷达多采用单载频脉冲信号,但其距离分辨率和探测距离、距离分辨率和速度分辨率之间均存在耦合,因此新体制雷达往往采取性能更优的脉冲压缩信号。

2）线性调频信号(linear frequency modulation,LFM)

LFM 信号属于频率调制信号,是现代雷达中经常采用的一种脉冲压缩信号,调制函数表达式为

$$\varphi(n)=\pi k\,(n/f_s)^2 \tag{9-3}$$

式中:$k=B/T$ 为调频斜率,$B$ 为调制带宽,$T$ 为脉宽。

3）非线性调频信号(nonlinear frequency modulation,NLFM)

NLFM 信号中常用的有偶二次调频信号(even quadratic frequency modulation,EQFM),其调制函数表达式为

$$\varphi(n)=\pi k\,(n/f_s-T/2)^3 \tag{9-4}$$

式中:$k=8B/(3T)^2$ 为调频率,$B$ 为调制带宽,$T$ 为脉宽。NLFM 信号也属于频率调制信号。

4）二相编码信号(binary phase shift keying,BPSK)

BPSK 信号相位在码元持续时间内要么为0,要么为 π。相位可表示为

$$\varphi_i=\begin{cases}0 & d_i=0\\ \pi & d_i=1\end{cases} \tag{9-5}$$

式中:$i=1,2,\cdots,M$, $M$ 是码元长度;$\{d_i\}$ 是离散时间码元序列。二相编码中最常用的是巴克码序列,其幅度不变、长度有限,已知的长度只有9种,其中码长为5、7、11和13使用较多,码元序列如表9-1所列。

表9-1　4种常用的巴克码序列

| 码长 | 码元序列 |
|---|---|
| 5 | {1,1,1,0,1} |
| 7 | {1,1,1,0,0,1,0} |
| 11 | {1,1,1,0,0,0,1,0,0,1,0} |
| 13 | {1,1,1,1,1,0,0,1,1,0,1,0,1} |

5）多相编码信号

多相编码对连续载波的相位进行调制,其码元相位取值由多相序列决定。其中多相序列是幅度保持不变、相位 $\varphi(n)$ 取值多样、长度有限的离散时间复序列。常用的多相编码包括 Frank 码、P1～P4 码和多时码 T1～T4,表9-2、表9-3列举了各个信号在每个码元上的离散相位表达式。

表 9-2 多相编码离散相位表达式

| 类型 | 离散相位表达式 |
| --- | --- |
| Frank | $\varphi_{i,j} = \frac{2\pi}{M}(i-1)(j-1),\ i,j = 1,\ 2,\ \cdots,\ M$ |
| P1 | $\varphi_{i,j} = \frac{-\pi}{M}[M-(2j-1)][(j-1)M+(i-1)],\ i,j = 1,\ 2,\ \cdots,\ M$ |
| P2 | $\varphi_{i,j} = \frac{-\pi}{2M}(2i-1-M)(2j-1-M),\ i,j = 1,\ 2,\ \cdots,\ M$,$M$为偶数 |
| P3 | $\varphi_i = \frac{\pi}{M^2}(i-1)^2,\ i = 1,\ 2,\ \cdots,\ M^2$ |
| P4 | $\varphi_i = \frac{\pi}{M^2}(i-1)^2 - \pi(i-1),\ i = 1,\ 2,\ \cdots,\ M^2$ |

Frank 码、P1~P4 码采用 $M$ 个频率阶跃,并在每个频率上采样 $M$ 个离散相位,码元长度为 $M^2$,是对线性调频波形的近似。

表 9-3 多时码离散相位表达式

| 多时码类型 | 离散相位表达式 |
| --- | --- |
| T1 | $\varphi(n) = \mathrm{mod}\left\{\frac{2\pi}{m}\mathrm{INT}\left[(kn-jT)\frac{jn}{T}\right],2\pi\right\},j = 0,2,\cdots,k-1$ |
| T2 | $\varphi(n) = \mathrm{mod}\left\{\frac{2\pi}{m}\mathrm{INT}\left[(kn-jT)\left(\frac{2j-k+1}{T}\right)\frac{n}{2}\right],2\pi\right\},j = 0,2,\cdots,k-1$ |
| T3 | $\varphi(n) = \mathrm{mod}\left\{\frac{2\pi}{m}\mathrm{INT}\left[\frac{m\Delta Fn^2}{2T}\right],2\pi\right\}$ |
| T4 | $\varphi(n) = \mathrm{mod}\left\{\frac{2\pi}{m}\mathrm{INT}\left[\frac{m\Delta Fn^2}{2T}-\frac{m\Delta Fn}{2}\right],2\pi\right\}$ |

多时码 T1~T4 采用固定相位状态,且每个相位状态有不同的时间周期,其中 $m$ 表示码序列的相位状态数,$k$ 表示码序列的段数,$\Delta F$ 表示调制带宽,mod(·) 表示取模运算,INT(·) 表示向下取整运算。

6) 频率编码(frequency shift keying,FSK)

FSK 的频率 $f_i$ 是从发射允许频率范围内的跳频序列 $\{f_1,f_2,\cdots,f_{N_F}\}$ 中选取的,每个子脉冲持续时间内其调制函数为

$$\varphi(n) = 2\pi f_i n/f_s \tag{9-6}$$

当跳频序列为 Costas 序列时,编码信号能够产生无模糊的距离和多普勒,同时能最大限度地减小不同频率间的串扰。Costas 序列 $\{f_1,f_2,\cdots,f_{N_F}\}$ 排列满足

$$f_{k+i} - f_k \neq f_{j+i} - f_j \tag{9-7}$$

对于每个 $i$、$j$ 和 $k$,有 $1 \leqslant k < i < i+j \leqslant N_F$,$N_F$ 表示跳频数。

7) 频率编码与线性调频复合调制

FSK/LFM 信号是先根据跳频序列将一个脉冲分为子脉冲,再对每个子脉冲进行线性调频,则每个子脉冲持续时间内调制函数为

$$\varphi_i(n) = 2\pi f_i n/f_s + \pi k\,(n/f_s)^2 \tag{9-8}$$

8）频率编码与二相编码复合调制

FSK/BPSK 信号是根据跳频序列将脉冲分为子脉冲后，对子脉冲再进行相位调制，每个子脉冲持续时间内调制函数为

$$\varphi_i(n) = 2\pi f_i n/f_s + \varphi_{BPSK} \tag{9-9}$$

FSK/BPSK 信号能够获得大的时宽带宽积和处理增益，并且同时保留了 FSK 和 BPSK 信号的优势，具有高的多普勒容限和距离分辨力。

## 9.2.2 雷达辐射源信号特征参数

雷达侦察系统对接收到的脉冲信号经过测频、测向接收机和脉冲时域参数测量后得到脉冲到达时间（TOA）、载频（RF）、脉宽（PW）、脉幅（PA）、脉冲到达角（DOA）等参数，构成雷达脉冲描述字（PDW），即 PDW = {TOA，RF，PW，PA，DOA}。

早期雷达体制单一，频率覆盖范围小，信号波形简单，参数变化不大，辐射源数量较少，利用雷达脉冲描述字就能够实现雷达辐射源识别。但随着电子技术发展，有源相控阵、数字化、宽带/超宽带、低截获等技术不断应用于雷达系统，新体制雷达不断涌现，脉冲描述字已经不能完整地描述雷达特性，必须对雷达信号的脉内进行分析，得到更丰富的特征描述。雷达辐射源脉内调制一般可分为脉内有意调制（intentional modulation on pulse，IMOP）和脉内无意调制（unintentional modulation on pulse，UMOP）。

**1. 脉内有意调制**

脉内有意调制主要是为了提高雷达的检测性能，减少被截获概率和抗干扰等而采取的功能性有意调制，比如，为了提高雷达的峰值功率，同时增加雷达的作用距离、提高距离分辨率，采用脉冲压缩体制，脉内采用频率调制或相位调制等。常见的调制方式包括线性调频、非线性调频、二相编码、多相编码、频率编码以及复合调制等。

脉内有意调制特征主要包括信号时域特征、频域特征、调制域特征等。时域特征可以采用时域自相关法、倒频谱法、过零检测法和极值点检测法等进行提取，但这些方法对噪声十分敏感，信号识别率会随着信噪比降低急剧下降，难以满足当前需求。近年来研究人员相继提出了许多变换域特征提取的方法，主要包括时频分析法、模糊函数法和高阶统计量法等。时频分析法的主要思路是对雷达信号进行短时傅里叶变换（short-time Fourier transform，STFT）、魏格纳-威利分布（Wigner-Ville distribution，WVD）、崔-威廉斯分布（Choi-Williams distribution，CWD）等，得到信号的时频图像，从时频图像中提取瞬时频率、Hu 矩、伪 Zernike 矩、中心矩、原点矩等特征。模糊函数法主要是从雷达信号模糊函数入手，基于模糊函数主脊切面特征提取旋转角度、对称 Holder 系数等特征，基于模糊函数最大能量切片波形信息提取最大能量角度和两组对称 Holder 系数特征。高阶统计量法主要利用现代信号处理的知识，提取对角积分双谱、积分循环双谱特征，以及双谱二维切片中的盒维数和信息维数等特征。

**2. 无意调制特征**

脉内无意调制是指除了雷达设计师赋予的功能性有意调制外，发射机内部器件固有的非理性特性造成的非功能性寄生调制，这种非理想特性对信号的影响是细微的，反映了雷达辐射源的个体特征。

无意调制特征研究主要集中在从时域、频域和变换域等角度分析提取能够反映

UMOP 的独立稳定可测特征。无意调制时域特征主要是指信号包络呈现出不同瞬态信息,主要包括包络顶降、上升沿、下降沿和脉宽等特征参数。此外,无意相位调制(unintentional phase modulation on pulse,UPMOP)与无意频率调制(unintentional frequency modulation on pulse,UFMOP)也是两类重要的无意调制特征,借鉴有意调制思路,基于辐射源信号双谱、基于模糊函数切片等提取无意调制特征。上述方法是从信号层面出发,在信号各个域上提取了雷达辐射源的无意调制特征。而许丹、黄渊凌等人则通过对辐射源发射系统的频率源畸变和功率放大器进行建模,然后用模型系数作为个体识别特征参数。

## 9.3 雷达辐射源调制类型识别

传统的雷达辐射源识别处理流程如图 9-2 所示,由信号预处理、特征提取与选择、分类器等三部分构成,其中特征提取与选择、分类器设计是核心。

雷达辐射源信号 → 信号预处理 → 特征提取与选择 → 分类器 → 识别结果

图 9-2 传统的雷达辐射源识别流程框图

近年来深度学习得到迅速发展,在目标识别领域的应用也日益广泛。深度学习能够自主地学习特征和任务之间的关联,自动从原始数据或简单特征中提取更加复杂的特征。深度模型从低层级特征提取抽象不变的高层属性特征,形成表征数据分布式的表示,实现复杂的非线性函数逼近,较浅层模型泛化能力更强,能刻画数据更丰富的本质信息。与传统的基于人工的特征提取和选择的方法不同的是,深度学习可自动挖掘样本数据的深层次特征信息,并且避免了神经网络易陷于局部极小和存在过(欠)学习等问题。将深度学习方法引入雷达辐射源智能识别中,利用深度学习自主学习特征,具有一定的实践意义和推广意义。类似于传统的雷达辐射源识别流程,这里给出基于深度学习的雷达辐射源识别的流程如图 9-3 所示,其中深层神经网络完成特征的自学习,softmax 层输出分类结果。

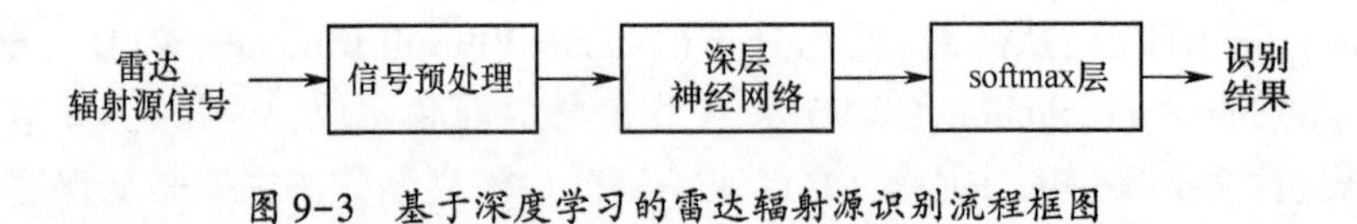


图 9-3 基于深度学习的雷达辐射源识别流程框图

本节分别从传统识别模型和基于深度学习识别模型两个方面,给出雷达辐射源源调制类型识别实例。

### 9.3.1 基于瞬时频率图的雷达辐射源调制类型识别

雷达信号是一种非平稳信号,其频谱是随时间变化的。经典的傅里叶变换只能展现信号的全局频率信息,而不能够衡量频率分量随时间如何变化以及何时发生变化。而瞬时频率可以描述信号的频谱随时间变化时的局部特征,是对非平稳信号特性的一种很好描述,因此可以从瞬时频率中提取能够较好区分雷达辐射源信号的特征用于识别。

基于瞬时频率图的雷达辐射源调制类型识别基本思想是：首先，提取信号瞬时频率；然后，将瞬时频率转化为二值图像，从二值图像中提取形状特征；最后，利用 BP 神经网络设计分类器，实现雷达辐射源调制类型识别。

**1. 瞬时频率定义**

关于瞬时频率的定义一直存在争议，现在比较常用的模型是解析信号定义式和时频定义式，这两种定义各有利弊。先给出这两种定义式，然后再讨论各自的优缺点。

解析信号定义式中，假设信号模型为

$$s(t)=A(t)\cos(\theta(t)) \tag{9-10}$$

其中，$\theta(t)=2\pi f_0 t+\varphi(t)+\varphi_0$。其解析形式可以表示为

$$z(t)=s(t)+\mathrm{j}\hat{s}(t)=A(t)\exp(\mathrm{j}\theta(t)) \tag{9-11}$$

其中，$\hat{s}(t)$ 为 $s(t)$ 的希尔伯特变换。

瞬时频率的解析信号定义式为

$$f(t)=\frac{1}{2\pi}\cdot\frac{\mathrm{d}\theta(t)}{\mathrm{d}t} \tag{9-12}$$

瞬时频率的时频定义式为

$$\hat{f}(t)=\frac{\int_{-\infty}^{+\infty}f\cdot W(t,f)\mathrm{d}f}{\int_{-\infty}^{+\infty}W(t,f)\mathrm{d}f} \tag{9-13}$$

其中，$W(t,f)$ 为信号的魏格纳变换。

式(9-12)的定义只适用于单分量信号，式(9-13)的定义既适用于单分量信号也适用于多分量信号。本节考虑的是已经分离好的雷达辐射源信号，可以认为是单分量信号，因此采用式(9-12)的定义式。

**2. 瞬时频率提取**

瞬时自相关法是提取瞬时频率的比较简单方法，其基本原理是先计算解析信号的瞬时自相关，然后求取瞬时自相关的相位，通过相位来求原始信号的瞬时频率。

设接收信号解析变换后为

$$x(n)=A(n)\exp\{\mathrm{j}[2\pi f_0 n/f_s+\varphi(n)+\varphi_0]\} \tag{9-14}$$

式中：$A(n)$ 为信号的幅度；$f_0$ 为载频；$\varphi(n)$ 为相位调制函数；$\varphi_0$ 为初相；$f_s$ 为采样频率。

信号的瞬时自相关定义式为

$$R(n,m)=x^*(n)x(n+m)=A(n)A(n+m)\exp\{\mathrm{j}[2\pi f_0 m/f_s+\varphi(n+m)-\varphi(n)]\} \tag{9-15}$$

其中，$m$ 为延迟间隔，且 $m>0$。

瞬时频率为

$$f(n,m)=\arctan\frac{\mathrm{Im}[R(n,m)]}{\mathrm{Re}[R(n,m)]}\cdot\frac{f_s}{2\pi m} \tag{9-16}$$

由式(9-16)可知，瞬时频率的计算需要进行反正切运算，而反正切存在着 $2k\pi$ 的模糊，这对瞬时频率的影响非常大，特别是在有噪声的条件下。为了减少噪声对瞬时频率的影响，对提取的瞬时频率进行平滑。假设信号瞬时频率的离散形式为 $f(n)$，则平滑表达式如下：

$$\bar{f}_{\mathrm{IF}}(n,m)=\frac{1}{m}\sum_{i=n}^{n+m-1}f(i,m) \tag{9-17}$$

对 6 种常用的雷达信号用上述方法进行瞬时频率的提取,这 6 种雷达信号分别为:CP、LFM、BPSK、QPSK、FSK、EQFM。仿真条件为:$f_0$ 为 45MHz,$f_s$ 为 500MHz,脉冲宽度设为 13μs,BPSK 采用 7 位巴克码,QPSK 采用 16 位 Frank 码。瞬时自相关的延迟间隔 $m$ 取 7,SNR 为 10dB,图 9-4 为各雷达信号的瞬时频率图。

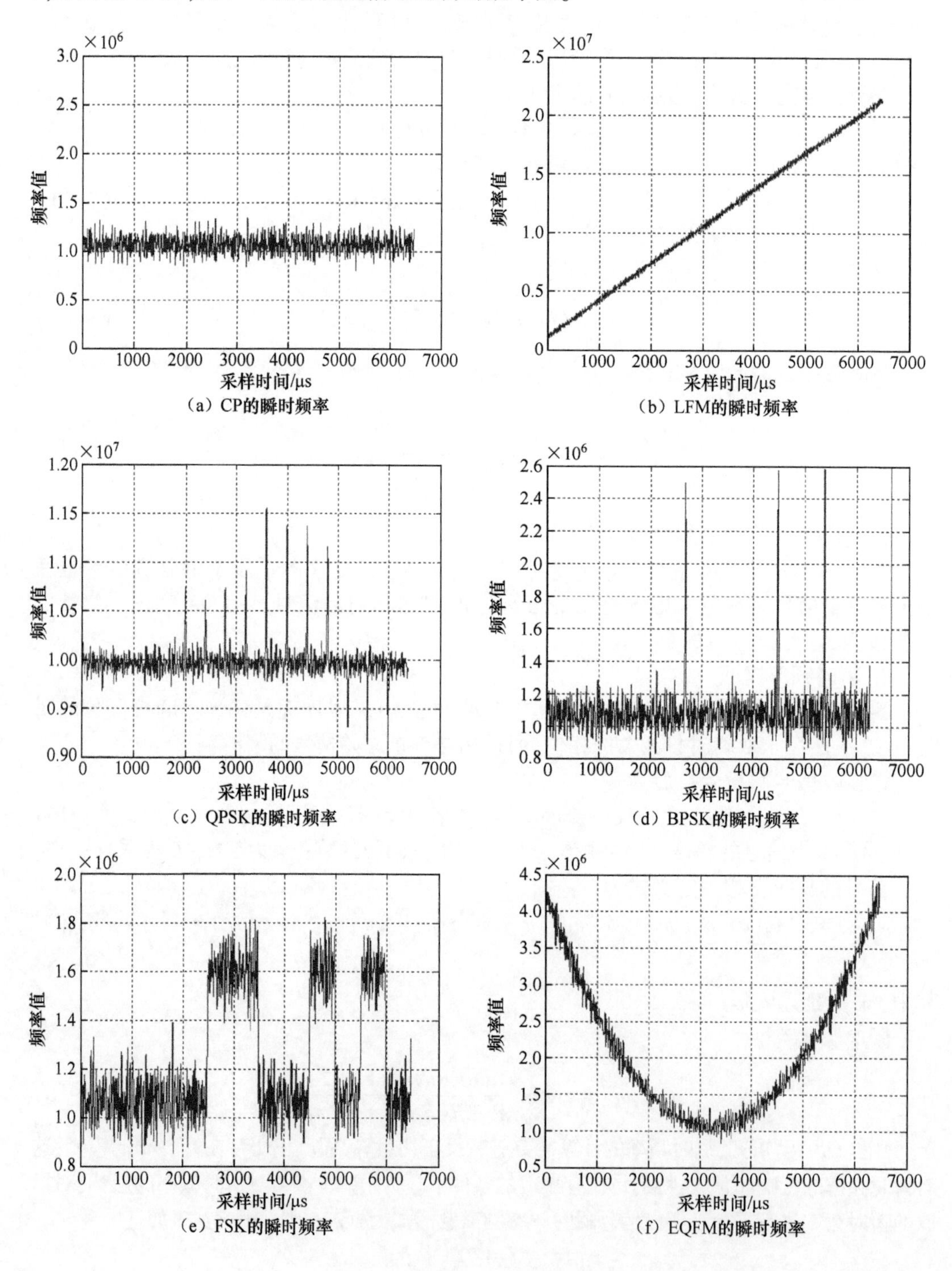


图 9-4 常用雷达信号的瞬时频率图

由图 9-4 可以看出,不同调制类型的雷达信号其瞬时频率的形状是不同,常规雷达信号的瞬时频率为一条直线,线性调频信号瞬时频率为一条斜线,相位编码信号的瞬时频率是带有突变的直线,频率编码信号的瞬时频率为一些矩形脉冲,偶二次调频的瞬时频率是二次曲线。这些形状肉眼可以明显区分出来,但是用计算机直接进行识别确实存在困难。这里引入图像形状特征来描述瞬时频率的差异,为此必须先将瞬时频率转化为图像。

**3. 瞬时频率的图像特征**

1) 瞬时频率转化为二值图像

如果要利用图像的形状特征进行识别,需要先将瞬时频率转化为图像。将瞬时频率转化为图像,实质上是将一维的瞬时频率信息映射到二维的图像上,为了简化计算,本节采用二值图像,具体做法如下:

首先,将瞬时频率归一化至[0,1]区间,归一化公式为 $\hat{f}_i = f_i/f_{\max}$。

其次,以采样时间为水平方向的刻度,归一化后的瞬时频率为垂直方向的刻度。在垂直方向将区间[0,1]划分为 $N$ 等份,设时间采样的点数为 $M$,则可以生成一个大小为 $N\times M$ 的图像。在能清楚看出图像形状的前提下,$N$ 的取值应尽量小,这样可在图像的特征提取过程中减小计算量。经过反复实验,$N$ 取值为 30~60 比较合理。

最后,确定图像像素值。准则是如果瞬时频率值落入某个像素块中,则给该像素值赋为 1,否则为 0。

将图 9-4 中的 6 种常用雷达信号的瞬时频率转换为二值图像。实验中 $N$ 取值为 40。得到的各信号的瞬时频率二值图如图 9-5 所示。

对比图 9-4 和图 9-5 可以看出,各信号瞬时频率的二值图像基本上保持了其瞬时频率的原始形状,如 LFM 信号的瞬时频率仍为一条斜线,QPSK、BPSK 都为带有突变值一条直线,FSK 可以看出为两个不同的频率值,EQFM 为一个二次曲线,CP 信号由于归一化的原因分布比较散,但是仍然保持一个与水平轴平行的线。

2) 图形特征提取

图像处理中的特征提取方法已经比较成熟,其中图像的特征可以分为纹理特征、形状特征、边缘特征等。而图像的形状特征又分为几何特征、矩特征和拓扑特征等。瞬时频率的几何特征无法测量,拓扑特征又比较复杂。考虑到瞬时频率图形的不规则性,这里选用图像的普通矩特征来衡量瞬时频率的二值图。设大小为 $N\times M$ 的二值图像可以表示如下:

$$f(x,y)=\begin{cases}1 & f\neq 0\\ 0 & \text{其他}\end{cases} \tag{9-18}$$

则图像的 $(p+q)$ 阶原点矩可以表示为

$$m_{pq}=\sum_{x=1}^{N}\sum_{y=1}^{M}x^p y^q f(x,y) \tag{9-19}$$

图像的 $(p+q)$ 阶中心矩可以定义为

$$\mu_{pq}=\sum_{x=1}^{N}\sum_{y=1}^{M}(x-\bar{x})^p(y-\bar{y})^q f(x,y) \tag{9-20}$$

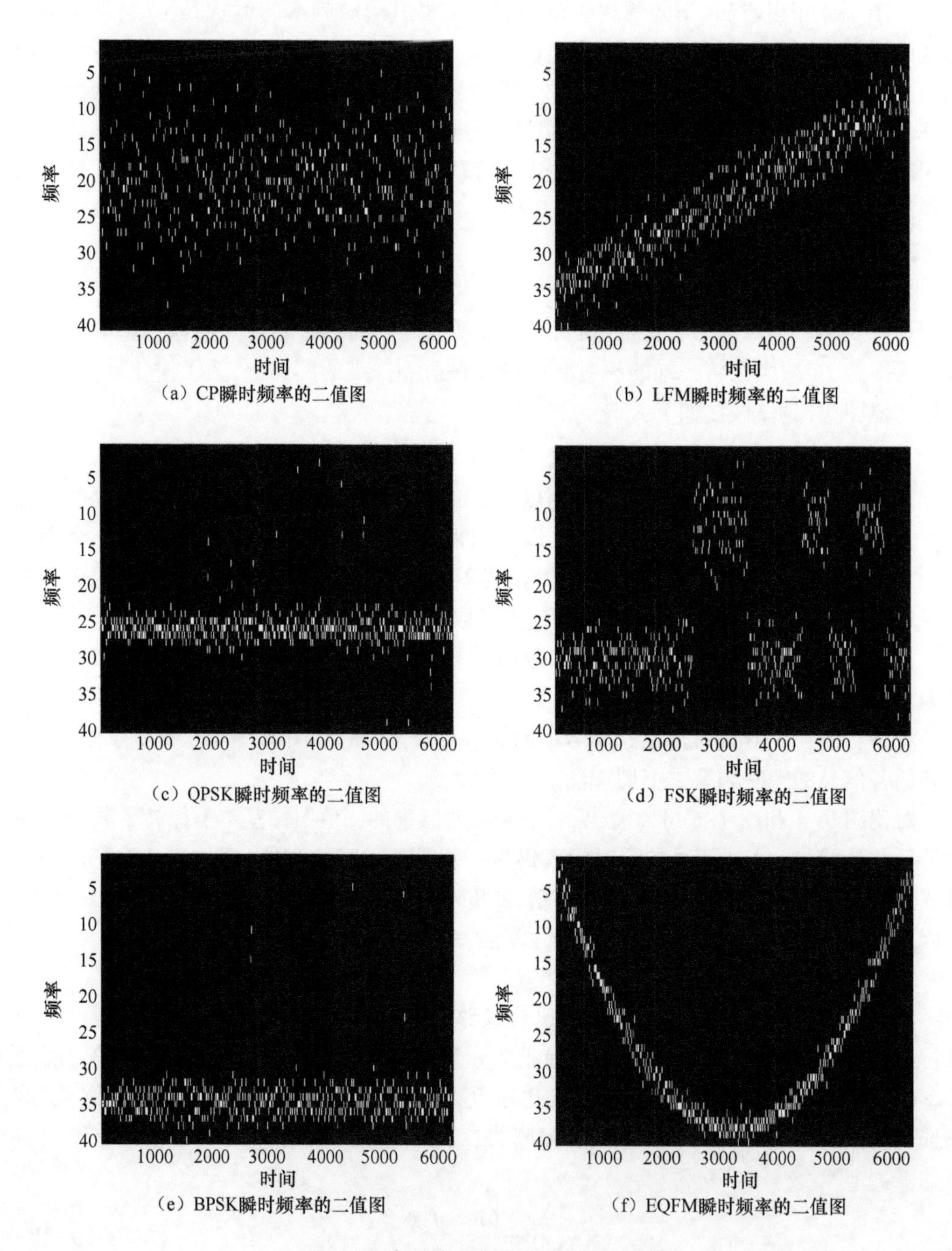


(a) CP瞬时频率的二值图

(b) LFM瞬时频率的二值图

(c) QPSK瞬时频率的二值图

(d) FSK瞬时频率的二值图

(e) BPSK瞬时频率的二值图

(f) EQFM瞬时频率的二值图

图 9-5 常用雷达信号瞬时频率二值图

式中：$\bar{x}=\dfrac{m_{10}}{m_{00}}$，表示水平方向上的质心；$\bar{y}=\dfrac{m_{01}}{m_{00}}$，表示垂直方向的质心。

图像的各阶中心矩具有明确的物理意义：$\mu_{20}$ 表示图像在水平方向上的伸展度；$\mu_{02}$ 表示图像在垂直方向上的伸展度；$\mu_{11}$ 表示图像的倾斜度；$\mu_{30}$ 表示图像在水平方向上的重心偏移度；$\mu_{03}$ 表示图像在垂直方向上的重心偏移度；$\mu_{21}$ 表示图像水平伸展的均衡程

度；$\mu_{12}$ 表示图像垂直伸展的均衡程度。由于水平方向是采样时间，仿真时应尽量保持一致，故含有的信息量比较少。主要信息都集中在瞬时频率中，也就是在垂直方向上，故像 $\mu_{20}$、$\mu_{30}$ 这些描述水平方向的特征量应舍弃，因此，最终选用 $\mu_{11}$、$\mu_{02}$、$\mu_{12}$、$\mu_{21}$、$\mu_{03}$ 来衡量瞬时频率二值图的特征。

由式(9-20)可知，$\mu_{pq}$ 的大小与水平方向的值 $x$ 有关，也就是与采样时间有关，故不同的采样频率和不同的信号长度都会影响 $\mu_{pq}$ 的大小。为了减少采样频率和信号长度对 $\mu_{pq}$ 的影响，对各特征除以 $\mu_{00}$ 进行归一化，因为 $\mu_{00}$ 是所有像素点之和。为了增强不同信号同一特征值之间的差异，构造一个新的特征。新特征的计算式如下：

$$\mu'_{pq}=\frac{\overline{\mu}_{pq}}{\overline{\mu}_{02}} \tag{9-21}$$

其中，$\overline{\mu}_{pq}=\dfrac{\mu_{pq}}{\mu_{00}}$。经上述变换，最终确定的特征为 $\mu'_{11}$、$\mu'_{12}$、$\mu'_{21}$、$\mu'_{03}$。

图9-6为信噪比为10dB时6种典型雷达信号提取特征的二维聚类图，从图中可以看出提取的特征类内聚集，类间离散，具有很好的分类属性。图9-7是各特征随着信噪比变化图，由图9-7(a)可以看出，$\mu'_{11}$ 特征可以明显地区分开LFM信号，这是因为 $\mu'_{11}$ 表示图像的倾斜度，而LFM信号的瞬时频的倾斜度最大；由图9-7(c)可以看出，$\mu'_{21}$ 特征可以明显区分开EQFM信号。

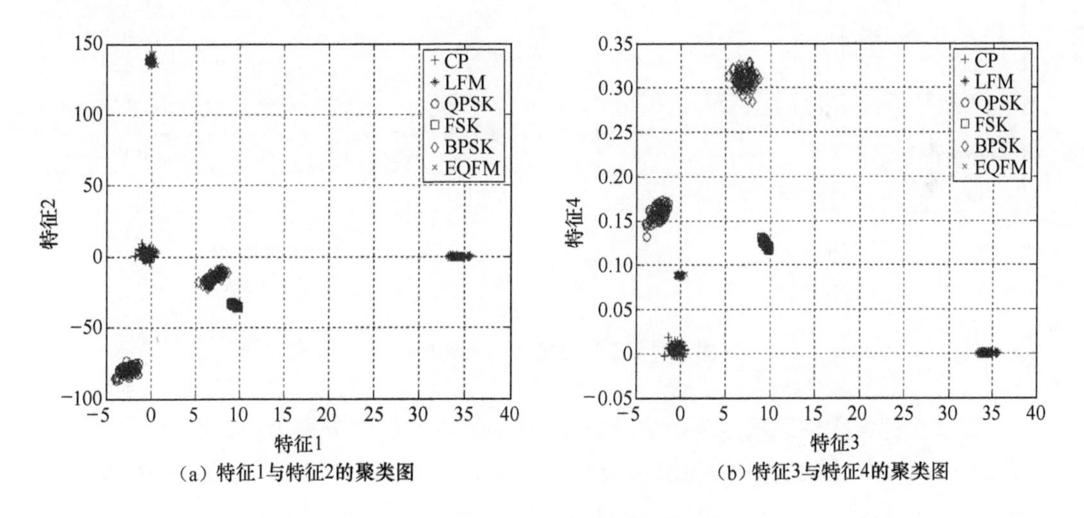

(a) 特征1与特征2的聚类图　(b) 特征3与特征4的聚类图

图9-6　四种特征的二维聚类图

**4. 神经网络分类器**

第8章详细介绍了BP网络分类器，在此只根据本章所提取的4种特征给出BP分类器的参数设置。由于信号用4个特征来表征，所以BP网络的输入层需要4个神经元；要识别的雷达调制类型有6种，故BP网络的输出神经元个数为3，神经元的状态为0或1；BP网络设置1个隐含层，隐含层神经元个数为3~13个，经实验，隐含层神经元个数设为7时，网络性能最好。传递函数采用"logsig"，训练算法采用误差反向传播算法，训练的期望误差取为0.0001，初始训练次数设置为2000。

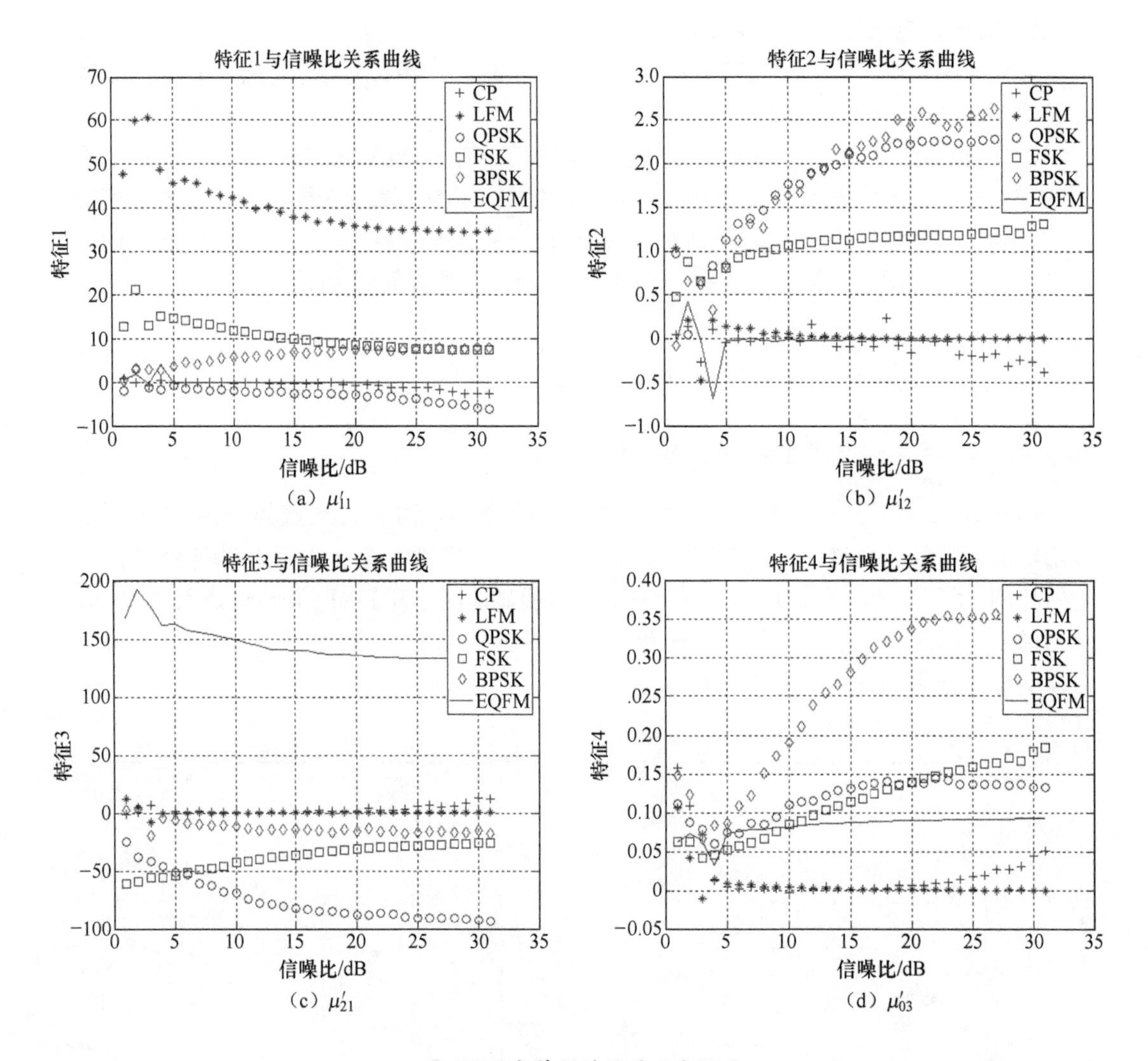


(a) $\mu'_{11}$　(b) $\mu'_{12}$　(c) $\mu'_{21}$　(d) $\mu'_{03}$

图 9-7　各特征随信噪比变化图

实验以 6 种常用雷达信号为对象,这 6 种常用的雷达信号分别为:常规信号(conventionality pulse,CP)、线性调频信号(linear frequency modulation,LFM)、偶二次调频信号(evenquadratic frequency modulation,EQFM)、二相编码信号(binary frequency shift keying,BPSK)、四相编码信号(quadri phase shift keying,QPSK)、频率编码信号(frequency shift keying,FSK)。这些信号都是通过 Matlab 仿真得到,其中 BPSK 信号采用 13 位 Barker 码,QPSK 信号采用 16 位 Frank 码。信号的载频都取为 10MHz, 采样频率取 100MHz, 脉冲宽度为 13μs。信噪比变化范围是 0~26dB,间隔 2dB,每种雷达信号分别生成 200 个随机初始相位的信号,其中 100 个信号提取的特征作为训练样本,剩下的 100 个信号特征作为识别样本。

图 9-8 中可以看出,在 5dB 时除 BPSK 信号外其他信号的误识别率都低于 10%,这也可以由图 9-7 看出,在 5dB 之前 BPSK 几乎在每个特征变化图中都与其他信号有所重

叠。但在其他信号是完全可分的,故还能保持较高的识别率。图 9-9 可以看出,采用神经网络进行识别其总的误识别率在 2dB 以后都不超过 10%,具有很好的识别效果。

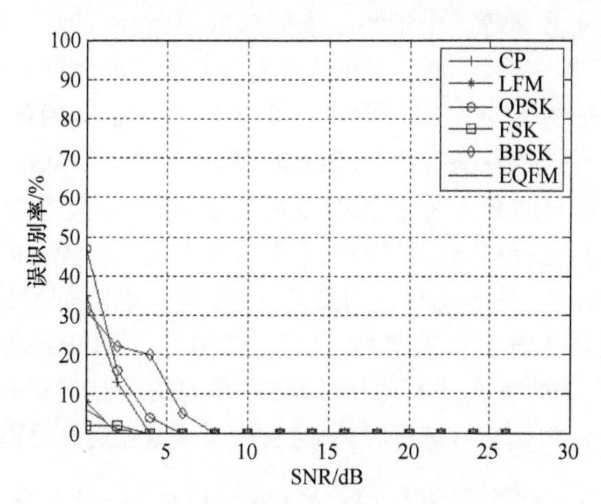


图 9-8　各信号的误识别率随信噪比变化图

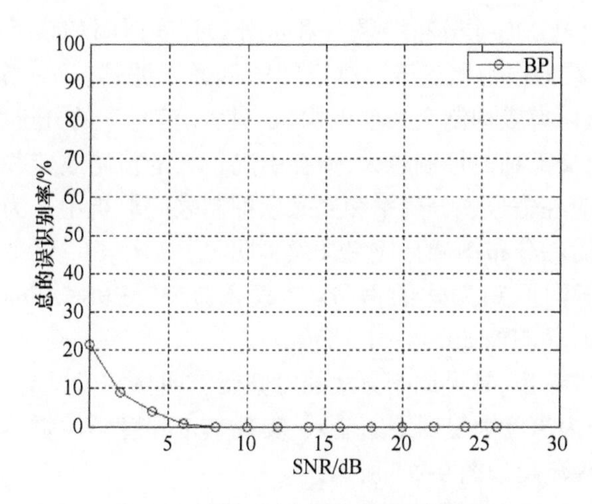


图 9-9　总误识别率随信噪比变化图

## 9.3.2　基于 CNN 的雷达辐射源调制类型识别

借鉴深度学习在图像识别领域的成熟应用,近年来,国内外学者开展了将深度学习技术应用于雷达辐射源调制类型识别领域的相关研究。基本思路是:首先对时域信号进行时频变换处理;然后对时频图像进行预处理后,作为深层神经网络的输入;最后,利用 softmax 层输出分类结果。

**1. 雷达信号时频分析与预处理**

借鉴深度学习在计算机视觉领域的成熟发展,将不同调制方式的雷达辐射源信号通过时频变换,将一维的时域波形转化为二维时频图像,作深层神经网络的输入。时频分析清晰地描述了非平稳信号的时间与频率的变换规律,而这种规律揭示了信号的有意调制信息。典型的时频分析方法可以概括为线性时频分析和双线性时频分析两类,线性时频分析有短时傅里叶变换、小波变换等方法,双线性时频分析主要有魏格纳-威利分布及其改进算法、崔-威廉斯分布等。由于测不准原理的限制,STFT 的时间分辨率和频率分辨率难以兼顾,时频聚集性不好;小波变换虽然能很好地解决时间和频率分辨率的矛盾,但选择能反映信号特征的小波基比较困难;WVD 具有较高的时频聚焦性,但存在交叉项的影响,其改进算法伪魏格纳-威利分布(Pseudo Wigner-Ville Distribution,PWVD)在某种程度上压缩了多分量信号的交叉项,但同时破坏了 WVD 的一些边缘特性,并且在低信噪比下,PWVD 时频图像仍然包含有很强的交叉项;CWD 采用时频分布的双线性广义类中的指数核,以减少在 PWVD 中普遍存在的交叉项,时频平面上强交叉项消失,可以将截获接收处理增益提高到雷达发射机的水平。由于 CWD 在所有未经处理的 Cohen 类分布中,具有交叉项干扰最小的特点,对不同时间或频率的信号具有较高的分辨能力和识别精度,因此采用 CWD 对雷达信号进行时频变换操作。CWD 时频分析定义式为

$$\mathrm{CWD}(t,\omega)=\iiint \mathrm{e}^{\mathrm{j}2\pi\xi(s-t)}f(\xi,\tau)\cdot x(s+\tau/2)x^{*}(s-\tau/2)\mathrm{e}^{-\mathrm{j}\omega\tau}\mathrm{d}\xi\mathrm{d}s\mathrm{d}\tau \tag{9-22}$$

$$f(\xi,\tau)=\exp\left|\frac{(\pi\xi\tau)^{2}}{2\sigma}\right| \tag{9-23}$$

式中:$\mathrm{CWD}(t,\omega)$ 是 CWD 时频分布结果,$t$ 和 $\omega$ 分布代表时间和频率;$f(\xi,\tau)$ 是核函数;$\sigma$ 是可控因子。核函数的作用相当于二维空间的低通滤波器,$\sigma$ 决定了滤波器的带宽,通过控制 $\sigma$ 的大小可以有效抑制交叉项干扰。$\sigma$ 越大,信号项的分辨率越高,但是交叉项也越严重;$\sigma$ 越小,对交叉项的抑制越大,但会引起较大的拖尾效应并且信号项的分辨率较差,因此 $\sigma$ 的取值应在信号项分辨率和交叉项抑制之间取折中。为了能够较好地反映出不同信号的 CWD 时频分布图像且使交叉项不明显,取 $\sigma=1$,以平衡交叉项抑制和信号项分辨率。对于不同调制方式的信号:单载频、LFM、BPSK、Frank、P1、P2、P3、P4、Costas,它们的 CWD 时频图像如图 9-10 所示。

从图 9-10 中可以看出,常见调制方式的时频图有明显视觉差异,因此可以将不同调制信号的时频图像作为深度学习网络的输入,实现基于深度学习雷达辐射源调制类型识别,时频图像的预处理流程如图 9-11 所示。

首先,对原始时频图像进行灰度化处理,保留信号的时频分布特征。

其次,利用开运算对图像进行降噪处理。选取“方形”结构元素对灰度图像做开运算以去除 CWD 核函数引起的呈特殊细长直线的进程噪声。

最后,采用双三次插值算法重置图像大小,并对灰度值进行归一化处理后,作为深度神经网络的输入,在保留图像的细节质量的同时减小了输入图像尺寸,提高了网络训练识别效率。

**2. 卷积神经网络**

卷积神经网络作为一种特殊的人工神经网络,主要应用于机器视觉领域。它通过结合局部感知、权值共享、池化降采、非线性映射等对数据特征逐层提取并高度抽象,从而进行后续工程应用。

经典的卷积神经网络如图 9-12 所示,它是一个多层的神经网络,每一层由多个二维

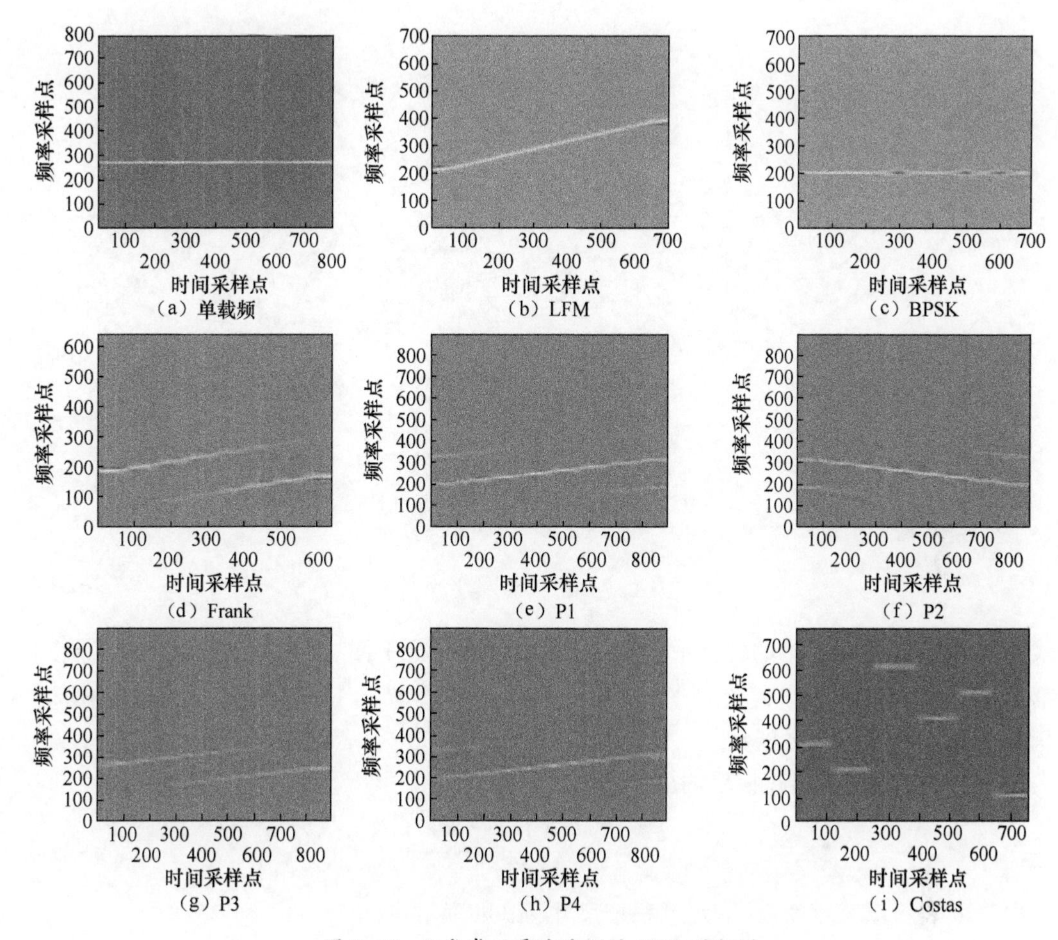


图 9-10 9 类常用雷达波形的 CWD 时频图

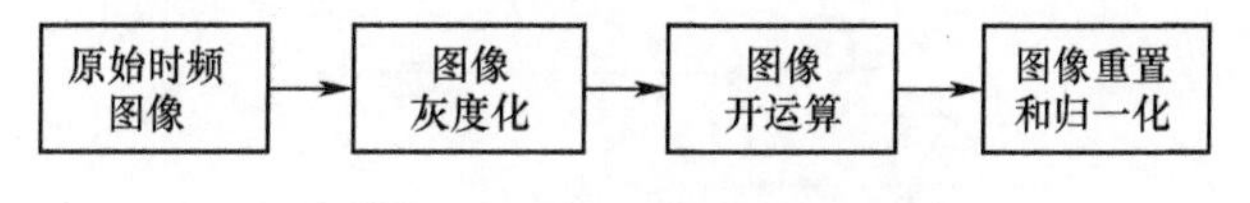


图 9-11 时频图像预处理流程

平面组成,称为卷积层,每个二维平面由卷积核(convolution kernel)和偏置构成,卷积层采用权值共享来减少网络参数规模。经典的卷积核有拉普拉斯算子、反锐化掩模、DoG 滤波器等,具有旋转不变性,可以提高细节以及边缘的可视性,从而实现定位。梯度类的卷积核如水平算子、垂直算子以及 Sobel 算子等,在重要的变化方向可增强小台阶以及其他细节的可见性。使用大尺寸的卷积核能够降低特征提取时对噪声的敏感程度,但是计算量大、硬件开销大,因此核尺寸的选取需要综合多方面因素考虑。由于不同的卷积核具有不同的特征提取功能,因此在实际应用中可以设置一系列可训练的核,通过对样本的学习理解,最终形成最适应的特征提取核。

数据在卷积层内所进行的运算如下:

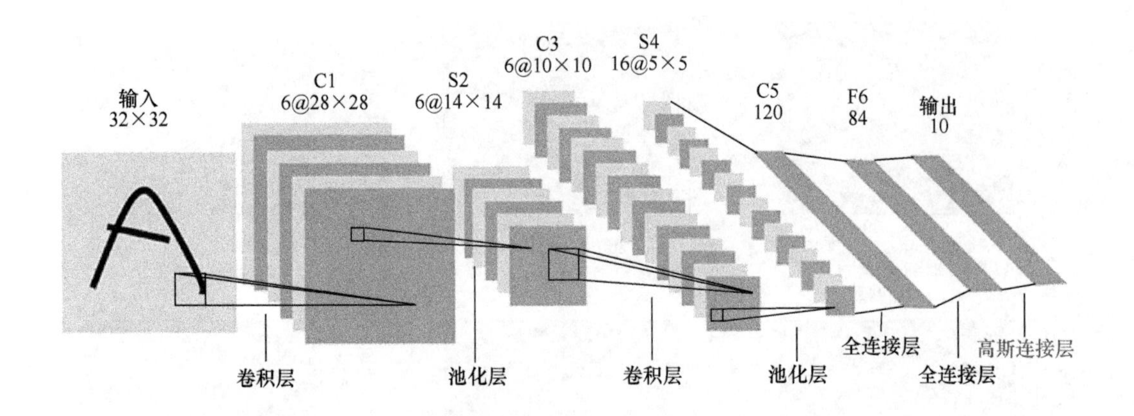


图 9-12 经典的卷积神经网络

$$x_j^k = f\left(\left(\sum_{i=M_j} x_i^{k-1} \times W_{ij}^k\right) + b_j^k\right) \tag{9-24}$$

式中：$x_j^k$ 是第 $k$ 层第 $j$ 维的特征平面；$M_j$ 是表示输入特征平面总数；$W_{ij}^k$ 表示第 $k-1$ 层到第 $k$ 层之间卷积核 $i$ 和 $j$ 位置的连接权重。$b_j^k$ 表示偏置，$f(\cdot)$ 表示激活函数，常用的激活函数有 sigmoid 和 ReLU 函数。

输入特征图经过卷积核后输出特征图尺寸满足：

$$x_{\text{out}} = \frac{x_{in} + 2 \times \text{pad} - \text{ks}}{\text{stride}} + 1 \tag{9-25}$$

式中：pad 表示填充宽度；ks 表示卷积核尺寸；stride 表示步长。

雷达辐射源调制类型识别的 CNN 模型如图 9-13 所示，为避免在训练过程中，各层激活输入值分布发生内部协变量位移，导致反向传播时神经网络底层梯度消失，在每层做非线性变化前先对激活输入值进行批标准化，增加一个批标准化(batch normalization，BN)层。

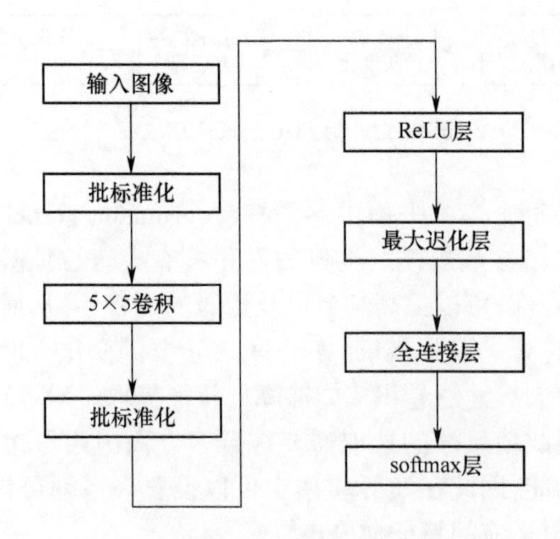


图 9-13 雷达辐射源调制类型识别的 CNN 模型

算法基本流程如下：

步骤1:训练数据集准备。对雷达信号进行CWD时频变换及时频图像预处理,生成有标签的数据集,用于CNN模型训练。

步骤2:离线模型训练。构建CNN模型,设置初始化参数,用训练数据集对CNN模型进行离线训练,待模型训练稳定后保存模型。

步骤3:在线识别。用保存好的CNN模型对脉冲信号进行调制类型识别,得到识别结果。

**3. 仿真实验**

采用仿真信号验证算法的有效性,仿真信号参数分别如下：

(1) 雷达辐射源1,X波段,采用跳频体制,频率范围9500~9700MHz,频点常取10MHz的整数倍,为序列值;PW为定值1.8μs;PRI为区间值,取8~20μs之间的值;脉内采用5位巴克码调制。

(2) 雷达辐射源2,X波段,采用跳频体制,频率范围9600~9800MHz,频点常取7MHz的整数倍,为序列值;PW为定值,取1.8μs;PRI为区间值,取6~9μs之间的值;脉内LFM。

(3) 雷达辐射源3,X波段,采用跳频体制,频率范围9500~9700MHz,频点常取10MHz的整数倍,为序列值;PW为定值,1.8μs;PRI为区间值,取6~9μs之间的值;脉内采用13位巴克码调制。

(4) 雷达辐射源4,X波段,采用跳频体制,频率范围9600~9800MHz,频点常取7MHz的整数倍,为序列值;PW为定值,取1.8μs;PRI为区间值,取8~20μs之间的值;脉内LFM。

(5) 雷达辐射源5,Ku波段,采用跳频体制,频率范围15600~16600MHz,频点常取7MHz的整数倍,为序列值;PW为定值,取1.8μs;PRI为区间值,取9~12μs之间的值;脉内LFM。

(6) 雷达辐射源6,X波段,采用跳频体制,频率范围1000~1200MHz;PW为定值,取1.8μs;PRI为区间值,取10~20μs之间的值;脉内无调制。

仿真过程中,将MOP参数数值化,脉内无调制记为“1”,LFM记为“2”,BPSK记为“3”。对每类信号RF、PW、PRI均随机叠加0~20%的测量误差(EDL),其中$x_i$表示无噪声数据,$\xi_i$表示随机噪声,则测量数据为$x_i \pm \xi_i$。

$$\text{EDL}(\%) = \frac{\xi_i}{x_i} \times 100\% \tag{9-26}$$

针对所涉及的3类脉内信号,每类在-8~10dB的信噪比范围内随机产生1800个脉内数据,进行CWD时频变换和图像预处理后,作为CNN的输入。其中训练数据、验证数据和测试数据的划分比为5∶3∶2,利用Matlab深度学习框架构建模型,训练过程如图9-14所示。从图中可以看出经过550轮迭代后,训练准确率接近100%,在验证集上的准确率达到92.22%。最后利用训练好的模型对测试数据集进行识别,识别准确率为100%。实验表明,利用CNN深度学习模型能够自动提取脉内调制特征实现调制类型分类识别,并且准确率高。

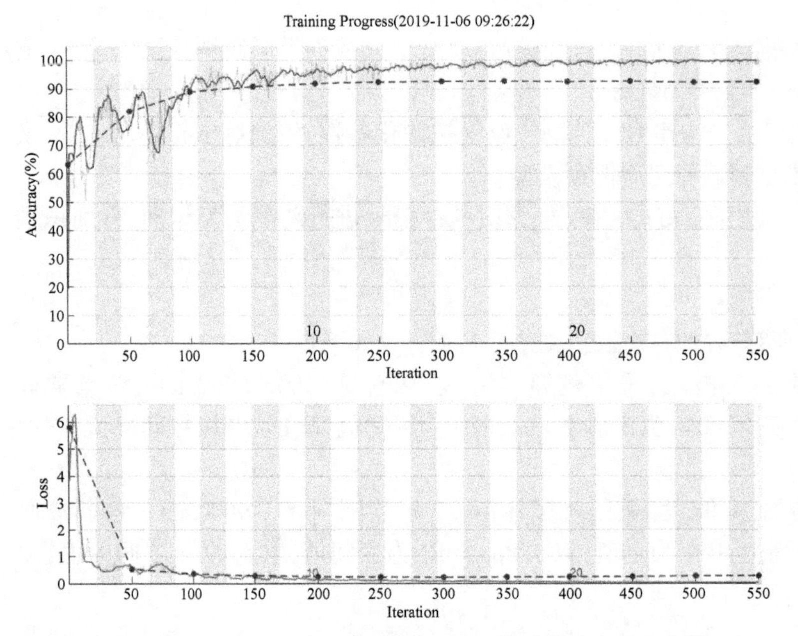


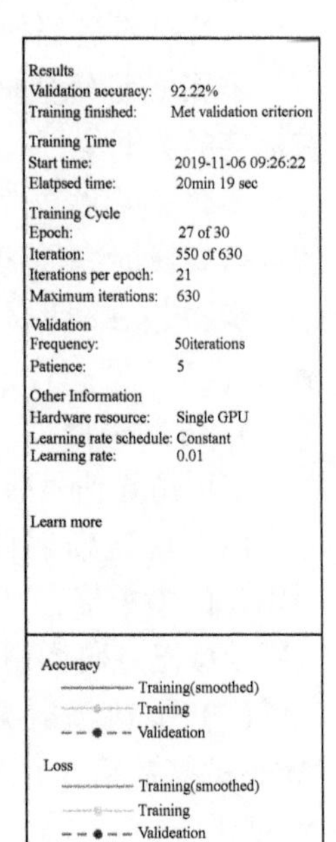


图 9-14 CNN 模型训练过程示意图

# 第10章 SAR图像目标识别

## 10.1 引言

合成孔径雷达(synthetic aperture radar,SAR)是一种主动式微波成像传感器,与被动式的光学传感器相比,合成孔径雷达可以全天候、全天时、多极化、多视角地获取数据,是现代军事侦察、资源监视的重要手段,是现代雷达技术的重要发展方向之一。SAR系统的主要特点如下:

(1) 高分辨率特性。它利用合成孔径技术提高方位向分辨率,利用脉冲压缩技术提高距离向分辨率,且其分辨率与雷达作用距离无关,在高空和太空均能对目标进行有效探测成像,目前新一代SAR系统可以获取优于1m的高分辨率图像。

(2) 全天时、全天候成像特点。SAR成像不会受到天气、光照、云层等条件的影响,即使在恶劣的环境下,也可以获得清晰的图像。

(3) 较强的穿透能力。它可以利用微波的穿透性对被植被、浅水等覆盖的目标成像,发现隐藏目标,还具有一定的识别伪装能力。

自1978年第一颗星载SAR系统Seasat成功发射以来,经过40多年的发展,SAR系统的工作性能得到全面提升,以Radarsat-2、TerraSAR-X为代表的新一代SAR系统工作模式更加多样化,其中聚束成像模式可以为目标检测与识别获取更加精细的高分辨率图像,而多极化通道使得SAR系统可以提供更丰富的目标信息。此外,卫星重访周期的缩短,大大提高了SAR系统对突发、重大事件持续观测的数据获取能力。SAR系统工作性能提升推动了SAR图像应用到更多的领域,在国民经济和国防建设方面发挥着日益重要的作用。

在海洋应用中,SAR成像能够对海洋长期、连续、实时地进行观测,成为遥感卫星获取海上目标信息的重要途径。近年来,利用SAR图像对舰船目标进行检测和识别受到研究人员的高度重视,成为SAR数据最重要的海洋应用之一,发挥着广泛的作用。民用方面,有利于对特定海域和港口的水运交通、非法捕鱼走私和遇难船只救助等方面的检查和管理,能够提高海运检查管理调度能力;军事方面,可以提取舰船的大小、航向等重要参数,对于获取海上目标情报,夺取海上战场主动权具有重要的作用。

在低分辨率SAR图像中,舰船目标由一个或几个像素构成,早期对舰船目标的处理仅限于检测阶段。随着SAR图像分辨率的不断提高,舰船目标在图像中呈现出更加丰富的结构和特征,使得舰船目标识别成为可能。而SAR数据采集能力的增强使SAR图像呈现海量特点,大大增加了SAR自动目标识别(auto target recognition,ATR)系统实时处理的难度,这给舰船目标的检测和识别带来新的机遇与挑战。针对高分辨率SAR图像舰船目标检测与识别存在的技术难题,本章介绍高分辨率SAR图像舰船目标检测、特征提取和目标识别相关技术。

## 10.2 高分辨率 SAR 图像舰船目标检测

舰船检测的主要思想是利用舰船目标与海洋背景在 SAR 图像上表现的特征差异,设置相关的阈值进行检测。基于杂波统计的 CFAR(constant false alarm rate,CFAR)检测是一种自适应门限的检测方法,它根据背景杂波的统计特性自适应地选取阈值,具有较好的稳健性,是得到为广泛研究和深入使用的检测算法之一。

随着 SAR 图像资源的不断丰富和分辨率的不断提高,SAR 图像数据采集能力快速增强,目标检测算法的计算速度成为处理海量 SAR 数据的重要指标。CFAR 采用的基于滑窗的逐像素检测流程很大程度上影响了算法的计算速度,相关研究人员不断设计相应的快速算法增加其实用性。文献[44]中根据像素灰度值出现频率选取阈值对杂波像素进行预筛选,通过减少检测过程中处理的数据量提高检测效率文献[45]中采用全局阈值处理获得候选目标区域,利用迭代计算降低参数估计的运算量,较好地提高计算效率;文献[46]中总结了当前国内外对 SAR 图像 CFAR 检测快速算法的现状,提出了一种基于快速预筛选和迭代计算的 CFAR 检测算法的基本框架,有效提高了 CFAR 算法的执行效率;文献[47]中将积分图运用到参数估计中,有效提高参数估计的速度,但需要较大的内存开销。可以看出,上述快速 CFAR 检测算法主要从减少待检测像素和降低参数估计运算量两个方面提高计算效率,对于中小幅 SAR 图像有很好的效果,但随着 SAR 图像覆盖范围越来越广和分辨率的提高,产生大量的大场景高分辨率 SAR 图像,现有的快速检测算法已不能满足目标自动检测的实时性要求。针对 SAR 图像中舰船目标快速检测的问题,本节介绍一种基于分块 CFAR 的 SAR 图像舰船目标快速检测算法。

### 10.2.1 影响舰船目标检测的因素

影响舰船目标检测能力的因素主要有 SAR 系统特性、海洋环境和舰船特点。

**1. SAR 系统特性**

SAR 系统的工作模式,如雷达入射角、雷达极化方式等,均会影响舰船目标的后向散射系数,进而影响目标与海洋背景之间的对比度。

随着 SAR 系统分辨率的提高,舰船目标在 SAR 图像中呈现为更加丰富结构信息的面目标,有利于提高舰船目标的检测率和识别率,尤其对于在中低分辨率图像中很难检测到的小型舰船,在高分辨率 SAR 图像中与背景的对比度得到显著增强,能够较好地被检测出来。但 SAR 图像分辨率的提高也丰富了背景杂波的信息,使得背景均匀度变差,这增加了检测算法的复杂度。

**2. 海洋环境**

成像区域的海洋背景对目标检测结果会产生较大的影响,其中最重要的因素就是海洋表面的海况,主要包括风速和浪高。海面的海风和海浪会产生粗糙的海洋表面,使得海洋表面的后向散射增强,在 SAR 图像上形成中、高亮区域,湮没目标回波,导致漏检。而海浪产生的海杂波也会引入虚假目标,可能出现大量的虚警。

此外,海面上的人工目标也会对舰船检测产生影响。人工薄膜(如海洋溢油)会影响海面的后向散射系数,影响海杂波的统计参数估计;人工建筑(如油井等)在SAR图像中表现为高亮目标,会造成虚警。

**3. 舰船特点**

舰船的材质和结构决定了目标的后向散射系数,金属材质的舰船相比木船等具有较强的后向散射系数,复杂的上层结构也使得目标的后向散射加强。因此,一般大型的金属舰船更容易被检测出来,而小型的木船则容易被海洋背景杂波湮没。在高分辨率SAR图像中,舰船目标上的强散射点的旁瓣会产生亮线,这些亮线可能被检测为舰船目标,降低检测的准确率。

### 10.2.2 基于统计模型的CFAR舰船检测

**1. CFAR检测理论基础**

CFAR检测算法的核心思想是在保证虚警率为常数的情况下,根据虚警率和SAR图像海洋杂波统计特性计算得到检测阈值。根据贝叶斯理论,目标是否存在实际上是二元假设检验问题,设$P(\omega_b)$、$P(\omega_t)$分别为背景和目标分布的先验概率,则

$$\begin{cases} P(\omega_t|x)=\dfrac{P(x|\omega_t)P(\omega_t)}{P(x)} \\ P(\omega_b|x)=\dfrac{P(x|\omega_b)P(\omega_b)}{P(x)} \end{cases} \tag{10-1}$$

式中:$P(\omega_t|x)$和$P(\omega_b|x)$为后验概率;$P(x|\omega_t)$和$P(x|\omega_b)$为似然函数;$P(x)$为获取数据的概率。根据最大后验概率准则,当$P(\omega_t|x)>P(\omega_b|x)$时,认为目标存在,结合式(10-1),条件改为

$$\frac{P(x|\omega_t)}{P(x|\omega_b)}>\frac{P(\omega_b)}{P(\omega_t)} \tag{10-2}$$

由于一般不知道目标和背景分布的先验概率,假设它为等概率。则有

$$\frac{P(x|\omega_t)}{P(x|\omega_b)}>1 \tag{10-3}$$

然而对于真实的SAR图像,目标相对于背景的比例很小,像素属于目标的先验概率远小于属于背景杂波的概率,因此目标与背景的等概率假设是不合理的。由于在实际的图像处理过程中往往只能获取背景的统计特性,则采用一种次优检测,即$P(x|\omega_b)>P(T|\omega_b)$时,判定像素为背景,否则为目标。其中$T$为设定的阈值,由给定的虚警率$P_{fa}$根据$P_{fa}=\int_T^{\infty}p(x|\omega_b)\mathrm{d}x$计算得到。

设海杂波的概率密度分布函数为$p(x)$,当$x<T$时为背景,$x\geqslant T$时为目标,则虚警概率为

$$P_{fa}=\int_T^{\infty}p(x)\mathrm{d}x=1-\int_0^T p(x)\mathrm{d}x \tag{10-4}$$

阈值的设定与虚警率及杂波的分布模型有关,不同的杂波分布模型对应不同的检测阈值表达形式。以高斯分布为例,高斯分布的概率密度函数为

$$p(x)=\frac{1}{\sqrt{2\pi}\sigma}\exp\left[-\frac{(x-\mu)^2}{2\sigma^2}\right] \tag{10-5}$$

式中：$\mu$ 为杂波均值；$\sigma$ 为杂波的标准差。则分布函数为

$$F(x)=\int_{-\infty}^{x}p(t)\mathrm{d}t=\int_{-\infty}^{x}\frac{1}{\sqrt{2\pi}\sigma}\exp\left[-\frac{(t-\mu)^2}{2\sigma^2}\right]\mathrm{d}t \tag{10-6}$$

令 $z=\dfrac{t-\mu}{\sigma}$，则

$$F(x)=\int_{-\infty}^{\frac{x-\mu}{\sigma}}\frac{1}{\sqrt{2\pi}}\exp\left(-\frac{z^2}{2}\right)\mathrm{d}z=\Phi\left(\frac{x-\mu}{\sigma}\right) \tag{10-7}$$

其中，$\Phi(x)$ 是标准正态分布函数。设检测阈值为 $T$，给定的虚警为 $p_{\mathrm{fa}}$，则

$$p_{\mathrm{fa}}=1-\int_{0}^{T}p(x)\mathrm{d}x=1-F(T)=1-\Phi\left(\frac{T-\mu}{\sigma}\right) \tag{10-8}$$

可以求得检测阈值为

$$T=\sigma\Phi^{-1}(1-p_{\mathrm{fa}})+\mu \tag{10-9}$$

表 10-1 总结了常用分布的概率密度函数及其对应的 CFAR 阈值解析式。

表 10-1 常用分布函数及其 CFAR 阈值解析式

| | 概率密度函数 | CFAR 阈值解析式 |
|---|---|---|
| 高斯分布 | $p(x)=\frac{1}{\sqrt{2\pi}\sigma}\exp\left[-\frac{(x-\mu)^2}{2\sigma^2}\right]$ | $T=\sigma\Phi^{-1}(1-p_{\mathrm{fa}})+\mu$ |
| 对数正态分布 | $p(x)=\frac{1}{\sqrt{2\pi}\sigma}\exp\left[-\frac{(\ln x-\mu)^2}{2\sigma^2}\right]$ | $T=\sigma\Phi^{-1}(1-p_{\mathrm{fa}})+\mu$<br>（$\mu$ 和 $\sigma$ 为 $\ln x$ 的均值和方差） |
| 瑞利分布 | $p(x)=\frac{x}{b^2}\exp\left(-\frac{x^2}{2b^2}\right)$ | $T=b\sqrt{-2\ln p_{\mathrm{fa}}}$<br>（$b$ 是尺度参数） |
| 韦伯分布 | $p(x)=\frac{c}{b}\left(\frac{x}{b}\right)^{c-1}\exp\left[-\left(\frac{x}{b}\right)^{c}\right]$ | $T=\frac{\sqrt{6}}{\pi}[\ln(-\ln p_{\mathrm{fa}})+\gamma]$<br>$\gamma=0.5764$ 为欧拉常数 |
| $G^0$ 分布 | $p(x)=\frac{-\alpha\gamma^{-\alpha}}{(\gamma+x)^{1-\alpha}}$ | $T=\gamma(p_{\mathrm{fa}}^{1/\alpha}-1)$<br>（$\alpha$ 是形状参数） |

**2. 双参数 CFAR 检测算法**

双参数 CFAR 算法是目前最为广泛应用的一种经典 CFAR 算法，由林肯实验室开发并投入使用。它假设背景杂波满足高斯分布，采用滑动窗口根据背景杂波变化自适应选择阈值。滑动窗口如图 10-1 所示，包括目标区、保护区和杂波区，其中目标区内为待检测像元，杂波区内像素用于杂波分布的统计，保护区的作用是防止目标泄露到杂波区，影响杂波参数估计。

其检测准则可表示为

$$\begin{aligned}&\frac{X_{\mathrm{t}}-\mu}{\sigma}>K_{\mathrm{CFAR}}\Rightarrow\text{target}\\&\frac{X_{\mathrm{t}}-\mu}{\sigma}\leqslant K_{\mathrm{CFAR}}\Rightarrow\text{clutter}\end{aligned} \tag{10-10}$$

式中：$X_{\mathrm{t}}$ 为待检测像素；$\mu$ 和 $\sigma$ 为杂波区估计得到的均值和标准差；$K_{\mathrm{CFAR}}$ 为标准化因

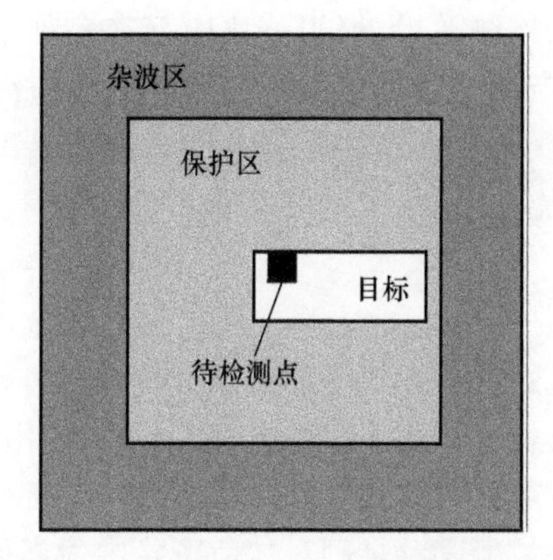


图 10-1　双参数 CFAR 检测窗口示意图

子，与设定的虚警率有关。

在利用滑动窗口进行检测时，窗口尺寸根据目标大小及图像分辨率进行选取。如果保护区取得过小，目标像素可能会泄漏到杂波区，增大估计的杂波均值和方差，影响目标检测概率，一般保护区的尺寸设置为待检测目标最大尺寸的两倍。而背景区应能够提供足够多的像素用于参数估计，但其尺寸影响运行时间，即尺寸越大，运行时间越长。双参数 CFAR 检测采用滑动窗口根据背景杂波变化自适应选择阈值，克服了背景杂波变化引起的虚警，但需要对每个像素进行杂波统计，计算复杂度较大。

**3. K-分布 CFAR 检测算法**

K-分布能够较好地描述 SAR 图像海洋杂波存在的拖尾现象，更能精确地拟合海杂波统计分布，近年来得到广泛的研究和使用。加拿大的 OMW 系统使用的就是基于 L 视 K-分布模型的 CFAR 检测算法，OMW 检测器没有使用类似双参数 CFAR 检测算法中的滑动窗口，而是将 SAR 图像分割为许多子图像，对每幅子图像分别进行参数估计和全局阈值检测。

K-分布的概率密度函数为

$$p(x)=\frac{2}{x\Gamma(\nu)\Gamma(L)}\left(\frac{L\nu x}{\mu}\right)^{\frac{L+\nu}{2}}K_{\nu-L}\left(2\sqrt{\frac{L\nu x}{\mu}}\right) \tag{10-11}$$

式中：$L$ 为 SAR 图像视数；$\nu$ 为形状参数；$\mu$ 为均值；$\Gamma(\cdot)$ 为伽马函数；$K_{\nu-L}(\cdot)$ 为 $\nu-L$ 阶修正贝塞尔函数。对于 K-分布的参数，$L$ 可由 SAR 成像处理后的视数参数计算，$\nu$ 的估计表达式为

$$\left(1+\frac{1}{\nu}\right)\left(1+\frac{1}{L}\right)=\frac{E[x^2]}{E[x]^2} \tag{10-12}$$

其中，$E(\cdot)$ 为数学期望运算。

将 K-分布概率密度函数代入式(10-4)中，由于形式复杂，不能如表 10-1 给出精确解法，其恒虚警率表达式为

$$p_{\mathrm{fa}}=\frac{2}{\Gamma(\nu)}\left(\frac{\nu}{\mu}\right)^{\frac{\nu}{2}}T^{\nu}K_{\nu}\left(2\sqrt{\frac{\nu}{\mu}}T\right) \tag{10-13}$$

OMW 系统中的 CFAR 检测器采用分块全局阈值的 K-分布算法，检测效率较高，在

海杂波均匀的区域有很好的检测效果,但当分块中存在多种不同海况时,可能会受到局部区域海杂波变化的影响,产生虚警或漏警。为更好地适应海洋背景复杂的情况,相关研究人员将双参数 CFAR 中的滑动窗口应用到 K-分布 CFAR 中,获得了较好的检测效果,但 K-分布计算检测阈值较为复杂,若对每个像素进行统计,算法耗时长。

**4. 形态学处理**

在高分辨率 SAR 图像中,舰船目标上强散射点的旁瓣效应会产生亮线,形成虚假目标,同时也会抑制周围的弱散射点,导致舰船目标分裂。在进行后续处理前,需要对检测结果进行处理来平滑船体目标和消除噪声的影响,常用的操作为形态学处理。

形态学处理是一类广泛用于二值图像处理的运算,包括腐蚀和膨胀,及其改进与组合。这些运算的基本形式是按照某种规则对二值图像中像素的邻域进行操作,从而增加或者减少像素。

腐蚀操作的目的是删除不应出现的像素,比如阈值处理后保留的噪声像素。简单的腐蚀是消除与背景像素相连的任何前景像素,它会缩小目标区域的尺寸,能够完全消除表示点噪声的无关像素,但存在将目标分割的风险。

膨胀是腐蚀的一种互补运算,用来添加像素,可以填充区域内的孔洞。简单的膨胀是添加与前景像素相连的任何背景像素,它会增大目标区域的尺寸,填充区域中的间隙,但会导致区域合并。

先腐蚀再膨胀的组合称为开运算,该组合能够消除细小物体,打开恰好相接区域之间的间隙,是一套常用的删除细线和独立噪声像素的操作;先膨胀再腐蚀的组合称为闭运算,该组合能够填充区域中的间隙,连接相邻物体。

形态学处理中不同运算的处理效果如图 10-2 所示,对原图进行开运算和闭运算后,能够有效地消除细线,填补目标区域内的空白。在舰船目标检测的过程中,对 CFAR 的检测结果进行形态学处理(开运算+闭运算),可以避免舰船目标分裂,消除相干斑噪声引起的虚假目标。

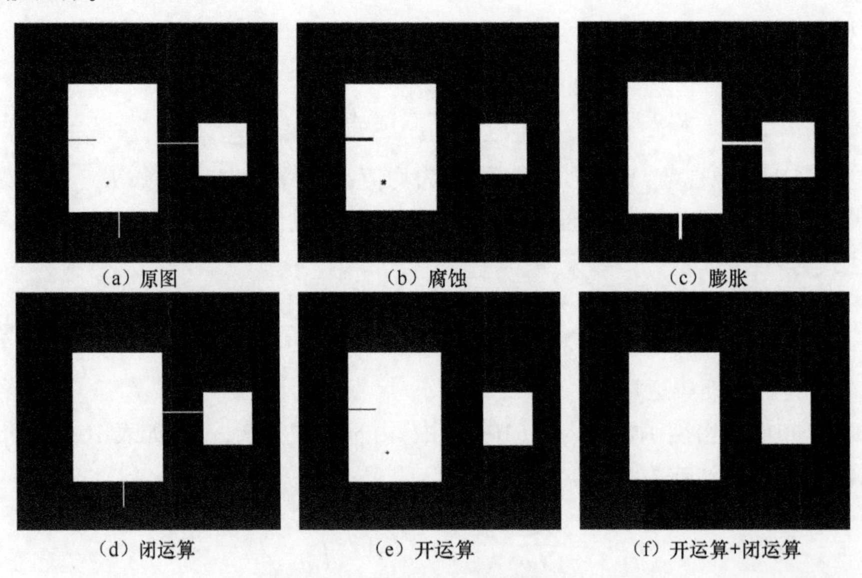


图 10-2 形态学处理结果示例

### 10.2.3 SAR 图像舰船目标快速检测算法

随着 SAR 图像资源的不断丰富和分辨率的不断提高，目标检测算法的计算速度成为处理海量 SAR 数据的重要指标。针对大场景高分辨率 SAR 图像，为有效地实现 SAR 图像舰船目标检测，提出基于分块 CFAR 的舰船目标快速检测算法，整个算法流程如图 10-3所示。

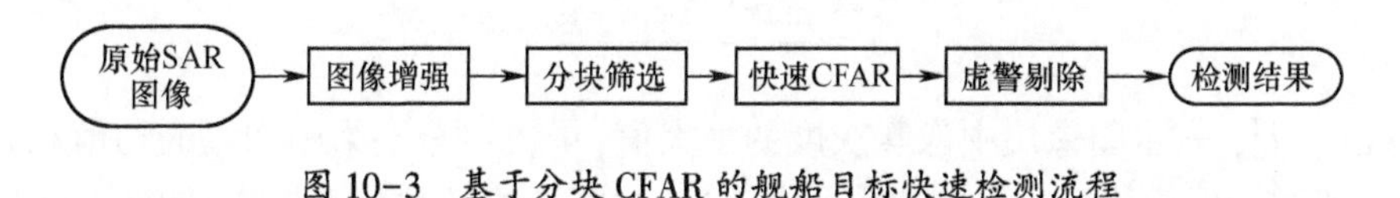


图 10-3 基于分块 CFAR 的舰船目标快速检测流程

**1. 图像增强**

舰船检测算法的主要思想是利用舰船目标和周围海域在 SAR 图像上所表现的特征差异，设置一个关于该特征的阈值进行检测。在高分辨率 SAR 图像中，背景复杂，噪声干扰较大，给真实目标的判别带来困难。因此，抑制噪声、提高舰船目标与海洋杂波之间的对比度，对于提高舰船目标的检测率有很大帮助。

舰船目标包含大量的轮廓和细节信息，在图像中表现为高频分量。在预处理中，需要保留高频信息，利用低频信息来平滑图像，滤除噪声，下面采用二维离散小波变换实现。对原始 SAR 图像进行二维离散小波变换，图像分解为一个表示相似系数的低频分量 $\mathrm{CA}(x,y)$ 和三个分别表示水平、垂直、对角线方向细节系数的高频分量 $\mathrm{CH}(x,y)$、$\mathrm{CV}(x,y)$ 和 $\mathrm{CD}(x,y)$，计算低频分量 $\mathrm{CA}(x,y)$ 与其平均值的对比差值

$$C(x,y) = (\mathrm{CA}(x,y) - I)^2 \tag{10-14}$$

其中，$I$ 为低频分量的均值。在 SAR 图像中，目标呈现为高亮度的点，海洋背景为低灰度值点，而噪声的亮度较低，更接近图像的像素灰度均值，经过中值处理，目标和背景得到保留，海杂波则会受到抑制。

将对比差值 $C(x,y)$ 和高频分量 $\mathrm{CH}(x,y)$、$\mathrm{CV}(x,y)$ 和 $\mathrm{CD}(x,y)$ 进行二维离散小波逆变换，便可得到图像增强后的图像。

图 10-4 展示了图像增强处理的流程，可以看到 SAR 图像经过二维离散小波变换后，高频分量反映出图像中的轮廓和细节特征，对低频分量进行处理后再通过逆变换得到的增强图像在抑制噪声的同时也突出了目标的结构特征，为目标检测提供了基础。此外，通过对图像的噪声抑制处理，利用高斯分布便可对背景杂波进行建模，提高计算效率。

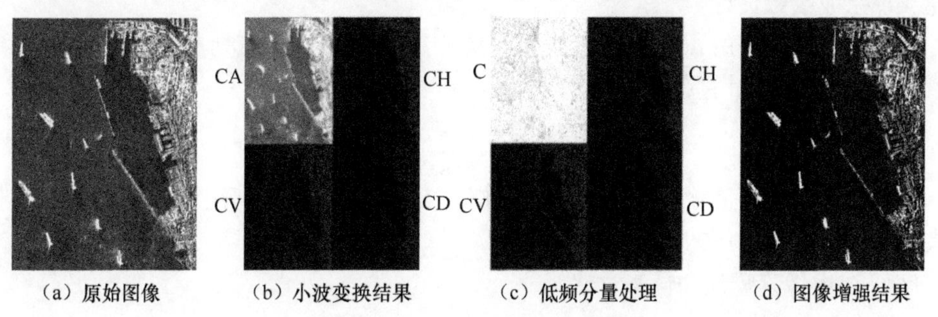


（a）原始图像 （b）小波变换结果 （c）低频分量处理 （d）图像增强结果

图 10-4 图像增强处理示意图

**2. 分块筛选**

大场景高分辨率SAR图像的处理，不仅需要较长的处理时间，还将占据较大的内存开销，严重影响工程中的应用。为解决大场景高分辨率SAR图像处理在工程应用中面临的实时性问题，下面将单幅大场景高分辨率SAR图像切分成若干幅小块图像分别进行处理，图像块的大小既要满足目标检测处理时间的优化，又要保证检测的效果。定义每个图像块的差异性参数

$$S = \frac{\max\{|I|\} - \mu}{\sigma} \tag{10-15}$$

式中：$\max\{|I|\}$表示图像块中像素灰度的最大值；$\mu$和$\sigma$分别为图像块的均值和方差。

相对于整个图像块，目标的像素个数较少，对图像块的均值和方差影响较小。海面上包含目标的图像块和不包含目标的图像块的均值和方差较为接近，但舰船目标体现为强散射点，为图像块提供较大的峰值，使得包含舰船目标图像块的差异性参数明显较高，而不包含目标的海域，经过预处理对海杂波的抑制，图像块的差异性参数较低；而对于SAR图像中的陆地，图像块中包含较多的强散射点，图像块的均值和方差差别较小，使得陆地区域切分后的图像块也具有较小的差异性参数。

对于所有图像块中差异性参数超过阈值Ts的作为候选区域进行检测处理，有效剔除大部分背景区域，减少计算量。阈值的设定与各图像块差异性参数的分布及虚警率有关。由于需要将差异性参数值较大的图像块筛选出来，即极值筛选，本节根据广义极值分布来估计阈值。阈值估计的表达式如下：

$$\mathrm{Ts} = \begin{cases} k - \dfrac{\alpha}{\xi}\left[1 - \ln^{-\xi}\left(\dfrac{1}{1 - P_{\mathrm{fa}}}\right)\right] & \xi \neq 0 \\ k - \alpha\ln\left[\ln\left(\dfrac{1}{1 - P_{\mathrm{fa}}}\right)\right] & \xi = 0 \end{cases} \tag{10-16}$$

其中，$\alpha$、$k$、$\xi$分别为广义极值分布的尺度参数、位置参数和形状参数。由于要保证候选目标区域不能泄露目标点，阈值Ts的设定应适当减小。

**3. 基于积分图的CFAR检测算法**

CFAR检测根据背景杂波的统计特性自适应地选取阈值，有效地克服了非均匀杂波对检测结果的影响。在对目标进行检测的过程中，CFAR算法的复杂度主要体现在基于滑窗内像素的参数估计中，在对相邻像素分别进行检测时，背景杂波数据存在较大重合，导致大量重复运算，效率较低。积分图适用于矩形区域积分的计算，下面利用积分图来快速实现杂波参数估计。

图像中任一像素的积分图是指从原图像中左上角到这个点所构成矩形区域内所有像素点灰度值之和，计算公式为

$$S(x_0, y_0) = \sum_{x \leqslant x_0, y \leqslant y_0} I(x, y) \tag{10-17}$$

只需遍历一次原图像，就可以得到全部像素点的积分图。利用积分图计算矩形区域像素和示意图如图10-5所示。

区域D内像素累加和计算方法为

$$S_{\mathrm{D}} = S(x_1, y_1) - S(x_0, y_1) - S(x_1, y_0) + S(x_0, y_0) \tag{10-18}$$

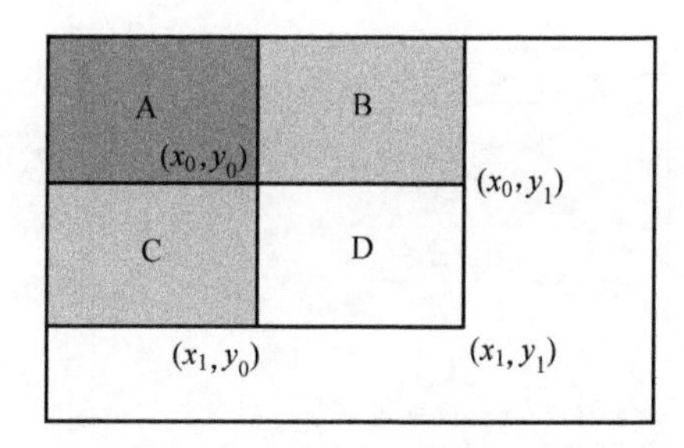


图 10-5 积分图计算区域像素和示意图

则待检测点$(x,y)$杂波区像素均值的计算方法为

$$S_1 = S(x-w,y-w) + S(x+w,y+w) - S(x-w,y+w) - S(x+w,y-w)$$
$$S_2 = S(x-L,y-L) + S(x+L,y+L) - S(x-L,y+L) - S(x+L,y-L)$$
$$V_{mean} = (S_1 - S_2)/n \tag{10-19}$$

式中：$S_1$ 为滑窗内像素和；$S_2$ 为保护区内像素和；$w$ 为扫描窗口的大小；$L$ 为杂波区的宽度；$n$ 为杂波区像素的个数。

**4. 算法流程**

基于分块 CFAR 的舰船目标快速检测算法流程如图 10-6 所示，详细处理步骤如下。

步骤一：利用二维离散小波变换对原始图像进行图像增强处理，增强舰船目标与背景杂波之间的对比度。

步骤二：选择合适的块大小，对原始 SAR 图像进行分块，计算每个图像块的差异性参数，选取合适的阈值对图像块进行筛选。

步骤三：对筛选后的图像块按照基于积分图的快速 CFAR 算法进行舰船检测。

(1) 基于原始图像对图像块进行扩展，扩展长度为最大舰船长度，一方面避免图像分块对舰船目标分割造成漏警，另一方面为图像块边缘像素提供杂波区；

(2) 计算图像块的积分图，根据式(10-19)计算杂波区像素的均值 $V_{mean}$；

(3) 计算图像块二阶矩的积分图，根据式(10-19)计算杂波区像素二阶矩的均值，结合 $V_{mean}$ 得到杂波区的方差；

(4) 结合给定的阈值，利用式(10-9)计算每个像素的检测门限，对图像块逐点检测。

步骤四：对检测结果进行形态学处理，根据设定的舰船面积和长宽比条件对检测结果进行鉴别，剔除虚警。

**5. 实验结果及分析**

为了验证本节方法的有效性，在 CPU 为 2.94GHz、内存为 8GB 的硬件环境下，采用 Matlab 进行算法仿真。

实验图像为 TerraSAR-X 卫星 SAR 图像，分辨率为 1.25m，成像区域为地中海直布罗陀海峡某港口区域，图像大小为 4390×3192。经目视判读，该图像中含有 19 艘船只，在图像中用矩形框标记出来。原始图像及图像增强结果如图 10-7 所示。

以 1000×1000 为分块大小上限，对增强后的图像进行分块，各图像块的差异性参数统计结果如图 10-8 所示，阈值估计后设为 Ts=5，对差异性参数超过阈值的进行快速 CFAR 检测。

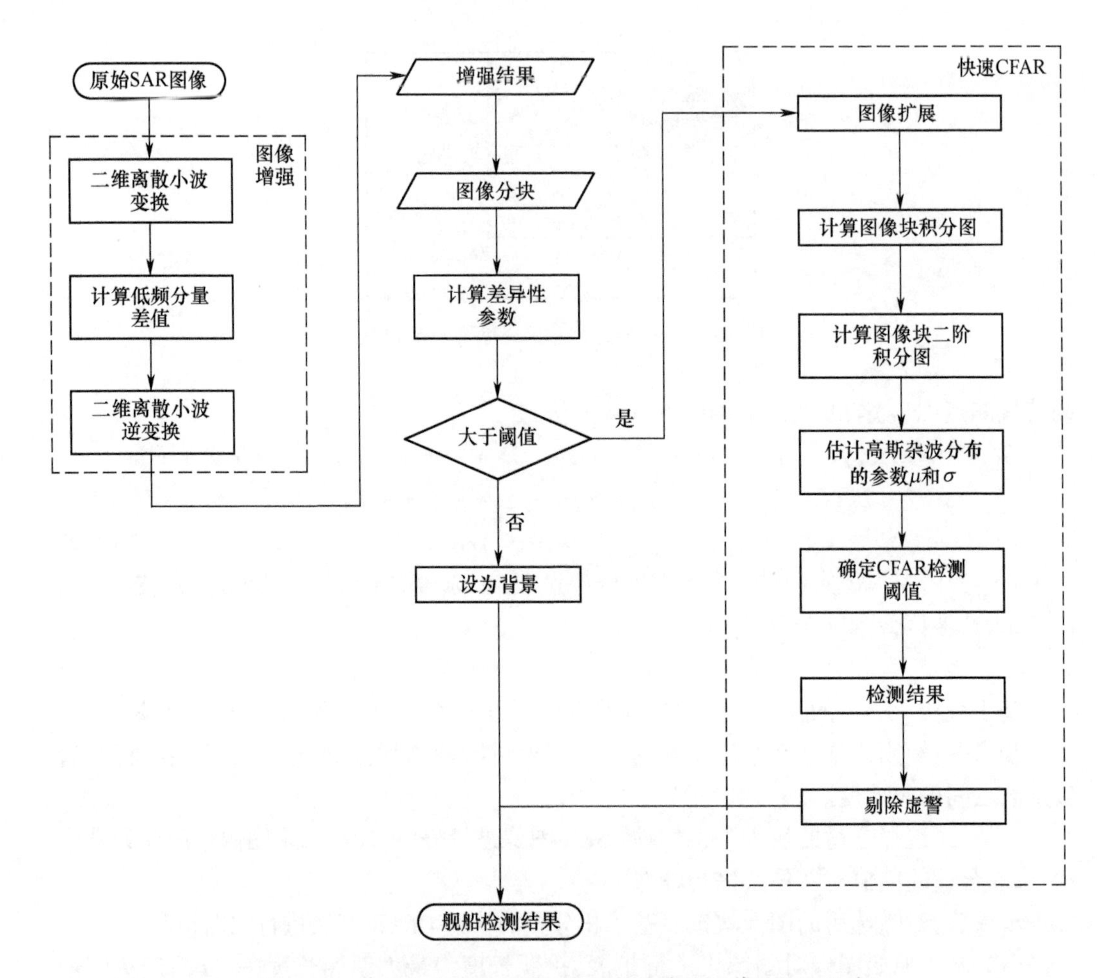


图 10-6 基于分块 CFAR 的舰船目标快速检测算法流程示意

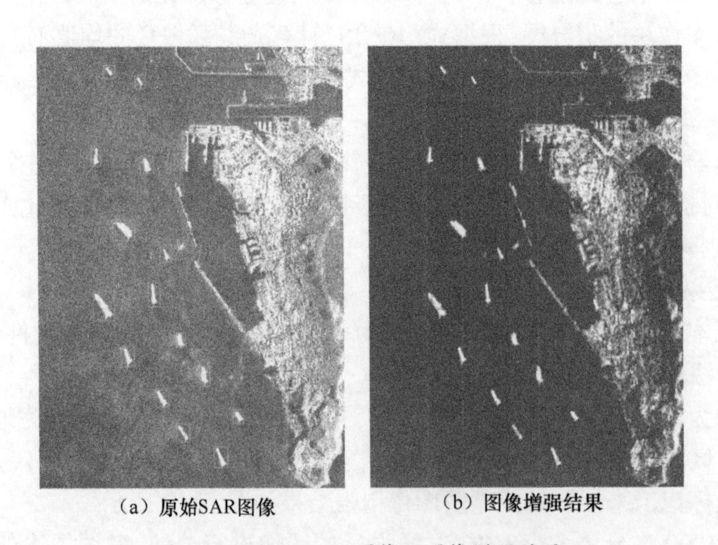


图 10-7 原始 SAR 图像及图像增强结果

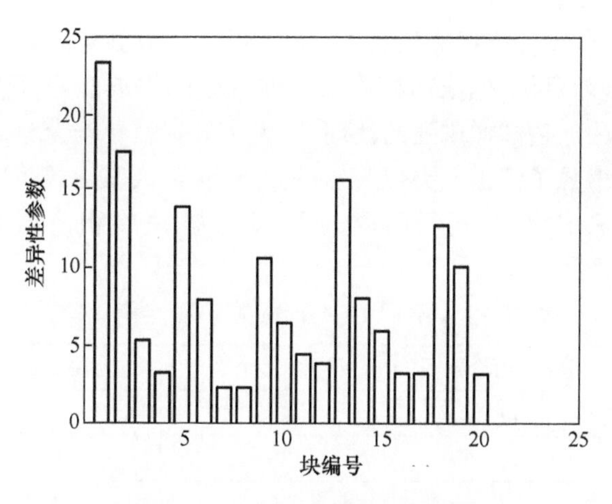


图 10-8 差异性参数统计结果

为验证本节算法的有效性，利用两种舰船目标检测方法进行对比：①经典双参数CFAR 检测（方法 A）；②对全图作基于积分图的快速 CFAR 检测（方法 B）。实验参数设置为：虚警率 $P_{fa}=10^{-5}$，最大舰船尺寸为 150m×100m，最小舰船尺寸为 20m×10m，舰船长宽比范围为 2～10。各个算法的检测结果如图 10-9 所示。其中粗矩形框标注的目标为检测出来的虚假目标。

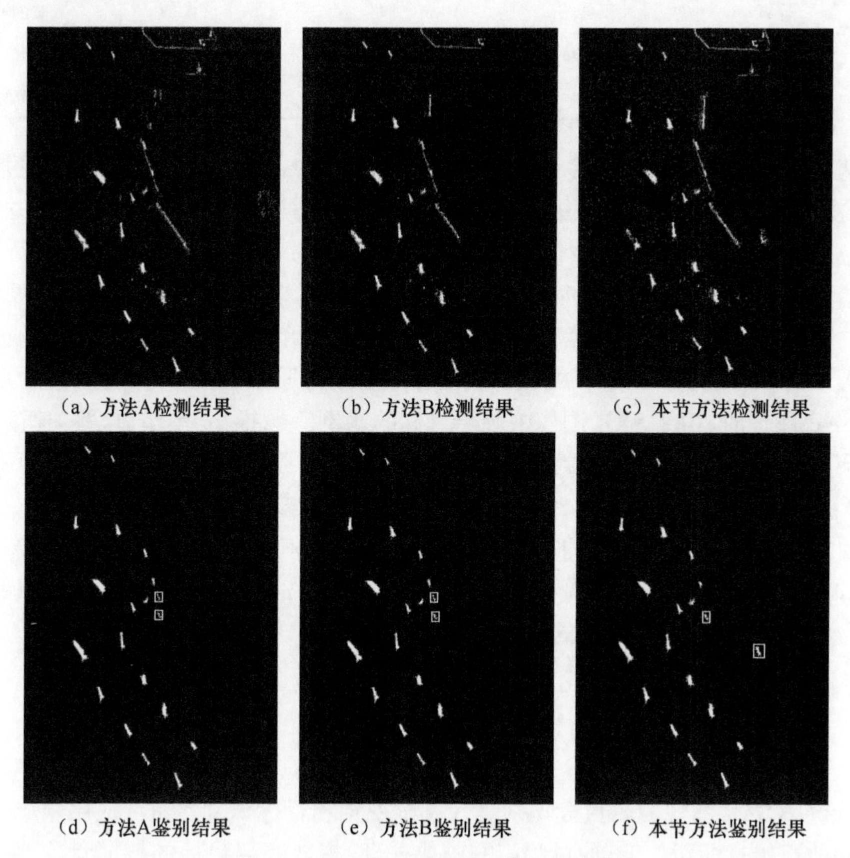

（a）方法A检测结果 （b）方法B检测结果 （c）本节方法检测结果

（d）方法A鉴别结果 （e）方法B鉴别结果 （f）本节方法鉴别结果

图 10-9 不同 CFAR 检测算法的结果

三种检测算法的各项性能指标如表 10-2 所列。从检测效果来看，本节方法不仅完整覆盖了海面上的舰船目标，也成功检测出白框标记的靠港舰船，但海上突堤造成的虚警依旧存在，本节方法通过图像增强的处理，增大了舰船目标与背景之间的对比度，提高了检测率，但同时也增强了海面上类似舰船目标的岛屿、人工建筑等虚假目标，需要通过有效的鉴别方法剔除虚警；从运行时间来看，本节算法将积分图方法的速度提高了 42.9%，效率提高明显。

表 10-2 不同 CFAR 检测算法性能比较

| | 真实目标个数 | 检测目标个数 | 虚警目标个数 | 运行时间/s |
|---|---|---|---|---|
| 方法 A | 19 | 18 | 2 | 231.73 |
| 方法 B | 19 | 18 | 2 | 21.47 |
| 本节方法 | 19 | 19 | 1 | 12.26 |

假设 SAR 图像的尺寸为 $M\times N$，杂波区宽度为 $R$，扫描窗口长度为 $W$，则杂波区用于估计参数的像素个数为 $n=4R(2W-R)$。方法 A 的计算复杂度为 $MN(4n+2)$，方法 B 的计算复杂度为 $25MN-2M-2N$，本节方法的计算复杂度分析如表 10-3 所列。

表 10-3 快速检测算法计算复杂度分析

| | 差异性计算 | 求图像一阶积分图 | 求图像二阶积分图 | 估计背景杂波参数 | 计算每个像素的阈值 |
|---|---|---|---|---|---|
| 加法 | $3MN-2$ | $\mu(2MN-Mb-Na)$ | $\mu(2MN-Mb-Na)$ | $15\mu MN$ | $\mu MN$ |
| 乘法 | $MN+2$ | 0 | $\mu MN$ | $3\mu MN$ | $\mu MN$ |

快速检测算法的计算复杂度为 $\mu(25MN-2Mb-2Na)+4MN$，其中 $\mu$ 为经过预筛选后进行检测的像素占全部像素的比例，$a$、$b$ 分别为本节方法中行、列的分块数。方法 A 算法的复杂度与 $W$ 和 $R$ 有关，参数估计的稳定需要较大的 $W$，但随着 $W$ 的增大，算法耗时会显著增大；利用积分图的计算时间复杂度只与图像大小有关，但它需要存储原图像尺寸大小的积分图用于后续的计算，而本节方法在缩减计算的同时，只需存储分块后图像块尺寸大小的积分图，存储的积分图占据的内存缩减为原来的 $1/ab$。当处理几万×几万像素的 SAR 图像时，由于 SAR 图像中舰船目标的比例一般很小，本节方法的速度优势和实用性会更加凸显。同时可以看到，本节算法时间随着图像分块数量的增加而缩短，而 CFAR 算法的基本原理是利用目标像素周围的杂波进行参数估计，当分块的面积过小时，会导致目标像素在图像中占据的比例过大，严重影响 CFAR 算法的检测性能，产生大量的虚警和漏警。分块大小应兼顾计算速度和检测效果，经测试取舰船最大面积的 10 倍为图像分块大小时，能取得较好的效果。

## 10.3 高分辨率 SAR 图像舰船目标识别

高分辨率 SAR 图像舰船目标识别是计算机视觉和目标识别的重要应用领域，它是在检测得到的舰船目标切片上，通过相应的图像处理，提取舰船目标的特征参数，利用设定的判定规则对舰船目标进行识别。

图像特征主要分为物理特征和数学特征。几何结构特征、灰度统计特征和电磁散射特征与目标的物理性质有关,它们较直观,是人工判读的主要依据,利用机器模拟人体感官识别目标的关键是选取能够精确描述目标的物理特征,通过在图像中寻找此类特征进行目标识别;基于数学运算提取的变换特征没有明确的物理意义,无法直观判断它与目标之间的联系,但它可以将图像数据映射为更为简洁有效的特征数据,通过建立完备的模板库,选择合适的分类器进行识别,由于机器系统具有很强的数据处理能力,近年来变换特征逐步应用于SAR图像目标识别中。本节在分析典型舰船的结构特征和纹理特性基础上,介绍一种基于PCA特征和Gabor特征的SAR图像舰船目标识别方法。

### 10.3.1　典型舰船目标特征分析

分析不同舰船目标的几何结构及其在高分辨率SAR图像中的特征表现,是对舰船目标进行识别的基础。根据获取的SAR图像数据情况,选取民用舰船中的典型类别——散货船、集装箱船和油船作为主要的研究对象。

**1. 散货船**

图10-10给出了典型散货船的光学图片及SAR图像。散货船是用来运送煤炭、谷物等无包装散货的货船,其上层建筑一般位于船尾,在SAR图像中形成强散射区。一般典型散货船的甲板上有多个货舱口,突起的货舱口与甲板之间形成的二面角具有较强的回波,货舱口表面为镜面散射,回波较弱,在SAR图像上呈现为沿主轴分布的孔洞,如图10-10(b)所示。朝向雷达照射方向一侧的船体与水面形成二面角,具有较强的回波,在SAR图像上呈现为较清晰的船边;另一侧容易受到货舱阴影等影响,回波较弱。综上,散货船在SAR图像中的特点为强散射线与暗矩形区域沿纵向交替分布,最长直线一般位于船边。此外,一些小型散货船没有排列的货舱口,而是利用一个大的货舱装运货物,如图10-10(c)所示,货舱内部散射较弱,在SAR图像中呈现为空心矩形。

(a) 典型散货船光学照片

(b) 典型散货船SAR切片

(c) 小型散货船光学照片

(d) 小型散货船SAR切片

图10-10　散货船的光学图片和SAR图像切片示例

**2. 集装箱船**

图 10-11 给出了典型集装箱船的光学图片及 SAR 图像。集装箱船是装载统一规格集装箱的货船,其上层建筑一般位于尾部或中部靠后,甲板上有规则排列的金属托架用于安放集装箱,集装箱主要由金属制成,具有较强的后向散射。在高分辨率 SAR 图像中,当集装箱船空载时,金属托架形成密集规律的强散射线,如图 10-11(b)所示;当集装箱船载有集装箱时,集装箱的排列变化多端,会形成大量零散无规律的强散射点,如图 10-11(d)所示。

(a) 空载集装箱船光学图片

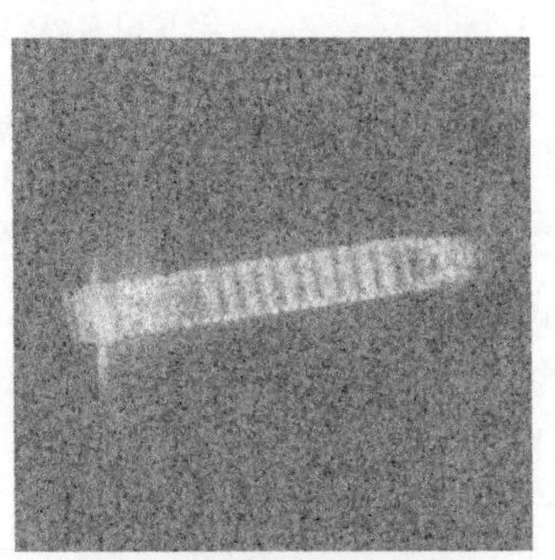
(b) 空载集装箱船SAR切片

(c) 满载集装箱船光学图片

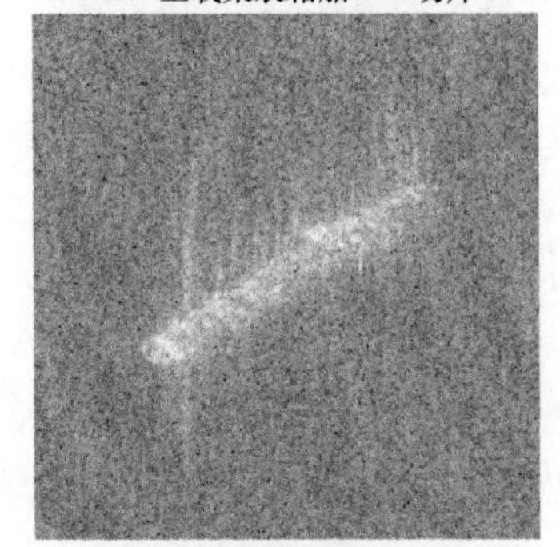
(d) 满载集装箱船SAR切片

图 10-11 集装箱船的光学图片和 SAR 图像切片示例

**3. 油船**

图 10-12 给出了典型油船的光学图片及 SAR 图像。油船主要用来运输液态石油类货物,其上层建筑一般位于船尾,甲板较平,散射强度较低,在甲板上有纵向贯穿船体的输油管线,具有较强的散射强度,形成沿纵轴中心分布的强散射线。因此在高分辨率 SAR 中,峰值点主要位于主轴附近,如图 10-12(b)所示,最长直线一般位于主轴,这是油船的主要特征。此外,一些油船的油管不外露,甲板上设备较多,散射强度变化不大,在 SAR 图像中没有明显的特征,如图 10-12(c)、(d)所示。

### 10.3.2 SAR 图像舰船目标识别方法

经过检测处理得到的切片中,舰船目标包含相似的轮廓形状,对目标进一步识别需要利用目标内部的细节信息,其中重要的特征是纹理特征。Gabor 特征能够很好地表示目标的纹理特性,但 Gabor 是非正交的,滤波后的特征分量之间有冗余性,利用全部 Gabor

（a）油管外露油船光学图片

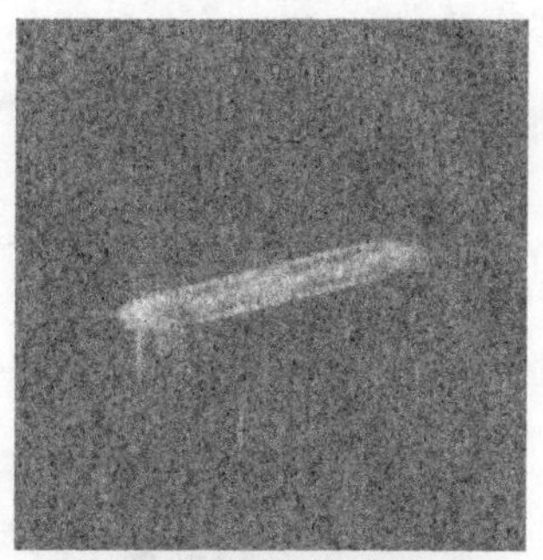

（b）油管外露油船SAR切片

（c）油管不外露油船光学图片

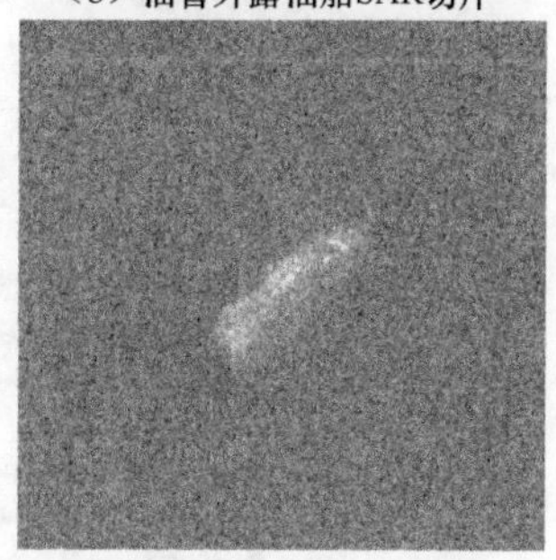

（d）油管不外露油船SAR切片

图 10-12　油船的光学图片和 SAR 图像切片示例

特征进行测试,时滞性过长,且会由于信息冗余造成识别性能的损失,而分类的复杂性、训练样本数也会随着纹理特征维数的增加随之增加;PCA 方法能够在较完整保留样本信息的同时实现维数压缩,且提取出的特征相互正交,去除了数据间的相关性。本节介绍一种结合 Gabor 特征提取和 PCA 特征提取的 SAR 图像舰船目标识别方法。

**1. Gabor 特征提取**

Gabor 变换是一种加窗傅里叶变换,Gabor 函数可以提取图像在频域不同尺度、不同方向上的细节特征,它对应的冲击响应是将复指数振荡函数乘以高斯包络函数所得的结果。不同纹理的中心频率及带宽具有不同的特性,设计一组 Gabor 滤波器对图像进行多通道滤波,每个 Gabor 滤波器只会留下与其频率和方向相对应的纹理特性,能够反映图像的频率和方向在局部范围内的强度变化,获得图像的纹理特征。Gabor 滤波结果可以描述目标在不同方向上的灰度分布信息,对图像的平移、旋转、尺寸等具有较好的稳健性。

二维 Gabor 函数可以表示为

$$h(x,y)=\frac{1}{2\pi\sigma_x\sigma_y}\exp\left[-\frac{1}{2}\left(\frac{x'^2}{{\sigma_x}^2}+\frac{y'^2}{{\sigma_y}^2}\right)\right]\cdot\exp[2\pi\mathrm{j}(Ux+Vy)] \tag{10-20}$$

式中:$x'=x\cos\varphi+y\sin\varphi$;$y'=-x\sin\varphi+y\cos\varphi$;$\sigma_x$ 、$\sigma_y$ 分别为 $x$、$y$ 轴方向的标准差; $U$ 、$V$ 是滤波器径向中心频率的分量,中心频率的方向 $\varphi=\arctan(V/U)$ 。令 $\lambda=\sigma_x/\sigma_y$, $F=\sqrt{U^2+V^2}$, 则

$$h(x,y)=\frac{1}{2\pi\lambda\sigma_y^2}\exp\left[-\frac{(x'/\lambda)^2+y'^2}{2\sigma_y^2}\right]\cdot\exp[2\pi\mathrm{j}Fx'] \tag{10-21}$$

通过改变 $F$ 和 $\varphi$ 产生不同中心频率和方向特性的多通道 Gabor 滤波器，对目标图像进行多通道滤波，在每一个 Gabor 滤波结果中提取相应频率和方向的 Gabor 特征。

方向 $\varphi$ 取值的表达式为：$\varphi_n=\dfrac{k\pi}{n}, k=0,1,\cdots,n-1$。当取 $n=4$ 时，所选的四个方向为 $0$、$\dfrac{\pi}{4}$、$\dfrac{\pi}{2}$、$\dfrac{3\pi}{4}$，则可得到水平、垂直、左右对角线方向上的特征信息。一组五个频率和四个方向的 Gabor 滤波器组如图 10-13 所示。

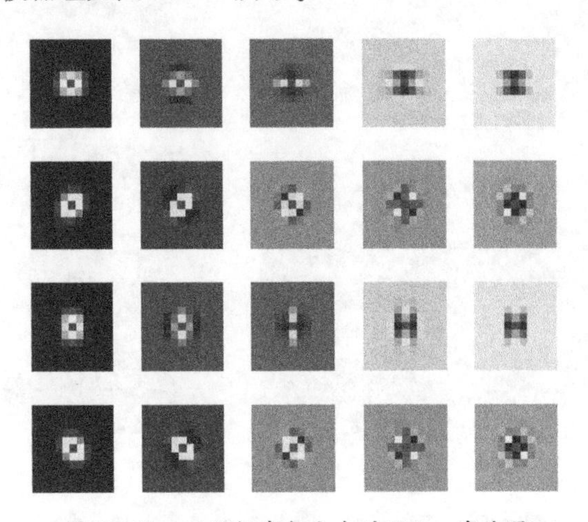

图 10-13 不同频率与方向的 Gabor 滤波器

**2. PCA 特征提取**

PCA 特征提取是指通过求解样本数据自相关矩阵的一组正交向量，并将样本在正交向量上做投影得到样本特征（称为主分量）。基于 PCA 提取出的特征彼此之间相互正交，能在投影空间中最佳表示出高维空间数据，并具有封闭形式的解。

对于待处理的 $m$ 张 $M\times N$ 的训练样本图像，将每张图像化为一维向量，则训练样本集转化为 $\boldsymbol{X}=\{\boldsymbol{x}_1,\boldsymbol{x}_2,\cdots,\boldsymbol{x}_m\}$，$\boldsymbol{x}_i\in\mathbf{R}^{MN\times1}$，$m$ 为训练样本的个数。则该组数据的总体散布矩阵为

$$\boldsymbol{C}=\sum_{i=1}^{m}(\boldsymbol{x}_i-\bar{\boldsymbol{x}})(\boldsymbol{x}_i-\bar{\boldsymbol{x}})^{\mathrm{T}}=\boldsymbol{A}\boldsymbol{A}^{\mathrm{T}} \tag{10-22}$$

式中：$\bar{\boldsymbol{x}}$ 为样本数据的均值；$\boldsymbol{A}=[\boldsymbol{x}_1-\bar{\boldsymbol{x}},\boldsymbol{x}_2-\bar{\boldsymbol{x}},\cdots,\boldsymbol{x}_m-\bar{\boldsymbol{x}}]$；$\boldsymbol{C}$ 为 $MN\times MN$ 的矩阵。

由于 $\boldsymbol{C}$ 的维数较大，为减少运算量，对 $\boldsymbol{A}$ 进行奇异值分解，得

$$\boldsymbol{A}^{\mathrm{T}}\boldsymbol{A}\boldsymbol{\nu}_i=\lambda_i\boldsymbol{\nu}_i \tag{10-23}$$

$$\boldsymbol{A}\boldsymbol{A}^{\mathrm{T}}\boldsymbol{A}\boldsymbol{\nu}_i=\lambda_i\boldsymbol{A}\boldsymbol{\nu}_i \tag{10-24}$$

则有 $\boldsymbol{A}\boldsymbol{\nu}_i$ 为 $\boldsymbol{C}$ 的特征值 $\lambda_i$ 对应的特征向量。取 $\boldsymbol{C}$ 的前 $r(r<M)$ 个较大特征值对应的特征向量组成投影矩阵 $\boldsymbol{W}=\boldsymbol{A}\boldsymbol{V}$，其中 $\boldsymbol{V}=[\boldsymbol{\nu}_1,\boldsymbol{\nu}_2,\cdots,\boldsymbol{\nu}_r]$。

将训练样本图像转化为一维向量 $\boldsymbol{x}_i$ 后向投影矩阵 $\boldsymbol{W}$ 投影，便可得到该样本的 PCA 特征向量 $\boldsymbol{y}_i$，即

$$\boldsymbol{y}_i=(\boldsymbol{x}_i-\bar{\boldsymbol{x}})\boldsymbol{W} \tag{10-25}$$

对于任一待测样本图像，将其转化为一维向量 $\boldsymbol{x}$ 后向投影矩阵 $\boldsymbol{W}$ 投影，便可得到该

样本的 PCA 特征向量 $\boldsymbol{y}$，即

$$\boldsymbol{y} = (\boldsymbol{x} - \bar{\boldsymbol{x}})\boldsymbol{W} \tag{10-26}$$

PCA 特征较完整地保留了样本原有的信息，在保留特征的同时实现维数压缩，用较小的特征分量表示了原图像样本。但 PCA 在对图像进行特征提取时，需要将二维图像转化为一维数据进行处理，其协方差矩阵估计运算量过大，而且还会破坏图像的空间结构信息。此外，PCA 特征在用于识别判定时，要求训练样本和测试样本具有相同的维数，对测试样本尺寸有较大的依赖。

**3. 识别算法流程**

本节介绍一种结合 Gabor 特征提取和 PCA 特征提取的 SAR 图像舰船目标识别方法，方法流程如图 10-14 所列。

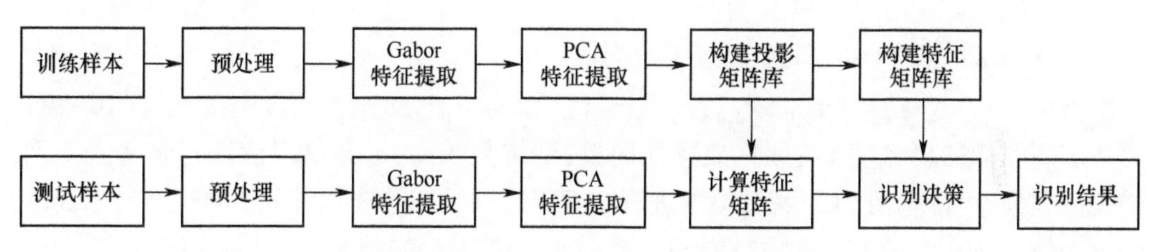


图 10-14　SAR 图像舰船目标识别流程

1）预处理

SAR 样本图像中包含大量背景杂波，通过对 SAR 图像预处理，将目标从杂波背景中提取出来。其实现步骤简述如下：

（1）对于包含一个舰船目标的 SAR 图像样本切片 $I(x,y)$，通过阈值分割得到二值图 $f(x,y)$，则只包含目标的图像 $T(x,y)=f(x,y) \times I(x,y)$，× 表示对应像素相乘。

（2）对目标图像 $T(x,y)$ 作基于幂变换的图像增强处理，即 $H(x,y)=[T(x,y)]^{a}$，$a$ 是变换的幂次，并将增强后的图像线性变化到 0~255 区间。幂变换能够突出图像中的强亮度点，增强图像的特征，对提高识别性能有重要的作用。预处理效果如图 10-15 所示。

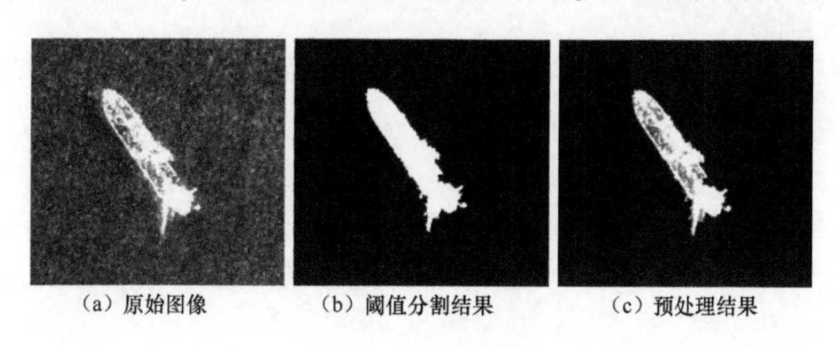

（a）原始图像　（b）阈值分割结果　（c）预处理结果

图 10-15　预处理效果

2）特征提取

对于舰船目标的训练样本 $\{\{x_1\},\{x_2\},\{x_3\},\{x_4\},\cdots,\{x_m\}\}$，其中 $m$ 为舰船目标的类别数，$\{x_i\}=\{I_1,I_2,I_3,I_4,\cdots,I_{n_i}\}$，$n_i$ 为第 $i$ 种舰船目标的训练样本数。对每个样本 $I_i$ 分别做 $P$ 个不同频率和 $Q$ 个不同方向的 Gabor 变换，变换结果记为 $I_{p,q}(x,y)$，$p=1$，

$2,\cdots,P$, $q=1,2,\cdots,Q$, 尺寸为 $M\times N$, 将变换结果进行非线性归一化:

$$I'_{p,q}(x,y)=\mathrm{Ma}\times\frac{(I_{p,q}(x,y)-\min)^2}{(\max-\min)^2} \tag{10-27}$$

式中:Ma 为归一化的最值; max 、min 分别为 $I_{p,q}(x,y)$ 的最大值和最小值。

采用均值和方差作为纹理特征,分别表示为

$$\mu_{p,q}=\frac{\sum_x\sum_y |I'_{p,q}(x,y)|}{MN}$$
$$\sigma_{p,q}=\sqrt{\frac{\sum_x\sum_y(|I'_{p,q}(x,y)|-\mu_{p.q})^2}{MN}} \tag{10-28}$$

则该训练样本的纹理特征向量 $\boldsymbol{T}_i$ 可表示为

$$\boldsymbol{T}_i=[\mu_{0,0},\sigma_{0,0},\mu_{0,1},\sigma_{0,1},\cdots,\mu_{P-1,Q-1},\sigma_{P-1,Q-1}] \tag{10-29}$$

若用图像的全部纹理特征构成特征向量,则维数较高,且会出现信息冗余造成识别性能的损失,可以利用 PCA 特征提取进行数据降维和特征筛选。对于某类舰船目标训练样本的纹理特征向量集 $\boldsymbol{T}=\{\boldsymbol{T}_1,\boldsymbol{T}_2,\boldsymbol{T}_3,\cdots,\boldsymbol{T}_n\}$, 可求得纹理特征向量的均值为

$$\overline{\boldsymbol{T}}=\sum_i\frac{\boldsymbol{T}_i}{n} \tag{10-30}$$

计算得到该类舰船目标的投影矩阵 $\boldsymbol{W}$ 及该目标每个训练样本的 PCA 特征向量 $\boldsymbol{y}_i$ ,即

$$\boldsymbol{y}_i=(\boldsymbol{T}_i-\overline{\boldsymbol{T}})\boldsymbol{W} \tag{10-31}$$

将该类目标所有训练样本的 PCA 特征向量的均值作为该类目标的特征向量 $\boldsymbol{y}$, 即

$$\boldsymbol{y}=\sum_i\boldsymbol{y}_i/n \tag{10-32}$$

分别求取每类舰船目标的投影矩阵及特征向量,构建投影矩阵库和特征矩阵库。

3) 分类器设计

计算待检测样本的纹理特征向量 $\boldsymbol{T}$, 根据每类舰船目标的投影矩阵 $\boldsymbol{W}_i$ 及均值向量 $\overline{\boldsymbol{T}_i}$ 求取测试样本相对每类目标的特征向量 $\boldsymbol{y}_i$,即

$$\boldsymbol{y}_i=(\boldsymbol{T}-\overline{\boldsymbol{T}_i})\boldsymbol{W}_i \tag{10-33}$$

采用基于欧氏距离的最近邻分类器(nearest neighbor classifier,NNC)对待测样本进行识别。待测样本的特征向量 $\boldsymbol{y}_i$ 与对应目标类的特征向量 $\boldsymbol{y}'_i$ 之间的欧氏距离为

$$d_i=\|\boldsymbol{y}_i-\boldsymbol{y}'_i\|^2 \tag{10-34}$$

计算待检测样本与训练样本特征向量之间的距离,选取距离最小的训练样本所属的类别为待测样本的类。

**4. 实验结果与分析**

实验选取三类具有不同特点的舰船目标 TerraSAR-X 实测切片作为训练样本和测试样本:A 类舰船目标为空心矩形,主要为货舱数量少的散货船,数量为 74 个;B 类舰船目标内部含有重复结构,主要为典型散货船和空载集装箱船,数量为 50 个;C 类舰船目标内

部有较多沿纵轴分布的强散射点,主要为油船和满载集装箱船,数量为49个。各类舰船目标样本示例如图10-16所示。在CPU为3.4GHz、内存为4GB的硬件环境下,采用Matlab进行算法仿真。

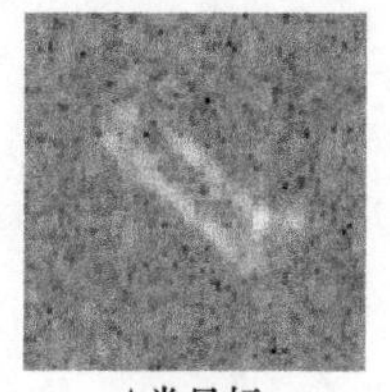
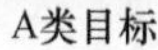

图10-16　舰船目标样本示例

首先分析预处理过程中幂次不同对图像增强效果的影响。预处理的作用是在保留目标细节的同时增强目标内部的对比度,其中幂变换起到重要的作用。图10-17展示了幂次取不同值时图像增强的效果,从图中可以看出,幂次 $a$ 从1增大到4时,目标内部的对比度得到显著地加强,但当 $a$ 增大到8时,目标内部有些地方太暗,导致部分细节丢失。由于从数学上很难准确描述幂次 $a$ 对识别性能的影响,综合考虑图像对比度增强和细节保留的情况,在实验过程中,对训练样本和测试样本进行预处理时的幂次选择为 $a=4$。

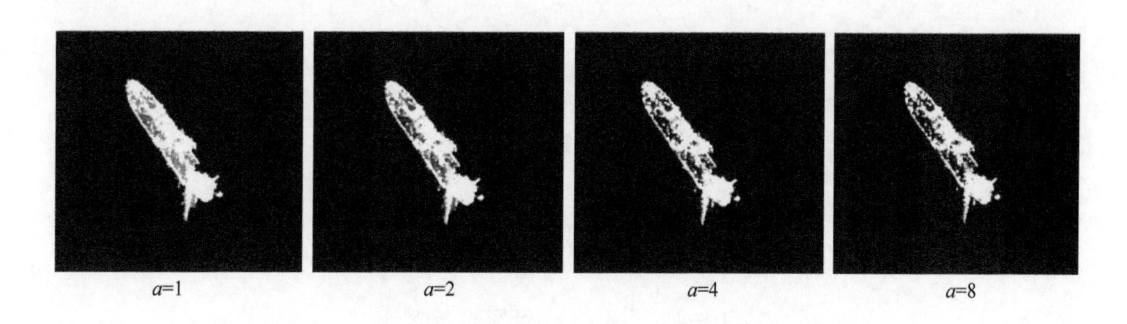


图10-17　幂次取不同值时的图像增强效果

由于测试样本较少,从三类舰船目标中,各选取10张清晰的图像切片作为训练样本,对每个训练样本做10个频率、4个方向的Gabor滤波,得到训练样本的纹理特征向量,计算三类目标训练样本的总体散布矩阵的特征值及对应的特征向量,特征值如图10-18所示,其中图(b)为图(a)矩形框部分的放大图,可以看到每类目标均具有三个较大的特征值,其余特征值近似为0,则选取总体散布矩阵前3个大的特征值对应的特征向量作为最佳投影矩阵。

为了评估本节算法的有效性,定义 $P_i = r_i / s_i$,其中 $r_i$ 为第 $i$ 类目标测试样本正确分类的个数,$s_i$ 为第 $i$ 类目标测试样本的总个数,则识别率 $P=(P_1+P_2+P_3)/3$。采用Gabor特征与本节方法比较,实验统计结果如表10-4所列。

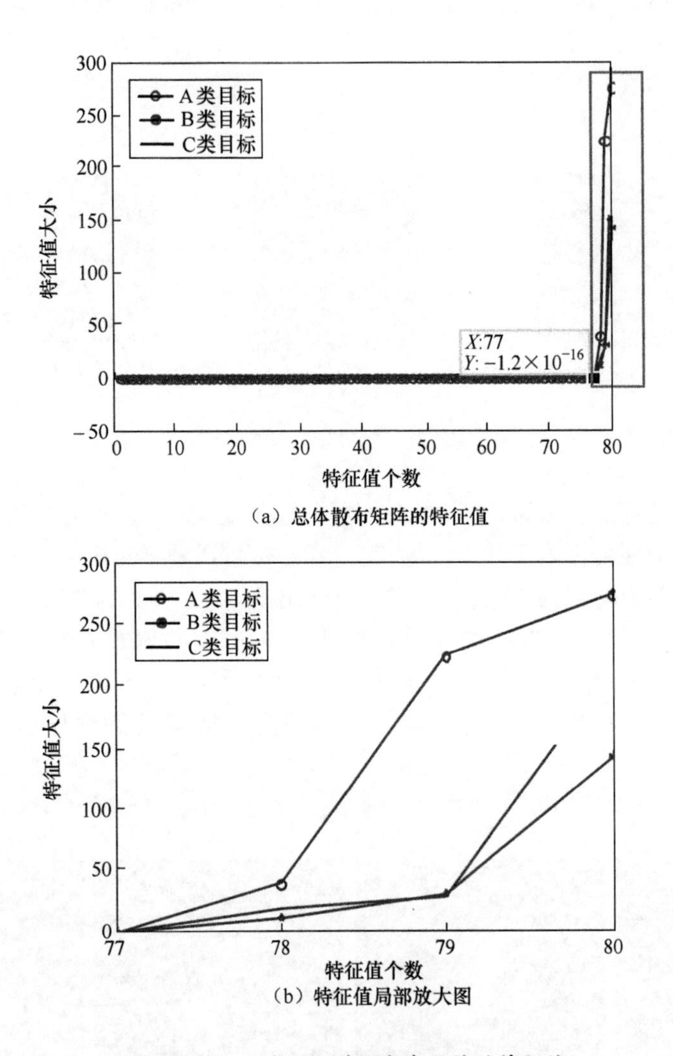

(a) 总体散布矩阵的特征值


(b) 特征值局部放大图

图 10-18 三类目标总体散布矩阵的特征值

表 10-4 不同方法识别性能对比

| | A 类目标 | B 类目标 | C 类目标 | 平均识别率 | 特征维数 |
|---|---|---|---|---|---|
| Gabor 特征 | 95.95% | 72.0% | 79.6% | 82.5% | 80×1 |
| 本节方法 | 95.95% | 82.0% | 87.8% | 88.6% | 3×1 |

基于纹理特征的 Gabor 特征对具有不同内部结构的舰船目标具有较好的识别性能，A 类目标与 B、C 类目标纹理特征差异较大，内部多为空心，Gabor 特征能够较好的区分 A 类目标，而 B、C 类目标内部特征较为丰富，细节特征容易受到噪声、成像等因素的影响，直接利用全部 Gabor 特征识别效果并不理想，本节方法通过对提取的 Gabor 特征进行 PCA 处理，不仅去除不同频率和方向滤波图像特征间的冗余，提高了识别率，也有效地实现了特征降维。本节方法可以有效地对具有不同结构特点的舰船目标进行分类，若对分

类结果进行具体类型的识别,需要在特征向量中融合其他类型的特征或是利用目标自身结构特征的先验知识。当在纹理特征向量中加入标准偏差、分形维数、加权填充比等其他纹理特征或选取更多频率和方向的Gabor滤波器组时,Gabor特征的维数会成倍增加,而本节方法可以将用于分类识别的特征向量维持在较低的维数,为多特征融合奠定基础。

# 第 11 章　文本命名实体识别

## 11.1　引言

命名实体识别(named entity recognition,NER)又称实体抽取,是自然语言处理基础任务之一,广泛应用于机器翻译、自动问答、信息检索等领域。命名实体识别的主要任务是识别出文本中的人名、地名、组织机构名等专有名称和有意义的时间、日期等短语并加以归类。文本命名实体的识别流程如图 11-1 所示。

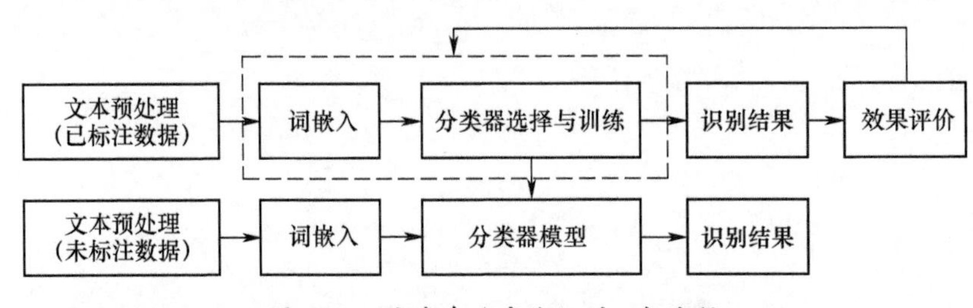


图 11-1　文本命名实体识别一般流程

(1) 文本预处理:主要是完成数据爬取、清洗、去重、回译、分词、标注等步骤,减少无用数据,避免无用数据降低识别精确度。

(2) 词嵌入(word embedding):将文本转换为特征向量,针对不用的语种、对象格式、术语规范等,需要采取合适的特征格式。这个过程也会使用一种或多种转换模型,并且在转换的同时完成特征降维。

(3) 分类器选择与训练:根据上一步骤得到的特征,设计分类器并训练得到分类器模型。由于语言的语义复杂性和使用灵活性,分类器设计时往往使用多种分类模型进行组合,得到更好的效果。

(4) 识别:对于新数据,在完成词嵌入后,输入到训练所得的分类器模型中识别命名实体。

(5) 结果评价:识别效果是由多种评价指标确定,根据结果评价指标,可以对词嵌入和分类器进行性能改进。

## 11.2　词嵌入

在命名实体识别中,首要考虑的问题就是文本在特征空间中的表示,这个过程称为词嵌入。词嵌入方法和嵌入后的特征维度,能够直接影响到命名实体的识别准确度。本节重点介绍常用的词嵌入方法,包括 One-Hot、TF-IDF、Word2vec 和 Bert 等。

### 11.2.1 One-Hot 编码

One-Hot 编码又称为一位有效编码,主要采用 $N$ 位状态寄存器对 $N$ 个状态进行编码,每个状态都有其独立的寄存器位,在任意时候只有一位有效。One-Hot 编码保证每个样本的单个特征只有一位处于状态 1,其他都是状态 0。下面通过一个例子来说明。

对学生的特长(钢琴、绘画、舞蹈、篮球、羽毛球)进行编码,因为这里列出的学生特长有 5 个,因此 $N=5$, One-Hot 编码结果如下:

钢琴:[1,0,0,0,0],绘画:[0,1,0,0,0],舞蹈:[0,0,1,0,0]

篮球:[0,0,0,1,0],羽毛球:[0,0,0,0,1]

### 11.2.2 TF-IDF 方法

TF-IDF 是一种统计方法,用以评估一个词在一个语料库中的某份文档中的重要程度。词的重要性与它在文档中出现的次数成正比,但同时与它在语料库中出现的频率成反比。

TF 是指词频,表示词在文档中出现的频次,如果一篇文档中某个词出现的次数越多,则说明该词越重要。TF 的计算公式为

$$\mathrm{TF}=\text{某词在文档中出现的次数}/\text{文档中词的总数}$$

IDF 是指逆文档词频,如果一个词在整个语料库中是高频出现的,那么这个词的重要性就越低。IDF 的计算公式为

$$\mathrm{IDF}=\lg(\text{语料库中的文档总数}/(\text{包含该词的文档数}+1))$$

其中,加 1 是为了避免分母为 0。

下面举个例子来说明 TF-IDF 方法。现在有一篇 100 字的短文,其中“飞机”这个词出现了 5 次,那么

$$\mathrm{TF}=5/100=0.05$$

如果语料库中有 1000 篇文章,其中包含“飞机”这个词的有 100 篇,那么

$$\mathrm{IDF}=\lg(1000/101)\approx 1$$

由此可以得到

$$\mathrm{TF\text{-}IDF}=\mathrm{TF}\times\mathrm{IDF}=0.05\times 1=0.05$$

对于上述例子,如果这 1000 篇文章中都含有“的”字,那么“的”的 IDF 接近于 0,其 TF-IDF值也趋近于 0。

### 11.2.3 Word2vec

Word2vec 是一种将词转为向量的方法,包含两种算法,分别是 Skip-gram 模型(跳字模型)和 CBOW 模型(连续词袋模型),它们最大的区别在于 Skip-gram 模型是通过中心词去预测其周围的词;CBOW 模型是通过周围的词去预测中心词。

**1. Skip-gram 模型**

Skip-gram 模型是在每一次迭代中取一个词作为中心词,然后去预测它一定范围内的上下文词汇。即给定当前词 $w_t$, 定义一个围绕中心词大小为 $2m$ 的窗口,然后求出其上下文词 $w_{t-m},\cdots,w_{t-1},w_{t+1},\cdots,w_{t+m}$ 出现的概率,即 $P(w_{t-i}|w_t)$, 其中 $i\in[-m,m]$ 且

$i \neq t$。

定义损失函数为

$$\prod_{t=1}^{T} \prod_{-m \leqslant i \leqslant m, i \neq 0} P(w_{t-i} \mid w_t) \tag{11.1}$$

该函数又称为似然函数,这里表示在给定中心词情况下,在 $2m$ 窗口内所有其他词出现的概率, $T$ 表示语料库中所有词的总数。最大化似然函数就可以得到相关参数估计。为了计算方便,一般对似然函数取对数,得到新的损失函数为

$$L = -\frac{1}{T}\sum_{t=1}^{T} \sum_{-m \leqslant i \leqslant m, i \neq 0} \lg P(w_{t-i} | w_t) \tag{11-2}$$

最大化似然函数就转化为最小化 $L$ 。

Skip-gram 模型网络结构如图 11-2 所示,图中 $m = 2$。

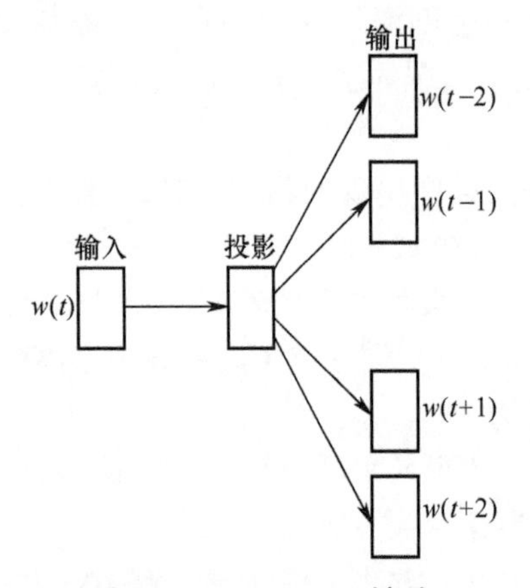


图 11-2 Skip-gram 模型

**2. CBOW 模型(continuous bag-of-word)**

CBOW 模型则是已知当前词 $w_t$ 的上下文,即给出 $w_{t-m}, \cdots, w_{t-1}, w_{t+1}, \cdots, w_{t+m}$, 预测 $w_t$ 出现的概率:

$$P(w_t | w_{t-m}, \cdots, w_{t-1}, w_{t+1}, \cdots, w_{t+m}) \tag{11-3}$$

其目标函数为

$$\prod_{t=1}^{T} P(w_t | w_{t-m}, \cdots, w_{t-1}, w_{t+1}, \cdots, w_{t+m}) \tag{11-4}$$

优化目标函数 $L$ 为

$$L = \lg \sum_{t=1}^{m} P(w_t | w_{t-m}, \cdots, w_{t-1}, w_{t+1}, \cdots, w_{t+m}) \tag{11-5}$$

CBOW 模型就是求式(11-5)的最大值,其模型结构图如图 11-3 所示,图中 $m = 2$。

### 11.2.4 Bert

BERT 模型的全称是 bidirectional encoder representations from transformer,是一种基于 transformer 的预先训练双向编码器。从它的名字可以看出,BERT 模型的目标是利用大规模无标注语料训练,获得文本中包含的丰富语义表示,然后在特定的自然语言处理任务

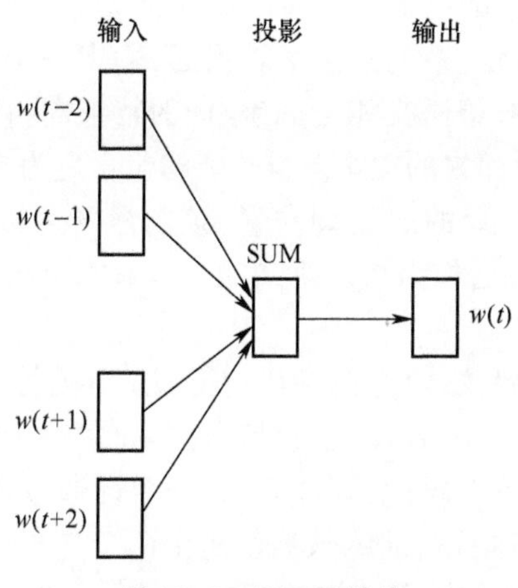


图 11-3　CBOW 模型

中作微调,最终应用于该任务。

BERT 模型不再像以往一样采用传统的单向语言模型或者把两个单向语言模型进行浅层拼接的方法进行预训练,而是采用屏蔽语言模型(masked language model,MLM),生成深度的双向语言表征。BERT 模型如图 11-4 所示。

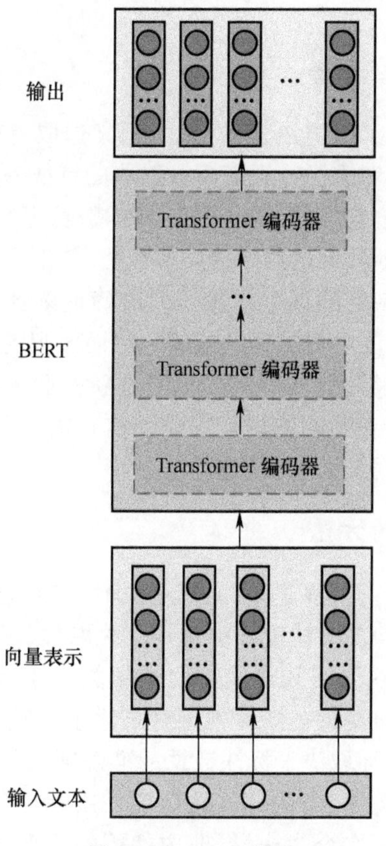


图 11-4　BERT 模型

在词嵌入环节中,文本中的字通常都用一维词向量来表示,在此基础上神经网络将文本中词向量作为输入,经过一系列复杂的转换后,输出一个一维词向量作为文本的语义表示。特别地,我们通常希望语义相近的字/词的特征向量在特征空间上的距离比较接近,这样由字/词向量转换而来的文本向量才能够包含更为准确的语义信息。BERT 模型的主要输入是文本中各个词的原始词向量,该向量既可以随机初始化,也可以利用 Word2vec 等算法进行预训练后作为初始值;输出是文本中各个词融合了全文语义信息后的向量表示。

BERT 的输入部分是线性文本序列,两个句子通过分隔符分割,最前面和最后增加两个标识符号。每个单词有 3 个嵌入:①位置信息嵌入,每一个词的位置决定了上下文关系,因此需要对位置信息进行编码;②词嵌入,每一个词通过词嵌入转化为向量;③句子嵌入,BERT 使用了屏蔽语言模型,训练数据都是由两个句子构成的,因此每个句子有个句子整体的嵌入项对应给每个单词。把单词对应的三个嵌入叠加,就形成了 BERT 的输入。

## 11.3 命名实体识别常用方法

命名实体识别方法通常分为基于规则词典的方法、基于统计模型的方法和基于深度学习的方法。

### 11.3.1 基于规则词典的方法

基于规则词典通常是专家根据语言的语法、语义选取特征构造语言规则模板,并配上专业术语词典以备查询。专家构造规则模板选取的特征一般有时间、地点、关键词、标点符号、统计信息、方向词、位置词等。对于特定领域、特定行业需要制定适合的规则模板和词典,利用制定好的规则模板词典处理文本数据,最终完成命名实体识别任务。

从识别效果来说,如果制定的规则模板可以准确地刻画文本的特征,则其识别效果要远胜于基于统计模型和深度学习的识别效果。然而规则的制定往往依赖于具体语言、应用领域以及文本风格场景等,对于不同要求需重新构造规则。这一环节费时费力,需要不断完善规则模板才能达到预期的识别效果。这在很大程度上制约了基于规则词典的方法发展,这种方法不适用于大规模数据。

### 11.3.2 基于统计模型的方法

文本数据的日渐丰富使得依靠规则词典识别命名实体已经远远无法满足数据处理的要求,传统的基于规则词典的方法逐渐被统计方法取代。基于统计模型的方法可以利用概率统计知识,训练已标注语料获得文本间的相关特征信息(如单词特征、上下文特征、词性特征等),最后使用训练好的统计模型对未标注数据进行实体抽取。由于基于统计的实体抽取模型性能的好坏取决于标注数据的准确度,因此各大公司通过雇佣人力进行数据标注,形成自己独有的、完备的标注语料库。用标注数据集训练命名实体识别模型,模型的识别精确度很高。迄今为止,行业内使用的几乎都是基于统计模型的命名实体识别系统。

基于统计模型的抽取方法利用人工标注的语料训练模型,无需精通语言本身的语法句法结构,并且所需时间较短。由于这类系统具有良好的普适性,现已成为命名实体识别的主流方法,该类方法主要包括贝叶斯分类器、条件随机场(conditional random field, CRF)等。其中,贝叶斯模型在第 4 章已经介绍,本节仅介绍条件随机场模型。

21 世纪初 Lafferty 等提出了条件随机场模型,在文本处理相关任务中取得了较好的结果。假设观测序列为 $X=\{X_1,X_2,\cdots,X_n\}$,与之对应的标记序列 $Y=\{y_1,y_2,\cdots,y_n\}$,条件随机场的目标是构建最优条件概率模型 $P(Y|X)$。在命名实体识别任务中,条件随机场对独立性无严格要求,可以直接利用标记序列和观测序列信息。同时条件随机场计算的是联合概率,从句子层面避免了最大熵马尔可夫模型出现的标识偏置问题。理论和实践证明,在序列标注问题上,应用条件随机场模型相比其他概率模型可以取得较好效果。条件随机场的链式结构如图 11-5 所示。

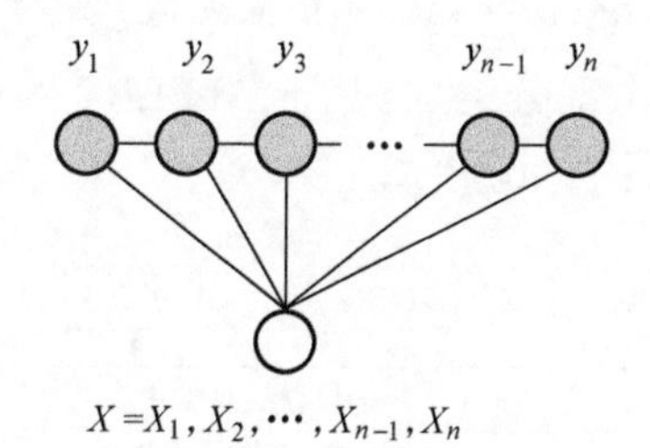


图 11-5　链式 CRF 结构

在链式条件随机场中包含两种关于标记的特征函数。一种是定义在节点 $\{y_i\}$ 上的状态特征函数,这种特征函数只和当前节点有关,记为

$$s_k(y_i,X,i) \quad k=1,2,\cdots,K \tag{11-6}$$

其中,$K$ 是定义在该节点的状态特征函数的总个数,$i$ 表示当前节点在序列的位置。另一个是定义在 $\{y_{i-1},y_i\}$ 的转移特征函数,这种特征函数与当前节点和上一节点有关,记为

$$t_j(y_{i-1},y_i,X,i) \quad j=1,2,\cdots,J \tag{11-7}$$

其中,$J$ 是定义在 $y_i$ 的转移特征函数的总个数,$i$ 表示当前节点在序列的位置。给定观测序列 $X=\{X_1,X_2,\cdots,X_n\}$,以及与之相对应的标记序列为 $Y=\{y_1,y_2,\cdots,y_n\}$。则其条件概率定义为

$$P(Y|X)=\frac{1}{Z}\exp\left[\sum_{j=1}^{J}\sum_{i=1}^{n-1}\lambda_j t_j(y_{i-1},y_i,X,i)+\sum_{k=1}^{K}\sum_{i=1}^{n-1}\mu_k s_k(y_i,X,i)\right] \tag{11-8}$$

式中:$\lambda_j$ 和 $\mu_k$ 为权重参数;$Z$ 为规范化因子。条件随机场模型在用于序列标注问题时通过特征函数来计算当前输出与上一时刻输出之间的影响。

### 11.3.3　基于深度学习的方法

基于深度学习的方法主要是通过在神经网络中增加嵌入层(embedding layer)来解决命名实体识别的问题。嵌入层能够将离散的符号映射为连续低维特征,从而将文本中词语转换为特征空间对象。除此之外,特征分布式表达依然使用词嵌入的方法,这使得词向量之间的可分性距离与单词之间原有的距离等价,单词间的拟合将变得更容易。将单

词转换为低维向量的形式解决了原有的离散和数据稀疏问题，更有利于后续的预测。另一方面，文本自身具有句法结构，做句法树分析后会产生形如树的复杂输出结构。深度学习模型能够通过改进面向线性模型的结构化预测算法，或者使用序列到序列的新模型来满足需求。目前基于深度学习的命名实体识别主要通过神经网络来完成任务，神经网络主要包含前馈神经网络和循环神经网络，循环神经网络包含长短时记忆网络。以上网络结构在第 7 章节已做详细介绍。这些方法从文本向量中学习语义特征，然后通过 softmax 分类器预测并输出最优标签序列。相较于概率模型而言，深度学习方法几乎无须人工选取特征即可达到较好的效果。

## 11.4 命名实体识别实例

本节介绍一种基于 ALBERT-BiLSTM-CRF 神经网络模型的命名实体识别实例。ALBERT-BiLSTM-CRF 模型由 3 个部分组成：基于 ALBERT 的词嵌入表示层、BiLSTM 层和 CRF 层。整体模型结构图如图 11-6 所示。

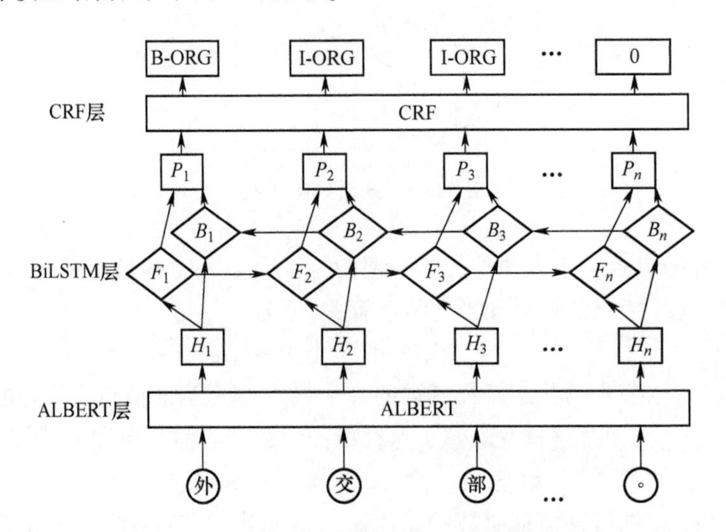


图 11-6 ALBERT-BiLSTM-CRF 模型结构图

ALBERT 层的输入为 $n$ 个字序列，在 ALBERT 层将输入的每个字符映射为词向量，通过对输入文本进行特征提取，输出融合字特征、位置特征和文本特征的词向量 $\boldsymbol{H}_t$；BiLSTM 层为正向 LSTM 结构 $F=\{F_1,F_2,\cdots,F_n\}$ 和反向 LSTM 结构 $B=\{B_1,B_2,\cdots,B_n\}$ 的组合，词向量序列 $\boldsymbol{H}_t$ 经过该层提取出上下文语义信息，并得到特征矩阵 $\boldsymbol{P}_t$；CRF 层通过学习标签之间的依赖关系，为标签之间的转移添加约束条件，最终获取全局最优标签序列。

### 11.4.1 基于 ALBERT 的词嵌入表示层

基于 ALBERT 的词嵌入表示层实现对语料集中词的向量化表达。模型结构如图 11-7所示。

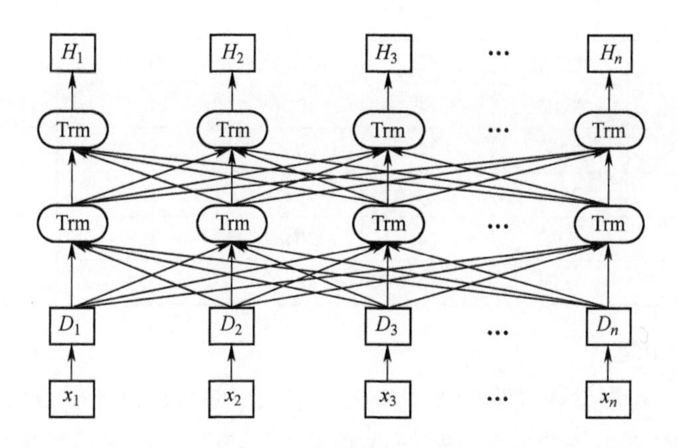


图 11-7　ALBERT 嵌入层

ALBERT 层可分为两个部分:一部分为字嵌入层,即图中的 $x_t \to D_t$;另一部分为 Transformer 的编码层,即图中的 Trm 节点组成的层级;字嵌入层首先通过查询词汇表将每个字符转换为词向量,即将文本序列表示为 $x = \{x_1, x_2, \cdots, x_n\}$,此外,还有文本向量和位置向量,文本向量用来区分输入的不同句话,分别用 0 和 1 表示,位置向量表示输入序列的时序性,然后三特征向量相加形成 $D_t$,最后通过多层 Trm 形成深度双向语言表征,训练学习得到特征向量 $\boldsymbol{H}_t$,它是融合了字特征、位置特征以及文本特征,充分学习了上下文信息的词向量。

与 BERT 模型相比,ALBERT 采用了嵌入向量参数因式分解、跨层参数共享等方法,有效减少了计算参数,加快了训练速度。ALBERT 在以下三方面的改进使其更广泛应用于命名实体识别任务。

1) 嵌入向量参数因式分解

在 BERT 模型中,词向量维度与隐藏层向量维度是相等的,但这种设置并不合理,词向量仅包含词的信息,而隐藏层向量学习了上下文语义,融合了词向量特征、文本特征以及位置特征,包含了更多的信息,且若训练词表过大,会造成模型达到数亿甚至数十亿的参数量,这对硬件设备的计算能力是极高的挑战。因此 ALBERT 模型采用因式分解的方式来降低参数量,被映射到低维空间的 One-Hot 向量通过高维矩阵分配到高维空间,如式(11-9)所示,以此来减少参数量。

$$O(V \times H) \to O(V \times E + E \times H) \tag{11-9}$$

式中:$E$ 表示词向量大小;$H$ 表示隐藏层大小;$V$ 表示词表大小。模型参数规模由 $O(V \times H)$ 转换为 $O(V \times E + E \times H)$,当 $H \gg E$ 时,参数量显著降低。例如,在 ALBERT-base 模型中,词向量大小等于 128,则总参数量为 12M,当词向量大小等于 768 时,BERT-base 的总参数量为 108 M。表 11-1 展示了在进行嵌入向量参数因式分解后 BERT 与 ALBERT 不同版本下的参数量对比。

表 11-1　BERT 和 ALBERT 模型的参数分析

| 模型 | 参数量 | 层数 | 隐藏层 | 词向量 | 参数共享 |
|---|---|---|---|---|---|
| BERT-base | 108M | 12 | 768 | 768 | 否 |

续表

| 模型 | 参数量 | 层数 | 隐藏层 | 词向量 | 参数共享 |
| --- | --- | --- | --- | --- | --- |
| BERT-large | 334M | 24 | 1024 | 1024 | 否 |
| ALBERT-base | 12M | 12 | 768 | 128 | 是 |
| ALBERT-large | 18M | 24 | 1024 | 128 | 是 |
| ALBERT-xlarge | 60M | 24 | 2048 | 128 | 是 |
| ALBERT-xxlarge | 235M | 12 | 4096 | 128 | 是 |

2）跨层参数共享

ALBERT 采用跨层参数共享的方式来进一步减少参数量以及提升模型稳定性。通过共享全连接层和注意力层的全部参数使训练速度大幅度提高，模型效果稍有降低如下：

$$O(12 \times L \times H \times H) \rightarrow O(12 \times H \times H) \tag{11-10}$$

式中：$L$ 为隐藏层数量，共享隐藏层参数后，参数量从 $O(12 \times L \times H \times H)$ 降为 $O(12 \times H \times H)$。

3）句间连贯性损失

为了弥补由于参数减少而造成的性能损失，ALBERT 将 BERT 模型采用的 NSP（next sentence prediction）训练任务替换为 SOP（sentence-order prediction）。因为 NSP 包含了主题预测和关系连贯性预测两个训练任务，主题预测较为简单，容易造成下游任务性能的降低。ALBERT 则只保留了关系连贯性预测，正样本和 NSP 任务中的正样本相同，为同一篇文章中两个顺序相连的句子，负样本则通过调换正样本中两个句子的顺序来获得。

ALBERT 模型实为双向多层 Transformer 的编码结构，Transformer 的核心为注意力机制，首先将每个词向量分解为 $\boldsymbol{Q}$（Query）、$\boldsymbol{K}$（Key）、$\boldsymbol{V}$（Value）三个子向量，使每个字符的 $\boldsymbol{Q}$ 与上下文字符的 $\boldsymbol{K}$ 点乘，计算相似度权重，再点乘 $\boldsymbol{V}$，使该字符融合了上下文语义信息。具体计算公式如下：

$$\text{Attention}(\boldsymbol{Q},\boldsymbol{K},\boldsymbol{V}) = \text{Softmax}(\boldsymbol{Q}\boldsymbol{K}^{\mathrm{T}} / \sqrt{d_k})\boldsymbol{V} \tag{11-11}$$

式中：$\boldsymbol{Q},\boldsymbol{K},\boldsymbol{V}$ 表示输入文本经过变换后的输入矩阵；$d_k$ 表示词向量维度，为避免当词向量维度过大时 softmax 操作后梯度变小的现象，将 $\boldsymbol{Q}\boldsymbol{K}^{\mathrm{T}}$ 的点乘结果除以缩放因子 $\sqrt{d_k}$。

为了扩展模型关注不同位置的能力，增加注意力单元的“表示子空间”，Transformer 采用了“多头”（MultiHead）模式，公式如以下两式所示：

$$\text{head}_i = \text{Attention}(\boldsymbol{Q}\boldsymbol{W}_i^Q, \boldsymbol{K}\boldsymbol{W}_i^K, \boldsymbol{V}\boldsymbol{W}_i^V) \tag{11-12}$$

$$\text{MultiHead}(\boldsymbol{Q},\boldsymbol{K},\boldsymbol{V}) = \text{Concat}(\text{head}_1, \cdots, \text{head}_k)\boldsymbol{W}^{\mathrm{o}} \tag{11-13}$$

式中：$\boldsymbol{W}_i^Q, \boldsymbol{W}_i^K, \boldsymbol{W}_i^V$ 分别表示第 $i$ 个 head 的 $\boldsymbol{Q},\boldsymbol{K},\boldsymbol{V}$；$\boldsymbol{W}^{\mathrm{o}}$ 表示输出矩阵。ALBERT 层通过 Transformer 中的多头注意力机制从不同角度计算输入字符之间的相似度，获得每个字符的动态词向量作为 BiLSTM 层的输入。

### 11.4.2 BiLSTM 层

为了避免远距离依赖问题，采用双向长短时记忆网络（bi-directional long short-term memory，BiLSTM）网络学习上下文语义信息。单个 LSTM 通过引入门的机制控制信息的记忆和遗忘比例。LSTM 的隐藏层由特殊的存储单元组成,每个单元包含 4 个部分:循环记忆单元、处理输入信息的输入门、控制输出信息的输出门和丢弃不重要信息的遗忘门。对于每个位置 $t$ ,LSTM 用输入向量 $\boldsymbol{H}_t$ 和前一个状态 $P_{t-1}$ 计算当前隐藏状态 $P_t$ 。

在自然语言处理问题中,每个词都受到其前后词的影响,考虑文本的上下文信息对当前词的状态判断具有重要意义,因此采用 BiLSTM 进行特征提取。BiLSTM 模块可以同时考虑句子中每个字符的上下文信息,并将其结合起来,得到更全面的表示。BiLSTM 模块从嵌入层接收输入向量 $\boldsymbol{H} = [H_1, \cdots, H_n]$, 进一步获取文本的序列信息,学习文本的上下文特征,经过正向 LSTM 结构 $F = \{F_1, F_2, \cdots, F_n\}$ 和反向 LSTM 结构 $B = \{B_1, B_2, \cdots, B_n\}$ 的信息融合后,返回另一个 $n$ 维序列 $\boldsymbol{P} = [P_1, \cdots, P_n]$, 与输入序列的每一步输入信息相对应。$P_t$ 的表示式为

$$P_t = F_t \oplus B_t \tag{11-14}$$

其中, $\oplus$ 为结构级联操作。

### 11.4.3 CRF 层

CRF 层的作用为学习标签间的转移矩阵,降低错误标签出现的概率。BiLSTM 层可以通过 softmax 函数获取输入字符在各个标签类型下的得分,但 softmax 层输出的标签得分是相互独立的,会出现一些非法的情况。例如,姓名的开头词 B-NAME 后面跟着籍贯的非开头词 I-LOC 等。CRF 层可以利用相邻标签之间的依赖信息进行句子级的标签标注,通过添加标签的转移分数矩阵计算出整体序列的最优解,得到全局最优标签。

以序列 $\boldsymbol{P} = [P_1, P_2, \cdots, P_n]$ 为输入,CRF 层利用过去和未来标签预测出最可能的标签序列 $y = (y_1, y_2, \cdots, y_n)$, 定义转移矩阵 $\begin{bmatrix} l_{11} & \cdots & l_{1n} \\ \vdots & & \vdots \\ l_{n1} & \cdots & l_{nn} \end{bmatrix}$, 其中 $l_{ij}$ 表示从标签 $i$ 转移到标签 $j$ 的概率,则产生标记序列 $y = (y_1, y_2, \cdots, y_n)$ 的概率为

$$p(x, y) = \sum_{k=1}^{n} l_{y_k, y_{k+1}} + \sum_{k=1}^{n} p_{k, y_k} \tag{11-15}$$

对 $p(x, y)$ 使用 softmax 函数归一化,得到标记序列 $y$ 的条件概率为

$$p(y|x) = \frac{\mathrm{e}^{p(x,y)}}{\sum_{j=1}^{n} p(x, y'_j)} \tag{11-16}$$

假设所有的标签组合为 $Y$, $y'_j \in Y$ 表示 $Y$ 中第 $j$ 个正确标签序列。则对于给定的训练样本 $p(y, x)$ 的对数似然为

$$\lg(p(y \mid x)) = p(y, x) - \lg\Big(\sum_{j=1}^{n} \mathrm{e}^{p(x, y'_j)}\Big) \tag{11-17}$$

训练时通过使用维特比算法最大化对数似然函数得到针对输入序列 $x = (x_1, x_2, \cdots, x_n)$ 的最优标签序列:

$$y^* = \underset{y \in Y}{\operatorname{argmax}} p(x, y) \tag{11-18}$$

### 11.4.4 实验结果与分析

**1. 实验数据与标注**

实验采用 Resume 中文数据集,其中共包含 8 种实体类型,分别为姓名、国籍、籍贯、学历、组织、专业、民族、职位。数据集的实体类型、代号和样例如表 11-2 所列。

表 11-2 目标实体分类体系

| 实体类型 | 代号 | 样例 |
| --- | --- | --- |
| 姓名 | NAME | 高勇 |
| 国籍 | CONT | 中国 |
| 籍贯 | LOC | 云南建水 |
| 学历 | EDU | 本科学历 |
| 组织 | ORG | 中国人民大学 |
| 专业 | PRO | 法律 |
| 民族 | RACE | 汉族 |
| 职位 | TITLE | 工程 |

将 Resume 数据集按 8:1:1 的比例分为训练集、测试集和验证集,其中,训练集中包含 124099 个有效字符、2243 个句子,验证集中包含 13890 个有效字符、278 个句子,测试集中包含 15100 个有效字符、281 个句子。数据集采用 BIO 标注规则,对句子中的每一个字符进行标记,非实体用"O"标记,具体如表 11-3 所列。数据集中各实体类型的实体个数如表 11-4 所列。

表 11-3 实体标签定义格式

| 实体类型 | 头实体 | 实体内部及尾部 |
| --- | --- | --- |
| 姓名 | B-NAME | I-NAME |
| 国籍 | B-CONT | I-CONT |
| 籍贯 | B-LOC | I-LOC |
| 学历 | B-EDU | I-EDU |
| 组织 | B-ORG | I-ORG |
| 专业 | B-PRO | I-PRO |
| 民族 | B-RACE | I-RACE |
| 职位 | B-TITLE | I-TITLE |

表 11-4 数据集实体个数统计 单位:个

| 实体类型 | 训练集 | 验证集 | 测试集 |
| --- | --- | --- | --- |
| NAME | 861 | 102 | 105 |
| CONT | 260 | 33 | 25 |
| LOC | 47 | 2 | 6 |
| EDU | 858 | 106 | 101 |
| ORG | 4610 | 523 | 508 |

续表

| 实体类型 | 训练集 | 验证集 | 测试集 |
| --- | --- | --- | --- |
| PRO | 287 | 18 | 28 |
| RACE | 112 | 14 | 13 |
| TITLE | 6308 | 690 | 711 |
| 总计 | 13343 | 1488 | 1497 |

考虑到数据集的数据长度和覆盖面,这里还使用了一个开源英文数据集。该数据集为网络查询(Query)数据集,该数据集提供了2398个已标注实体。这些实体从雅虎搜索查询日志中所收集。本节只使用已标注的实体,这些实例共有1151个。

**2. 实验评价标准**

采用三个评价指标评估基于ALBERT-BiLSTM-CRF命名实体识别模型的识别效果,分别为准确率(Precision)$P$、召回率(Recall)$R$和$F_1$值,主要使用$F_1$精度来评价全局性能。具体计算公式如下:

$$P=\frac{\text{正确识别的实体个数}}{\text{识别的实体个数}}\times 100\% \tag{11-19}$$

$$R=\frac{\text{正确识别的实体个数}}{\text{实体总数}}\times 100\% \tag{11-20}$$

$$F_1=\frac{2\times P\times R}{P+R}\times 100\% \tag{11-21}$$

**3. 实验参数设置**

实验在Windows系统上进行,GPU版本为NVIDIA GeForce RTX 3080 Laptop GPU,显存8GB,CPU为AMD Ryzen 9 5900HX with Radeon Graphics,系统内存为16GB。代码运行采用TensorFlow1. 15. 0版本,Python 3. 6. 13版本。模型使用Adam优化算法进行训练。学习率设置为0. 001。此外,训练采用了early stop和dropout策略避免过拟合问题,利用梯度裁剪法解决了梯度爆炸问题。详细参数配置如表11-5所列。

表11-5 实验参数

| 参数名称 | 参数值 |
| --- | --- |
| batch_size | 8 |
| Lstm_Units | 100 |
| clip | 5 |
| dropout | 0. 5 |
| Learn_rate | 0. 001 |
| max_seq_len | 128 |
| Optimizer | Adam |
| Epoch | 50 |

**4. 实验结果**

实验验证ALBERT-BiLSTM-CRF模型在Resume数据集上的识别效果,各类实体识别结果如表11-6所列。

表 11-6 各类型实体识别结果 单位:%

| 实体类型 | 准确率 $P$ | 召回率 $R$ | $F_1$ 值 |
|---|---|---|---|
| NAME | 98.21 | 98.21 | 98.21 |
| CONT | 100 | 100 | 100 |
| LOC | 100 | 100 | 100 |
| EDU | 99.11 | 99.11 | 99.11 |
| ORG | 94.18 | 94.01 | 94.10 |
| PRO | 91.18 | 93.94 | 92.54 |
| RACE | 100 | 100 | 100 |
| TITLE | 94.63 | 94.75 | 94.69 |
| All | 94.83 | 94.89 | 94.86 |

由表 11-6 可知,ALBERT-BiLSTM-CRF 神经网络模型在各类实体中均有较高的准确率,模型结合上下文语义信息取得良好效果,针对国籍、籍贯、民族三类实体的识别 $F_1$ 值最高,均达到了 100%。这是因为这三类实体的表达较为规律,且格式规范,由于 Resume 数据集来源于新浪财经,数据集中条目单元人种基本为中国人,所以国籍大部分为“中国”,民族大多为“汉族”。姓名和学历这两个实体也取得了较高的 $F_1$ 值,这是因为姓名几乎都出现在简历的开头部分,学历这个实体的结尾一般都跟有“学历”两字,例如“本科学历”,“大专学历”等,较容易识别。而模型对于组织机构名、职位名和专业名的识别准确率、召回率偏低,主要原因如下:

(1) 专业名和学历名分布紧密,且专业名实体个数相对于学历名较少,造成模型学习不充分,产生识别误差,例如句子“经济学学士学位”,其中的“经济学”应标注为专业,“学士学位”应标注为学历,但模型却将其标注为一个学历实体;

(2) 组织机构名和职位名的实体长度大多偏长,且没有固定结构,语法特征不明显,如职位名有“芜湖市首届优秀中国特色社会主义事业建设者”“芜湖改革开放 30 周年纪念勋章”等;

(3) 组织机构名与籍贯名存在大量嵌套,如“安徽江淮汽车有限公司”为组织机构名,而模型则会识别“安徽江淮”为籍贯名,此类嵌套描述也是影响模型准确率的原因之一。

**5. 实体相似度比对实验**

实体相似度比对实验主要通过语义相似度将识别的命名实体与现有词比较。目的是用最直观的相似度判定识别结果是否正确。识别词和候选词为人工预选词,并且词之间保留了一定区分度。通过训练好的模型提取这些词的词向量,并计算余弦相似度。相似度比对实验结果如表 11-7 所列。从表中可以直观地看出识别词与候选词之间的相似度关系,这也从侧面印证了模型的有效性。

表 11-7 实体相似度对比实验结果 单位:%

| 识别词 | 候选词 | | | | | | | |
|---|---|---|---|---|---|---|---|---|
| | movie | play | singer | teacher | painter | composer | opera | theatre |
| film | 1.000 | 0.660 | 0.160 | 0.143 | 0.295 | 0.143 | 0.218 | 0.251 |

续表

| 识别词 | 候选词 | | | | | | | |
|---|---|---|---|---|---|---|---|---|
| | movie | play | singer | teacher | painter | composer | opera | theatre |
| actor | 0. 150 | 0. 125 | 0. 544 | 0. 252 | 0. 296 | 0. 252 | 0. 135 | 0. 160 |
| baritone | 0. 157 | 0. 230 | 0. 839 | 0. 158 | 0. 174 | 0. 158 | 0. 204 | 0. 157 |
| director | 0. 113 | 0. 010 | 0. 416 | 0. 174 | 0. 585 | 0. 726 | 0. 101 | 0. 118 |
| bishop | 0. 157 | 0. 251 | 0. 174 | 0. 158 | 0. 174 | 0. 158 | 0. 143 | 0. 157 |
| picture | 1. 000 | 0. 668 | 0. 687 | 0. 123 | 0. 251 | 0. 113 | 0. 230 | 0. 218 |
| photographer | 0. 123 | 0. 100 | 0. 471 | 0. 194 | 0. 681 | 0. 587 | 0. 113 | 0. 130 |

# 附录 A　概率统计知识

## A.1　概率

概率论主要研究大量随机现象中的数量规律,其应用十分广泛,几乎遍及各个领域。

### A.1.1　随机事件与概率

**随机事件(random variables events)**(或简称事件)是可能发生也可能不发生的事件,这种事件每次出现的结果具有不确定性。

**样本空间(sample space)**是一个随机试验所有可能结果的集合。比如掷骰子,1~6这几个点数都可能出现,其样本空间为 $\Omega = \{1,2,3,4,5,6\}$ 。样本空间可以是有限集,也可以是无限集。对于无限的样本空间,可以是可数集(离散的),也可以是不可数集(连续的)。有限样本空间与无限可数样本空间中定义的随机事件称为离散型随机事件。无限不可数样本空间中的随机事件则称为连续型随机事件。

**概率(probability)**表示一个随机事件发生的可能性大小。概率值越大,事件越可能发生。随机事件 $A$ 发生的概率记为 $P(\mathrm{A})$, 其值满足:

$$0 \leqslant P(\mathrm{A}) \leqslant 1 \tag{A.1}$$

### A.1.2　随机变量

**随机变量(random variable)**是取值可变并且每一个值都有一个概率的变量,是用于表示随机实验结果的变量。随机变量通常用大写字母来表示,如 $X$ 。随机变量的取值一般用小写字母表示,如 $x_i$ 。随机变量可分为离散型和连续型两种。

如果随机变量 $X$ 可能取的值为有限可列举的,有 $N$ 个有限取值 $\{x_1,x_2,\cdots,x_N\}$, 则称 $X$ 为离散随机变量。

描述离散随机变量取值概率的是概率质量函数(probability mass function,PMF),即

$$P(X = x_i) = P(x_i) \tag{A.2}$$

其中, $P(x_1),P(x_2),\cdots,P(x_N)$ 称为离散随机变量 $X$ 的**概率分布**(probability distribution),并且满足

$$\sum_{i=1}^{N} P(x_i) = 1 \tag{A.3}$$

$$P(x_i) \geqslant 0 \quad \forall i \in \{1,2,\cdots,N\} \tag{A.4}$$

常见的离散随机变量的概率分布有伯努利分布、二项分布等。

与离散随机变量不同,一些随机变量 $X$ 的取值是不可列举的,由全部实数或者由一部分区间组成,比如 $X = \{x \mid a \leqslant x \leqslant b\}$, $-\infty < a < b < \infty$, 则称 $X$ 为连续随机变量。连

续随机变量的值是不可数及无穷尽的。

与离散随机变量截然不同,连续随机变量 $X$ 一个具体值 $x_i$ 的概率为0。因此,连续随机变量 $X$ 的概率分布一般用概率密度函数(probability density function,PDF) $p(x)$ 来描述。$p(x)$ 为可积函数,且满足:

$$\int_{-\infty}^{+\infty} p(x)\,\mathrm{d}x = 1 \tag{A.5}$$

$$p(x) \geqslant 0 \tag{A.6}$$

给定概率密度函数 $p(x)$,便可以计算出随机变量落入某一区域的概率。常见的连续随机变量的概率分布有均匀分布、正态分布等。

## A.2 概率分布

下面介绍几种常用的概率分布,它们将在各种算法中被广泛使用。

**伯努利分布(Bernoulli distribution)**:在一次试验中,事件A出现的概率为 $p$,不出现的概率为 $1-p$ 。若用变量 $x$ 表示事件A在一次试验中出现的次数,则 $x$ 的取值为0和1,其相应的分布为

$$P(x) = p^x\,(1-p)^{(1-x)} \tag{A.7}$$

这个分布称为伯努利分布,也称为两点分布或者0-1分布。

**二项分布(binomial distribution)**:在 $N$ 次伯努利试验中,若以变量 $x$ 表示事件A出现的次数,则 $x$ 的取值为 $\{0,1,\cdots,N\}$,其相应的分布为二项分布。

$$P(x=k) = \binom{N}{k} p^k\,(1-p)^{N-k} \quad k=0,1,\cdots,N \tag{A.8}$$

其中,$\binom{N}{k}$ 为二项式系数,表示从 $N$ 个元素中取出 $k$ 个元素而不考虑其顺序的组合的总和。

**泊松分布(Poisson distribution)**:若对于任意 $k \in \mathbf{N}$, $\lambda > 0$, 随机变量 $x$ 的泊松分布为

$$P(x=k) = \frac{\lambda^k e^{-\lambda}}{k!} \tag{A.9}$$

其中,$\lambda$ 是单位时间(或单位面积)内随机事件的平均发生率。泊松分布可以看成二项分布的特殊情况。在二项分布的伯努利试验中,如果试验次数 $N$ 很大,而二项分布的概率 $p$ 很小,且乘积 $\lambda = Np$ 比较适中,那么事件出现次数的概率可以用泊松分布逼近。

**均匀分布(uniform distribution)**:若 $a,b$ 为有限数,且随机变量 $x$ 的概率密度函数如下式所示,则称随机变量 $x$ 在 $[a,b]$ 上服从均匀分布。

$$f(x) = \begin{cases} \dfrac{1}{b-a} & a \leqslant x \leqslant b \\ 0 & x < a \text{ 或 } x > b \end{cases} \tag{A.10}$$

**正态分布(normal distribution)**:若随机变量 $x$ 的概率密度函数如下式所示,则称随机变量 $x$ 服从正态(高斯)分布 $N(\mu,\sigma^2)$,$\mu \in \mathbf{R}$,$\sigma > 0$。

$$f(x)=\frac{1}{\sqrt{2\pi}\,\sigma}\exp\left[-\frac{(x-\mu)^2}{2\sigma^2}\right] \tag{A.11}$$

当$\mu=0,\sigma=1$时,称为标准正态分布(standard normal distribution)。正态分布常被用于近似二项分布。对于$d$维随机向量$\boldsymbol{x}$,其均值向量为$\boldsymbol{\mu}$,协方差矩阵为$\boldsymbol{\Sigma}$,正态分布为

$$f(\boldsymbol{x})=\frac{1}{(\sqrt{2\pi})^d\ |\boldsymbol{\Sigma}|^{1/2}}\exp\left\{-\frac{1}{2}(\boldsymbol{x}-\boldsymbol{\mu})^{\mathrm{T}}\boldsymbol{\Sigma}^{-1}(\boldsymbol{x}-\boldsymbol{\mu})\right\} \tag{A.12}$$

**拉普拉斯分布(Laplace distribution)**:随机变量$x$的拉普拉斯分布定义为

$$f(x)=\frac{1}{2b}\exp\left(-\frac{|x-\mu|}{b}\right) \tag{A.13}$$

式中:$\mu\in\mathbf{R}$;尺度因子$b>0$。

## A.3 贝叶斯定理

贝叶斯定理是关于随机事件A和B条件概率(或边缘概率)的一则定理。在介绍贝叶斯定理之前,需要先了解一下条件概率。

条件概率描述的是多个随机事件的概率关系。对于事件A和B,在A发生的条件下B发生的概率称为条件概率(conditional probability),记为$P=(\mathrm{B}|\mathrm{A})$。

对于离散随机变量$X$、$Y$,已知$X=x$的条件下,随机变量$Y=y$的条件概率(conditional probability)$P(y|x)$可以表示为

$$P(y|x)=\frac{P(x,y)}{P(x)}=\frac{P(x|y)P(y)}{P(x)}=\frac{P(x|y)P(y)}{\sum_y P(x|y)P(y)} \tag{A.14}$$

这个公式称为贝叶斯公式。

对于连续随机变量$X$、$Y$,已知$X=x$的条件下,随机变量$Y=y$的条件概率密度函数(conditional probability density function)表示为

$$p(y|x)=\frac{p(x|y)p(y)}{p(x)}=\frac{p(x|y)p(y)}{\int_y p(x|y)p(y)} \tag{A.15}$$

# 附录 B　矩阵知识

## B.1　基本概念

**矩阵**:矩阵 $\boldsymbol{A}$ 是二维数组,一个 $m \times n$ 的矩阵有 $m$ 行和 $n$ 列,每个位置 $(i,j)$ 处的元素 $a_{ij}$ 是一个数,矩阵 $\boldsymbol{A}$ 记为

$$\begin{pmatrix} a_{11} & a_{12} & \cdots & a_{1n} \\ a_{21} & a_{22} & \cdots & a_{2n} \\ \vdots & \vdots & & \vdots \\ a_{m1} & a_{m2} & \cdots & a_{mn} \end{pmatrix} \tag{B.1}$$

**实矩阵**:矩阵的元素可以是实数,称为实矩阵。全体 $m \times n$ 实矩阵的集合记为 $\mathbf{R}^{m \times n}$ 。下面给出一个 $2 \times 3$ 的实矩阵

$$\begin{pmatrix} 1 & 2 & 3 \\ 3 & 2 & 1 \end{pmatrix}$$

**对称矩阵**:如果一个矩阵的元素满足

$$a_{ij} = a_{ji}$$

则称该矩阵为对称矩阵。下面是一个对称矩阵例子

$$\begin{pmatrix} 1 & 2 & 3 \\ 2 & 2 & 4 \\ 3 & 4 & 0 \end{pmatrix}$$

**方阵**:如果矩阵的行数和列数相等,则称为方阵。$n \times n$ 的方阵称为 $n$ 阶方阵。

**对角矩阵**:矩阵所有行号和列号相等的元素 $a_{ii}$ 的全体称为主对角线。如果一个矩阵除主对角线之外所有元素都为 0, 则称为对角矩阵。下面是一个对角矩阵例子

$$\begin{pmatrix} 1 & 0 & 0 \\ 0 & 2 & 0 \\ 0 & 0 & 3 \end{pmatrix}$$

该对角矩阵可以简记为 $\mathrm{diag}(1,2,3)$ 。

**单位矩阵**:如果一个矩阵的主对角线元素为 1, 其他元素都为 0, 则称为单位矩阵,记为 $\mathbf{I}$ 。下面是一个单位矩阵:

$$\begin{pmatrix} 1 & 0 & 0 \\ 0 & 1 & 0 \\ 0 & 0 & 1 \end{pmatrix}$$

单位矩阵的作用类似于实数中的 1, 在矩阵乘法和逆矩阵中会做说明。$N$ 阶单位矩阵记为 $\mathbf{I}_N$ 。

**零矩阵**:如果一个矩阵的所有元素都为 0,则称为零矩阵,其作用类似于实数中的 0,

**上三角矩阵**:如果方阵的主对角线以下位置的元素全为 0,则称为上三角矩阵。下面是一个上三角矩阵例子:

$$\begin{pmatrix} 1 & 1 & 4 \\ 0 & 2 & 1 \\ 0 & 0 & 3 \end{pmatrix}$$

**下三角矩阵**:如果方阵的主对角线以上位置的元素都为 0,则称为下三角矩阵。下面是一个下三角矩阵例子:

$$\begin{pmatrix} 1 & 0 & 0 \\ 3 & 2 & 0 \\ 5 & 6 & 4 \end{pmatrix}$$

**格拉姆(Gram)矩阵**:一个向量组 $\boldsymbol{x}_1,\boldsymbol{x}_2,\cdots,\boldsymbol{x}_n$ 的格拉姆矩阵是一个 $n \times n$ 的矩阵,其每一个元素 $g_{ij}$ 为向量 $\boldsymbol{x}_i$ 与 $\boldsymbol{x}_j$ 的内积。格拉姆矩阵是一个对称矩阵。对于下面的向量组 $\boldsymbol{x}_1 = (1,2,3)^{\mathrm{T}}$ 和 $\boldsymbol{x}_2 = (1,1,1)^{\mathrm{T}}$,其格拉姆矩阵为

$$\boldsymbol{G} = \begin{pmatrix} \boldsymbol{x}_1^{\mathrm{T}}\boldsymbol{x}_1 & \boldsymbol{x}_1^{\mathrm{T}}\boldsymbol{x}_2 \\ \boldsymbol{x}_2^{\mathrm{T}}\boldsymbol{x}_1 & \boldsymbol{x}_2^{\mathrm{T}}\boldsymbol{x}_2 \end{pmatrix} = \begin{pmatrix} 14 & 6 \\ 6 & 3 \end{pmatrix}$$

在机器学习中该矩阵经常出现,包括主成分分析、核主成分分析、线性判别分析、线性回归、logistic 回归以及支持向量机的推导和证明。

## B.2 基本运算

矩阵转置:矩阵的行和列下标相互交换后得到的矩阵,一个 $m \times n$ 的矩阵转置之后为 $n \times m$ 的矩阵。矩阵 $\boldsymbol{A}$ 的转置记为 $\boldsymbol{A}^{\mathrm{T}}$,下面是一个矩阵转置的例子:

$$\begin{pmatrix} 1 & 2 & 3 \\ 4 & 5 & 6 \end{pmatrix}^{\mathrm{T}} = \begin{pmatrix} 1 & 4 \\ 2 & 5 \\ 3 & 6 \end{pmatrix}$$

**矩阵相加**:两个矩阵的加法为对应位置元素相加,显然参与加法运算的两个矩阵必须有相同的尺寸。矩阵 $\boldsymbol{A}$ 和 $\boldsymbol{B}$ 相加记为 $\boldsymbol{A} + \boldsymbol{B}$ 。下面是两个矩阵相加的例子

$$\begin{pmatrix} 1 & 2 \\ 3 & 4 \end{pmatrix} + \begin{pmatrix} 2 & 4 \\ 6 & 3 \end{pmatrix} = \begin{pmatrix} 3 & 6 \\ 9 & 7 \end{pmatrix}$$

矩阵相加后的转置等于矩阵转置后相加,即

$$(\boldsymbol{A} + \boldsymbol{B})^{\mathrm{T}} = \boldsymbol{A}^{\mathrm{T}} + \boldsymbol{B}^{\mathrm{T}} \tag{B.2}$$

矩阵相加满足交换律和结合律,即

$$\boldsymbol{A} + \boldsymbol{B} = \boldsymbol{B} + \boldsymbol{A} \qquad \boldsymbol{A} + \boldsymbol{B} + \boldsymbol{C} = \boldsymbol{A} + (\boldsymbol{B} + \boldsymbol{C}) \tag{B.3}$$

**矩阵相减**:两个矩阵的减法为对应位置元素相减,同样地,执行减法运算的两个矩阵必须尺寸相等。矩阵 $\boldsymbol{A}$ 和 $\boldsymbol{B}$ 相减记为 $\boldsymbol{A} - \boldsymbol{B}$。

**矩阵数乘**:定义为一个标量与矩阵的每个元素相乘。矩阵 $\boldsymbol{A}$ 和数值 $k$ 的数乘记为 $k\boldsymbol{A}$,下面是一个数乘的例子:

$$5 \times \begin{pmatrix} 1 & 2 \\ 2 & 4 \end{pmatrix} = \begin{pmatrix} 5 & 10 \\ 10 & 20 \end{pmatrix}$$

数乘和加法满足分配率

$$k(\boldsymbol{A} + \boldsymbol{B}) = k\boldsymbol{A} + k\boldsymbol{B} \tag{B.4}$$

**矩阵相乘**：两个矩阵相乘定义为用第一个矩阵的每个行向量和第二个矩阵的每个列向量做内积，形成结果矩阵的每个元素，显然第一个矩阵的列数要和第二个矩阵的行数相等。矩阵 $\boldsymbol{A}$ 和 $\boldsymbol{B}$ 相乘记为 $\boldsymbol{AB}$。一个 $m \times p$ 和一个 $p \times n$ 矩阵相乘的结果为一个 $m \times n$ 的矩阵。结果矩阵的第 $i$ 行、第 $j$ 列元素为 $\boldsymbol{A}$ 的第 $i$ 行与 $\boldsymbol{B}$ 的第 $j$ 列的内积，下面是两个矩阵相乘的例子：

$$\begin{pmatrix} 1 & 1 & 0 \\ 0 & 0 & 1 \end{pmatrix} \times \begin{pmatrix} 0 & 1 \\ 0 & 0 \\ 1 & 0 \end{pmatrix} = \begin{pmatrix} 1 \times 0 + 1 \times 0 + 0 \times 1 & 1 \times 1 + 1 \times 0 + 0 \times 0 \\ 0 \times 0 + 0 \times 0 + 1 \times 1 & 0 \times 1 + 0 \times 0 + 1 \times 0 \end{pmatrix} = \begin{pmatrix} 0 & 1 \\ 1 & 0 \end{pmatrix}$$

使用矩阵乘法可以简化线性方程组的表述，对于如下线性方程组

$$\begin{cases} a_{11}x_1 + a_{12}x_2 + \cdots + a_{1n}x_n = b_1 \\ a_{21}x_1 + a_{22}x_2 + \cdots + a_{2n}x_n = b_2 \\ \qquad \vdots \\ a_{n1}x_1 + a_{n2}x_2 + \cdots + a_{nn}x_n = b_n \end{cases} \tag{B.5}$$

定义解向量为 $\boldsymbol{x} = (x_1, x_2, \cdots, x_n)^{\mathrm{T}}$，常数向量为 $\boldsymbol{b} = (b_1, b_2, \cdots, b_n)^{\mathrm{T}}$，系数矩阵为

$$\boldsymbol{A} = \begin{pmatrix} a_{11} & a_{12} & \cdots & a_{1n} \\ a_{21} & a_{22} & \cdots & a_{2n} \\ \vdots & \vdots & & \vdots \\ a_{n1} & a_{n2} & \cdots & a_{nn} \end{pmatrix} \tag{B.6}$$

则可将方程组写成矩阵乘法的形式 $\boldsymbol{Ax} = \boldsymbol{b}$。

**矩阵的逆矩阵**：对于 $n$ 阶矩阵 $\boldsymbol{A}$，如果存在另一个 $n$ 阶矩阵 $\boldsymbol{B}$，使得它们的乘积为单位矩阵，即

$$\boldsymbol{AB} = \mathbf{I} \text{ 或 } \boldsymbol{BA} = \mathbf{I} \tag{B.7}$$

对于 $\boldsymbol{AB} = \mathbf{I}$，$\boldsymbol{B}$ 称为 $\boldsymbol{A}$ 的右逆矩阵，对于 $\boldsymbol{BA} = \mathbf{I}$，$\boldsymbol{B}$ 称为 $\boldsymbol{A}$ 的左逆矩阵。如果矩阵的左逆矩阵和右逆矩阵存在，则它们相等，统称为矩阵的逆，记为 $\boldsymbol{A}^{-1}$。如果矩阵的逆矩阵存在，则称其可逆。可逆矩阵称为非奇异矩阵，不可逆矩阵称为奇异矩阵。如果矩阵可逆，则其逆矩阵唯一。对于逆矩阵，有下面公式成立

$$(\boldsymbol{AB})^{-1} = \boldsymbol{B}^{-1}\boldsymbol{A}^{-1}, ((\boldsymbol{A})^{-1})^{-1} = \boldsymbol{A}, (\boldsymbol{A}^{\mathrm{T}})^{-1} = (\boldsymbol{A}^{-1})^{\mathrm{T}}, (\lambda\boldsymbol{A})^{-1} = \lambda^{-1}\boldsymbol{A}^{-1} \tag{B.8}$$

**矩阵的秩**：矩阵线性无关的行向量或列向量的最大数量称为矩阵的秩，记为 $r(\boldsymbol{A})$。如果 $n$ 阶方阵的秩为 $n$，则称其满秩，矩阵可逆的充分必要条件是满秩。对于 $m \times n$ 阶矩阵 $\boldsymbol{A}$，其秩满足

$$r(\boldsymbol{A}) \leqslant \min(m, n) \tag{B.9}$$

即矩阵的秩不超过其行数和列数的较小值，关于矩阵的秩有以下结论成立

$$r(\boldsymbol{A}) = r(\boldsymbol{A}^{\mathrm{T}}) \tag{B.10}$$

$$r(\boldsymbol{A} + \boldsymbol{B}) \leqslant r(\boldsymbol{A}) + r(\boldsymbol{B}) \tag{B.11}$$

$$r(\boldsymbol{AB}) \leqslant \min(r(\boldsymbol{A}), r(\boldsymbol{B})) \tag{B.12}$$

**正交矩阵**：如果一个方阵满足

$$\boldsymbol{A}\boldsymbol{A}^{\mathrm{T}} = \boldsymbol{A}^{\mathrm{T}}\boldsymbol{A} = \mathbf{I} \tag{B.13}$$

则称其为正交矩阵，正交矩阵的行向量均为单位向量且相互正交，构成标准正交基。如果一个矩阵是正交矩阵，根据逆矩阵的定义，有 $\boldsymbol{A}^{-1} = \boldsymbol{A}$ 。正交矩阵的乘积仍为正交矩阵，正交矩阵的转置是正交矩阵。

**矩阵的迹**：对于 $n$ 阶方阵 $\boldsymbol{A}$，它的迹是主对角线上的元素之和，即

$$\mathrm{tr}(\boldsymbol{A}) = \sum_{i=1}^{n} a_{ii} \tag{B.14}$$

矩阵的迹有如下性质：

$$\mathrm{tr}(\boldsymbol{A}^{\mathrm{T}}) = \mathrm{tr}(\boldsymbol{A}) \tag{B.15}$$

$$\mathrm{tr}(\boldsymbol{A} + \boldsymbol{B}) = \mathrm{tr}(\boldsymbol{A}) + \mathrm{tr}(\boldsymbol{B}) \tag{B.16}$$

$$\mathrm{tr}(\boldsymbol{AB}) = \mathrm{tr}(\boldsymbol{BA}) \tag{B.17}$$

$$\mathrm{tr}(\boldsymbol{ABC}) = \mathrm{tr}(\boldsymbol{BCA}) = \mathrm{tr}(\boldsymbol{CAB}) \tag{B.18}$$

## B.3 矩阵导数

**定义1**：以变量 $x$ 的函数为元素的矩阵 $\boldsymbol{A}(x) = (a_{ij}(x))_{m\times n}$ 称为函数矩阵，其中 $a_{ij}(x)$ 是以 $x$ 为变量的函数。若 $x \in [a,b]$，则称 $\boldsymbol{A}(x)$ 是定义在 $[a,b]$ 上的；又若每个 $a_{ij}(x)$ 在 $[a,b]$ 上连续、可微、可积，则称 $\boldsymbol{A}(x)$ 在 $[a,b]$ 上时连续、可微、可积的。当 $\boldsymbol{A}(x)$ 可微时，规定其导数为

$$\boldsymbol{A}'(x) = (a'_{ij}(x))_{m\times n} \text{ 或 } \frac{\mathrm{d}\boldsymbol{A}(x)}{\mathrm{d}x} = \left(\frac{\mathrm{d}a_{ij}(x)}{\mathrm{d}x}\right)_{m\times n} \tag{B.19}$$

而当 $\boldsymbol{A}(x)$ 在 $[a,b]$ 上可积时，规定 $\boldsymbol{A}(x)$ 在 $[a,b]$ 上的积分为

$$\int_a^b \boldsymbol{A}(x)\mathrm{d}x = \left(\int_a^b a_{ij}(x)\mathrm{d}x\right)_{m\times n} \tag{B.20}$$

**定理1**：设 $\boldsymbol{A}(x)$ 、$\boldsymbol{B}(x)$ 是可微矩阵，则有

(1) $$\frac{\mathrm{d}}{\mathrm{d}x}(\boldsymbol{A}(x) + \boldsymbol{B}(x)) = \frac{\mathrm{d}}{\mathrm{d}x}\boldsymbol{A}(x) + \frac{\mathrm{d}}{\mathrm{d}x}\boldsymbol{B}(x) \tag{B.21}$$

(2) 当 $\lambda(x)$ 为可微函数时，有

$$\frac{\mathrm{d}}{\mathrm{d}x}(\lambda(x)\boldsymbol{A}(x)) = \left(\frac{\mathrm{d}}{\mathrm{d}x}\lambda(x)\right)\boldsymbol{A}(x) + \lambda(x)\left(\frac{\mathrm{d}}{\mathrm{d}x}\boldsymbol{A}(x)\right) \tag{B.22}$$

(3) $$\frac{\mathrm{d}}{\mathrm{d}x}(\boldsymbol{A}(x)\boldsymbol{B}(x)) = \left(\frac{\mathrm{d}}{\mathrm{d}x}\boldsymbol{A}(x)\right)\boldsymbol{B}(x) + \boldsymbol{A}(x)\left(\frac{\mathrm{d}}{\mathrm{d}x}\boldsymbol{B}(x)\right) \tag{B.23}$$

(4) 当 $u = f(x)$ 关于 $x$ 可微，则有

$$\frac{\mathrm{d}}{\mathrm{d}u}\boldsymbol{A}(u) = f'(x)\frac{\mathrm{d}}{\mathrm{d}u}\boldsymbol{A}(u) \tag{B.24}$$

(5) 当 $\boldsymbol{A}^{-1}(x)$ 是可微矩阵时，有

$$\frac{\mathrm{d}}{\mathrm{d}x}(\boldsymbol{A}^{-1}(x)) = -\boldsymbol{A}^{-1}(x)\left(\frac{\mathrm{d}}{\mathrm{d}x}\boldsymbol{A}(x)\right)\boldsymbol{A}^{-1}(x) \tag{B.25}$$

**定理2**:设$A \in \mathbf{R}^{m\times n}$,则有

(1) $\dfrac{\mathrm{d}}{\mathrm{d}x}\mathrm{e}^{\boldsymbol{A}x} = \boldsymbol{A}\mathrm{e}^{\boldsymbol{A}x} = \mathrm{e}^{\boldsymbol{A}x}\boldsymbol{A}$　(B.26)

(2) $\dfrac{\mathrm{d}}{\mathrm{d}x}\sin(\boldsymbol{A}x) = \boldsymbol{A}\cos(\boldsymbol{A}x) = \cos(\boldsymbol{A}x)\boldsymbol{A}$　(B.27)

(3) $\dfrac{\mathrm{d}}{\mathrm{d}x}\cos(\boldsymbol{A}x) = -\boldsymbol{A}\sin(\boldsymbol{A}x) = -\sin(\boldsymbol{A}x)\boldsymbol{A}$　(B.28)

**定理3**:设$\boldsymbol{A}(x)$、$\boldsymbol{B}(x)$是区间$[a,b]$上的可积矩阵,$\boldsymbol{A}_1$、$\boldsymbol{B}_1$是常数矩阵,$\lambda \in \mathbf{R}$,则有

(1) $\int_a^b(\boldsymbol{A}(x)+\boldsymbol{B}(x))\mathrm{d}x = \int_a^b\boldsymbol{A}(x)\mathrm{d}x + \int_a^b\boldsymbol{B}(x)\mathrm{d}x$　(B.29)

(2) $\int_a^b\lambda\boldsymbol{A}(x)\mathrm{d}x = \lambda\int_a^b\boldsymbol{A}(x)\mathrm{d}x$　(B.30)

(3) $\int_a^b\boldsymbol{A}(x)\boldsymbol{B}_1\mathrm{d}x = (\int_a^b\boldsymbol{A}(x)\mathrm{d}x)\boldsymbol{B}_1$, $\int_a^b\boldsymbol{A}_1\boldsymbol{B}(x)\mathrm{d}x = \boldsymbol{A}_1(\int_a^b\boldsymbol{B}(x)\mathrm{d}x)$　(B.31)

(4) 当$\boldsymbol{A}(x)$在$[a,b]$上连续时,对任意的$x \in [a,b]$,有

$$\frac{\mathrm{d}}{\mathrm{d}x}(\int_a^x\boldsymbol{A}(\tau)\mathrm{d}\tau) = \boldsymbol{A}(x) \tag{B.32}$$

(5) 当$\boldsymbol{A}(x)$在$[a,b]$上连续可微时,有

$$\int_a^b\boldsymbol{A}'(x)\mathrm{d}x = \boldsymbol{A}(b) - \boldsymbol{A}(a) \tag{B.33}$$

(6) 函数矩阵的高阶导数为

$$\frac{\mathrm{d}^k}{\mathrm{d}x^k}\boldsymbol{A}(x) = \frac{\mathrm{d}}{\mathrm{d}x}\left(\frac{\mathrm{d}^{k-1}}{\mathrm{d}x^{k-1}}\boldsymbol{A}(x)\right) \tag{B.34}$$

**定义2**:设$f(\boldsymbol{X})$是以矩阵$\boldsymbol{X} = (x_{ij})_{m\times n}$为自变量的$mn$元函数,且$\dfrac{\mathrm{d}f}{\mathrm{d}x_{ij}}$都存在,则$f(\boldsymbol{X})$对矩阵变量$\boldsymbol{X}$的导数为

$$\frac{\mathrm{d}f}{\mathrm{d}\boldsymbol{X}} = \left(\frac{\mathrm{d}f}{\mathrm{d}x_{ij}}\right)_{m\times n} = \begin{pmatrix} \dfrac{\mathrm{d}f}{\mathrm{d}x_{11}} & \cdots & \dfrac{\mathrm{d}f}{\mathrm{d}x_{1n}} \\ \vdots & & \vdots \\ \dfrac{\mathrm{d}f}{\mathrm{d}x_{m1}} & \cdots & \dfrac{\mathrm{d}f}{\mathrm{d}x_{mn}} \end{pmatrix} \tag{B.35}$$

特别地,以$\boldsymbol{X} = (x_1,x_2,\cdots,x_n)^{\mathrm{T}}$为自变量的函数$f(\boldsymbol{X})$的导数

$$\frac{\mathrm{d}f}{\mathrm{d}\boldsymbol{X}} = \left(\frac{\mathrm{d}f}{\mathrm{d}x_1},\frac{\mathrm{d}f}{\mathrm{d}x_2},\cdots,\frac{\mathrm{d}f}{\mathrm{d}x_n}\right)^{\mathrm{T}} \tag{B.36}$$

称为数量函数对向量变量的导数,即$f$的梯度向量记为$\mathrm{grad}f$。

**定义3**:设矩阵$\boldsymbol{F}(\boldsymbol{X}) = (F_{ij}(\boldsymbol{X}))_{s\times l}$的元素$F_{ij}(\boldsymbol{X})$都是矩阵变量$\boldsymbol{X} = (x_{ij})_{m\times n}$的函数,则称$\boldsymbol{F}(\boldsymbol{X})$为矩阵值函数,$\boldsymbol{F}(\boldsymbol{X})$对矩阵变量$\boldsymbol{X}$的导数$\dfrac{\mathrm{d}\boldsymbol{F}}{\mathrm{d}\boldsymbol{X}}$为

$$\frac{\mathrm{d}\boldsymbol{F}}{\mathrm{d}\boldsymbol{X}}=\begin{pmatrix}\frac{\mathrm{d}\boldsymbol{F}}{\mathrm{d}x_{11}} & \cdots & \frac{\mathrm{d}\boldsymbol{F}}{\mathrm{d}x_{1n}}\\ \vdots & & \vdots\\ \frac{\mathrm{d}\boldsymbol{F}}{\mathrm{d}x_{m1}} & \cdots & \frac{\mathrm{d}\boldsymbol{F}}{\mathrm{d}x_{mn}}\end{pmatrix} \tag{B.37}$$

其中

$$\frac{\mathrm{d}\boldsymbol{F}}{\mathrm{d}x_{ij}}=\begin{pmatrix}\frac{\mathrm{d}f_{11}}{\mathrm{d}x_{ij}} & \cdots & \frac{\mathrm{d}f_{1l}}{\mathrm{d}x_{ij}}\\ \vdots & & \vdots\\ \frac{\mathrm{d}f_{s1}}{\mathrm{d}x_{ij}} & \cdots & \frac{\mathrm{d}f_{sl}}{\mathrm{d}x_{ij}}\end{pmatrix} \tag{B.38}$$

其结果 $ms \times nl$ 矩阵。作为特殊情况,这一定义包括了向量值函数对向量变量的导数,向量值函数对矩阵变量的导数以及矩阵值函数对向量变量的导数等。

这里给出几个常用的矩阵求导结论,设方阵 $\boldsymbol{A}=(A_{ij})_{n\times n}$,$\boldsymbol{B}=(B_{ij})_{n\times n}$,若求导的标量是矩阵 $\boldsymbol{A}$ 的元素,则有

$$\frac{\mathrm{dtr}(\boldsymbol{AB})}{\mathrm{d}A_{ij}}=B_{ji} \tag{B.39}$$

$$\frac{\mathrm{dtr}(\boldsymbol{AB})}{\mathrm{d}\boldsymbol{A}}=\boldsymbol{B}^{\mathrm{T}} \tag{B.40}$$

进而有

$$\frac{\mathrm{dtr}(\boldsymbol{A}^{\mathrm{T}}\boldsymbol{B})}{\mathrm{d}\boldsymbol{A}}=\boldsymbol{B} \tag{B.41}$$

$$\frac{\mathrm{dtr}(\boldsymbol{A})}{\mathrm{d}\boldsymbol{A}}=\mathbf{I} \tag{B.42}$$

$$\frac{\mathrm{dtr}(\boldsymbol{ABA}^{\mathrm{T}})}{\mathrm{d}A}=\boldsymbol{A}(\boldsymbol{B}+\boldsymbol{B}^{\mathrm{T}}) \tag{B.43}$$

## B.4 矩阵分解

矩阵的本质是代表一定维度空间的线性变换。矩阵的分解本质上是将复杂矩阵分解为几个简单矩阵的乘积形式,使矩阵分析起来更加简单。常用的矩阵分解有特征值分解和奇异值分解。

**矩阵的特征值分解:**对于任意矩阵 $\boldsymbol{M}\in\mathbf{R}^{n\times n}$, $r=\mathrm{rank}(\boldsymbol{M})=n$ 时,其特征值分解为

$$\boldsymbol{M}=\boldsymbol{W\Sigma W}^{-1} \tag{B.44}$$

其中, $\boldsymbol{W}$ 是矩阵 $\boldsymbol{M}$ 的 $n$ 个特征值张成的 $n\times n$ 矩阵; $\boldsymbol{\Sigma}\in\mathbf{R}^{n\times n}$ 是 $n$ 阶对角矩阵,对角线上的元素 $\sigma_i$ 是 $\boldsymbol{M}$ 的特征值。

**矩阵的奇异值分解:**特征值分解只适用于方阵,且要求方阵有 $n$ 个线性无关的特征向量。奇异值分解(singular value decomposition,SVD)是对它的推广,对于任意的矩阵均可以使用特征值和特征向量进行分解。对于任意矩阵 $\boldsymbol{M}\in\mathbf{R}^{m\times n}$,$r=\mathrm{rank}(\boldsymbol{M})\leqslant\min(m,n)$

时,其奇异值分解为

$$\boldsymbol{M}=\boldsymbol{U}_M\boldsymbol{\Sigma}_M\boldsymbol{V}_M^{\mathrm{T}} \tag{B.45}$$

式中:$\boldsymbol{U}_M\in\mathbf{R}^{m\times m}$ 是满足 $\boldsymbol{U}_M^{\mathrm{T}}\boldsymbol{U}_M=\boldsymbol{I}$ 的 $m$ 阶酉矩阵(unitary matrix);$\boldsymbol{V}_M\in\mathbf{R}^{n\times n}$ 是满足 $\boldsymbol{V}_M^{\mathrm{T}}\boldsymbol{V}_M=\boldsymbol{I}$ 的 $n$ 阶酉矩阵;$\boldsymbol{\Sigma}_M\in\mathbf{R}^{m\times n}$ 是 $m\times n$ 的对角矩阵,即 $(\boldsymbol{\Sigma}_M)_{ii}=\sigma_i$,其他位置的元素均为零,$\sigma_i$ 称为奇异值,它是非负实数且按降序排序,即 $\sigma_1\geqslant\sigma_2\geqslant\cdots\geqslant\sigma_r>0$,非零奇异值的个数等于矩阵 $\boldsymbol{M}$ 的秩 $r$ 。

矩阵奇异值分解的步骤为:首先,对 $\boldsymbol{M}^{\mathrm{T}}\boldsymbol{M}$ 矩阵进行特征值分解,得到 $n$ 个特征向量张成的 $n\times n$ 矩阵 $\boldsymbol{V}_M$,这里 $\boldsymbol{V}_M$ 中的每一个特征向量 $\boldsymbol{v}_i$ 称为 $\boldsymbol{M}$ 的右奇异向量;然后,对 $\boldsymbol{M}\boldsymbol{M}^{\mathrm{T}}$ 矩阵进行特征值分解,得到 $m$ 个特征向量 $\boldsymbol{u}_i$ 张成的 $m\times m$ 矩阵 $\boldsymbol{U}_M$,这里 $\boldsymbol{U}_M$ 中的每一个特征向量称为 $\boldsymbol{M}$ 的左奇异向量;最后,根据 $\boldsymbol{M}\boldsymbol{v}_i=\sigma_i\boldsymbol{u}_i$ 计算矩阵的奇异值。

下面给出一个矩阵奇异值分解的实例。对于矩阵

$$\boldsymbol{M}=\begin{pmatrix}0&1\\1&1\\1&0\end{pmatrix}$$

解:(1) 计算 $\boldsymbol{M}^{\mathrm{T}}\boldsymbol{M}$ 和 $\boldsymbol{M}\boldsymbol{M}^{\mathrm{T}}$:

$$\boldsymbol{M}^{\mathrm{T}}\boldsymbol{M}=\begin{pmatrix}0&1&1\\1&1&0\end{pmatrix}\begin{pmatrix}0&1\\1&1\\1&0\end{pmatrix}=\begin{pmatrix}2&1\\1&2\end{pmatrix}$$

$$\boldsymbol{M}\boldsymbol{M}^{\mathrm{T}}=\begin{pmatrix}0&1\\1&1\\1&0\end{pmatrix}\begin{pmatrix}0&1&1\\1&1&0\end{pmatrix}=\begin{pmatrix}1&1&0\\1&2&1\\0&1&1\end{pmatrix}$$

(2) 求解 $\boldsymbol{M}^{\mathrm{T}}\boldsymbol{M}$ 的特征值和特征向量:

$$\lambda_1=3,\boldsymbol{v}_1=\begin{pmatrix}1/\sqrt{2}\\1/\sqrt{2}\end{pmatrix};\ \lambda_2=1,\boldsymbol{v}_1=\begin{pmatrix}-1/\sqrt{2}\\-1/\sqrt{2}\end{pmatrix}$$

(3) 求解 $\boldsymbol{M}\boldsymbol{M}^{\mathrm{T}}$ 的特征值和特征向量:

$$\lambda_1=3,\boldsymbol{u}_1=\begin{pmatrix}1/\sqrt{6}\\2/\sqrt{6}\\1/\sqrt{6}\end{pmatrix};\lambda_2=1,\boldsymbol{u}_2=\begin{pmatrix}1/\sqrt{2}\\0\\-1/\sqrt{2}\end{pmatrix};\ \lambda_3=0\ ,\boldsymbol{u}_3=\begin{pmatrix}1/\sqrt{3}\\-1/\sqrt{3}\\1/\sqrt{3}\end{pmatrix}$$

(4) 求解 $\boldsymbol{M}$ 的奇异值:

$$\begin{pmatrix}0&1\\1&1\\1&0\end{pmatrix}\begin{pmatrix}1/\sqrt{2}\\1/\sqrt{2}\end{pmatrix}=\sigma_1\begin{pmatrix}1/\sqrt{6}\\2/\sqrt{6}\\1/\sqrt{6}\end{pmatrix}\quad\Rightarrow\quad\sigma_1=\sqrt{3}$$

$$\begin{pmatrix}0&1\\1&1\\1&0\end{pmatrix}\begin{pmatrix}-1/\sqrt{2}\\1/\sqrt{2}\end{pmatrix}=\sigma_2\begin{pmatrix}1/\sqrt{2}\\0\\-1/\sqrt{2}\end{pmatrix}\quad\Rightarrow\quad\sigma_2=1$$

(5) 得到 $\boldsymbol{M}$ 的奇异值分解：

$$\boldsymbol{M}=\boldsymbol{U}_{\boldsymbol{M}}\boldsymbol{\Sigma}_{\boldsymbol{M}}\boldsymbol{V}_{\boldsymbol{M}}^{\mathrm{T}}=\begin{pmatrix}1/\sqrt{6} & 1/\sqrt{2} & 1/\sqrt{3}\\ 2/\sqrt{6} & 0 & -1/\sqrt{3}\\ 1/\sqrt{6} & -1/\sqrt{2} & 1/\sqrt{3}\end{pmatrix}\begin{pmatrix}\sqrt{3} & 0\\ 0 & 1\\ 0 & 0\end{pmatrix}\begin{pmatrix}1/\sqrt{2} & 1/\sqrt{2}\\ -1/\sqrt{2} & 1/\sqrt{2}\end{pmatrix}$$

# 附录C 优化理论

## C.1 拉格朗日乘数法

**拉格朗日乘数法(Lagrange multiplier method)**是一种有效求解有约束优化问题的优化方法。有约束优化问题可以表示为

$$\begin{aligned} &\min_{x} f(\boldsymbol{x}) \\ \text{s.t.}\ & h_i(\boldsymbol{x}) = 0 \quad i = 1,2,\cdots,m \\ & g_j(\boldsymbol{x}) \leqslant 0 \quad j = 1,2,\cdots,n \end{aligned} \tag{C.1}$$

式中:$\boldsymbol{x}$ 为 $d$ 维向量;$h_i(\boldsymbol{x})$ 为等式约束函数;$g_j(\boldsymbol{x})$ 为不等式约束函数。$\boldsymbol{x}$ 的可行域为

$$D = \mathrm{dom}(f) \cap \bigcap_{i=1}^{m} \mathrm{dom}(h_i) \cap \bigcap_{j=1}^{n} \mathrm{dom}(g_j) \subseteq \mathbf{R}^d \tag{C.2}$$

其中,$\mathrm{dom}(f)$ 是函数 $f$ 的定义域。

### C.1.1 等式约束优化问题

如果式(C.1)中只有等式约束,我们可以构造一个拉格朗日函数 $L(\boldsymbol{x},\boldsymbol{\lambda})$

$$L(\boldsymbol{x},\boldsymbol{\lambda}) = f(\boldsymbol{x}) + \sum_{i=1}^{m} \lambda_i h_i(\boldsymbol{x}) \tag{C.3}$$

其中 $\boldsymbol{\lambda} = (\lambda_1,\lambda_2,\cdots,\lambda_m)^{\mathrm{T}}$ 为拉格朗日乘数。如果 $f(\boldsymbol{x}^*)$ 是原始约束优化问题的局部最优值,那么存在一个 $\boldsymbol{\lambda}^*$,使得 $(\boldsymbol{x}^*,\boldsymbol{\lambda}^*)$ 为拉格朗日函数 $L(\boldsymbol{x},\boldsymbol{\lambda})$ 的驻点。因此,只需要令 $\frac{\partial L(\boldsymbol{x},\boldsymbol{\lambda})}{\partial \boldsymbol{x}} = 0$ 和 $\frac{\partial L(\boldsymbol{x},\boldsymbol{\lambda})}{\partial \boldsymbol{\lambda}} = 0$,得到

$$\nabla f(\boldsymbol{x}) + \sum_{i=1}^{m} \lambda_i \nabla h_i(\boldsymbol{x}) = 0 \tag{C.4}$$

$$h_i(\boldsymbol{x}) = 0, \forall i = 1,2,\cdots,m \tag{C.5}$$

上面方程组的解就是原始问题的可能解。因为驻点不一定是最小解,所以在实际应用中需要根据问题来验证是否为最小解。

拉格朗日乘数法是将一个有 $d$ 个变量和 $m$ 个等式约束条件的最优化问题转换为一个有 $d+m$ 个变量的函数求驻点的问题。拉格朗日乘数法所得的驻点包含原问题的所有最小解,但并不保证每个驻点都是原问题的最小解。

### C.1.2 不等式约束优化问题

对于式(C.1)中定义的一般约束优化问题,其拉格朗日函数为

$$L(\boldsymbol{x},\boldsymbol{\lambda},\boldsymbol{\mu})=f(\boldsymbol{x})+\sum_{i=1}^{m}\lambda_i h_i(\boldsymbol{x})+\sum_{j=1}^{n}\mu_i g_i(\boldsymbol{x}) \tag{C.6}$$

式中：$\boldsymbol{\lambda}=(\lambda_1,\lambda_2,\cdots,\lambda_m)^{\mathrm{T}}$ 为等式约束的拉格朗日乘数；$\boldsymbol{\mu}=(\mu_1,\mu_2,\cdots,\mu_n)^{\mathrm{T}}$ 为不等式约束的拉格朗日乘数。

当约束条件不满足时，有 $\max_{\boldsymbol{\lambda},\boldsymbol{\mu}}L(\boldsymbol{x},\boldsymbol{\lambda},\boldsymbol{\mu})=\infty$；当约束条件满足且 $\mu_j\geqslant 0$ 时，$\max_{\boldsymbol{\lambda},\boldsymbol{\mu}}L(\boldsymbol{x},\boldsymbol{\lambda},\boldsymbol{\mu})=f(\boldsymbol{x})$。因此，原约束优化问题等价于

$$\min_{\boldsymbol{x}}\max_{\boldsymbol{\lambda},\boldsymbol{\mu}}L(\boldsymbol{x},\boldsymbol{\lambda},\boldsymbol{\mu}) \quad \text{s. t.}\ \ \mu_j\geqslant 0(j=1,2,\cdots,n) \tag{C.7}$$

这个 min-max 优化问题称为主问题(primal problem)。

### C.1.3 拉格朗日对偶

对偶是求解最优化问题的一种手段，它将一个最优化问题转化为另外一个更容易求解的问题，这两个问题是等价的。主问题的优化一般比较困难，因此我们可以通过交换 min-max 的顺序来简化。定义拉格朗日对偶函数为

$$\Gamma(\lambda,\boldsymbol{\mu})=\inf_{\boldsymbol{x}\in D}L(\boldsymbol{x},\boldsymbol{\lambda},\boldsymbol{\mu}) \tag{C.8}$$

$\Gamma(\boldsymbol{\lambda},\boldsymbol{\mu})$ 是一个凹函数，即使 $f(\boldsymbol{x})$ 是非凸的。

当 $\mu_j\geqslant 0(j=1,2,\cdots,n)$ 时，对于任意的 $\tilde{\boldsymbol{x}}\in D$，有

$$\Gamma(\boldsymbol{\lambda},\boldsymbol{\mu})=\inf_{\boldsymbol{x}\in D}L(\boldsymbol{x},\boldsymbol{\lambda},\mu)\leqslant L(\tilde{\boldsymbol{x}},\boldsymbol{\lambda},\boldsymbol{\mu})\leqslant f(\tilde{\boldsymbol{x}}) \tag{C.9}$$

令 $p^*$ 是原问题的最优值，则有

$$\Gamma(\boldsymbol{\lambda},\boldsymbol{\mu})\leqslant p^* \tag{C.10}$$

即拉格朗日对偶函数 $\Gamma(\boldsymbol{\lambda},\boldsymbol{\mu})$ 为主问题最优解的下界。

优化拉格朗日对偶函数 $\Gamma(\boldsymbol{\lambda},\boldsymbol{\mu})$ 并得到主问题的最优下界，称为拉格朗日对偶问题(Lagrange dual problem)。

$$\max_{\boldsymbol{\lambda},\boldsymbol{\mu}}\Gamma(\boldsymbol{\lambda},\boldsymbol{\mu}) \qquad \text{s. t.}\ \ \mu_j\geqslant 0(j=1,2,\cdots,n) \tag{C.11}$$

拉格朗日对偶函数为凹函数，因此拉格朗日对偶问题是凸优化问题。

令 $d^*$ 表示拉格朗日对偶问题的最优值，则有 $d^*\leqslant p^*$，这个性质称为弱对偶性(weak duality)。如果 $d^*=p^*$，这个性质称为强对偶性(strong duality)。值得注意的是，弱对偶定理对于所有最优化问题都是成立的。

主问题最优值和对偶问题最优值的差 $p^*-d^*$ 称为对偶间隙。如果原问题和对偶问题有相同的最优解，那么我们就可以把求解原问题转化成求解对偶问题，此时对偶间隙为 0，这种情路况称为强对偶。

### C.1.4 KKT 条件

KKT(Karush-Kuhn-Tucker)条件用于求解带有等式和不等式约束的优化问题，是拉格朗日乘数法的推广，KKT 条件给出了这类问题取得极值的一阶必要条件。对于带有等式和不等式约束的优化问题，有

$$\begin{cases}\min\limits_{x} f(\boldsymbol{x})\\ h_i(\boldsymbol{x})=0,\ i=1,2,\cdots,m\\ g_j(\boldsymbol{x})\leqslant 0,\ j=1,2,\cdots,n\end{cases}\tag{C.12}$$

与拉格朗日对偶做法类似,为其构造拉格朗日乘子函数消掉等式和不等式约束

$$L(\boldsymbol{x},\boldsymbol{\lambda},\boldsymbol{\mu})=f(\boldsymbol{x})+\sum_{i=1}^{m}\lambda_i h_i(\boldsymbol{x})+\sum_{j=1}^{n}\mu_j g_j(\boldsymbol{x})\tag{C.13}$$

$\boldsymbol{\lambda}=(\lambda_1,\lambda_2,\cdots,\lambda_m)^{\mathrm{T}}$ 和 $\boldsymbol{\mu}=(\mu_1,\mu_2,\cdots,\mu_n)^{\mathrm{T}}$ 称为KKT乘子,其中 $\mu_i\geqslant 0,i=1,2,\cdots,n$ 。原始优化问题的最优解在拉格朗日乘子函数的鞍点处取得,对于 $\boldsymbol{x}$ 取极小值,对于KKT乘子变量取极大值。最优解 $\boldsymbol{x}$ 满足以下条件:

$$\begin{cases}\nabla_{\boldsymbol{x}}L(\boldsymbol{x},\boldsymbol{\lambda},\boldsymbol{\mu})=0\\ h_i(\boldsymbol{x})=0\\ g_j(\boldsymbol{x})\leqslant 0\\ \mu_j\geqslant 0\\ \mu_j g_j(\boldsymbol{x})=0\end{cases}\tag{C.14}$$

等式约束 $h_i(\boldsymbol{x})=0$ 和不等式约束 $g_j(\boldsymbol{x})\leqslant 0$ 是本身应该满足的约束, $\nabla_{\boldsymbol{x}}L(\boldsymbol{x},\boldsymbol{\lambda},\boldsymbol{\mu})=0$ 和拉格朗日乘数法相同。只多了关于 $g_j(\boldsymbol{x})$ 以及其对应的乘子变量 $\mu_i$ 的方程

$$\mu_j g_j(\boldsymbol{x})=0\tag{C.15}$$

下面分两种情况讨论。

情况一:如果对于某个 $k$ 有

$$g_k(\boldsymbol{x})<0\tag{C.16}$$

要满足 $\mu_k g_k(\boldsymbol{x})=0$ 的条件,则有 $\mu_k=0$, 因此有

$$\begin{aligned}\nabla_{\boldsymbol{x}}L(\boldsymbol{x},\boldsymbol{\lambda},\boldsymbol{\mu})&=\nabla_{\boldsymbol{x}}f(\boldsymbol{x})+\sum_{i=1}^{m}\lambda_i\nabla_x h_i(\boldsymbol{x})+\sum_{j=1}^{n}\mu_j\nabla_x g_j(\boldsymbol{x})\\&=\nabla_{\boldsymbol{x}}f(\boldsymbol{x})+\sum_{i=1}^{m}\lambda_i\nabla_x h_i(\boldsymbol{x})+\sum_{j=1,j\neq k}^{n}\mu_j\nabla_x g_j(\boldsymbol{x})=0\end{aligned}\tag{C.17}$$

这意味着第 $k$ 个不等式约束不起作用,此时极值在不等式约束围成的区域内部取得。

情况二:如果对于某个 $k$ 有

$$g_k(\boldsymbol{x})=0\tag{C.18}$$

则 $\mu_k$ 的取值自由,只要满足大于或等于0即可,此时极值在不等式围成的区域的边界点处取得,不等式约束起作用。

需要注意的是,KKT条件只是取得极值的必要条件而非充分条件。如果一个最优化问题是凸优化问题,则KKT条件是取得极小值的充分条件。

## C.2　梯度下降法

梯度下降法(gradient descent method)由数学家柯西提出,它是常用的一阶优化方法,是求解无约束优化问题最简单、最经典的方法之一。该方法的理论依据是:在梯度不为

零的任意点处,梯度正方向是函数值上升的方向,梯度反方向是函数值下降的方向。

如果实值函数$f(\boldsymbol{x})$在点$\boldsymbol{u}$处可微且有定义,那么函数$f(\boldsymbol{x})$在$\boldsymbol{a}$点沿着梯度相反方向$-\nabla f(\boldsymbol{a})$下降最快。如果令$\boldsymbol{b}=\boldsymbol{a}-\eta\nabla f(\boldsymbol{a})$,其中$\eta>0$为一个足够小的值时,$f(\boldsymbol{a})\geqslant f(\boldsymbol{b})$。依据此结论,我们可以从$\boldsymbol{x}$的某一初始值$\boldsymbol{x}_0$出发,根据

$$\boldsymbol{x}_{k+1}=\boldsymbol{x}_k-\eta_k\nabla f(\boldsymbol{x}_k) \tag{C.19}$$

得到$f(\boldsymbol{x}_0)\geqslant f(\boldsymbol{x}_1)\geqslant\cdots\geqslant f(\boldsymbol{x}_k)\geqslant\cdots$,最终收敛到期望的极值点。

下面先举一些例子说明这种优化方法。考虑一元函数的情况,如图C-1所示,对于一元函数,梯度是一维的,只有两个方向:沿着$x$轴向右和向左。如果导数为正,则梯度向右;否则向左。当导数为正时,是增函数,$x$变量向右移动时(即沿着梯度方向)函数值增大;否则减小。对于图中所给的函数,当$x<x_0$时,导数为正,此时向左前进函数值会减小,向右则函数值增大。当$x>x_0$时,导数为负,此时向左前进函数值增大,向右前进则函数值减小。

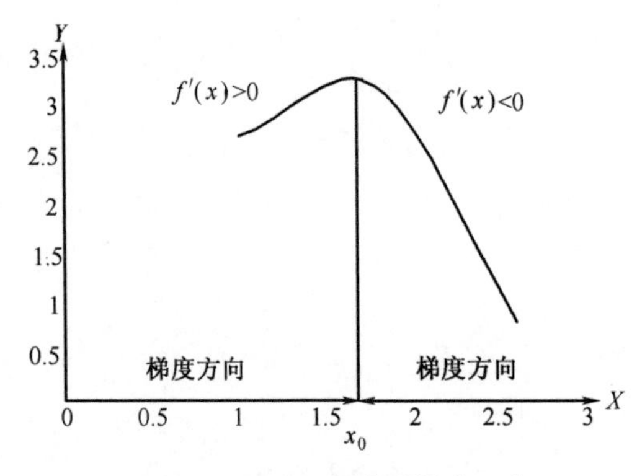


图C-1 一元函数中的梯度下降

下面考虑二元函数,二元函数的梯度有无穷多个方向。对于函数$x^2+y^2$,其在$(x,y)$点处的梯度为$(2x,2y)$。函数值在$(0,0)$点处有极小值,在任意点$(x,y)$处,从点$(0,0)$指向$(x,y)$方向(即梯度方向)的函数值都是单调递减的。该函数的形状如图C-2所示。$x^2+y^2$函数在同一条等高线上的所有点的函数值相等。在任意点处,梯度均为从原点指向该点。

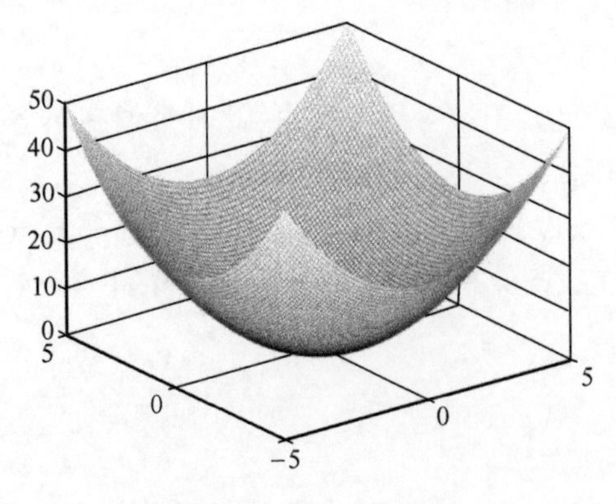


图C-2 $x^2+y^2$函数

下面继续考虑与函数 $x^2+y^2$ 相对的 $-x^2-y^2$ 函数,函数如图 C-3 所示。其点在 $(x,y)$ 点处的梯度值为 $(-2x,-2y)$。该函数在点 $(0,0)$ 处有极大值,在任意点 $(x,y)$ 处,从 $(x,y)$ 点指向 $(0,0)$ 方向的函数值都是单调递增的,$(-x,-y)$ 即其梯度的方向。

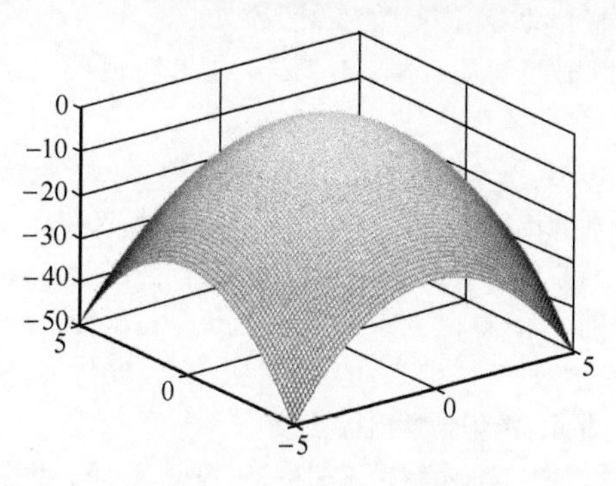


图 C-3 $-x^2-y^2$ 函数

# 参 考 文 献

[1] 张学工. 模式识别[M]. 北京:清华大学出版社,2010.

[2] 孙即祥. 现代模式识别[M]. 北京:高等教育出版社,2008.

[3] 杨淑莹,郑清春. 模式识别与智能计算:MATLAB 技术实现[M].4 版. 北京,电子工业出版社,2019.

[4] 西奥多里蒂斯,等. 模式识别(第 4 版)[M]. 李晶皎,等译. 北京:电子工业出版社,2010.

[5] 胡卫东,等. 雷达目标识别理论[M]. 北京:国防工业出版社,2017.

[6] 胡明春,等. 雷达目标识别原理与实验技术[M]. 北京:国防工业出版社,2017.

[7] 张合,等. 目标探测与识别技术[M]. 北京:北京理工大学出版社,2015.

[8] 吴岸城. 神经网络与深度学习[M]. 北京:电子工业出版社,2017.

[9] 周志华. 机器学习[M]. 北京:清华大学出版社,2016.

[10] 福赛斯. 机器学习:应用视角[M]. 常虹,王树徽,庄福振,等译. 北京:机械工业出版社,2021.

[11] 刘姝明. 雷达信号的脉内分析与识别算法研究[D]. 西安:西安电子科技大学,2013.

[12] 张葛祥. 雷达辐射源信号智能识别方法研究[D]. 成都:西南交通大学,2005.

[13] 余志斌,金炜东,陈春霞. 基于小波脊频级联特征的雷达辐射源信号识别[J]. 西南交通大学学报,2010,45(2):290-295.

[14] 朱明. 复杂体制雷达辐射源信号时频原子特征研究[D]. 成都:西南交通大学,2008.

[15] LUNDEN J,KOIVUNEN V. Automatic radar waveform recognition[J]. IEEE Journal of Selected Topics in Signal Processing,2007,1(1):124-136.

[16] 白航,赵拥军,胡德秀. 基于 Choi-Williams 时频图像特征的雷达辐射源识别[J]. 数据采集与处理,2012,27(4):480-485.

[17] 白航,赵拥军,胡德秀. 时频图像局部二值模式特征在雷达信号分类识别中的应用[J]. 宇航学报,2013,34(1):139-146.

[18] 朱健东,张玉灵,赵拥军. 基于时频图像处理提取瞬时频率的雷达信号识别[J]. 系统仿真学报,2014,26(4):864-868.

[19] ZHANG M,LIU L,DIAO M. LPI radar waveform recognition based on time-frequency distribution[J]. Sensors,2016,16(10):1682.

[20] 普运伟,郭媛蒲,侯文太,等. 模糊函数主脊切面极坐标域形态特征提取方法[J]. 仪器仪表学报,2018,39(10):1-9.

[21] 普运伟,马蓝宇,侯文太,等. 模糊函数主脊切面特征提取的局域差分方法[J]. 数据采集与处理,2019,34(3):386-395.

[22] GUO Q,NAN P,ZHANG X,et al. Recognition of radar emitter signals based on SVD and AF main ridge slice[J]. Journal of Communications & Networks,2015,17(5):491-498.

[23] 许程成,周青松,张剑云,等. 导数约束平滑条件下基于模糊函数特征的雷达辐射源信号识别方法[J]. 电子学报,2018,46(7):1663-1668.

[24] 肖乐群. 基于高阶统计量的雷达辐射源信号识别方法研究[D]. 郑州:信息工程大学,2012.

[25] 韩俊,陈晋汶,孙茹. 复杂体制雷达辐射源信号识别新方法[J]. 雷达科学与技术,2016,14(1):76-80.

[26] 王星,呙鹏程,田元荣. 基于 BDS-GD 的低截获概率雷达信号识别[J]. 北京航空航天大学学报,2018,44(3):583-592.

[27] KAWALEC A,OWCZAREK R. Radar emitter recognition using intrapulse data[C]//15th International Conference on Microwaves,Radar and Wireless Communications (IEEE Cat. No. 04EX824). 2004,2

(2):435-438.

[28] 张国柱,黄可生,姜文利. 基于信号包络的辐射源细微特征提取方法[J]. 系统工程与电子技术,2006(6):795-797,936.

[29] 叶浩欢,柳征,姜文利. 考虑多普勒效应的脉冲无意调制特征比较[J]. 电子与信息学报,2012,34(11):2654-2659.

[30] YE H,LIU Z,JIANG W. Comparison of unintentional frequency and phase modulation features for specific emitter identification[J]. Electronics Letters,2012,48(14):875-877.

[31] RU X H,HUANG Z,LIU Z. Frequency-domain distribution and band-width of unintentional modulation on pulse[J]. Electronics Letters,2016,52(22):1853-1855.

[32] RU X H,LIU Z,HUANG Z T. Evaluation of unintentional modulation for pulse compression signals based on spectrum asymmetry[J]. IET Radar,Sonar & Navigation,2017,11(4):656-663.

[33] 陈昌孝,何明浩,朱元清. 基于双谱分析的雷达辐射源个体特征提取[J]. 系统工程与电子技术,2008(6):1046-1049.

[34] 陈涛,姚文杨,翟孝霏. 雷达辐射源信号双谱估计的物理意义及其辐射源个体识别[J]. 中南大学学报(自然科学版),2013,44(1):179-187.

[35] 李林,姬红兵. 基于模糊函数的雷达辐射源个体识别[J]. 电子与信息学报,2009,31(11):2546-2551.

[36] LI L,JI H B,JIANG L. Quadratic time-frequency analysis and sequential recognition for specific emitter identification[J]. IET SIGNAL PROCESSING,2011,5(6):568-574.

[37] 王磊,姬红兵,史亚. 基于模糊函数代表性切片的运动雷达辐射源识别[J]. 系统工程与电子技术,2010,32(8):1630-1634.

[38] 王磊,姬红兵,史亚. 基于模糊函数特征优化的雷达辐射源个体识别[J]. 红外与毫米波学报,2011,30(1):74-79.

[39] DIGNE F,BAUSSARD A,CORNU C. Classification of radar pulses in a naval warfare context using Bézier curve modeling of the instantaneous frequency law[J]. IEEE Transactions on Aerospace and Electronic Systems,2017,53(3):1469-1480.

[40] 许丹,姜文利,周一宇. 雷达功放正弦激励下的无意调制特征分析[J]. 系统工程与电子技术,2008(3):400-403.

[41] 黄渊凌,郑辉. 一种基于相噪特性的辐射源指纹特征提取方法[J]. 计算机仿真,2013,30(9):182-185.

[42] 雷恒恒. 雷达信号调制类型识别与脉内特征分析[D]. 郑州:信息工程大学,2009.

[43] 殷雄,王超,张红. 基于结构特征的高分辨率 TerraSAR-X 图像船舶识别方法研究[J]. 中国图象图形学报,2012,17(1):106-113

[44] 曹峰,邢相薇,计科峰. 一种 SAR 图像舰船目标快速检测算法[J]. 雷达科学与技术,2012,10(4):380-386.

[45] 贺志国,周晓光,陆军. 一种基于 G0 分布的 SAR 图像快速 CFAR 检测方法[J]. 国防科技大学学报,2009,31(1):47-51.

[46] 赵明波,何峻,付强. SAR 图像 CFAR 检测的快速算法综述[J]. 自动化学报,2012,38(12):1885-1895.

[47] SCHWEGMANN C P,KLEYNHANS W,SALMON B P. Ship detection in south African oceans using SAR,CFAR and a Haar-like feature classifier[C]. IGRASS,2014:557-560.

[48] 甄勇. 高分辨率 SAR 图像舰船目标检测与识别方法研究[D]. 郑州:信息工程大学,2016.

[49] 山鹏. SAR 图像舰船目标检测及特征提取方法研究[D]. 黑龙江:哈尔滨工程大学,2012.

[50] 秦鑫. 雷达辐射源脉内特征分析与识别关键技术研究[D]. 郑州：战略支援部队信息工程大学,2020.
[51] 吴济洲. 基于运动与散射特性的雷达空中目标识别技术研究[D]. 郑州：战略支援部队信息工程大学,2022.